盐渍土改良利用
理论与实践

YANZITU GAILIANG LIYONG LILUN YU SHIJIAN

傅庆林　郭　彬　裘高扬　李　华　编著

中国农业出版社
北　京

内容简介

　　我国盐渍土面积为 3.69×10^7 hm²，其中滨海盐土面积 2.18×10^6 hm²，浙江滨海盐土面积占全国的 13.3%。滨海盐土存在着土壤盐碱化严重，氮、磷和有机质含量偏低，土壤贫瘠等问题，严重限制了滨海盐土区域农业经济的发展。针对滨海盐土土壤盐分重、养分低、地下水矿化度高、淡水资源缺乏等问题，1970 年以来，浙江省农业科学院土壤资源改良利用研究团队专家"以地适种、以种适地"，按照作物先行-改土为基-生物强化-系统集成的技术路径，开展耐盐碱作物种质资源收集与鉴定评价，筛选以地适种耐盐碱作物种质资源，研发滨海盐土土壤改良与快速培肥、水肥盐协同调控等关键技术，构建滨海盐土农业高效利用技术体系，并在滨海盐土区示范和推广，为滨海盐土改良与利用提供理论和技术支撑。

　　本书总结了近 50 多年滨海盐土改良利用研究成果，可供农学、土壤学、生态学和环境科学等相关专业高校师生、科研人员及相关管理部门人员阅读、参考。

序

　　盐渍土是盐土和碱土以及各种盐化、碱化土壤的总称，是我国重要的耕地战略资源和"潜在粮仓"。我国的盐渍土面积大、分布广、类型多样，是全球第三大盐渍土分布国家。我国的盐渍土总面积为 $3.69 \times 10^7 \ hm^2$，分布于从热带到寒温带、滨海到内陆、湿润地区到极端干旱区的广袤地区，可以分为八大盐渍区：滨海湿润-半湿润海水浸渍盐渍区、东北半湿润-半干旱草原-草甸盐渍区、黄淮海半湿润-半干旱耕作-草甸盐渍区、内蒙古高原干旱-半漠境草原盐渍区、黄河中上游半干旱-半漠境盐渍区、甘、蒙、新干旱-漠境盐渍区、青新极端干旱-漠境盐渍区、西藏高寒漠境盐渍区。盐渍土具有巨大开发潜力，是我国耕地"扩容、增效"的重要来源，是粮食增产的"潜在粮仓"，对补充耕地资源、保障国家粮食安全具有重要战略意义。

　　我国盐渍土研究经历了资源清查、水利改良、综合治理和可持续管理等4个阶段。我国盐渍土研究始于20世纪50年代，学习和吸收了苏联、以色列及欧美国家的盐土农业理论和经验，查清盐渍土资源，引进和发展了美国、荷兰、以色列等国家关于水盐运移、节水灌溉、排水管理与劣质水安全利用的理论和技术，融合了我国对盐渍土障碍消减、地力提升与生态提质的自身需求，形成了服务于农业与生态、特色明显、多学科交融的盐渍土生态治理理论和方法体系。"十一五"以来，我国部署和实施了面向全国的公益性行业（农业）专项经费项目"盐碱地农业高效利用配套技术模式研究与示范"，国家科技支撑项目"渤海粮仓科技示范工程""黄河河套地区盐碱地改良""典型盐碱地改良技术与工程示范"，相继成立了京津冀盐碱地生态植被修复联合实验室、中国科学院盐碱地资源高效利用工程实验室、农业农村部东北盐碱地改良利用重点实验室、农业农村部干旱半干旱盐碱地改良利用重点实验室和农业农村部滨海盐碱地改良利用重点实验室，建立了国家盐碱地综合利用技术创新中心，注重科学需求和国家需求的有机结合，聚焦"以地适种、以种适地"的关键技术攻关，对我国发展农业生产、提高土地产能、保障粮食安全、拓展耕地资源等方面发挥了积极而重要的作用，有力地推动了我国盐渍土研究工作的开展和研究队伍的建设。

1970年以来，浙江省农业科学院土壤资源改良利用研究团队专家建立了10多个667 hm² 试验示范区，开展了滨海盐土改良利用研究，探明了新围滨海盐土盐分动态变化规律，突破滨海盐土盐分淡化与高效利用关键技术瓶颈，创建了"引水种稻、活水灌溉"的土壤耕作脱盐技术、新围黏质涂地波纹管的地下埋管方法及其配套管理技术、新围海涂地的综合治理与农业开发利用技术，集成滨海盐土改良提质增效的生产技术体系，建成了浙江海涂农业综合开发现代科技示范园区，技术成果推广应用取得显著成效，对我国滨海盐土改良利用做出了重大贡献。

浙江省农业科学院土壤资源改良利用研究团队将1970年以来的滨海盐土改良利用研究成果凝聚为《盐渍土改良利用理论与实践》一书，希冀反映我国滨海盐土的改良和可持续利用研究的最新进展。该书的出版将为我国农业资源利用、农学、土壤学、生态学和环境科学等相关专业高校师生、科研人员及相关管理部门人员提供一本系统性强、内容丰富、学术水平高的专著。

《盐渍土改良利用理论与实践》的出版对我国滨海盐土研究的深入开展、促进盐渍土科学改良利用均具有重要的现实意义和实践价值。欣然为序。

中国科学院院士 半山官

2023 年 11 月于北京

前 言

　　滨海盐土是海相沉积物在海潮或高浓度地下水作用下发育形成的全剖面含盐土壤，土壤氮、磷和有机质含量偏低，土壤贫瘠、盐碱化严重。我国盐渍土面积 $3.69 \times 10^7 \ hm^2$，其中滨海盐土面积 $2.18 \times 10^6 \ hm^2$，浙江滨海盐土面积占全国的 13.3%，主要分布于杭州、台州、温州、宁波、绍兴、嘉兴和舟山等地区。新围滨海盐土因土壤盐分重、养分低、地下水矿化度高、淡水资源缺乏等问题，每年造成我国滨海地区农业生产损失约 180 亿元，其中浙江损失高达 20 亿元，严重限制了该区域农业经济的发展。1970 年以来，浙江省农业科学院土壤资源改良利用研究团队专家开展了滨海盐土改良利用研究，研究之路经历了以下几个阶段：

　　1970—1975 年，在萧山头篷垦区，建立新围滨海盐土实验基地，探明了新围砂涂盐分动态变化规律，研发出了新涂地水稻小苗育秧技术和上层土壤脱盐措施，引水种稻技术推广应用了 $6\ 667 \ hm^2$，水稻产量接近一般高产稻田水平。

　　1976—1980 年，在上虞"七五丘"、温岭"八一塘"、乐清"合作塘"等，建立了新围滨海盐土实验区 $667 \ hm^2$，创立了"引水种稻、活水灌溉"的土壤耕作脱盐技术，就地开辟有机肥源，使实验区 5 年就达到了高产稻田的生产水平。"新围海涂垦植利用研究"获 1979 年浙江省科技成果二等奖，"加速新围海涂垦植利用技术（中间试验）"获 1980 年农业部技术改进一等奖。

　　1981—1985 年，在象山"幸福塘"，建立了新围滨海盐土实验区，创建了新围黏质涂地波纹管的地下埋管方法及其配套管理技术，有效降低黏质涂地的地下水位，加速含盐地下水的淡化，实现了加速黏质涂地土壤脱盐和新围涂地种植棉花 5 年达到中等产量水平。"新围黏质海涂改良利用研究"获 1984 年浙江省科学技术进步四等奖。

　　1986—1990 年，在绍兴"八五丘"，建立了新围滨海盐土实验区，研发了新围滨海盐土多年生果木开发利用技术，葡萄亩产达到中等水平。

1991—1995 年，在上虞"八四丘"，建立了新围滨海盐土实验区，提出了旱地"浅密型"土壤排盐排水系统，创新了新围海涂地的综合治理与农业开发利用技术途径，亩产皮棉增加 67%。

1996—2000 年，在上虞"八四丘"新围滨海盐土实验区，完成了浙江省重大研发项目"浙江海涂农业综合开发现代科技示范园区建设"，破解了旱地作物防盐育苗与盐斑快速治理等技术瓶颈，创建了首个浙江省海涂现代农业示范园区，使实验区的林地覆盖率达 12%。1996 年撰写出版了《浙江新围海涂农业综合开发技术》专著。"新围海涂地的综合治理与农业开发利用技术"获 1996 年浙江省科学技术进步一等奖。

2001—2005 年，在海宁"黄湾"、萧山开发区，建立了新围滨海盐土实验区，完成了浙江省科技厅项目"现代海涂综合开发与生态环境建设"，开展新围滨海盐土水、盐动态的长期观测研究，提出了农渔工程与合理的农艺综合配套技术，解决了新围滨海盐土的盐害难题，建立了出口蔬菜高效生态现代农业产业体系。2001 年撰写出版了《浙江省海涂农业科技示范园区建设与实践》专著。"浙江海涂农业综合开发现代科技示范园区建设"获 2001 年浙江省科学技术进步三等奖。

2005—2008 年，在浙江省典型滩涂围垦区，建立了杭州湾、乐清湾和三门湾等 3 个滩涂生态围垦利用技术示范区，完成了浙江省重大研发项目"浙江省滩涂农业生态围垦利用关键技术研究与示范"和重点研发项目"杭州湾涂区外向都市型高科技农业生产的关键技术研究"，探明了围垦利用对滩涂生态环境的影响机制，创建滩涂生态围垦指标体系，建立了新围滩涂农业生态综合开发优化利用模式，为浙江省解决 1.33×10^5 hm^2 耕地占补平衡与开发利用滩涂提供技术支撑和示范样板。

2009—2014 年，在上虞、慈溪，建立了新围滨海盐土实验区，完成了农业部公益性行业（农业）专项"滨海盐碱地农业高效利用和盐土农业技术模式研究与示范"，以加速土壤脱盐为核心，开展了土壤质地改造抑盐、土壤控盐改良剂和微咸水节水高效利用等关键技术研究，建立新围滨海盐土综合治理与农业高效利用技术体系，发明了土壤颗粒重组、盐分淡化技术，创建土壤快速降盐技术体系，推广应用 1.46×10^6 hm^2，增加经济效益 10.5 亿元。编制了《滨海砂涂土壤快速降盐技术操作规程》《滨海盐土青花菜安全生产技术规程》和《滨海盐土水稻高产栽培技术规程》等 3 项技术规程。"新围滨海盐土综合治理及农业高效利用技术与示范"获 2014 年浙江省科学技术进步三等奖。

2015—2019 年，完成了农业部公益性行业（农业）科研专项"南方低丘缓坡区水田合理耕层构建技术模式集成与示范"，发明了基于水田耕层土壤肥力管理与作物生长养分需求动态相耦合的合理耕层构建技术，技术推广 4.46×10^5 hm^2，增加产值 9.37 亿元。"滨海盐土盐分淡化与高效利用关键技术及应用"获 2015 年神农中华农业科学技术三等奖。

2019—2023 年，承担国家重点研发项目"浙江沿海质地黏闭型耕地盐碱退化阻控和肥力恢复技术集成与示范"，完成浙江省重点研发项目"浙江省粮食主产区农田地力快速培育与修复技术研究与示范"和"基于作物健康的农产品提质增效关键技术研发与集成应用"等项目，突破了消减地力障碍、快速培育和提升地力等技术瓶颈，创建土壤养分库容扩展-有机质稳定-生物活化技术，集成作物健康提质增效生产技术体系，为实现农田高产稳产提供技术支撑，成果推广应用 3.47×10^5 hm^2，新增产值 2.69 亿元。

本书系统总结了近 50 多年滨海盐土改良与利用的研究成果，结合土壤学和环境科学等相关专业研究生教学与实践，以试验数据为基础、理论为依据，编撰此书。在本书成稿之际，谨向为项目研究和本书撰写付出辛勤劳动的老一辈团队成员董炳荣、冯志高、林海、何守仁和现在团队成员傅庆林、郭彬、裘高扬、李华、刘俊丽、陈晓冬、王鸢、刘琛、林义成、丁能飞、王建红等各位同仁，以及所有关心、支持项目的各位前辈、领导和单位表示衷心的感谢与诚挚的敬意。

由于编著者水平有限，书中一些观点有待进一步研究和验证，如有错误和不当之处，敬请同行和读者批评指正。

傅庆林

2023 年 10 月 5 日

目 录

序
前言

第一章

绪 论

CHAPTER 1

盐渍土长期存在着含盐量高、地下水位和矿化度高、土质黏重、地势低、排水困难和农作物生长困难等问题，导致对其开发利用和进行农业生产受到极大制约。2011 年，全球盐渍土的总面积约 1.1×10^9 hm²，其中 14% 为林地、湿地和自然保护区，其余 86% 的盐渍土提供了目前全球 11% 的生物产量（Wicke et al.，2011）。并且，全球范围内的土壤盐渍化程度仍呈现上升趋势。在我国，盐渍土总面积为 3.69×10^7 hm²，分布于从热带到寒温带、滨海到内陆、湿润地区到极端干旱区的广袤地区（杨劲松等，2022），其中滨海盐土面积为 2.17×10^6 hm²（蔡清泉，1990）。按分布地区分类，我国盐渍土可以分为内陆盐渍土、滨海盐渍土和冲积平原盐渍土。盐渍化耕地作为我国最主要的中低产田类型之一，其土壤有机质含量不足 1% 的面积达到 26%，整体有机质含量低于欧洲同类土壤的 1/2（沈仁芳等，2018），因而治理开发未利用盐渍土地，提高其耕地质量与生产力水平，对有效扩增耕地资源和整体提升耕地质量均具有重大的现实意义（云雪雪和陈雨生，2020）。

第一节 盐渍土的分布

一、全球盐渍土分布

全球 1.5×10^9 hm² 耕地中有盐渍土 9.32×10^8 hm²（表 1-1），遍布各大洲 100 多个国家。2011 年，全球盐渍土总面积达到了 1.1×10^9 hm²（Wicke et al.，2011）。在 2.27×10^8 hm² 灌溉土地中，盐渍化土地为 4.5×10^7 hm²（约占灌溉土地的 20%），其中 25%~30% 的灌溉土地因盐渍化而基本没有商业生产价值（Ghassami et al.，1995）。

表 1-1 盐渍化土壤的全球分布（Szabolcs，1989）

地区	面积（$\times 10^6$ hm²）		
	盐化	碱化	总计
北美洲	6.2	9.6	15.8
中美洲	2.0	—	2.0
南美洲	69.4	59.6	129.0
非洲	53.5	27.0	80.5
南亚	83.3	1.8	85.1

（续）

地区	面积（$\times 10^6$ hm^2）		
	盐化	碱化	总计
北亚和中亚	91.6	120.1	211.7
东南亚	20.0	—	20.0
欧洲	7.8	22.9	30.7
澳大利亚	17.4	340.0	357.4
总计	351.5	581.0	932.2

土壤盐渍化问题主要存在于澳大利亚、中国、埃及、印度、伊朗、伊拉克、墨西哥、巴基斯坦、叙利亚、土耳其和美国等国家。在美国西南部和墨西哥，盐渍化土地大约有 2×10^8 hm^2。在中东地区，有 2×10^7 hm^2 土地受到土壤含盐量增加的影响，起因是不当灌溉方法、高蒸发率、盐灼伤概率增长以及地下水含盐量增加。在伊朗，14.2% 的土地面积受到盐分影响。在埃及，沿尼罗河有 1×10^6 hm^2 耕地遭受盐害。约旦河流域的盐分积累对叙利亚和约旦的农业生产产生了不利影响。在非洲，盐化碱土面积为 8×10^7 hm^2，其中西非的萨赫勒地区分布最多。在印度，20% 的耕地（主要分布在拉贾斯坦邦、沿海的古吉拉特邦和印度恒河平原）受到盐化或碱化的影响。巴基斯坦有 1×10^6 hm^2 土地因盐渍化和/或涝渍而损失。在孟加拉国，3×10^6 hm^2 土地因含盐量过高而被荒废。在泰国，土地盐渍化面积为 3.58×10^6 hm^2（3×10^6 hm^2 为内陆，5.8×10^5 hm^2 为沿海）。在中国，3.69×10^7 hm^2 的土地受到盐渍化影响（如内蒙古、黄河流域和沿海地区）。而在澳大利亚，盐渍化土地面积高达 3.57×10^8 hm^2。

次生盐渍化（即灌溉农业等人类活动造成的土壤盐渍化）主要发生在干旱和半干旱地区，包括埃及、伊朗、伊拉克、印度、中国、智利、阿根廷、西班牙、泰国、巴基斯坦、叙利亚、土耳其、阿尔及利亚、突尼斯、苏丹等国家。全球 2.27×10^8 hm^2 灌溉土地中有 4.5×10^7 hm^2 发生盐渍化，占 20%（表 1-2）。

表 1-2　灌溉土地次生盐渍化的全球估值（Ghassemi et al.，1995）

国家/地区	面积（$\times 10^6$ hm^2）		
	种植区	灌溉区	盐渍化区
中国	97.0	44.8	6.7（15%）
印度	169.0	42.1	7.0（17%）
独联体	232.5	20.5	3.7（18%）
美国	190.0	18.1	4.2（23%）
巴基斯坦	20.8	16.1	4.2（26%）
伊朗	14.8	5.8	1.7（29%）
泰国	20.0	4.0	0.4（10%）
埃及	2.7	2.7	0.9（33%）

（续）

国家/地区	面积（$\times 10^6$ hm^2）		
	种植区	灌溉区	盐渍化区
澳大利亚	47.1	1.8	0.2 (11%)
阿根廷	35.8	1.7	0.6 (35%)
南非	13.2	1.1	0.1 (9%)
小计	842.9	158.7	29.7 (19%)
世界（总计）	1 474	227	45 (20%)

注：括号中的值是灌溉区内盐渍化土壤面积所占百分比。

二、中国盐渍土分布

根据王遵亲等（1993）的研究，我国各类盐渍土面积约为 9.91×10^7 hm^2（现代盐渍土约 3.69×10^7 hm^2，残余盐渍土约 4.49×10^7 hm^2，潜在盐渍土约 1.73×10^7 hm^2），约占国土面积的 1.03%。耕地中盐渍化面积为 9.21×10^6 hm^2，占全国耕地面积的 6.62%。盐渍土在全国各个地区几乎均有分布，但大面积的盐渍土主要分布于干旱、半干旱地区和沿海地带及地势比较低、径流较滞缓或较易汇集的河流冲积平原、盆地、湖泊沼泽地区。根据土壤化学性质，可将我国盐渍土分为 8 个盐渍区：滨海湿润-半湿润海水浸渍盐渍区，东北半湿润-半干旱草原-草甸盐渍区，黄淮海半湿润-半干旱耕作-草甸盐渍区，内蒙古高原干旱-半漠境草原盐渍区，黄河中上游半干旱-半漠境盐渍区，甘、蒙、新干旱-漠境盐渍区，青新极端干旱-漠境盐渍区，西藏高寒漠境盐渍区（王遵亲等，1993；刘文政等，1978）。根据目前已发表的文章及有关资料，把我国各省份盐渍土面积总结列入表 1-3（杨真和王宝山，2015）。

表1-3 中国各省份盐渍土面积（杨真和王宝山，2015）

省份	总面积（$\times 10^6$ hm^2）	耕地面积（$\times 10^6$ hm^2）	盐渍土面积（$\times 10^6$ hm^2）	占总面积（%）	占耕地面积（%）
黑龙江	47.3	11.83	1.47	3.11	12.43
吉林	19.1	5.54	1.4	7.33	25.27
辽宁	14.8	4.09	0.91	6.15	22.25
内蒙古	118.3	7.36	7.63	6.45	103.67
宁夏	6.64	1.32	0.39	5.87	29.55
甘肃	45.37	5.41	1.04	2.29	19.22
新疆	166.49	4.06	11	6.61	270.94
陕西	20.58	5.13	0.35	1.70	6.82
河南	16.7	7.93	0.2	1.20	2.52
山东	15.71	7.52	1.06	6.75	14.10
山西	15.67	4.17	0.3	1.91	7.19

（续）

省份	总面积 （×10⁶ hm²）	耕地面积 （×10⁶ hm²）	盐渍土面积 （×10⁶ hm²）	占总面积 （%）	占耕地面积 （%）
河北	18.88	5.9	0.6	3.18	10.17
天津	1.19	0.49	0.78	65.55	159.18
青海	72.23	0.54	2.3	3.18	10.17
江苏	10.26	4.78	0.87	8.48	18.20
上海	0.634	0.2	0.06	9.46	30.00
西藏	122	0.22	1.93	1.58	877.27
浙江	10.18	1.59	0.09	0.88	5.66
广西	23.76	4.22	0.078	0.33	1.85
广东	17.98	2.1	0.12	0.67	5.71
福建	12.4	1.17	0.27	2.18	23.00
海南	3.54	0.75	0.017	0.48	0.02
台湾	3.6	0.83	0.025	0.69	3.01

第二节　盐渍土研究历程

近年来，国际上盐渍土研究主要包括土壤盐渍化发生演变、水分高效利用、植物耐盐性等三大方向。2018 年，在巴西里约召开第 21 届世界土壤学大会，有关盐渍土领域的主题包括：多源数据融合与盐渍化反演、盐渍化演变过程模拟、劣质水安全利用、盐渍化的生态水文过程、盐渍障碍修复与作物响应等。2021 年，世界土壤日（WSD）主题为"防止土壤盐渍化，提高土壤生产力"。目前，我国的盐渍土专题既涵盖了国际盐渍土的方向和内容，又突出了国内特色，注重科学需求和国家需求的有机结合，研究内涵更为丰富，涉及面更加宽广，学科交叉更多（杨劲松等，2022）。

我国盐渍土研究始于 20 世纪 50 年代，在苏联关于盐渍地球化学理论和经验基础上，学习和吸收了欧美、以色列的盐土农业（Biosaline）生物治理的概念，引进和发展了美国、荷兰、以色列等国家关于水盐运移、节水灌溉、排水管理与劣质水安全利用的理念，融合了我国对盐渍土障碍消减、地力提升与生态提质的自身需求，形成了服务于农业与生态、特色明显、多学科交融的盐渍土生态治理理论和方法体系（云雪雪和陈雨生，2020）。总体上，我国盐渍土研究历程大致可分为资源清查、水利改良、综合治理和可持续管理 4 个阶段（云雪雪和陈雨生，2020；王佳丽等，2011），对发展农业生产、提高土地产能、保障粮食安全、拓展耕地资源等方面发挥了积极且重要的作用。"十一五"到"十三五"期间，我国部署和实施了面向全国的公益性行业（农业）专项经费项目"盐碱地农业高效利用配套技术模式研究与示范"，国家科技支撑项目"渤海粮仓科技示范工程""黄河河套地区盐碱地改良""典型盐碱地改良技术与工程示范"，面向东北、河套平原和新疆干旱区的盐碱地生态治理关键技术研发与集成示范等三个国家重点研发计划项目。2011 年以来，相继成立了京津冀盐碱地生态植被修复联合实验室、中国科学院盐碱地资源高效利用工程实验室；2022年建立了农业农村部东北盐碱地改良利用重点实验室、农业农村部干旱半干旱盐碱地改良利用重点实验室和滨海盐碱地改良利用重点实验室等，开展盐碱地开发利用研究；2023年成立了国家盐碱地综合利用技术创新中心，聚焦"以种适地、以地适种"的关键技术攻关，有力推动了我国盐渍土研究工作的开展和研究队伍的建设。

第三节 国内外盐渍土改良研究现状

盐渍化的发生和盐渍土的形成，主要是受自然和人为等多种因素影响下水分和盐分在土体中迁移与再分配的水盐运动过程所控制。目前盐渍土的改良和盐渍化治理包含物理、化学、水利和生物等途径，通过改变土壤的土-水-气-生参数，定向调节土壤盐分的运动与聚集过程，如通过水分管理加速耕层盐分淋洗以形成"淡化肥沃层"或局部"水肥保蓄层"、减少土壤表面蒸发和作物蒸腾以抑制盐分表聚、创建疏松隔层以阻滞盐分上行、增加土壤排水以加快土体排盐，或定向引导盐分聚集以根区避盐等（彭新华等，2020）。

一、土壤水盐运动的物理调控

通过改变耕层土壤物理结构、降低蒸散量、增加深层渗漏量来调节土壤水盐运动，从而提高土壤入渗淋盐性能，抑制土壤盐分上行并减少其耕层聚集量。盐渍土水盐运动的物理调控措施主要包括耕作（深耕晒垡、深松破板和粉垄深旋等）和农艺（地面覆盖、喷施蒸腾抑制剂和秸秆深埋等）措施（杨劲松和姚荣江，2015），并且随着材料科学研究的不断深入，出现了可降解液态地膜（王建红等，2002）、生物质材料、多孔吸附材料等盐渍化物理调控新方法。例如，在农艺措施方面，地膜覆盖与秸秆深埋能够蓄水保墒和抑制矿化度较高的潜水蒸发，有利于建立"高水低盐"的土壤溶液系统（王婧等，2012）；降水结合麦秸覆盖对重盐渍化土壤具有脱盐淋滤效果，秸秆覆盖增强了降水对土壤盐淋的影响，特别是在剖面0~80 cm土层（Cui et al.，2018）；蒸腾抑制剂降低了毛叶枣叶片气孔导度，并降低叶片蒸腾速率（姚全胜等，2009）。在耕作措施上，耕作提高土壤孔隙度加速盐分淋洗，改善土壤团粒结构，促进淋盐的间接效应，如粉垄耕作0~40 cm深度显著提高土壤孔隙度，增加0.25~1.00 mm粒径团聚体含量，快速降低耕层土壤可溶性全盐（金雯晖等，2016；杨博等，2020）。此外，季节性冻融可显著增加耕作土壤2 mm干筛团聚体和0.25~1.0 mm团聚体含量，降低平均孔隙面积，减轻机械压实的负效应。利用工程措施将上层粗颗粒和下层细颗粒重新分布，促进砂涂地土壤快速脱盐（林义成等，2004）。总之，物理调控措施的机理相对明确，操作性较强，但物理调控的效果因土壤质地、剖面构型、气象和地下水条件、灌溉水质水量等状况不同存在差异。

二、土壤碱化度和pH的化学调理

以离子交换、酸碱中和、离子均衡为主要原理，运用Ca^{2+}置换出土壤胶体上的Na^+并淋洗出土体以降低或消除其水解碱度，利用无机酸释放、有机酸解离和Fe^{2+}、Al^{3+}水解形成的H^+与土壤溶液中的CO_3^{2-}、HCO_3^-中和，清除土壤溶液中的OH^-，通过降低土壤碱化度和 pH 的方式消除碱化危害，主要适用于碱土、盐化碱土和碱化盐土。目前常用的化学调理材料分为钙基（脱硫石膏、磷石膏等）、酸性盐（磷酸二氢钾、磷酸二氢钠等）、强酸弱碱盐（硫酸亚铁、硫酸铝等）和有机酸（腐殖酸、糠醛渣等）四类。石膏施用后溶解的 Ca^{2+} 与土壤胶体 Na^+ 交换并淋洗，降低土壤胶体吸附的交换态钠，在降碱排盐、提高微生物活性、促进植株生长发育等方面均具有显著效果（Zhao et al.，2018；Nan et al.，2016）；但是，受土壤碱化度、阳离子交换量和石膏溶解度等多种因素的影响，石膏用量过高会抑制植物生长。在保证灌溉量的基础上，与单施腐殖酸相比，石膏与腐殖酸配施更能显著降低土壤 pH、交换态 Na^+ 和钠吸附比（SAR）（徐君言等，2022；朱芸等，2022）。有机酸类材料对盐渍土除了具有酸碱中和、降低 pH 的直接效应外，还有提高土壤缓冲性能、提升养分库容的间接效应。此外，高分子材料被用于盐渍土调理研究，如高分子聚丙烯酰胺（PAM）通过絮凝和团聚作用可以抑制蒸发积盐（王建红等，2002；王启龙，2018）；苯乙烯系阴离子交换树脂，对土壤盐碱离子具有显著钝化效果，可降低水溶性全盐含量 30.6%（宋纪雷等，2018）。改性矿物型土壤调理剂吸附土壤中 Na^+，从而减轻作物根际土壤盐分，提供养分，促使植物生长（朱芸等，2021）。这些化学调理措施具有见效快、材料配方灵活多样等特点，但存在效果单一、持续时间短、可能发生二次污染等问题。

三、"植物聚盐" 改良盐渍土

通过提升植物的耐盐抗逆能力，在盐渍土上进行适应性种植，利用植物根系生长改善盐渍土理化性质，最大化植物生物量，通过收获物带走根区部分盐分，主要包括种植耐盐植物、植物生长提升土壤质量、植物收获物除盐等三个方面（Zheng et al.，2018）。大多数盐生植物和耐盐植物，如碱蓬、盐角草、田菁、芦苇、羊草和柽柳等，都具备特殊的渗透调节机制或盐分泌机制，使得它们能够在高盐分的土壤中生长。通过种植盐生植物海马齿、盐角草和碱蓬可以保持盐渍土农业生态系统稳定（Kafi et al.，2010；Ravindran et al.，2007）。近年来，利用耐盐基因改良提高植物的耐盐抗逆能力，如一种新型基因 *SbRPC5L* 赋予植物非生物抗逆性的潜力，在盐胁迫下生长良好（Kumari and Jha，2019）。盐生植物也可通过根系生长穿插和分泌物改善盐渍土的理化和生物学性质，如盐渍土种植柽柳、小果白刺、沙枣等盐生植物降低土壤盐分、pH 和容重，提高土壤微生物数量，增强土壤纤维素酶、脲酶和脱氢酶活性。"干排盐" 和 "植物聚盐" 改良盐渍土，即在盐渍区留出一定面积比例的低洼荒地承接周边多余的灌溉水与高盐分地下水，通过蒸发和蒸腾作用将盐分聚集到地表或被植物吸收。在干排盐系统中，盐生植物通过蒸腾作用促进土壤水盐运动，使得土壤盐分在空间上分散，有效提高盐荒地聚集盐分的效率，如重度盐渍土种植盐角草和碱蓬可从土壤中带走盐分，且盐角草植株对 Na^+ 和 Cl^- 的积聚效率是碱蓬的 2.2～2.3 倍（赵振勇等，2013）。"植物聚盐" 为盐渍土的生物适应性改良提供了重要思路，尽管盐生植物生物吸盐效果较好，但盐渍土区土壤和地下水往往存在频繁的盐分交换，"植物聚盐" 对盐渍土生物适应改良的长效性仍有待长期观测。

四、盐渍障碍的生态消减

在高强度的人为改造影响条件下，土壤盐渍障碍快速消减，土地生产功能迅速提升，主要包括生物适应型、资源节约型和环境友好型等盐渍障碍消减。

（一）生物适应型

在减少人为干扰下，利用植物耐盐抗逆能力和适应性种植，通过植物生长改善盐渍土理化性质，增加植物生物量并移除植物根区收获部盐分来降低土壤盐渍化程度。如培育耐盐物种，以去除土壤中的盐分离子来达到修复盐化土壤（傅庆林等，2001；Luo et al.，2018）；重度盐渍土种植盐生植物盐角草和碱蓬可从土壤中带走大量盐分（赵振勇等，2013）。此外，盐生植物通过蒸腾作用促进土壤水分运动，能有效提高盐荒地聚集盐分的效率。

（二）资源节约型

采用节约水资源和充分利用边际水资源，结合节水灌溉方式维持局部淡化层的有限治理方式，节水控盐已成为盐渍土治理的重要研究方向。滴灌能显著降低土壤盐分含量，改善土壤结构，使盐生植被演替为低耐盐植物（Sun et al.，2012）。滴灌结合暗管排盐可实现当季降低土壤盐分，减少淋洗盐分的用水量（衡通等，2018）。5～7 年连续膜下滴灌降低棉田膜内根区 0～60 cm 土壤盐分，适合棉花种植（王振华等，2014）。在冬季浅层地下咸水结冰灌溉，融水入渗后，咸淡水分梯次入渗显著降低土壤盐度和 SAR（钠吸附比），咸水结冰灌溉较直接灌溉咸水或淡水脱盐效果更好（张越等，2016；Guo et al.，2015）。

（三）环境友好型

将符合安全标准的农牧业废弃物、生物质、工业副产品等材料，直接应用或者将其发酵、改性、复配后施入，以快速或长效地提升盐渍土的理化、生物学性质。生物质炭加入盐渍土可以促进有机质和腐殖质的形成，提高土壤碳氮比（C/N），增加土壤对氮、磷等养分的吸附量和吸持强度，进而提高肥料利用率，减少面源污染。如施用生物质炭缩短盐渍土改良时间并促进植物正常生长（Yue et al.，2016）。将木质素纤维作为隔层埋于盐渍土中，能够抑制土壤返盐，且效果优于生物质炭（Zhu et al.，2021）。利用腐殖酸改良盐渍土，能够减少盐分积累、平衡酸碱度、改善土壤结构（徐君言等，2022；朱芸等，2022）。施用脱硫石膏后，盐渍土 pH 和碱化度均显著降低（朱芸等，2022）。

五、盐渍障碍的微生物修复

微生物对盐渍土治理修复具有直接和间接两个方面的效应。在直接效应方面主要表现为微生物的活动促进土壤团聚化、养分有益循环与难溶土壤养分元素的活化。如一些细菌可通过分泌胞外多糖，将砂粒黏结在一起以促进砂粒团聚成块（艾雪等，2015）；灰绿曲霉接种到苏打盐渍土后，能够缠绕盐碱土颗粒生长，其代谢产物能够在土壤中形成纳米粒子，从而改善土壤团粒与微团粒结构（陈丽娜等，2020）。同时，土壤微生物分泌大量不同类型的酶，如脲酶可有效地将土壤中的酰胺态氮水解成 NH_4^+，蔗糖酶可将土壤中大分子糖分解为果糖和葡萄糖，促进土壤养分的有益转化（鲁凯珩等，2019）。此外，微生物可以产生嗜盐菌素、抗生素、有机酸、胞外多糖和各种碱性酶类物质，使土壤中难溶性钾、磷、硅等元素转变为可溶性元素（沙月霞等，2021；王伟等，2009），产生磷酸酶、植酸酶等胞外酶类分解有机磷，且解磷微生物在生长代谢过程中产生的有机酸可降低土壤pH（王巍琦等，2019）。解钾细菌可释放土壤 K^+，置换土壤 Na^+，降低土壤盐分，促进水稻生长（俞海平等，2022）。土壤微生物对盐渍土治理修复的间接效应主要是通过微生物-植物共生互馈来实现，如提高植物的耐盐、抗逆性与养分吸收能力，促进植物生长与根系穿插，从而改良修复盐渍土。如α-变形菌帮助植物抵抗土壤中病原真菌，硝化螺旋菌门能够有效降低土壤中盐碱度，AM真菌菌丝将富含碳的化合物释放到土壤中，刺激土壤中溶磷细菌增殖，增强磷矿化与释放，对植物起到促生作用；放线菌门能吸收营养物质且作为70%抗生素的来源，是降解盐渍土木质素与纤维素的主要功能菌群（代金霞等，2019）。此外，绿弯菌门能够分解纤维素，酸杆菌门能够降解植物残体多聚物，厚壁菌门可以产生芽孢抵御外界的有害因子，浮霉菌门参与碳氮循环，这些微生物均在提升盐渍土作物抗逆能力、促进作物生长方面发挥重要作用（孙建平等，2020）。近年来，通过各种功能微生物的组合开发出了复合微生物的菌剂、菌肥等，并在改良修复盐渍土方面开展大量的研究。如滨海盐土中接种ACC脱氨酶活性菌株，可增强茄子耐盐性（刘琛等，2008；Fu et al.，2010）；添加耐盐性硫氧化细菌在盐渍土中能催化硫循环，可降低土壤pH 0.3个单位（汪顺义等，2019）；利用土著微生物可提升滨海盐土地力（裴高扬等，2022）；乳酸菌复合制剂有效降低盐碱地土壤pH，增加土壤铵态氮、硝态氮及有效磷含量和放线菌数量，降低病原微生物数量，对盐碱地的改良具有良好效果（侯景清等，2019）。

六、盐渍障碍的优化灌排治理

淡水资源短缺是盐渍土区农业生产发展的主要限制因素，为了更好解决水资源制约条件下的盐渍土治理利用问题，新型的节水控盐灌溉方法和水分高效利用的优化灌排制度，以及咸水和微咸水资源等边际水资源的安全利用研究受到重视。盐渍障碍的优化灌排治理是通过灌溉结合明沟、暗管、竖井等排水手段，控制或降低地下水位，促进土体盐分排出（傅庆林等，2023），如大水漫灌和明沟排盐、微咸水安全利用、咸水结冰冻融、膜下滴灌、暗管排水等灌排系统管理措施。

（一）微咸水利用

确定作物适宜的灌溉水质阈值是实现咸水微咸水资源化高效安全利用的基础。如高矿化度咸水灌溉后覆盖地膜，膜下蒸汽水凝结成淡水在地表形成淡化薄层，为作物出苗提供适宜的土壤水分和微域低盐环境（刘海曼等，2017）；低灌水量和高矿化度处理表现出一定盐分累积趋势，因此应用微咸水进行灌溉时要重视高矿化度和低灌水量情形，以安全利用微咸水资源（Wang et al.，2017）。利用冬季咸水结冰冻融过程咸淡水分离的原理，即低温时咸水结冰，融化时高盐浓度的冰块先融化入渗，低盐浓度冰块后融化入渗，实现咸淡水梯次入渗使土壤表层脱盐（Yang et al.，2020）。咸水冰融化过程中，后融化的微咸水或淡水对土壤盐分具有较好的淋洗效果，使土壤表层脱盐（Guo et al.，2015）；咸水结冰灌溉配合石膏施用，可以有效提高土壤导水率和降低土壤pH，改良和修复滨海盐土的效果更好（Zhang et al.，2019）。通过研究咸淡轮灌下盐渍土盐分分布规律，发现生物质炭具有缓解微咸水灌溉条件下土壤盐分集聚土壤表面的现象（朱成立等，2019）。

（二）优化灌排

采用不同节水灌溉方式、灌溉制度和优化灌排系统治理盐渍土，如渗灌、滴灌和沟灌三种灌溉方式均可降低土壤盐分和pH，滴灌还可以提高土壤速效养分含量和微生物特性。暗管排盐则是通过在地下一定深度铺设打孔排水管网，保持地下水位在临界埋深以下，利用雨水和灌溉水淋洗出土壤盐分，实现土体排盐，适合地势低洼、地下水埋深浅或次生盐渍化灌区（何守成和董炳荣，1988）。如通过对不同质地滨海盐土进行的喷灌模拟试验，确定了提高盐分淋洗效果、维持土壤含水量的最佳喷灌强度（褚琳琳等，2013）；明确了滴灌下土壤水盐空间分布及棉花产量的影响因素，提出了优化灌溉方案（Lin et al.，2021）；利用灌溉与有机氮替代相结合提高滨海盐土莴笋产量和改善土壤理化性状（马宁等，2022）。暗管排盐效率与灌溉定额及暗管的埋深、间距、管径等参数密切相关，增大暗管间距将降低灌溉水平均入渗强度，增加灌溉水量分配的空间差异，引起土壤脱盐不均衡（张金龙等，2018；Yao et al.，2017）；暗管排水有利于土壤脱盐、脱碱（于丹丹等，2020），可以有效排除微咸水灌溉过程土壤中累积的盐分，预防微咸水长期灌溉引起的土壤积盐。盐渍土的灌排水需根据水分和盐分运动实际情况进行确定，随着近年来气候变化、极端气候频繁和降水带北进西移趋势的影响，开展土壤盐渍化灌排水研究至关重要。

七、盐渍土磷素的有效性提升

盐渍土约占全球土地面积的 3%，是具有重要战略意义的后备土地资源。然而，盐分胁迫不仅降低土壤水的渗透势，产生离子毒害作用，而且抑制植物营养的均衡吸收，严重影响作物产量。盐分胁迫和有效磷缺乏是盐渍土的两种主要非生物胁迫。

（一）盐分降低磷有效性的作用机制

盐分通过阳离子作用和离子竞争直接影响与通过影响植物和微生物的生命活动间接影响磷的有效性（咸敬甜等，2023）：

1. 阳离子作用 在碱性土壤中，盐分离子 Ca^{2+}、Mg^{2+} 等与磷酸根离子结合使之迅速由可溶态转化成难溶态，并最终结合羟基、氧基等形成植物不可利用的羟基磷酸盐、氟磷酸盐。

2. 离子竞争 盐分离子与磷酸根离子竞争进入细胞膜的结合位点，并且盐分和养分离子穿过细胞膜被植物吸收时会产生离子竞争。例如，Na^+ 与 K^+ 竞争结合点位，Na^+ 过量导致植物无法获得足够的 K^+ 而营养失衡（Long et al.，2019）。

3. 影响植物根系的渗透势及吸水性 盐分过量，植物不仅需要积累更多的有机和无机溶质来对抗外部环境中的低渗透势（Nublat et al.，2001），且植物的吸水性会受到抑制。

4. 盐分离子毒害作用 特定离子包括 Na^+、Cl^-、HCO_3^- 等，这些离子对大多数植物都具有毒害作用（Su et al.，2022），其次盐分胁迫会使植物体内产生大量的活性氧自由基，导致细胞膜质被氧化破坏（丁能飞等，2008）。

5. 盐分离子的物理效应 大量 Na^+ 存在时，由于其水合半径较小，吸附的扩散层较厚且松散，阻碍了土壤胶体之间的吸附，使土壤结构变差，特别是土壤湿润时还会促进团聚体的崩解和分散，使土壤孔隙被阻塞，通气、透水性大大减弱，严重影响植物正常的生理活动（Zahedi et al.，2020）。

6. 影响有机磷的矿化过程 盐渍土的高盐分和 pH 会抑制碱性磷酸酶的活性，制约有机磷的矿化分解过程，使有机磷的有效性降低（丁能飞等，2018）。

（二）盐渍土磷有效性提升措施

提升土壤磷素有效性的措施包括物理提升措施和化学提升措施。

1. 物理提升措施 主要包括合理的耕作措施、种植制度和有效的施肥方式。通过耕作措施、种植制度和施肥改善盐渍土土壤结构、通气透水性和提高植物物种多样性等途径加强农业生态系统的磷循环。深松、粉垄、平整土地等耕作措施可以阻断盐渍土中向上输送水盐的毛细管，减轻盐分对植物根系的毒害，从而促进植物营养吸收和正常的生理活动；轮、间、套作等多样化种植模式能够促进不同作物间的养分协作，加快营养物质的转化和循环，提高作物利用养分的能力（黄晶等，2022）；免耕不仅提高土壤中有机碳、有机磷等含量，也会刺激微生物产生高活性磷酸酶，促进有机磷矿化；而轮作方式的不同主要影响无机磷及不稳定有机磷含量（林海等，1982）。有效的施肥方式如磷肥集中施用（条施、点施），可以有效减少磷肥与其他物质的接触，提高土壤的磷素有效性（林海和董炳荣，1985；Rogers et al.，2003）。物理提升策略的主要优点是绿色、经济，但效果相对较小且缓慢。

2. 化学提升措施 以有机改良剂为主，有机与无机改良剂复合应用。无机改良剂主要集中于对磷石膏的应用，磷石膏不仅可以交换 Na^+，促进盐分离子淋溶，改善土壤物理结构，而且在磷石膏颗粒周围土壤 pH 可达 3～4，形成局部的酸性环境，继而促进无机磷的溶解和释放（杨莉琳和李金海，2001）。有机改良剂主要包括黄腐酸、腐殖酸等有机酸，生物质炭、秸秆、生活污水污泥、动物粪便等的应用。生物质炭可以促进盐渍土 Na^+、Cl^- 的淋洗，提高 Ca^{2+}、Mg^{2+} 含量，显著降低钠吸附比，改善盐分离子组成和土壤物理结构，提高活性无机磷含量。有机和无机改良剂的结合使用多集中于有机肥配施改良剂。矿质磷和有机肥配施不仅显著增加了土壤磷组分，而且提高了小麦的产量和品质（Ding et al.，2020）；适宜用量的生物质炭结合黄腐酸，对重度盐渍土的系统培肥和肥料利用率提升均有促进作用（高珊等，2020）；而腐殖酸和脱硫石膏配施可提高滨海盐土磷素的有效性（朱芸等，2022）。但在化肥（过磷酸钙）结合有机肥和改良剂（$CaSO_4$）改良轻、中度盐渍土的试验中发现，所有施肥处理的土壤有效磷含量均降低，可能是由于改良剂促进植物生长而增加了磷素的吸收，同时 $CaSO_4$ 的施用引入大量 Ca^{2+}，与 PO_4^{3-} 结合生成难溶的沉淀，从而减少了有效磷的含量（张密密等，2014）。可见，无机改良剂搭配有机改良剂在促进植物生长方面效果显著，但在有效磷含量提升方面存在差异。虽然施用有机改良剂能改善各种土壤性质，但其矿化过程缓慢，养分含量有限。

八、盐碱地治理与农业高效利用综合配套技术

目前，我国在盐碱地治理与农业高效利用方面形成了八大体系 40 项技术（杨劲松等，2022）。

（一）盐碱地多尺度评估、农业适宜性评价和利用体系

将点、田间和区域尺度的水盐监测传感器件、近地传感器和遥感影像等监测手段相结合，进行多尺度土壤水盐动态、时空演变的联合监测（丁能飞等，2001；王建红等，2001），并根据监测结果进行土壤盐渍化分级分区、土壤质量和农业利用适宜性评估（傅

庆林等，1999），在评估结果的基础上依据不同作物/植物的耐盐性、生态习性、当地种植习惯等进行盐碱地利用种植布局规划。具有代表性的技术包括基于实时高精度传感器的土壤盐分不间断原位测试技术、田间土壤盐分磁感式快速探测与解译技术、基于多/高光谱影像的田块-区域多尺度盐渍信息融合技术、盐碱地农业利用适宜性评估技术等。

（二）阻断蒸发抑制盐分上升技术体系

以创建淡化表层为核心，通过降低蒸发控制积盐、打破毛管疏松土壤、物理隔断控制返盐等基本原理，控制土壤盐分的上行，抑制土壤返盐，包括旱作盐碱地"上覆下改"土壤控盐培肥技术和次生障碍盐碱地"上膜下秸"土壤控盐技术（傅庆林等，2001）。

（三）工程-农艺结合土壤排盐技术体系

融合工程排盐、物理洗盐与化学改盐方法，通过破板结层加速淋盐、离子交换加强排盐、暗管排水增强洗盐等原理，加强土壤洗盐效果，加快土壤的脱盐速率，包括机械破黏板层技术、水稻黄熟期延期排水增强洗盐技术、暗管治理顽固性碱斑技术等（郭彬等，2012）。

（四）节水灌溉优化灌排系统控制土壤盐分技术体系

以节水维持根区水盐平衡为核心，通过集雨、合理灌排、膜下滴灌、咸水结冰灌溉等原理，提高土壤淋盐效率和水资源利用效率，包括盐碱地棉花精量灌水控制土壤盐分技术、咸水结冰冻融淋盐保苗技术、盐碱地集雨抑制蒸发控制盐分改土技术、微咸水滴灌技术等（傅庆林等，2001）。

（五）土壤生物有机治盐改土技术体系

以生物有机改土培肥为核心，通过加大有机补偿、土壤增碳培育、废弃物资源化利用、根际养分调控等原理，实现土壤的生物有机农艺培肥，包括盐碱土堆肥与培肥技术、盐碱地根际营养调控技术、盐碱地秸秆快速腐解改土培肥技术、农牧结合改良农田盐碱斑技术等（傅庆林等，2001；丁能飞等，2018；马宁等，2022）。

（六）控制土壤盐分培育地力技术体系

基于酸碱平衡和离子平衡，通过有机添加、水解中和等基本原理，交换盐碱离子，加速盐碱离子的淋洗，快速治盐改碱，包括盐碱地水田淡化表层创建技术、盐土调理修复技术、重度盐碱地磷石膏快速改良技术、增强洗盐改碱生物型调理剂技术等（应永庆等，2018；朱芸等，2021）。

（七）重度盐碱地和盐荒地盐土农业利用技术体系

以利用作物/植物的耐盐性为核心，通过筛选驯化耐盐碱作物/植物新品种，优化耕种以提高苗期避盐，利用劣质水抑制盐分的过度聚集等原理，实现盐土植物、咸水和盐土的直接利用，包括耐盐碱作物/植物品种筛选、驯化与培育技术，盐生植物高效种植与吸聚盐技术及盐生经济植物品质调控技术等（傅庆林等，2001）。

（八）控盐-避盐-躲盐耕作与高效栽培技术体系

以躲避盐碱危害为核心，通过起高垄、垄作、平作等种植手段，以及垄作平栽、垄膜沟灌、覆膜穴播等栽培方法，结合控盐、避盐、躲盐型的耕作措施和轮、间、套作种植方式，实现作物生育期控盐种植与高产高效（傅庆林等，2022；Fu et al.，2012）。具有代表性的技术包括盐生植物夏播深耕，秋播免耕直播的苗期控盐、避盐、躲盐，轮、间、套作种植方式（林海等，1982；Zhu et al.，2023），包括盐生植物夏播深耕-秋播免耕直播的苗期控盐型耕作制度及盐生植物-耐盐作物（大麦、棉花等）的轮、间、套作制度（傅庆林等，2001），盐生植物夏播垄作与秋播垄作平栽耕种技术和垄作覆膜穴播栽培技术等。

第四节　我国盐渍土研究发展趋势

我国盐渍土研究还存在许多不足：一是水盐运动和水盐平衡理论没有更大的突破。尽管我国盐渍土研究正蓬勃发展，但是不少基础理论、模型、软件、设备均掌握在欧美国家手中，水盐运动和水盐平衡理论至今未有更大的突破，开创性研究有待加强。二是盐渍土障碍治理的学科交叉不够。盐渍土的原生障碍和次生障碍如影随形且相互作用，这要求盐渍土研究要打破传统的单一农田水利思路，从生物改土、水分管理、结构改善、肥力培育和功能提升等多个角度切入。三是土壤盐渍化演变规律、驱动机制、调控原理的系统性研究不够。我国分布有东部平原滨海盐土、东北松嫩平原苏打盐碱土、新疆绿洲盐渍土、河套灌区灌淤盐渍土、黄淮海平原盐化潮土，河西走廊盐化耕灌草甸盐土、南方沿海酸性硫酸盐土、青新极端干旱区漠境盐土等，不同生物气候带土壤类型、资源禀赋、水热条件、种植方式差异较大，虽然为我国盐渍土研究提出了多样化的科学问题、提供了特色鲜明的研究对象，但是缺乏对主要盐渍土分布区土壤盐渍化发生、演变过程中共性与个性的规律、驱动机制、调控原理等长期的野外观测台站和区域之间的联网比对研究，导致在全国尺度上的理论和技术突破存在一定的难度。四是我国的耐盐碱作物品种创新、盐碱地分类综合利用技术体系支撑和资源生态化利用技术创新等方面均存在不足。未来亟须解决耐盐碱作物品种创新不足、盐碱地分类综合利用技术体系支撑薄弱、资源生态化利用技术创新不足等重大科技问题。因此，需要进一步在以下6个方面开展深入研究。

一、盐渍土节水控盐理论和高效安全利用水资源技术

盐渍土分布区水资源较为短缺或严重分布不均，同时土壤盐渍障碍治理对水资源存在一定程度的依赖性，在"以水而定，量水而行"的水资源刚性约束下，"水"的高效和安全利用依然是未来盐渍土水盐调控的核心。因此，要深化节水型盐渍土水盐优化调控研究，阐明盐渍化中长期演变规律和土壤水盐平衡调控机理，进一步拓展微咸水和咸水资源安全利用技术；研究流域-灌域-景观-田块等多尺度上的水资源优化配给机制，建立与作物物候相匹配的节水灌溉理论和制度，剖析微润与痕量灌溉对盐渍土作物精量水肥供施原理，揭示水盐运动过程精准节水控盐机理，实现田块和区域尺度的高效节水与土壤盐渍化精准调控。

二、土壤盐渍障碍消减与健康保育技术

盐渍土治理利用过程中水肥投入强度较大，造成养分大量淋失。通过植物、微生物修复等方式，结合环保、绿色的生物质材料和低扰动的人为调控方式来治理土壤盐渍化，实现盐渍障碍的绿色消减，营造健康和高质量的土壤环境。因此，有必要加强研究耐盐植物适生种植的改土机制与技术，通过基因工程方法和根际微生物介入提高植物耐盐阈值的生

物学机制，研究盐生植物拒盐和聚盐机理，功能仿生材料、有益功能微生物的筛选、驯化与高效定植模式，探明盐渍障碍消减与养分减损高效的水肥盐协同管理机理，阐明盐渍土健康生境定向调节与保育原理，提出土壤盐渍障碍消减与土壤质量及功能提升技术，提高盐渍土生产力。

三、盐渍农田养分库容扩增与地力提升技术

盐渍化耕地作为我国主要的中低产田类型之一，提升地力水平与养分库容，对粮食增产与增碳减排具有重要意义。因此，重点研究盐渍化对土壤养分蓄纳和供给机制、土壤结构改良与养分库容扩增机理、农牧废弃物资源化利用的稳碳保氮机制、盐渍农田土壤有机碳调控与碳汇能力提升原理，探索与建立"有机质-养分库-生物功能"协同驱动盐渍农田肥沃耕层培育增效理论与技术，拓展盐渍生境的生物多样性绿色固碳机理与生态强化潜力研究，以养分扩库增容促进盐渍化土地碳汇提升。基于不同盐度、基础营养状况、植物种类、土壤类型等因素，探索合理的施肥措施和创新肥料配方，充分发挥营养元素之间的协同效应，积极探索营养元素的非特异性相互作用和次生养分相互作用。

四、以种适地，选育耐盐碱作物品种

滨海盐土治理难度大、成本高，耐盐碱作物品种创新不足，在当前研究中较为薄弱。因此，从收集国内外种质资源入手，在组织细胞水平探明种质资源耐盐机理，建立标准化作物耐盐碱精准鉴定评价指标体系，筛选耐盐碱优异种质资源，建立耐盐碱作物种质资源库，构建耐盐碱分子设计育种技术体系，培育耐盐碱性状突出的优质高产、资源高效的粮油及其他适生经济作物新品系，为盐碱地产能提升储备品种资源。

五、以地适种，滨海盐土高效生态化利用

针对盐碱地分类综合利用技术体系支撑薄弱、资源生态化利用技术创新不足等科技问题，建立滨海区域生态功能与生物多样性野外监测站，优化作物群体配置，集成构建轻度盐碱地降盐-固碳-地力提升协同治理技术。研发中度盐碱地稻-渔生态高效智慧化种养技术，构建生物育种-绿色投入品-智慧化种养的生态产业体系。研发重度盐碱地桑树-能源（纤维）作物的农林复合种植技术，构建高效农林复合生态模式，为滨海盐土农业可持续发展提供技术支撑。

六、盐渍土区土壤-植被-水文的耦合响应与协同适应

盐渍土分布区生态系统普遍较为脆弱，研究盐渍化与区域生态系统互作互馈过程，对协调好盐渍土的开发利用和生态保护，实现盐渍土分布区农业生产和区域生态的高质量发展具有重要的现实意义。因此，着重研究全球气候变化下土壤盐渍化演变驱动机制及生态效应、土壤盐渍化与植被生态对节水场景的响应与过程模拟、盐渍土区生态系统稳定适宜结构与功能适配原理、盐渍土区土壤-植被-水文耦合响应与协同适应机制、土壤盐渍障碍消减与生态环境的互馈机制与效应，深入开展盐渍土生态治理理论与技术研究，保障土壤盐渍化治理和防控与生态系统稳定协调发展。

第二章
CHAPTER 2

盐渍土的障碍机制

　　盐渍土是指土壤中存在较高浓度的可溶性盐分离子，对土壤的物理、化学、生物学等特性和植物生长造成不利影响的各种类型土壤的统称，包括盐化土壤、碱化土壤、盐土和碱土等。而土壤盐渍化是可溶性盐分在土壤中积聚，导致土壤呈现不良特性和质量下降的过程。土壤中或灌溉水中过量的盐分离子会导致盐渍化并限制农业生产，土壤盐渍化是土地退化的主要过程。因此，土壤盐渍化造成的土地退化威胁到水土资源的可持续利用。

　　全球约 9.33×10^8 hm² 盐渍化土壤，其中 3.52×10^8 hm² 盐化，5.81×10^8 hm² 碱化，通常分布在降水与蒸发比为 0.75 或更低的地区，以及水位较高的低洼平坦地区。当地下水通过毛细管作用上升并从土壤表面蒸发，留下溶解在水中的盐时，就会形成盐壳。盐渍化土壤覆盖了地球总土地面积的约 7%，约 23% 的耕地，以及约 50% 的水浇地（irrigated land）。

第一节　盐渍土的障碍因子及其危害

一、土壤盐度及其危害

（一）土壤盐度

　　土壤盐度是指土壤中的含盐量，是衡量土壤水中所有可溶性盐浓度的方法，通常以电导率（EC）表示。电导率是衡量水样的导电能力，与水样中总可溶性盐（total soluble salts，TSS）的量有关。总可溶性盐是指土壤浸提液中溶解的盐总量，以毫克每千克表示。纯水的电导率非常低。随着 TSS 的增加，水会变得更具导电性。尽管不同的溶解物质对电导率的影响不同，但平均来说 TSS$=0.66 \times$EC。

　　EC 的国际单位制（称为 SI 单位）是：mS·cm⁻¹ 或 dS·m⁻¹，单位可以表示为：1 mΩ·cm⁻¹$=1$ dS·m⁻¹$=1$ mS·cm⁻¹$=1\,000$ μS·cm⁻¹。EC 通常在 25 ℃ 的标准温度下读数。为获得准确结果，应使用 0.01 mol·L⁻¹ KCl 溶液校正 EC 计，该溶液在 25 ℃ 时的读数应为 1.413 dS·m⁻¹。EC 是对溶解在水样或饱和泥浆中所有离子产生的盐度的度量，包括带负电的离子（例如 Cl⁻、NO₃⁻）和带正电的离子（例如 Ca²⁺、Na⁺）。渗透压电导率 OP$=0.36 \times$EC（EC 单位为 dS·m⁻¹），适于 3～30 dS·m⁻¹ 范围内的土壤浸提液。离子对 EC 是指阳离子和阴离子的总和 EC（meq·L⁻¹）$=10 \times$EC（EC 单位为 dS·m⁻¹），$0.1 < EC < 5.0$。

土壤盐度可由土壤溶液的总可溶性固体（total dissolved solids，TDS）或电导率（EC）来测定。TDS可根据水蒸发后的残渣重量（$mg \cdot L^{-1}$）采用常规方法测定，EC使用电磁感应仪（EM）或金属电极简便测量（$dS \cdot m^{-1}$）。在田间，土壤盐度可以通过使用不同设备进行地理空间测量（EC_a）来确定（Hardie et al.，2012）。EC_a的田间测量通常需要通过进行实验室分析来校准实际含盐量。在实验室，通常通过测定土壤浸提液蒸发后的总可溶性盐（TDS）来评估土壤盐度，或者通过土水比为1：5或饱和泥浆的土壤饱和浸提液（EC_e）来确定EC。用水浸提是模拟田间环境的常用方法，需要注明EC值所用的具体提取方法，并精确到$0.01 dS \cdot m^{-1}$。土壤浸提液用量随土壤质地的变化而变化，在大多数田间条件下与土壤含水量有关。当使用电导率仪时，必须使用特定的校准方案来校准计量系统。例如，$0.01 mol \cdot L^{-1}$ KCl的EC值在25℃时为$1.413 dS \cdot m^{-1}$。Corwin和Lesch（2013）指出，虽然测量土壤盐度的方法看起来相对简单，但是方法的差异对测量值和试验结果有很大的影响。当土壤浸提液未立即进行EC测定时，可使用0.1%六偏磷酸钠[$(NaPO_3)_6$]溶液防止$CaCO_3$沉淀。TDS和EC值在土壤溶液中密切相关，利用传导系数（k）可以使TDS转化为EC，如式（2-1）所示。

$$EC = TDS/k \qquad (2-1)$$

式中，根据溶质的成分，k值为550～900之间，富含氯化物的溶液k值较高，而富含硫酸盐的溶液k值较低。

旱地土壤盐分趋于局部化或形成"盐聚地区"。因此，不应采用混合土样进行田间土壤盐度的测定。在大多数土壤中，盐分通常随深度增加而增加。因此，为了评估研究区域的土壤盐分，需要将受影响区域和控制区的土壤样本取至＞0.5 m的深度。为了确定盐分的来源，需要用稀盐酸溶液检查土壤剖面中是否含有盐粒和碳酸盐。由于可溶性盐类比碳酸盐类的流动性更强，观测土壤剖面可以确定土壤水移动的最终方向。例如，排水不良和地下水排放区水的最终上升运动可以由土壤表面或附近的最高浓度的盐和碳酸盐来表示。土壤盐度根据EC值可分为以下几类：不含盐：$0～2 dS \cdot m^{-1}$；微含盐：$2～4 dS \cdot m^{-1}$；轻含盐：$4～8 dS \cdot m^{-1}$；中等盐：$8～15 dS \cdot m^{-1}$；重度盐：＞$15 dS \cdot m^{-1}$。

（二）产生土壤盐度问题的原因

土壤盐度问题是由根部区域中可溶性盐的积累引起的，可能是由以下7个原因导致。

1. 土壤盐分 盐分最初来自含盐岩石的风化作用。然而，人类实践破坏了自然水循环将盐分带到地表，允许地下水的过量补给或通过浓度积累，从而提高了表层土壤盐分。盐度取决于形成土壤的母质，并存在于较老的土壤中，其黏土矿物具有足够的风化作用，导致钠离子占主导地位。土壤中最常见的盐类型包括钙、镁、钠和钾的氯化物，硫酸盐、碳酸盐，有时还包括硝酸盐。

2. 灌溉水的盐分 由于几乎所有的水（自然降雨除外）都含有一些溶解的盐分，因此灌溉所产生的盐渍化会随时间推移而发生。当植物吸水时，盐分会留在土壤中并最终产生积累。

3. 浅层含盐地下水 当地下水位距土壤表层2～3 m且地下水中含盐分时，干旱地区就会发生盐渍化。含盐地下水通过毛细管作用（capillary action）而上升，并且盐分由于水的蒸发而聚集在土壤表面（盐分被留下）。蒸发和毛管作用的向上驱动大于渗透的向下力，就会造成土壤盐渍化。

由于土壤盐分使植物更难吸收土壤水分，必须通过施加额外的水将盐从植物根区淋洗。如果地下水位上升得太高，土壤蒸发将盐分向上吸聚到土壤剖面中。如果因灌溉效率低（例如过度灌溉、灌溉超过需水量或淋洗的水量、对蒸散量的错误估算和不良的系统设计）而过快地灌溉过多的水，则会加速盐分的积累，排水不良和使用咸水灌溉也会大大加剧盐分积聚。

4. 地形特征 当排水良好的补给区多余的水移动到排水不良的排放区时，土壤盐度增加。过量水的积累将溶解的盐带入排泄区作物根区（彩图1）。

5. 气候条件 土壤盐分和相关问题通常发生在干旱或半干旱气候中，降水量不足以从土壤（或表面、土壤内排水受到限制的地方）中淋出可溶性盐。在湿润的地区，降水量足以将可溶性盐从土壤中淋洗，但是即使在降水较多的地区，也会出现盐度问题。在某些地下水位较高的地区，地表蒸发可能使盐分积聚。降水方式也会影响盐渍化土壤的分散和严重程度。低降水量和高蒸发量会刺激毛细管水上升，从而使盐分在地表累积。在干旱和半干旱气候的灌溉条件下，土壤中盐分的积累是不可避免的。累积的严重性和迅速性取决于诸多相互作用的因素，例如灌溉水中的溶解盐量和当地气候等。

6. 人为活动 人为活动可以加剧盐渍化过程。如1970年埃及建立阿斯旺大坝时，施工前地下水位和地下水中盐分浓度很高，施工后居高不下的地下水位导致耕地盐渍化。

7. 渗漏盐分/咸水排放 含盐地下水渗入地面的地方会形成盐渗（saline seep）或渗漏盐化（seepage salting），常见于玄武岩（开阔地带）地区。红茶树（*Melaleuca bracteata*）的出现对于渗流区域（淡水和咸水）是有用的指示植物。

盐分自然存在于许多基岩矿床和基岩顶部的某些矿床中，流经这些沉积物的地下水溶解并输送盐分。在某些条件下，地下水从土壤表层排出。当水蒸发时，盐会留下。随着时间的流逝，盐分会积聚在地下水排泄区，形成盐渗。在盐浓度很高的地方会形成白色盐结皮。

盐分随水进入土壤而积累，这些水流过土壤剖面并进入基岩含水层。水流过这些含水层，将盐累积到溶液中，当水流过盐浓度高的区域时，水中的盐分浓度会增加。由于地下水位升高，一旦地下水位在土壤表层2m以内，含盐的水就有可能通过毛细管作用到达到地表。水蠕变（creep）到地面的位置，水的这种向上流动伴随着蒸发，在土壤表面或附近留下了高浓度的盐分。

（三）影响土壤盐度的因素

影响土壤盐度程度的主要因素有5个：土壤水分、含盐地下水埋深、灌溉方式和频率、土壤因子、气候。

1. 土壤水分 在湿润年份，有充分的盐分淋洗和溶解，因此盐分在土壤表面不可见，并且使某些作物的生长成为可能。但是，随着时间的推移，湿润年份过量水会导致总体盐分升高的问题。在干旱年份，强烈的蒸发会使土壤干燥，并使得盐分进入土壤表层，形成白色的盐结皮。生产者对干旱年份盐度的关注度更高，因为盐分积聚非常明显，盐渍化地区几乎没有作物生长。盐渍化的土壤可能是局部性的，也可能是区域性的。根据水分条件，这些区域可能会增大盐渍化面积或增加盐浓度。

2. 含盐地下水埋深　土壤盐度主要取决于地下水的运动、盐含量和深度。

3. 灌溉方式和频率　灌溉方式和频率对作物的生长和产量以及盐分危害有重大影响。当采用盐水时，滴灌具有最大的优势。喷灌可能导致敏感作物的叶片被咸水灼伤，可以通过夜间灌溉和持续灌溉而不是间歇灌溉来减少损害。

4. 土壤因子　土壤性状（例如肥力、质地和结构）在改变盐度响应函数中发挥着作用。在高土壤肥力水平下，盐度每增加一单位，减产幅度将更大。相反，比起养分失衡的土壤，养分均衡的土壤可将盐分的影响降至最小。土壤质地和结构是土壤盐分变化的主要原因。在相同的蒸散速率下，砂壤土将比黏土流失更多的水分，从而导致土壤溶液浓度增加更快；按照灌溉规范，砂壤土不得不增加灌溉次数，从而减少因浓度增加而造成的破坏。

5. 气候　气候的 3 个要素——温度、湿度和降水都会影响盐度响应，其中温度最为关键，高温会加剧作物面临的胁迫水平。这可能是由于蒸腾速率提高或温度升高对叶片中生化转化的影响，胁迫水平的增加导致盐度响应函数的变化。高大气湿度往往会在一定程度上降低作物的胁迫水平，从而减轻盐分损害。高降水会稀释盐分并增加淋溶，从而降低盐度。

（四）盐度对植物的损害

1. 盐度对植物损害机理　当盐分存在于土壤溶液中时，植物摄取水分的同时，水中的营养物一并被吸收。植物的生根系统（rooting systems）中本身含有盐分，这些盐分可通过渗透压差将盐分和水吸入植物体内。土壤溶液中的盐分会降低系统的渗透势，并减缓甚至阻止植物对水的吸收。随着浓度差减小，渗透势降低。当土壤中盐分的浓度增加并接近生长植物体内的盐分时，土壤溶液向植物中的运动减少，对盐敏感的植物会因缺水而死亡，即使土壤水饱和，但无法被植物利用，该植物也会表现出干旱症状。盐渍土降低了渗透压，紧接着表现为离子失调引起的毒害和营养元素的亏缺，最后引起氧化胁迫导致膜透性的改变、生理生化代谢的紊乱和有毒物质的积累，土壤中的 Na^+、Mg^{2+} 会毁坏植物细胞形态，限制植物光合作用，降低叶绿素生产量；盐离子在氮代谢中产生有毒中间体阻碍代谢，导致植物生理性缺水，降低植物养分吸收能力，使其发育不良，产量减少，甚至死亡（图 2-1）。

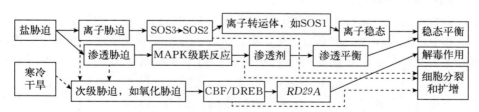

图 2-1　盐胁迫对植物的危害以及植物耐盐的主要生理机制

注：SOS1 为盐过度敏感蛋白 1（质膜 Na^+/H^+ 逆向转运蛋白）；SOS2 为盐过度敏感蛋白 2；SOS3 为盐过度敏感蛋白 3；MAPK 为丝裂原活化蛋白激酶；CBF 为 C 重复结合因子；DREB 为脱水应答元件结合蛋白；RD29A 为响应干旱胁迫基因（张金林等，2015）。

（1）渗透胁迫。首先，在盐胁迫下植物种子的萌发会受到影响，一般分为渗透效应和离子效应，渗透效应引起溶液渗透势降低而使种子吸水受阻，从而影响种子萌发；离子效应通过盐离子（Na^+、Cl^-、SO_4^{2-} 等）直接产生毒害而抑制种子萌发。其次，对于整株植物而言，若土壤中的盐分过多，则会导致土壤中的水势下降，植物细胞的水势相对过高，导致植物吸水困难，严重的还会引起植物失水，造成生理干旱。

（2）离子失调。土壤中的盐分多以离子形式存在，虽然高等植物对土壤中的离子具有选择吸收作用，但是在吸水的同时，也必定会吸收大量的盐离子。土壤中 K^+ 的浓度范围在 $0.2 \sim 10.0$ mmol·L^{-1} 之间，而 K^+ 和 Na^+ 的水合半径相似，因此高浓度的 Na^+ 会阻碍植物对 K^+ 的吸收，造成 K^+ 匮乏，从而抑制 K^+ 的生理生化反应。同时，大量 Na^+、Cl^- 进入细胞可以破坏 Ca^{2+} 平衡，细胞质中游离 Ca^{2+} 急剧增加，使 Ca^{2+} 介导的钙调蛋白（CaM）调节系统和磷酸肌醇调节系统失调，细胞代谢紊乱甚至面临死亡。此外，土壤中高浓度的盐分还会抑制植物对 NO_3^- 和 NH_4^+ 的吸收，而对 NO_3^- 的抑制作用更大。

（3）氧化胁迫。细胞膜本身具有选择透过性，因而可以调节细胞内的离子平衡，同时满足植物生理活动的需要。盐胁迫导致的氧化胁迫会使膜的透性发生改变，一方面对离子的选择性、流速、运输等产生影响，另一方面造成磷和有机物质的外渗，从而使得细胞的生命活动受到影响。活性氧的增加还会破坏细胞中具有膜结构细胞器的结构，如引起线粒体 DNA 的突变，造成细胞衰老，导致内质网部分膨胀、线粒体数目减少而体积膨胀、液泡膜破碎、胞质降解等。

（4）光合作用受挫。盐逆境会使植物的光合速率下降。高盐胁迫抑制或破坏了光系统Ⅱ的部分功能，光合作用的能量及电子传递受到抑制。同时，盐分过多可使磷酸烯醇式丙酮酸羧化酶（PEPC）与 1,5-二磷酸核酮糖羧化酶（Rubisco）活性降低，引起胁迫初期光合作用明显下降。

（5）有毒物质的积累。盐胁迫下，由于植物细胞结构的损伤、活性氧的积累、生理代谢的破坏，植株体内蛋白质的合成速率降低、水解加速，造成植株体内氨基酸积累，会产生许多有毒物质，如大量氮代谢的中间产物，包括 NH_3 和某些游离氨基酸（异亮氨酸、鸟氨酸和精氨酸）转化成有一定毒性的腐胺（如丁二胺、戊二胺等），而腐胺又可被氧化成 NH_3 和 H_2O_2。当它们达到一定浓度时，细胞会中毒死亡。这些物质的积累，会抑制植物体内相关物质的合成，使得植物生长受抑。

2. 影响盐度对植物作用的因素

（1）土壤质地。土壤质地对植物有效水分的影响包括基质和渗透势的影响。如在砂壤土中，随着土壤湿度和盐度水平的变化，植物吸收水分所需的能量输入相当于土壤基质加上渗透势。当没有盐时，植物能够吸收水分，直到土壤含水量为 5%（植物不能吸水）。然而，当实验室测得的土壤盐度 $EC_{1:5}$（土壤：水浸提液＝1:5）为 0.64 dS·m^{-1}，植物只能得到土壤含水量的 14% 水。当测得的盐度增加到 1 dS·m^{-1}，植物在土壤含水量为 18% 时停止吸收水分。

（2）地下水位。在地下水位较深（约 15 m）受瞬时盐度影响的地区，高蒸散的物种可以在根区聚集更多的盐分，并阻碍其他植物的生产；在地下水位较浅（约 2 m）的含盐地区，同一物种可能有助于加深地下水位。

（3）盐分类型。盐分积累的增加会降低植物的叶面积指数和蒸腾速率。因此，每种盐分类型特有的土壤过程决定了植物应对不同盐分形式的策略。

（4）土体特性。如表土是碱化，而底土是盐化。当耐盐硬粒小麦品种在这种碱土中生长时，产量与耐盐性较差的品种相似，且表层土壤的碱化度和碱性（pH 9.6）阻止了根系进入下层盐化土壤层。

（5）涝渍和/或营养缺乏。涝渍和/或营养缺乏也通常与土壤盐渍化有关。当积累的盐类所含硼酸盐和碳酸盐达毒量时，就会出现多种问题，如出现碱性心土。

二、土壤 pH（碱度）及其影响因子

在降水量小于潜在蒸散量的地区，矿物风化释放的阳离子会累积，因为没有足够的雨水将其彻底淋洗，土壤 pH 通常在碱性范围内，即 7 以上。

碱性土（alkaline soils）就是 pH 高于 7.0 的土壤。碱度（alkalinity）是指 OH^- 的浓度，就像酸度（acidity）是指 H^+ 的浓度一样。碱性土不应与碱土（alkali soils）混淆。碱土包括钠质土（sodic soils）（习惯上称"碱土"）或盐化-钠质土（saline-sodic soils）（习惯上称"盐化-碱土"），即钠离子含量高到足以对植物生长有害的土壤。目前对盐渍化土壤的分类同时考虑 pH 和盐度。

（一）碱度来源

干燥环境中的最小淋失（minimal leaching）意味着土壤酸化的最小化。土壤溶液中交换复合体（exchange complex）上的阳离子主要为 Ca^{2+}、Mg^{2+}、K^+ 和 Na^+。这些阳离子不水解，因此不会像 Al^{3+} 或 Fe^{3+} 那样与水反应时产生酸（H^+）。然而，它们通常也不会产生 OH^-。相反，它们在水中的作用是中性的，并且以它们为主的土壤 pH 约为 7，除非土壤溶液中存在某些阴离子。生成碱性羟基（OH^-）的阴离子主要是碳酸盐（CO_3^{2-}）和碳酸氢盐（HCO_3^-）。这些阴离子来源于方解石（$CaCO_3$）等矿物的溶解或碳酸（H_2CO_3）的分解。

$CaCO_3$（方解石固态）$\longleftrightarrow Ca^{2+}$（溶于水）$+CO_3^{2-}$（溶于水）

CO_3^{2-}（溶于水）$+H_2O \longleftrightarrow HCO_3^- + OH^-$

$HCO_3^- + H_2O \longleftrightarrow H_2CO_3 + OH^-$

H_2CO_3（碳酸）$\longleftrightarrow H_2O + CO_2 \uparrow$（气态）

在这一系列相连的平衡反应中，碳酸盐和碳酸氢盐充当碱（base），因为它们与水反应形成羟基离子，从而提高 pH。

（二）土壤碱度的影响因子

1. 二氧化碳和碳酸盐的影响 总体反应的方向决定了 OH^- 是消耗（向左）还是产生（向右）。反应主要由一端方解石的沉淀或溶解控制，另一端二氧化碳的产生（通过呼吸）或损失（通过挥发到大气中）控制。大气中的 CO_2 浓度约为 0.003 5%，但由于根和微生物的呼吸作用，土壤空气中的 CO_2 含量可能高达 0.5%。因此，土壤中的生物活动（biological activity）常通过向左驱动反应来降低 pH。

限制 pH 升高的另一个过程是当土壤溶液处于 Ca^{2+} 饱和时，发生 $CaCO_3$ 的沉淀过程。这种沉淀会从溶液中降低 Ca 含量，再次将反应向左驱动（降低 pH）。由于 $CaCO_3$ 的溶解度有限，当土壤溶液中的 CO_2 与大气中的 CO_2 平衡时，溶液的 pH 不可能升高到 8.4 以上。

$CaCO_3$ 在土壤中沉淀的 pH 通常仅为 7.0～8.0，这取决于生物活动对 CO_2 浓度的提高程度。如果存在比 $CaCO_3$ 更易溶解的其他碳酸盐矿物（如 Na_2CO_3），则 pH 将显著升高。石灰性土（含方解石）的 pH 范围为 7～8.4（大多数植物可耐受），而碳酸钠（含碳酸钠）土壤的 pH 范围可能为 8.5～10.5（对许多植物有毒）。

2. 阳离子（Na^+ 与 Ca^{2+}）的作用　利用碳酸根和碳酸氢根结合特定阳离子影响 pH，钙和钠是主要的阳离子（尽管镁离子或其他物质也可以起作用）。如果 Na^+ 在交换复合体和土壤溶液中占主导，则上述反应仍将适用，但第一步将由以下反应替换：

$$Na_2CO_3（固态）\longleftrightarrow 2Na^+（溶于水）+ CO_3^{2-}（溶于水）$$

由于碳酸钠（和碳酸氢钠）比碳酸钙更易溶于水，因此这一系列反应将更容易向右进行，产生更多的羟基离子，从而产生更高的 pH。随着溶液中高浓度的 CO_3^{2-}，pH 可以升至 10 或更高。对于植物来说，幸运的是，大多数土壤中 Ca^{2+} 占主导地位，而不是 Na^+。

3. 可溶性盐含量的影响　土壤溶液中存在高浓度的中性盐（来自碳酸盐以外，如 $CaSO_4$、Na_2SO_4、NaCl 和 $CaCl_2$）时，有助于通过调节碱化反应来降低 pH。增加反应，右侧的 Ca^{2+} 或 Na^+ 浓度通过离子效应（common ion effect）将反应向左驱动。常见的离子效应是由于加入已经参与平衡反应的离子而发生的平衡变化。在本例中，从 $CaCO_3$ 或 Na_2CO_3 以外的来源添加的 Ca^{2+} 或 Na^+ 将减少这些碳酸盐的溶解。随着进入溶液中的 $CaCO_3$ 或 Na_2CO_3 减少，形成的 CO_3^{2-} 和 HCO_3^- 减少，pH 继续增加的程度也会随之降低。

第二节　土壤盐渍化机制

土壤盐渍化是指水溶性盐在土体层（土壤剖面的上部，包括 A 层和 B 层）或风化层（碎片和松散岩石材料层或覆盖层）中的积累，达到影响农业生产、环境健康和经济效益的水平，其程度足以导致土壤和植被退化。简而言之，盐在根区和土壤表面的累积称为盐渍化。土壤盐渍化成因分为原生盐渍化（自然过程）、次生盐渍化（人类活动）、气候及其变化等。

一、原生盐渍化（自然过程）

由于自然原因引起的土壤盐渍化称为原生盐渍化。地球表层成土母质的地质化学风化、大气沉降、海水侵蚀、低洼地区含盐地下水位的上升等均会形成土壤盐渍化。如成土母质含有碳酸盐或长石的地区易发生土壤盐渍化；地下水矿化度高，含盐地下水水位较高的地区因地质活动或其他原因使盐分积累在地表会造成土壤盐渍化；滨海地区海潮活动、海风及近海降水也会将盐分带到土壤，造成土壤盐渍化。此外，土壤的多孔性、结构、质地、黏土矿物成分、紧实程度、渗透速率、储水能力、饱和及非饱和导水能力都影响土壤盐渍化。在自然条件下，盐化过程和脱盐过程经常周期性交替进行，当盐分聚积作用大于淋溶作用时，就会发生土壤盐渍化。盐分聚集通常在干旱区或旱季发生，雨季时淋溶作用较大，盐类按溶解度差异集聚深度不同，溶解度大的盐分沉积深度较深。如果土壤饱和浸提液的电导率（EC_e）高于 $4\ dS \cdot m^{-1}$，则该土壤被称为盐土（USSL Staff，1954）。当盐度是由钠盐引起时，盐从土壤剖面中淋洗会导致碱土的形成。盐渍化土壤出现涝渍时，土壤缺氧和盐分之间的相互作用对植物生长有很强的抑制作用（Barrett - Lennard，2002）。

　　干旱和半干旱区土壤盐渍化主要是非灌溉盐分积累引起的，土壤中盐主要是钙、镁、钠和钾的氯化物与硫酸盐。这些盐在一些表层土壤中自然积累，因为降水量不足，无法将其从表层土壤中淋洗。在沿海地区，海浪和海水淹没可能是土壤中盐分的重要来源。在其他一些区域，盐分的重要来源是含盐化石沉积物，这些沉积物主要位于现代已消失的湖泊和海洋的底部或地下的含盐水库中。这些化石盐可以溶解在地下水中，地下水在不透水地质层上水平移动，最终上升到地势低洼地区的土壤表面。盐随后集中在这些低洼地区的土壤表面附近或表面上，形成了盐土。低洼地区盐化地下水涌出的现象称为盐渗（saline seep）。盐渗是自然发生的，当水平衡受到耕作等干扰时，盐渗可能会大大增加（彩图 2）。用一年生农作物（annual crop）替代原生的、深根的多年生植被（deep - rooted perennial vegetation）会大大减少年腾发量，特别是如果种植系统中包括没有植被的休耕期。腾发量的减少使更多的雨水渗透到土壤中，从而抬升了地下水位，增加了流向低海拔地区的地下水流量。在干旱区，土壤和母质层（substrata）可能含有大量被渗漏水所携带的可溶性盐。如果浅层限制了渗透，它将进一步促进含盐地下水流向低海拔区域。最终，地下水位可能会在距土壤表面 1 m 或接近地表，毛细管水上升（capillary rise）将产生连续的含盐水流，以补偿因蒸发而在地表损失的水。蒸发的水会留下盐分，盐分很快就会积累到抑制植物生长的水平。年复一年，蒸发区将会蔓延到坡地，荒芜盐化的土地面积会越来越大，盐化的程度也会越来越高。大多数盐渍化土壤的交换复合体中以 Ca^{2+} 和 Mg^{2+} 为主，很少有交换性 Na^+。然而，当地下水或灌溉水携带大量 Na^+ 时，特别是当存在 HCO_3^- 时，Na^+ 可能会饱和大部分胶体交换位（exchange site），导致土壤团聚体恶化，并大大降低土壤通透性（soil permeability）。如果 Na^+ 饱和度超过 15%，则成为碱土，预示着极端不利条件。

二、次生盐渍化（人类活动）

　　人类活动引起的土壤盐渍化称为次生盐渍化。如使用含盐水进行灌溉、使用土壤改良剂、施用化肥等都会引起土壤盐渍化。灌溉水分布不均匀、伐薪开荒及排水不畅，导致地下水位上升，土层中积累的盐分到达土壤表层（植物根区），引起土壤盐渍化（Chu et al.，2020）。一些水利设施会阻塞排盐水的水沟，在蒸腾作用下，使盐分留在土壤表层。土壤盐渍化还与化肥及改良剂的施用有关，过度施用化肥会形成土壤盐渍化及面源污染。地下水是影响盐分迁移、积累和释放的主要因素，地下水过度开采，导致盐分释放，对蓄水层中盐分分布有不利影响。对含盐度高的工业废水管理不当、使用高盐度的生活污水进行灌溉都会导致土壤盐渍化。集约化农业使用大型机械耕作碾压，增加了土壤密度，降低了孔隙度，不利于土壤中盐分的下移，渗透层土壤密度增加还影响水分、养分的输送，引起作物减产。滨海地区对地下水过度开采引起海水倒灌，导致土壤盐渍化。过量使用融雪剂也会引起土壤中盐分积累，最终发生盐渍化。

　　灌溉通过引入更多的水，不仅改变了水平衡，还带来更多的盐分。无论是从河流中还是从地下水中抽取的水，即使是质量最好的淡水也含有一些溶解的盐。随水带入的盐量似乎可以忽略不计，但随着时间的推移，水的用量是巨大的。同样，通过蒸发损失的只是纯水，而盐分会留在土壤并不断积聚。干旱区更为突出，原因有两个：一方面，河流或地下水中含盐量相对较高，因为它流经通常含有大量易风化矿物的干旱区土壤；另一方面，干燥的气候造成相对较高的蒸发需求（evaporative demand），因此灌溉需要大量的水。

三、气候及其变化引起的土壤盐渍化

气候及其变化也是引起土壤盐渍化的原因之一，常常与人类活动相伴。全球变暖引起水文循环的变化，温度上升，海平面升高，土壤盐渍化程度加剧。滨海农田因海平面上升、内陆下沉，淡水资源逐渐减少，土壤更容易发生盐渍化。随着温度的升高，灌溉水需求量越来越大，含盐水使用增加，经蒸发后盐分留在土壤中。气候变化也可能引发洪水，导致易释放盐分的地质基底释放盐分，溶解后转移至土壤，形成盐渍土。人类活动与气候变化对土壤盐渍化的作用比自然原因引起的盐渍化严重。

土壤盐渍化过程（图2-2）：一是地下水相关盐渍化（也称为"渗透盐度"）。水和盐分从地下水流向土壤表面，驱动力是土壤蒸发和植物蒸腾。当地下水位处于或非常接近地表时，土壤性状导致水以最大速度通过表层；当地下水位低于土壤表面1.5 m时，土壤中盐分积聚量就高。然而，该阈值深度可能因土壤水力特性和气候条件而异。二是与地下水无关的盐渍化。在地下水位较深且排

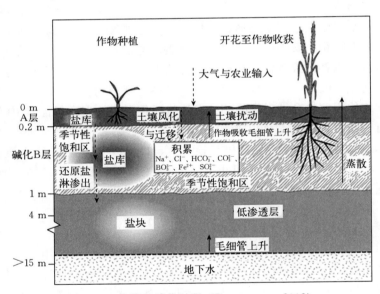

图2-2 土壤盐渍化过程（Rengasamy，2002）。

水不畅条件下，由雨水、风化和风成沉积物引入的盐类储存在土壤溶质中。在较干燥的气候区，这些盐库通常位于较深的土层中。然而，浅土层的不良水力会导致表土和底土层中盐分的积累，从而影响农业生产。在碱土占主导的地区，这种类型的盐分是一种常见的特征。三是灌溉相关盐渍化。由于淋洗不足，灌溉水引入的盐分储存在根区。质量差的灌溉水、重黏土和碱化土壤中，土壤层的低水力传导度以及高蒸发条件加速了灌溉引起的盐度。使用含盐量高的污水以及采用不当的排水和土壤管理措施增加了灌溉土壤含盐量增加的风险。在许多灌溉区，上升的地下咸水与根区土壤的相互作用会加剧盐渍化。盐渍化形成的特殊过程，加上其他气候和景观特征以及人类活动的影响，决定了盐分在土体中可能积聚的位置。

第三节 盐渍土的分类和特征

一、美国盐土实验室分类

从盐渍化土壤的角度来看，当饱和泥浆土壤浸提液的电导率（EC_e）等于或超过 $4\ dS \cdot m^{-1}$ 时，该土壤被称为盐渍土（salt-affected soil），包括盐土、盐化-碱土和碱土（USSL Staff，1954），如表 2-1 所述。

表 2-1 盐渍化土壤分类（USSL Staff，1954）

土壤分类	EC_e（$dS \cdot m^{-1}$）	ESP（%）	pH
盐土	≥4	<15	<8.5
盐化-碱土	≥4	≥15	≥8.5
碱土	<4	≥15	>8.5

基于电导率（EC）、碱化度（交换性钠百分比 ESP 或钠吸附比 SAR）和土壤 pH，盐渍化土壤可被分类为盐土、盐化-碱土和碱土（图 2-3）。受盐影响不大的土壤被归为正常土。

（一）盐土

中性可溶性盐积累的过程称为盐化作用（salinization）。这些盐主要是含钙、镁、钾和钠的氯化物和硫酸盐。这些盐分的浓度足以干扰植物生长，通常定义为在饱和浸提液中产生大于 $4\ dS \cdot m^{-1}$ 的电导率（EC_e）。然而，当 EC_e 仅为约 $2\ dS \cdot m^{-1}$ 时，一些敏感植物会受到不利影响。

盐土是指含盐量足以使 EC_e 值大于 $4\ dS \cdot m^{-1}$，但饱和浸提液中 ESP 小于 15%（或 SAR 小于 13）的土壤。因此，盐土的交

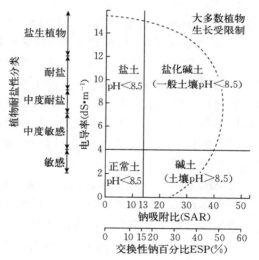

图 2-3 盐渍土与植物耐盐性分类
（USSL Staff，1954）

换复合体中主要是钙和镁，而不是钠。盐土的 pH 通常低于 8.5。高 EC_e 和低 ESP 倾向于将土壤颗粒絮凝成团聚体。由于可溶性盐有助于防止土壤胶体的分散，因此盐土上的植物生长通常不受渗透性差、团聚体不稳定或通气性不良等因素的限制。在许多情况下，水的蒸发会在土壤表面形成白色的盐壳，这就解释了之前用于表示盐土的名称"白碱"（white alkali）。

（二）盐化-碱土

中性可溶性盐含量达到植物致害水平（EC_e 大于 $4\ dS \cdot m^{-1}$）和钠离子比例高（ESP 大于 15% 或 SAR 大于 13）的土壤被归类为盐化-碱土。这类土壤中的植物生长可能受到

过量盐和过量钠的有害影响，主要通过土壤结构的退化对土壤性质和植物生长产生不利影响。

盐化-碱土的物理性状（physical conditions）介于盐土和碱土之间。高浓度的中性盐缓和了钠的分散影响。这些盐提供了过量的阳离子并向带负电的胶体颗粒移动，从而减少了胶体颗粒相互排斥或分散的趋势。如果从土壤中淋洗出可溶性盐，特别是如果淋洗水的 SAR 较高，这种情况发生速度会相当快。在这种情况下，盐度会下降，但交换性钠的百分比会增加，盐化-碱土将变成碱土。

（三）碱土

碱土可能是盐渍化土壤中问题最多的土壤，尽管其中性可溶性盐水平较低（EC_e 小于 $4.0\,dS\cdot m^{-1}$），但交换复合体上的钠含量相对较高（ESP 和 SAR 值分别高于 15％ 和 13）。低 EC_e 和高 ESP 倾向于去除土壤团聚体的絮凝，从而降低土壤的渗透性。淋溶土（Alfisols）纲中的一些碱土，如碱化干润淋溶土（natrustalfs）具有非常薄的 A 层覆盖在柱状结构的黏土层，这是一个与高钠含量密切相关的剖面特征（彩图 3）。碱土的 pH 通常超过 8.5，在某些情况下上升至 10 或更高。这种极端 pH 主要是由于碳酸钠比碳酸钙或碳酸镁更易溶解，因此土壤溶液中保持高浓度的 CO_3^{2-} 和 HCO_3^-。在主要可溶性阴离子为氯化物和/或硫酸盐的情况下，碱土的 pH 可能不会达到如此高的水平。

1. 碱土中极高的 pH 导致土壤有机物分散和/或溶解　分散和溶解的腐殖质在毛管水流中向上移动，当水分蒸发时，会使土壤表面呈现黑色。因此，黑碱（black alkali）这个名字曾被用来描述碱土。碱土有时位于被称为盐碱结壳区（slick spots）的小区域，可能被生产力更高的土壤包围。碱土上的植物生长通常受到 Na^+、OH^- 和 HCO_3^- 的限制。然而，植物生长差到完全无植物生长的主要原因是，很少有植物能够忍受极为恶劣的土壤物理条件（即极差的土壤结构导致土壤中水和空气的通透性极低），而这些条件伴随着黏粒在碱土中的分散。

2. 碱化条件下土壤的物理退化　碱土中的高钠含量和低盐含量会导致严重的黏土分散、团聚体结构退化和大孔隙损失，从而严重限制水和空气进入或穿过土壤。这种结构退化最常见的表征土壤水分运移的难易程度是土壤饱和导水率（saturated hydraulic conductivity，K_{sat}）。通常，碱土的 K_{sat} 值很低，入渗率（infiltration rate）几乎降至零，导致形成地面积水而不会渗入土壤。

（1）崩解（slaking）、膨胀（swelling）和分散（dispersion）。在碱土中，土壤的低通透性（permeability）有 3 个根本原因：①可交换性钠增加了团聚体在湿润时破碎或崩解的趋势，消散的团聚体释放出黏粒和粉粒并在沿着剖面向下冲刷时堵塞了土壤孔隙。②当膨胀型黏土（如蒙脱石）变得高度 Na^+ 饱和时，其膨胀程度增加。当这些黏土膨胀时，土壤中可以排水的较大孔隙被挤压关闭。③高钠和低的盐离子强度（低的溶解盐浓度）导致了土壤分散。在正常土壤中，黏粒絮凝在一起，形成微小的团聚体（絮体），在它们之间形成孔隙，并促进更大的团聚体形成。在分散的土壤中，黏粒彼此分离，形成几乎溶胶的状态。虽然土壤分散现象在碱土中最为明显，但在其他干旱区土壤中，一定程度上也会出现土壤分散现象，这些土壤受到低电解质水（如雨水）和/或高浓度单价阳离子（如钠）的影响。

（2）土壤分散的两个原因。两种化学条件促进分散：①交换复合体上高比例的 Na^+ 促进土壤分散。首先，因为它们的单电荷和较大的水合体积（hydrated size），仅被土壤胶体微弱吸附，因此，Na^+ 形成了一个相对宽广的离子群（swarm of ions），被固持在胶体周围非常松散的外层复合体中。其次，与一群二价阳离子（每个离子都有两个正电荷）相比，它们需要两倍数量的单价离子（每个离子只有一个电荷）来提供足够的正电荷以抵消黏土表面上的负电荷。因此，可交换性单价 Na^+ 层比与二价离子（如 Ca^{2+}）形成的层厚得多。高度钠饱和的胶体被分离得远，以至于黏结力（forces of cohesion）无法发挥作用。这样，每个胶体表面的电负性（electronegativity）很差，而且排斥其他电负性胶体，土壤变得分散。②土壤溶液中电解质（盐离子）浓度低，黏粒分散形成了溶胶。当土壤溶液中可交换性离子浓度低时，可交换性同性离子从黏土表面向土壤溶液扩散。此时，越靠近黏土表面，异性离子浓度就越高，在静电引力与布朗运动（热运动）作用下，紧邻土体颗粒（黏土）表面处静电引力最强，水化离子和极性分子被牢牢吸附在颗粒表面附近形成固定层。由固定层向外，静电引力逐渐减小，水化离子和极性分子的活动性逐渐增大，形成扩散层。固定层和扩散层中的阳离子（反离子层）与土粒表面负电荷共同构成双电层。添加任何可溶性盐都会增加土壤溶液的离子浓度，形成压缩的离子层，使黏粒足够接近而形成了絮体。以引起絮凝和防止分散的可溶性盐浓度称为絮凝值（flocculation value）。该值随着可交换性 Na^+ 比例的增加而增加，钠的效应可以通过增加溶解盐浓度来抵消，并且当盐浓度最低时钠的破坏作用最大。由此可见，低盐（离子）浓度和弱吸附离子（如钠）促进土壤分散和积水，而高盐浓度和强吸附离子（如钙）促进黏粒絮凝和土壤渗透。

二、粮农组织-联合国教科文组织的分类

盐渍化土壤（盐成土）在粮农组织-联合国教科文组织（1974）绘制的世界土壤地图（1∶5 000 000）上也标明为盐土和碱土。

（一）盐土

盐土是在土壤顶部 125 cm 范围内具有高盐度（$EC_e > 15\,dS \cdot m^{-1}$）的土壤。粮农组织-联合国教科文组织（1974）将盐土划分为 4 个绘图单元，即典型盐土：最常见的盐土；潜育盐土：地下水影响其上部 50 cm 的土壤；龟裂盐土：开裂黏土中的盐土；松软盐土：具有深色表层的盐土，通常有机质含量高。盐度低于盐土但 EC_e 高于 $4\,dS \cdot m^{-1}$ 的土壤，被归为其他土壤单元的"盐相"。

（二）碱土

碱土是一种富含钠的土壤，其 ESP>15%。碱土细分为 3 个绘图单元，即典型碱土：最常见的碱土；潜育碱土：地下水影响其上部 50 cm 的土壤；松软碱土：具有深色表层的土壤，通常有机质含量高。ESP 低于 15%但高于 6%的土壤，被归为其他土壤单元的"钠相"。

三、中国盐渍土的分类和特征

盐渍土可以根据土壤总可溶性盐量（通过电导率估算）和种类、土壤 pH 和碱化度（ESP）分为三类，即盐土、碱土和盐化-碱土（表 2-2）。盐土受过量的总溶解盐影响，碱土受过量的钠影响，而盐化-碱土受过量的可溶性盐和钠影响。在许多土壤中，碱化和

盐化条件同时发生是相当普遍的。

表 2-2　盐渍化土壤的一般分类（王遵亲等，1993）

土壤分类	EC_e（$dS \cdot m^{-1}$）	ESP（%）	pH
盐土	>2	<15	<8.5
碱土	<2	>15	>8.5
盐化-碱土	>2	>15	<8.5

注：正常土壤 EC_e<2 $dS \cdot m^{-1}$，ESP<15%。

（一）盐土（saline soil）

盐土是由于盐分的积聚而形成的。盐土的可溶性盐含量高，但钠含量低。盐土的特征：电导率（EC_e）大于 2 $dS \cdot m^{-1}$，显示出较高的可溶性盐浓度；碱化度（ESP）小于15%（或钠吸附比 SAR 值小于 13），表明交换性钠离子含量较低；主要阳离子为 Ca^{2+} 和 Mg^{2+}，具有较少的 Na^+ 和 K^+；主要阴离子为 Cl^- 和 SO_4^{2-}，而 HCO_3^- 较少；土壤 pH 为一般小于 8.5。

不同类型的盐分形成盐土的能力也各不相同。一般来说，盐分的溶解度越高，则对形成盐土的贡献就越大。表 2-3 列出了一些常见的盐及其相应的溶解度。石膏和石灰存在于一些盐土中，但它们的低溶解度表明它们不像其他盐（例如泻盐）那样有害。

表 2-3　一些常见的盐及其在水中的溶解度

盐	化学式	溶解度（$g \cdot L^{-1}$）
碳酸钙（石灰）	$CaCO_3$	0.01
硫酸钙（石膏）	$CaSO_4$	2
硫酸镁（泻盐）	$MgSO_4$	300
硫酸钠	Na_2SO_4	160

盐土的物理条件通常处于正常状态，具有良好的结构和渗透性。盐土的特征是植物生长参差不齐，土壤表面有白色硬皮的盐，主要是钙和镁的硫酸盐和/或氯化物。在许多情况下，当盐从溶液中沉淀出来时，就有可能看到土壤中的盐分。在土壤中很难看到石灰，将稀酸（例如 HCl）加到土壤中可以很容易地测试到土壤中的石灰，起泡和冒泡表示其存在。土壤盐分是限制植物生长的一个因素，因为土壤中存在的可溶性盐分固持水分的能力比植物从土壤中吸取水的能力更强。因此，许多植物表现出干旱的症状，但是土壤通常相对湿润。

水分运动会影响盐度。因此，盐度去除和灌溉的发展，以及土地利用和景观中水分运动的变化有关。如果采用淡水并且该地点排水良好，则盐土是盐渍化土壤中最易改良的。

（二）碱土（sodic soil）

碱化度是指土壤中的钠含量。碱土的可溶性盐含量低，但钠含量高。碱土的特征：碱化度（ESP）大于15%（或者钠吸附比 SAR 值大于13），反映了较大的交换性钠含量；电导率（EC_e）小于 2 $dS \cdot m^{-1}$，表明可溶性盐含量较低；pH 通常大于 8.5；优势阳离子

为 Na^+，Ca^{2+}、Mg^{2+} 和 K^+ 含量较少；占主导地位的阴离子为 HCO_3^- 和 CO_3^{2-}，Cl^- 和 SO_4^{2-} 含量较少。

碱土的碱化度（ESP）大于 15%，这意味着交换性钠离子占土壤阳离子交换量（CEC）的 15% 以上。分散的黏土系统表现出较高的 ESP，大大减少空气和水进入土壤系统。因此，碱土的水分运动受到限制，湿润时容易形成结块的苗床，并且通常具有对作物生长不利的 pH。由于缺少稳定的土壤结构（可能会减缓排水速度），因此改良速度可能较慢且昂贵。

碱土是通过钠离子优先于其他土壤阳离子（特别是钙）在土壤交换复合体上积累的过程发展而来的。此过程通常伴随着土壤 pH 的增加以及钙和镁的减少。如果钠盐是主要的盐类型，则相对少量的钠盐就可能会对土壤结构产生不利影响。

如果土壤碱化度较高，则由于土壤有机质的分散，有时会在表面形成棕黑色的硬皮。当在土壤表面可见变黑的结壳时，表示植物生长和土壤质量受到了很大的影响。土壤颗粒的分散通常会导致结壳和出苗不良。在碱土上生长的植物可能会发育不良，并经常在叶边缘表现出组织灼烧或干燥，在叶脉之间向内发展。

（三）盐化-碱土（saline-sodic soil）

盐化-碱土的特性：电导率（EC_e）大于 $2\ dS\cdot m^{-1}$，显示出较高的可溶性盐浓度；碱化度（ESP）大于 15%，或者钠吸附比 SAR 值大于 13，表示交换性钠离子含量高；土壤 pH 通常小于 8.5。

分散往往发生在交换性钠离子含量过高且交换性钙和镁离子含量相对较低的土壤中。黏土物理性状差，这导致块状或呈泥状的土壤，水渗透率低，耕性差，并且形成表层土壤结皮。

（四）盐渍土分类

根据盐渍土地理分布的特点和成因，把我国 8 个盐渍土区归纳为三类。

1. 内陆及平原盐渍土　内陆及平原盐渍土主要分布在淮河-秦岭-昆仑山一线以北的准噶尔盆地、吐鲁番-哈密盆地、塔里木盆地、柴达木盆地、河西走廊、银川平原、河套平原、忻定-运城盆地、黄淮海平原、松嫩平原以及华北平原的部分地区。内陆地区由于降水量少、地面蒸发强烈，土壤的成土母质含盐量丰富，因此长期不断地进行自然积盐。而黄淮海平原、松嫩平原等地区往往有较大的河流贯穿其中，一般地下水位埋藏较浅，地下水矿化度较高，通过土壤水分的蒸发进行缓慢积盐。土壤盐渍化地区通常盐化和碱化并存，特别是平原区表现更为明显，部分地区的土壤 pH 甚至可达到 10 左右。除西藏有零星硫酸盐碱地分布外，内陆盐碱地基本以重碳酸根离子和碳酸根离子为主，硫酸盐和氯化物较少。

2. 滨海盐土　滨海渍土北起辽东半岛、雷州半岛至海南岛及南海诸岛屿的滨海，直接或间接受海水（潮）的影响。主要包括长江以北的辽宁、河北、山东、江苏的滨海冲积平原和长江以南的浙江、福建、广东等沿海一带的部分地区。受海洋气流的影响，年降水量 400~1 000 mm，但是由于地势低平，地下水埋藏较浅，地下水矿化度高，有效蒸发量大，因此滨海盐土可溶性盐分含量相对较高。1 m 土层的含盐量一般在 $4\ g\cdot kg^{-1}$ 以上，高者可达 $20\ g\cdot kg^{-1}$ 甚至更高。滨海盐土可溶性盐分组成中，氯化物占绝对优势，硫酸盐次之，重碳酸盐和碳酸盐含量最少。

3. 次生盐渍土　土壤次生盐渍化并不独立于内陆及平原盐渍土和滨海盐土，无论是滨海还是内陆都有广泛分布。引起土地次生盐渍化的原因主要表现在以下 2 个方面：一是外源型，即通过输入盐分所引起的次生盐渍化。主要是由于不合理的灌溉引起，包括海水、咸水等浇灌，渠道渗漏、有灌无排以及排水不畅等。二是内源型，即盐分是耕地本身所产生的。主要是母质、地下水盐分含量较高，通过不合理的开垦和种植所引起的盐渍化，如松嫩平原部分次生盐碱土。

第三章

浙江省滨海盐土的资源与成土环境

浙江省滨海盐土地区濒临东海，大陆海岸线长达 1 840 km。海堤以外可利用滩涂资源尚有 $28.86×10^4$ hm²，约占全国滨海盐土资源的 13.3%，为滩涂资源富裕省之一（董炳荣等，1996）。1950—2004 年共围垦滩涂面积达 $18.8×10^4$ hm²，其中绝大部分作为种植业和淡水养殖业用地，是解决浙江省耕地资源短缺的重要途径。

第一节 自然环境

一、气候

浙江省滨海地区，太阳辐射条件好，受大气和海洋环流的影响，属于亚热带季风气候，具有气温适中、四季分明、热量丰富、雨量充沛、空气湿润的良好气候条件。但是，四季都有可能出现一些灾害性天气，如台风、海潮和霜冻等。在纬度上分带性明显，浙北（钱塘江口和杭州湾）、浙中（象山港至台州湾）和浙南（台州湾以南）的气候组合类型差异明显。浙北光照条件好，热量条件差，灾害性天气少；浙中光、热、水等条件介于中间，但灾害性天气类似南部；浙南热量条件好，雨量多，光照条件差，灾害性天气严重。

太阳年辐射总量 419～482 kJ·cm⁻²，年平均日照时数 1 700～2 300 h，均呈由北向南减少趋势。一年中 7 月、8 月的太阳辐射达到高峰，每月总辐射量可达 50～63 kJ·cm⁻²；12 月、1 月的太阳辐射处于低谷，月辐射量仅为 21～25 kJ·cm⁻²。一年中 7 月、8 月的日照时数最多，230～300 h；1 月、2 月的日照时数最少，仅 100～150 h。

各地年平均气温在 15～18 ℃之间，自南向北递减。年平均气温浙北 18～20 ℃，浙南 20～22 ℃。日最低气温浙北在 11 月下旬至 12 月初，−15～−7 ℃；浙南在 12 月中、下旬，−7～−4 ℃。日平均气温≥10 ℃的持续期浙北地区 230～240 d，浙南地区 245～260 d；日平均气温≥10 ℃的积温浙北地区 5 000～5 300 ℃，浙南地区 5 300～5 700 ℃。无霜期浙北地区 225～250 d，浙南地区 250～320 d。

降水量常年为 900～1 700 mm，其中浙中、浙南地区可达 1 500～1 700 mm，浙北地区为 900～1 200 mm。全年两个雨季和两个相对干季。第一个雨季包括 3—5 月的春雨 300～500 mm 和 6—7 月初的梅雨 200～300 mm；第二个雨季是 9 月的秋雨 150～200 mm。第一个相对干季是 7 月中旬至 8 月，降水量仅为 150～300 mm；第二个相对干季是 10 月至翌年 2 月，降水量为 300～350 mm。年蒸发量在 1 200～1 500 mm，最高蒸发量在 7—8 月，

$160 \sim 220$ mm·月$^{-1}$；最低蒸发量出现在冬季，为 $50 \sim 70$ mm·月$^{-1}$。

二、水文

浙江省滨海地区平均产沙量每年为 473×10^4 t，河流天然水质矿化度在 300 mg·L^{-1} 以下。浙江省八大水系除苕溪汇入长江出海外，其余七大水系均在浙江省海岸带出海，其中以钱塘江最大，年平均入海水量 373×10^8 m^3，年平均入海沙量 658.7×10^4 t；其次为瓯江，年平均入海水量 192.8×10^8 m^3，年平均入海沙量 266.5×10^4 t；鳌江最小，年平均入海水量 22.4×10^8 m^3，年平均入海沙量 23.7×10^4 t。七大水系总面积 8.1649×10^4 km^2，年平均入海水量 770×10^8 m^3，年平均入海沙量 1305.6×10^4 t。

三、地质

浙江地处我国东部，濒临西太平洋大陆边缘地带，地壳处于陆地边缘活动阶段，构造变动和火山活动极为频繁。晚侏罗世火山活动强烈，先后经历了 3 个火山喷发旋回，堆积了巨厚的火山沉积地层，因此，上侏罗统火山沉积岩在浙江沿海分布较为广泛。

（一）地层

浙西北滨海区处于杭嘉湖-杭州湾新生代拗陷盆地边缘，是古生代的广海沉积区，地层出露零散，层位不全。前震旦系（主要是变质火山岩和火山碎屑岩）及震旦系（下部为碎屑岩，上部为硅质岩、白云岩和冰水沉积岩）均未出露。古生界只见有寒武系（下部为硅质岩和石煤层，中、上部为泥质碳酸钙沉积岩）、志留系（浅海相巨厚复埋式构造）及泥盆系（滨海相碎屑岩沉积)-二迭系（主要是浅海相碳酸盐沉积和滨海相或陆相含煤碎屑岩构造），零星出露余杭-杭州-萧山及杭州湾北岸，系华埠-新登复式向斜的北延部分。侏罗系多沿北东向基底发育的火山构造盆地呈条带状分布。第三系（海湾潮坪相沉积）出现于杭州湾。第四系出现于杭嘉湖滨海沉积平原。

浙东南滨海区为侏罗系（大面积火山沉积岩）所覆盖，也见前震旦系、三迭系（上部缺失，下部为浅海相碳酸岩沉积和含煤碎屑岩构造）、白垩系（陆相火山喷发沉积岩和含煤地层）和第三系（陆相红色地层和基性火山岩）零星分布于浙东南乐清湾以北。第四系主要分布在滨海平原和江河两岸，分别为滨海和河流相沉积。

（二）侵入体

滨海区内侵入体一般呈岩株、岩枝或岩瘤，其中酸性岩居多，如花岗岩、花岗斑岩、钾长花岗岩、石英正长岩等；中酸性、中性岩次之，中酸性岩如二长花岗岩、石英二长岩、花岗闪长岩、石英闪长岩等，中性岩如重型闪长岩；并有少量基性或超基性岩。

（三）地质构造

以江山-绍兴断裂为界，断裂带以西为扬子准地台的钱塘台拗，断裂带以东为华南褶皱系的华夏褶皱带。在地质历史中，经历了地槽、地台和陆缘活动等三大阶段，具有多旋回的构造运动和岩浆活动、多次的变质作用和混合岩化作用、多阶段的沉积作用和成矿作用。

四、沉积

全新世以来，浙江省海面自 -30 m 左右上升到目前位置的过程中，经历过 4 次海进、海退历程，沿海自北至南发育了宽广的海滨平原，主要由杭嘉湖、宁绍、温瑞等平原组成，第四系沉积物厚 20～329 m。杭州湾及北部沿海会稽山、四明山北麓的姚江平原，沉积物厚 50～200 m，由西向东逐步增厚，浅表层以粉土为主，下层淤泥质至粉砂质黏土、粉砂质黏土（黏土含量 50%～65%），厚度 20～40 m。浙江中部和南部沿海地区以滨海及浅海为主，沉积物最大厚度达 130 m，浅表部以淤泥或淤泥质黏土为主，厚度分布不一，一般 20～50 m。舟山群岛地区滨海土层的分布，基本类同浙江沿海中部地区。黏土质粉砂，其中粉砂含量 50%～80%，主要分布于开敞性岸段、港湾区的潮滩及近岸水域，如大目涂、下洋涂、金清涂、平阳东涂、鳌江南涂等。黏土-粉砂是典型的过渡类型，主要分布于粗细两类沉积物之间的过渡地段，如杭州湾北侧近岸区、浪岗东、瓯江口外，及金塘、螺头、虾峙门等水道的边侧。

沿海平原有冲积-海积、海积、冲积-湖积、潟湖（或滨海湖沼）淤积，以及风积等成因类型；平原深部有海积（包括浅海湾和滨海沉积）、冲积-海积（河口相）、潟湖（或滨海湖沼）淤积、冲积、冲积-湖积，以及与下伏基岩接触带常发育坡积-洪积或冲积-洪积等成因类型。因此，沉积物以冲积、湖积、海积，以及它们之间的过渡类型为主。

五、地形地貌

浙江沿海地区处于长江三角洲平原与浙东、南火山岩低山丘陵接壤地带。浙江省沿海地势自西向东和东北倾斜，直至倾没于东海，部分则成为岛屿。沿海主要山脉有会稽山、四明山、天台山和雁荡山等，这些山脉的分水岭相隔形成了钱塘江、甬江、椒江、瓯江、飞云江和鳌江等，诸江均注入东海；沿海有杭州湾、象山港、三门湾、乐清湾、温州湾等较大港湾 12 个。大陆岸线全长 1 840 km，沿海大小岛屿（面积 500 m² 以上）3 068 个，其中较大的岛屿有舟山本岛、玉环岛、岱山岛、六横岛、大衢岛等，岛屿岸线长 4 674.85 km；东部、东北部沿海为河海堆积平原，地势平坦、河网密布、零星山丘相间，这些地貌特征，使浙江省海岸呈现出岬角、港湾众多，大陆岸线蜿蜒曲折，沿海岛屿星罗棋布的地貌景观。主要地貌包括平原地貌、河口海岸堆积地貌和岛屿岸滩地貌。

（一）平原地貌

平原地貌有冲积海积平原、滨海海积平原和岛屿与半岛海积小平原。冲积海积平原分布在河口两岸，钱塘江的河口两岸是全省最大的冲积海积平原；滨海海积平原主要分布在入海河口的两侧及海湾内，如平湖、海盐沿海平原，慈（溪）北、镇（海）北平原，三门湾内的长街-青珠平原，椒北平原，乐清湾内的虹桥平原、城东平原，柳市-翁墙平原，瓯江、飞云江间的平原和鳌江南岸的平原；岛屿与半岛海积小平原主要分布在舟山群岛、玉环岛、洞头列岛等大岛屿及穿山半岛、象山半岛、三门半岛等古海岛内。

（二）河口海岸堆积地貌

河口海岸堆积地貌有粉砂淤泥滩涂和淤泥滩涂。粉砂淤泥滩涂分布在慈溪新浦以东的浙东南沿海和岛屿，如椒江、瓯江、飞云江和鳌江口外的平原外缘，以及开敞海湾，如三门湾、隘顽湾、乐清湾等湾口岸段；淤泥滩涂主要分布在象山港、三门湾、乐清湾、沿浦湾内。

（三）岛屿岸滩地貌

沿海岛屿众多是浙江省一大特色，具有以基岩为主的岛屿岸滩地貌。

六、植被

滨海地区生长着各种草本、灌草丛、竹林及木麻黄等多种植被类型，植被资源丰富。草本植物群落有海三棱藨草群落、芦苇群落、碱蓬群落、结缕草群落、獐毛草群落、筛草群落、小飞蓬群落、钻形紫菀群落和人工引种的互花米草群落、大米草群落、草木樨群落。灌草丛植被有田菁、芦苇、苦槛蓝、单叶蔓荆等。

第二节 滩涂资源

滩涂（潮间带）是指理论深度基准面线至岸线之间的地带。我国滩涂资源有 $217.55×10^4 hm^2$（表3-1），四大海域中以渤海、黄海沿岸滩涂面积最多，分别占 31.3% 和 26.8%，而东海、南海沿岸滩涂分别占 25.5% 和 16.5%。各省之间的滩涂分布也很不平衡，面积占比较大的 4 个省份分别为江苏 23.6%、山东 15.6%、浙江 13.3% 和辽宁 11.1%，而福建和广东两省占比均为 9.4%，其余为河北 5.0%、广西 4.8%、上海 2.8%、天津 2.7% 和海南 2.2%。根据 2010—2012 年水利普查估算全国主要河口及平原海岸淤涨速度，全国沿海每年淤涨的新滩涂有 $2.67×10^4～3.33×10^4 hm^2$。

表 3-1 全国滩涂资源面积分布（蔡清泉，1990）

海岸段	省份	滩涂资源（$×10^4 hm^2$）	占比（%）
渤海沿岸	辽宁	24.18	11.1
	河北	11.00	5.0
	天津	5.87	2.7
	山东	26.99	15.6
	小计	68.04	31.3
黄海沿岸	山东	6.88	3.2
	江苏	51.32	23.6
	小计	58.20	26.8
东海沿岸	上海	6.15	2.8
	浙江	28.86	13.3
	福建	20.49	9.4
	小计	55.50	25.5
南海沿岸	广东	20.42	9.4
	海南	4.89	2.2
	广西	10.5	4.8
	小计	35.81	16.5
总计		217.55	

浙江一般用黄海基准下－3.5～－3.0 m 作为沿海滩涂的深度基准面线（下界面线）。

钱塘江、瓯江等江滩资源的深度基准面线（下界面线）一般就是江河治理控导线。根据《浙江土壤》（俞震豫等，1994），浙江省滨海盐土类总面积 39.77×10⁴ hm²，其中已围垦滩涂有 10.91×10⁴ hm²，仍在淤积中的潮滩盐土有 28.86×10⁴ hm²。据 2010—2012 年全国水利普查，浙江省有滩涂资源 22.87×10⁴ hm²，沿海潜滩 27.32×10⁴ hm²，已围垦滩涂 23.74×10⁴ hm²，仍在淤积中的潮滩盐土 16.32×10⁴ hm²，滩涂的年自然再生率为 0.31×10⁴ hm²。2012 年浙江省理论深度基准面以上可开发利用的滩涂资源面积仍有约 18.83×10⁴ hm²。

浙江省滩涂每年有自然再生的。滩涂自然再生率是指沿海既定区域一段时期（多年）内年新增滩涂的数量，也就是每年潮下带转化成潮间带的数量。

滩涂年自然再生率计算公式为：

$$E = \frac{B + \sum C - A}{N} \tag{3-1}$$

式中，A 为初始年的滩涂面积，hm^2；B 为末期年的滩涂面积，hm^2；$\sum C$ 为历年（初始年至末期年）滩涂围垦面积，hm^2；N 为初始至末期历年数，a。

滩涂再生周期计算公式为：

$$T = \frac{F}{E} \tag{3-2}$$

式中，F 为年围垦强度，$hm^2 \cdot a^{-1}$。

1958—1983 年，浙江省围垦滩涂 11.24×10⁴ hm²，滩涂自然淤涨了约 11.93×10⁴ hm²，滩涂年自然再生率 0.46×10⁴ hm²。1984—2003 年，围垦 4.96×10⁴ hm²，滩涂自然淤涨了 2.14×10⁴ hm²，滩涂年自然再生率 0.31×10⁴ hm²。2004—2010 年，围垦 5.44×10⁴ hm²，滩涂自然淤涨了 2.25×10⁴ hm²，滩涂年自然再生率 0.32×10⁴ hm²。相对于围垦强度 F 为 0.67×10⁴ hm² 时，则滩涂再生周期 $T = 0.67 \times 10^4 / (0.32 \times 10^4) = 2.09a$，约 2a，也就是要 2 年以上时间培育滩涂，才能满足 1 年围垦 0.67×10⁴ hm² 的要求。因此，1958—2010年，浙江省滩涂共围垦了 21.64×10⁴ hm²，滩涂年自然再生率 0.30×10⁴ hm²，即浙江沿海平均每年新增潮间带滩涂 0.30×10⁴ hm²。钱塘江"以围代坝、缩窄江道"治理方式及东南沿海堵港、促淤等改造海岸活动，加快了滩涂再生。若不计入钱塘江江涂，浙江省东南沿海、港湾的海涂年自然再生率则为 0.18×10⁴ hm² 左右。

第三节　滨海盐土形成、分类与分布

滨海地区自第四纪母质成土以来，经历了数次海浸海退，形成了深厚的沉积层，但在 1 m 土层内，母质的来源并不全是海相地层。浙南椒江、阮江等三角洲平原，有一些在海相沉积物上发育的淡水沼泽；在杭嘉湖平原，根据地表以下 60 cm 土层的孢粉分析，有淡水沼泽、近海沼泽、陆相等多种类型而经沼泽化的母质，质地都较黏，颜色偏青灰，并常能见到泥炭层或腐泥层。

一、土壤形成机制

滨海平原指河口两侧和岬角海湾内由近代浅海沉积物堆高形成的平原地带。浙江省海岸带区域内有 3 个土类 7 个亚类,即滨海盐土类的潮滩盐土、滨海盐土和潮化盐土亚类,潮土类的灰潮土和潮土亚类,水稻土类的渗育型水稻土和潴育型水稻土亚类。本区土壤主要有以下 4 个基本成土过程。

(一) 盐渍化过程

盐渍化过程是滨海盐土类土壤的主要成土过程,是海水对土壤直接浸淹的结果。土壤通过潮间和潮上两个时期的盐渍化过程形成了滨海潮滩盐土亚类。前者受海水周期性的间歇浸淹,盐分在土体内的分布较为均匀;后者已脱离海水的直接浸淹,土壤的发育受陆地生态环境条件制约,下层土体和地下水中的盐分,因地表水蒸发而不断向上层土壤移动和积累,形成了上高下低或上下高、中间低的盐分分布状态。同时,还存在自然降水对土壤盐分淋洗作用的脱盐过程,只是在这期间土壤盐分积累大于淋洗量。土壤盐分的类型和海水基本相同,以氯化物为主。

(二) 脱盐、脱钙过程

挡潮后土壤由于蒸发失水而干裂,盐分通过裂隙淋洗强度大而较快淡化,一些耐盐草类生长和蔓延,土壤的积盐强度逐渐减弱、脱盐强度不断提高。当土壤的脱盐强度超过积盐强度,土体进入以脱盐、脱钙为主要特征的发育阶段,形成了滨海盐土亚类。土壤的脱盐、脱钙过程是一个由上层到下层逐步脱除的过程。由于滩涂围垦后迅速进行开垦种植,在旱作条件下土壤的脱盐、脱钙等过程伴随着潮土化过程,在种植水稻条件下土壤的脱盐、脱钙等过程伴随着潴育化过程。

(三) 潮土化过程

潮土化过程是旱地土壤的主要成土过程。在该过程中,土壤受旱作时耕作施肥和地下水升降变化影响,上层土壤发育为土体松散、结构良好、含有较多有机质和盐基离子的耕作层,中下层土壤则在地下水升降变化引起的氧化还原交替过程中产生了铁锰物质的移动和淀积,形成了具有铁锰斑纹的淀积层,发育成潮土。但是,由于滨海潮土成土历史短,土体含有大量碳酸钙,并且铁锰的移动淀积较弱,形成了灰潮土。

(四) 潴育化过程

滨海潮滩盐土、滨海盐土和灰潮土等亚类的土壤开垦后种水稻,受灌排水、耕作和施肥的影响,逐渐发育成水稻土。由于滨海平原区地势比较平坦,地下水位大都较高,土体在大量施用有机肥和灌排水引起的地下水位升降变化中,氧化-还原交替频繁,耕层土壤中有机质与游离铁络合,以鲜红色的胶膜形态包裹于土块或土粒的表面;中、下层土体中,因铁锰物质随地下水上下移动和淀积,形成了锈纹、锈斑交互叠合的潴育层段,发育为潴育型水稻土。但是,滨海平原的水稻土,因种植水稻历史短、地下水对剖面发育的影响尚不大,土体内水分运移以下渗为主,还原性较弱,加上土体又含有大量碳酸钙,剖面物质的移动和淀积均以锰为主,多属渗育型水稻土。

二、土壤分类

1987 年全国海岸带土壤报告,我国海岸带滨海盐土总面积约 4.88×10^6 hm^2,主要分布见表 3-2。滨海盐土类属于盐碱土纲,分布于海岸线两侧。滨海盐土类可分为以下 6 个亚类,以潮滩盐土面积最大,潮化盐土次之,然后是草甸滨海盐土、滨海盐土、沼泽潮滩盐土，红树林潮滩盐土最小。

表 3-2　沿海主要省份滨海盐土分布（杨真和王宝山，2015）

省份	面积（$\times 10^6$ hm²）
辽宁	0.91
河北	0.6
天津	0.78
山东	1.06
江苏	0.87
上海	0.06
浙江	0.09
福建	0.27
广东	0.12
广西	0.078
海南	0.017
台湾	0.025
合计	4.88

（一）潮滩盐土亚类

主要分布于潮间带，每天受潮汐的影响，盐分主要由潮汐带来。各种浮游生物、微生物、游泳生物及底栖生物都随潮汐进退，底栖生物在退潮时可局部遗留于潮滩上，潮滩盐土的形成主要受潮水涨落的动力影响，并受泥沙沉积与多种生物的影响，因此不同于高潮以上及堤内荒地的盐渍土。在各大河流及中、小河流的河口，有大量来源于陆地丘陵、山地、高原、平原、阶地及河谷的冲积物，黄河口每年有 10 亿～12 亿 t 泥沙在河口三角洲及附近沿海潮间带沉积，因有大量陆地水蚀及风蚀物质随径流下泄，因此带有一定量的泥沙、有机质、微生物及营养物质成分，也具有一定土壤肥力。在盐分含量为 10 g·kg^{-1} 的盐土中，仍能生长芦苇、大米草、盐蒿等植物。

（二）草甸滨海盐土亚类

分布于潮上带的草滩，因受雨期脱盐的淋溶作用及早期地下水上升、植物蒸腾作用，各时期表面含盐量常发生变动，并形成块状草甸植被，如结缕草、獐毛草及白茅等。地下水位在 0.5～1.5 m 间变动，氧化还原过程在剖面中交替进行，使土层中铁锰氧化物积聚，有机质积累较多，心土底土呈现沉积的层理。

（三）沼泽潮滩盐土亚类

土壤发育属沼泽盐化过程，主要生物群落为芦苇、互花米草及蕉草群落，生态环境为滨海盐化沼泽湿地。在河口盐淡水交汇的作用下，盐分不高，一般在 6.0～10.0 g·kg^{-1} 之间。河口海水盐分含量在 7.0 g·kg^{-1} 以下，为芦苇沼泽湿地的生态环境；盐分含量在 7.0 g·kg^{-1} 以上，则为生长盐蒿的沼泽潮滩盐土。

（四）红树林潮滩盐土亚类

生态环境为生长红树林的滨海盐土。土壤发育受港湾红树林及海水盐化过程的影响，在闽、琼、粤三省都有分布，福建省面积较少，主要分布于宁德、龙海、云霄等县，面积约 21.96 km²。海南分布于海南岛、雷州半岛，广东分布于湛江、阳江、台山、珠海、粤东东莞、深圳惠东和海丰，总面积约 311.83 km²。广西主要分布于山口、防城港等地，面积约 91.6 km²。

（五）滨海盐土亚类

系滨海潮滩盐土经人工筑堤挡潮后发育而成，主要分布于海岸线内侧的狭长地带，面积较小，如浙江省滨海盐土亚类仅占海滨盐土类的 4.1%。本亚类由于脱离了海水的浸渍，成土过程由盐渍化过程过渡为脱盐过程，土体因地表蒸发失水而逐渐干缩，盐分随晴雨季节变化在土层中上下移动，在多雨的天气中土壤盐分常被淋洗，开始生长碱蓬、盐蒿等植物。下部土层受氧化还原交替作用，出现少量锰斑的淀积。在浙江省人多地少的情况下，筑堤后即进行垦殖，通过开沟排盐、耕作施肥等措施，使土壤进行脱盐过程，逐渐过渡为潮化盐土。滨海盐土亚类可根据质地成分分为涂泥土和咸泥土 2 个土属。

（六）潮化盐土亚类

分布于堤内的人工垦种耕地土壤，主要的成土过程是脱盐过程，达到脱盐（全盐量小于 1.0 g·kg⁻¹）的时间，在河口粗粉砂质土壤需 10～20 年，而黏质土壤需 40～60 年。此亚类在滨海盐土类中含盐量最低，一般表土盐分含量为 1.0～2.0 g·kg⁻¹，下层含盐量可达 2.5～4.0 g·kg⁻¹，中下层常显现铁锰斑点或条纹，在脱盐过程中尚伴随着脱钙过程。

浙江的滨海盐土类有潮滩盐土和滨海盐土两个亚类。因该土类由海积物发育而成，其成土母质为近代的海相或河海相沉积物，形成过程中受海水浸渍，土壤处于盐渍化或脱盐过程，整个土体内含有大量盐分，将 1 m 土体内全盐量大于 1.0 g·kg⁻¹ 的定为滨海盐土类。

以 1 m 土体内含盐量作为亚类划分的主要指标。1 m 土体内含盐量平均在 6.0～22.0 g·kg⁻¹，目前仍受海水浸渍，土壤处于盐渍化过程的划为潮滩盐土亚类；而将经筑堤不受海水淹没，1 m 土体内含盐量平均在 1.0～6.0 g·kg⁻¹，土壤处于脱盐过程的划为滨海盐土亚类。

浙江的潮滩盐土亚类有滩涂泥 1 个土属，砾石滩涂、砂涂、粗粉砂涂、泥涂和黏涂等 5 个土种。滨海盐土亚类有涂泥土和咸泥 2 个土属，涂泥土属包括涂砂、流板砂、涂泥、涂黏、盐白地等 5 个土种；咸泥土属包括轻咸砂、中咸砂、重咸砂、轻咸泥、中咸泥、重咸泥、轻咸黏、中咸黏和重咸黏等 9 个土种。

三、土壤分布

我国有长约 3 000 km 的海岸线，在 15 m 等深线内的浅海与滩涂约有 0.14×10⁸ hm²。长江口以北的江苏、山东、河北、辽宁诸省滨海盐土面积达 100×10⁴ hm²，且河口还在不断向浅海推进。仅十几年来，黄河河口年平均推进速度为 2.77 km，年平均造陆面积为 46.33 km²，即年增 0.46×10⁴ hm² 土地。滨海盐土的特征是整个土体盐分含量高，盐分组成以氯化物为主。长江口以南浙江、福建、广东、广西、海南等省份的滨海盐土，面积小，分布零星，但也有逐年增加的趋势。这些滨海盐土地处热带、亚热带，年降水量大，土壤的淋洗作用强烈，滩地受海潮浸渍，通过雨水淋洗盐分逐渐淡化为盐渍化土壤，1 m

土体的平均含盐量小于 0.6%，并且受红树林生物群落的影响而形成酸性硫酸盐盐土，盐分组成以硫酸盐为主，土壤呈现微酸性或酸性。浙江沿海则分布有微碱性滨海盐土，pH在 7.5 左右，盐分组成以氯化物为主。

　　根据《浙江土壤》（俞震豫等，1994），浙江滨海盐土类的总面积 39.77×10^4 hm^2，主要分布在杭州湾及钱塘江河口、象山港、三门湾、台州湾、隘顽湾、漩门湾、乐清湾、温瑞平沿海、大渔湾、沿浦湾和舟山群岛。滨海平原土壤因成土时间和耕作历史等因素，呈现出由滩涂向内侧平原逐渐演变的规律。从海边向陆地内侧，依次分布着：潮间带的潮滩盐土→滨海盐土（→潮化盐土）→灰潮土→淹育型水稻土→渗育型水稻土→潴育型、潜育型或脱潜型的水稻土。越靠内侧，土壤脱盐、脱碳酸盐及潴育化发育越深，耕作熟化度越高。在钱塘江河口或杭州湾两岸，土壤质地以粉砂质壤土为主；象山港以南的滨海平原，土壤较黏重，以粉砂质土至黏土为主；瓯江、飞云江和椒江等河口平原，土壤质地以粉砂质黏壤土为主。

第四章

盐渍土的演化：以滨海盐土为例

CHAPTER 4

为了加速滨海盐土的垦殖和改良利用，建设高产稳产的农业生产基地，必须弄清滨海盐土的形成演化规律（唐淑英等，1978）。50多年来，通过调查研究、定位观测、专题试验等方式，对浙江滨海盐渍土的分布规律、发生演变、基本特性及改良利用等问题进行了较系统的研究，探讨了滨海盐土形成演化的实质、方向及其调控技术等，可为滨海盐土改良利用提供理论基础和技术支撑。

第一节　滩涂围垦与滨海盐土演化

一、滩涂围垦的历史沿革

（一）国外滩涂围垦

世界上各个国家和地区关于沿海滩涂、岸线等资源开发利用的设想、规划和实践工程很多，成功的经验和失败的教训也比比皆是。如阿联酋迪拜通过围海填海的方式建设了"朱美拉棕榈岛"以及以世界地图为原型的世界岛、荷兰建成了须耳德海工程和三角洲工程、日本大阪港内通过大规模填造人工岛建设了关西海上国际机场。但是，国际上众多国家和地区对沿海资源大规模的盲目无序和不合理的开发利用给人类生存发展及自然生态环境等造成破坏的实例亦很多。

1. 荷兰　荷兰位于欧洲西部，海岸线长 1 075 km。全境以平原为主，地势低洼，约有 1/2 面积在海平面以下。荷兰为克服水灾威胁，从 13 世纪以来，共修建了总长达 2 400 km 的拦海大堤，围垦了相当于荷兰陆地面积 1/5 的土地。荷兰围海造地的主要动因是生存安全的需求，其进行围垦活动已有 800 多年的历史，最著名的工程是 1932 年建成的须耳德海工程，以及 1982 年根据西南部海域岛屿分布的特点，以海堤连接若干岛屿，把莱茵河、马斯河、须耳德河封闭建成淡水湖的三角洲工程。荷兰大规模的围海造田工程虽然给荷兰增添了大量的土地，但也产生了圩田盐化、海岸侵蚀、物种减少等众多不良后果，迫使荷兰政府转而恢复湿地，努力探索与水共存的新路。

2. 日本　虽国土面积狭小，但日本拥有约 3.3×10^4 km 的海岸线，日本沿海城市约 1/3 的土地是通过填海获得的。日本围海造地经历了以农业开发为主的围海造田到以工业开发为主的填海建厂的大规模开发阶段，再到以第三产业为主的限制开发阶段。其中，20 世纪 60 年代开始建设此后支撑日本经济的京滨、阪神、中京和北九州"四大工业地带"，即闻名世界的"环太平洋带状工业带"，开创了独具岛国特色的现代工业布局。但是，日本长崎的谏早湾围海造田工程不仅破坏了当地的湿地环境，还对临近海域的渔业、海产养殖及水质净化循环等自然及生态环境造成了不可挽回的破坏。

3. 韩国 韩国人口众多，国土狭小，滩涂广阔，海岸线长约 11 542 km，通过围海造陆扩大陆域空间和海域空间的潜力巨大。韩国围海造地经历了 20 世纪 60 年代开始以农业为主的大规模围垦到 80 年代以后控制和缩减围垦规模的变化过程，其中最具代表性的围垦工程是 1991 年启动 2006 年建成的新万金工程计划，是世界上已建成的最长防洪堤，填海区域相当于首尔面积的 2/3。但是，韩国西部海岸的新万金工程计划围海造陆工程对自然环境造成了巨大改变，甚至工程曾一度停工，为沿海滩涂围垦与保护敲响了警钟。

（二）国内滩涂围垦

我国的滩涂围垦具有悠久的历史，沿岸劳动人民历来具有较高的开发利用陆地资源的技术素质，开垦土地，发展农耕，兴渔盐之利。1949 年以前，我国围海造地耕地面积已达 1.3×10^7 hm²，约为荷兰国土（$4.157 4 \times 10^6$ hm²）的 3 倍。1949 年以来至 20 世纪末，由于人口的增长、经济的发展以及城乡建设的需要，加大了围海的力度。长江以北有些海岸多年没有堤防，不仅修起了海堤，防止风暴增水所引起的海水漫溢，还进行了散塘围垦。长江以南则有多种围海形式，既有渐进式围海，也有堵坝式围海；既有高滩围垦，也有中低滩围海；既有围堰促淤，也有围堰填海。技术不断发展，使围海工程取得显著成绩。在近 50 年，全国围海面积达到 11 000～12 000 km²。其中浙江围出了 1 650 km² 的土地，相当于荷兰 20 世纪以来围海造地的总和；上海围出了 730 km² 的土地，相当于日本第二次世界大战后全国围垦的总和；珠江口仅珠海一市就围出了 270 km² 的土地，接近于英国瓦希湾千百年围垦面积总和；江苏更是围出 2 270 km² 的土地。这些新围的土地提供了约 2 000 万人的生存空间，为沿海地区改革开放和社会经济发展，提供了充足的土地后备资源与生态功能服务保障，有效缓解了快速工业化、城镇化发展的建设用地需求压力。

从 20 世纪 50 年代中后期开始，我国围海造田是在沿岸一些比较适宜开发的地区进行，根据不同时期滩涂围垦的特点，可将沿海滩涂围垦过程分为 4 个阶段（图 4-1）。

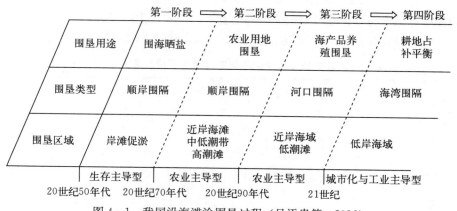

图 4-1 我国沿海滩涂围垦过程（吕添贵等，2016）

第一阶段，1949—1960 年围垦土地主要用于盐田开发，集中在河北、天津和海南沿海地区；第二阶段，1960—1970 年围垦土地主要用于农业生产，集中在江苏、浙江和福建沿海地区；第三阶段，1980—1990 年围垦土地主要用于海水养殖，沿海各省均有分布；第四阶段，2000 年至今围垦土地主要是为了满足沿海经济发展的需求，为沿海省份的各项事业发展提供用地空间。黄海、渤海沿岸围涂面积占全国围涂面积的 68.5%，东海、南海沿岸占 31.5%。据已有研究统计（表 4-1），在 2002 年以前，海涂围垦面积为 3 635.98 km²，2002—2007 年间，沿海各省新增海涂围垦面积合计为 569.5 km²，年均海涂围垦面积为 113.9 km²。在耕地占补平衡政策影响下，未来一段时期，沿海省份海涂围垦面积将持续增加，增长速度呈不断加快之势。

表 4-1　沿海省份海涂围垦面积（km²）（吕添贵等，2016）

围垦区域	2002 年前	2002—2007 年	总填海面积
辽宁	1.78	47.30	49.08
河北	21.17	12.32	33.49
天津	0.75	80.29	81.04
山东	85.11	32.95	118.06
江苏	902.41	80.43	982.84
上海	196.05	148.32	344.37
浙江	1 784.4	20.43	1 804.83
福建	626.11	97.58	723.69
海南	3.19	7.22	10.41
广西	4.70	19.12	23.82
广东	10.31	23.54	33.85
合计	3 635.98	569.50	4 205.48

二、浙江省滩涂资源与围垦面积关系

1950—2004 年，浙江省共围垦滩涂面积达 18.8×10^4 hm²，平均每年围垦 0.34×10^4 hm²。其中，耕地 4.60×10^4 hm²，园地 1.20×10^4 hm²，建设用地 13.00×10^4 hm²。1950 年以来浙江省预测滩涂资源量与累计围垦面积的关系见表 4-2，用二次曲线进行拟合，可得到预测滩涂资源量 Y 与累计围垦面积 X 相关关系式：$Y = -0.010\ 8X^2 + 0.104\ 1X + 29.585$。

表 4-2　浙江省历年滩涂资源与累计围垦面积关系（$\times 10^4$ hm²）

年份	累计围垦面积	实际滩涂资源面积	预测滩涂资源量
1950—1960	1.83	29.12	29.75
1983	12.49	28.86	29.00
1998	16.10	27.60	28.86
2003	18.28	26.53	27.69
2010	23.74	22.87	25.86
2020	28.12	20.53	23.99

2011—2015 年浙江省分年度围垦情况见表 4-3。2010 年浙江省滩涂资源分布情况见表 4-4，而 2010 年浙江省理论深度基准面以上可开发利用的滩涂资源面积仍有约 1 882.81 km²。浙江省滩涂资源占全国滩涂资源总量的 13.3% 左右，基本处于相对稳定状态。2030 年预计累计围垦面积 3 250.50 km²，预测滩涂资源量为 2 175.27 km²，2030 年以后随着时间的推移和围成面积增加的综合作用，滩涂资源量减少速度将渐趋平缓。

表 4-3　2011—2015 年浙江省分年度围垦情况

年份	2011	2012	2013	2014	2015	合计
围垦面积（km²）	87.6	80.4	80.00	66.67	40.07	354.74
新建海堤长度（km）	30.53	54.02	32.96	25.79	61.00	204.30

表 4-4　浙江省沿海滩涂资源分布（2010 年）

地区	已围垦面积（km²）	滩涂资源（km²）
嘉兴市	100.27	122.93
杭州市	446.87	44.87
绍兴市	284.87	47.27
宁波市	705.73	623.87
台州市	543.8	418.8
温州市	185.2	485.8
舟山市	170.67	139.27
合计	2 437.41	1 882.81

三、滨海盐土的演化

当滩地由水下堆积到最低潮位时，在潮汐涨落的间隙中，滩面即露出海面。之后，滩地受到陆域自然成土因素的作用和人为影响，潮滩盐土便进入滨海盐土、水稻土、沼泽土系列，演变模式如图 4-2 所示。在自然条件下，潮滩一般呈明显的分带性，如杭州湾潮滩自陆地向海依次为草滩带、盐蒿泥滩带、泥砂混合滩及粉砂滩带。围垦利用不仅改变了潮滩的水动力条件及物质循环过程，而且使围垦区土壤性质也发生了显著变化。

（一）耕作及作物生长影响土壤理化性质

围垦后，由于耕作及作物生长等影响，土壤质地、团聚体、水分及密度等土壤物理性质会发生较大的改变（Li et al.，2014）。随着土壤围垦年限增加，土壤粗颗粒物质因为风化作用粒径减小，黏粒及粉砂含量增加，土壤平均粒径相应减小。周学峰等（2009）对崇明东滩的研究发现，围垦后土地利用方式及利用年限对土壤粒径有显著影响。土壤平均粒径为高潮滩<稻田<菜地<林地，围垦后的 15 年间土壤粒径逐渐增加，而再往后粒径逐渐减小。通过 3 年的围垦实验发现，土壤密度从 1.71 g·cm⁻³ 下降至 1.44 g·cm⁻³，土壤饱和含水量从 20.3% 增加到 30.2%。土壤密度受有机质含量的影响，围垦后如果有机质减少，土壤密度会有所增加（Xiao et al.，2011）。滩涂在围垦利用后，一方面，由于土

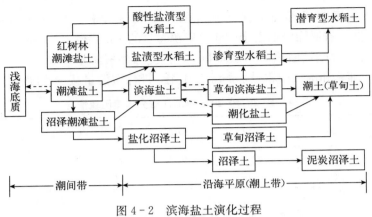

图 4-2　滨海盐土演化过程

壤含水量降低及氧化还原条件改变，有机质氧化分解加速（周学峰，2009）；另一方面，作物的种植及有机肥料的施用增加了土壤表层有机质的含量。滨海盐土的潮土化过程为土壤不断脱盐熟化的过程，随脱盐程度的增加，土壤有机质、全氮和碱解氮含量有所增加，土壤有效磷、缓效钾含量变化不大，速效钾含量则有所减少。吴明等（2008）在杭州湾南岸滨海湿地采集不同围垦年代的土壤，发现随围垦时间的增加表层土壤磷含量逐渐增加，有机质和全氮含量则表现为先降低后增加的趋势。周学峰等（2009）通过不同土地利用方式对崇明东滩土壤碳含量影响研究发现，围垦 0～15 年，土壤有机碳含量由于有机质矿化分解作用加强而显著下降；围垦 15～38 年，土壤中大量作物残根、秸秆以及枯枝落叶等外源有机物质不断积累，土壤有机碳含量逐步上升。金雯晖等（2013）在东台围垦土壤的研究表明，随着利用年限的增长有机碳含量从沿海滩涂向内陆显著增加，并与总氮及利用年限呈极显著正相关。但有机质含量高的盐沼，围垦后土壤有机质含量反而有所下降，这可能是由于翻耕等农业活动使土壤团聚体遭到破坏，从而加速了有机质的降解。可见，潮滩沉积物的组成对于围垦后的土壤理化性质变化也有重要的影响。

　　Xiao 等（2011）对不同围垦年限的珠江河口滨海湿地土壤分析发现，随着围垦时间增加，表层土壤中 Fe、Al 含量减少，而 Ca 含量显著增加。在 30～40 cm 土层中，土壤 P、Fe、Al 含量随成土过程进行而增多。高有机质的湿地围垦为牧场 60 年后，土壤中 TP 显著下降，TOC、TN、K、Al 下降，而 pH 及 Ca、Mg、Mn、Fe 含量增加。围垦时间对于各层次土壤性质变化均有影响，同时，人为因素对土壤性质也有重要影响。Li 等（2013）通过对杭州湾北侧不同利用年限的围垦土地进行分析，发现在围垦 35 年内土地利用强度升高显著加剧了土壤性质变化。鱼塘土壤含盐量较高，农田土壤营养元素及有机质含量高，营养元素的空间分布受围垦时间及围垦后的土地利用方式共同影响。滩涂围垦形成的水稻土在成土过程中碳酸盐逐渐减少，耕作超过 100 年，表土 0～20 cm 内碳酸盐消失，而整个土体碳酸盐消失需要超过 700 年的耕作。另外，成土过程中，有机质会在表层聚集，主要是集中在粉砂及黏粒等细颗粒物上。土壤矿物组成自围垦后变化较小，水稻土脱钙过程及有机质富集过程相对较快，而且伴随着 Fe_{ox} 的增加及现代有机碳的积累。脱钙后的水稻土矿物表面的有机质有明显富集，这可能是在细颗粒物上 Fe_{ox} 与有机质相互结合彼此保护的结果。种植水稻能够加快土壤成土过程，水稻土成土过程包括 3 个阶段：第一阶段持续几十年，主要是脱盐过程及形成紧实的犁底层，冲积土向水成始成土转变；第二阶段持续几百年左右，相比非水稻土，水稻土表层脱钙及有机质积累显著加速；第三阶段在 700 年后，土壤氧化物形成及重新分布并伴随表土可见的水耕结构，始成土向水耕人为土转变。

（二）地下水位下降及降水、灌溉影响土壤含盐量和 pH

围垦后，由于地下水位下降及降水、灌溉的影响，土壤含盐量及 pH 一般呈现下降趋势。在滨海湿地围垦后，水位下降导致硫铁矿的氧化，从而使土壤 pH 下降（Fernández et al.，2010）。但轻质滨海盐土在围垦初期土壤 pH 有所升高，Na^+、Cl^- 含量降低，而 HCO_3^- 含量上升。围垦年份长的区域土壤含盐量低，空间变异性弱；围垦年份短的区域土壤含盐量高，空间变异性强。由此可知，土壤含盐量随时间的增长而呈不同程度的降低。李鹏等（2013）通过对如东县不同围垦年限土壤的含盐量分析，发现土壤含盐量随围垦年限增加总体呈现逐步下降的趋势，而且有作物生长的田间土壤下降更明显，同时盐分在土壤剖面上经历了"均匀型-表聚型-震荡型-底聚型-震荡型-均匀型"的变化趋势。赵秀芳等（2010）通过电导率传感器监测土壤剖面含盐量变化，指出地下水埋深和水补充量是 0～40 cm 土层土壤盐分的主要影响因子；地下水埋深和蒸散量是 60～80 cm 土层土壤盐分的主要影响因子。因此，地下水盐分是土壤盐分累积的主要来源，降水脱盐作用仅对 0～40 cm 表土有显著影响，蒸发积盐作用则对整个土壤剖面都有影响，并且土壤质地对土壤毛细管水上升作用有显著影响，脱盐过程与土壤质地有密切的关系。

（三）围垦改变土壤生物学特性与土壤物质循环过程

从土壤微生物多样性的角度，结合土壤酶活性研究了不同土地利用方式对围垦海涂养分特征的影响（刘琛等，2012）。结果表明：相比于蔬菜地和林地，棉花地和水稻田的有机质、碱解氮含量及过氧化氢酶和蛋白酶活性更高，细菌数量表现为水稻田、棉花地＞蔬菜地、林地＞未利用。Fu 等（2012）研究发现在水稻—大麦轮作方式下，随着利用年限增加，土壤各种酶活性及有机质、放线菌等微生物含量增加，但在海水中出现的 5 种细菌在围垦利用 10 年土壤中消失了。

第二节 土壤性态特征

据 2010—2011 年全国水利普查，浙江省滨海盐土总面积 44.48×10^4 hm²，其中潮滩盐土亚类面积有 22.84×10^4 hm²，滨海盐土亚类面积有 21.64×10^4 hm²。由于滨海盐土大多分布于滨海低地，稍高处地表生长有碱蓬、獐毛等，低处则是大片光板地。这种土壤表层泞湿黏重，土壤水分和地下水经常受海水补给，而呈强盐渍化过程。

一、滨海盐土亚类及其土壤性状

（一）潮滩盐土亚类

潮滩盐土广泛分布于潮间带内，地面高程处于高低潮位之间，土体受海水周期性的间歇浸淹，成土过程以积盐为主。本亚类土壤剖面无层次发育，0～100 cm 土体的含盐量为 6.0～22.0 g·kg⁻¹，0～20 cm 土体的有机质为 1.90～21.0 g·kg⁻¹，全氮为 0.19～1.23 g·kg⁻¹，

全磷为 $0.47\sim1.57\ g\cdot kg^{-1}$，全钾为 $1.63\sim33.20\ g\cdot kg^{-1}$。土壤盐分和养分除了与地段的条件和水质等有关外，还与土壤质地密切相关，质地黏细土壤的盐分和养分含量一般较高，反之就较低。潮滩盐土主要为光滩，有少量长有稀疏海三棱藨草的草滩和人工种植的大米草滩。

（二）滨海盐土亚类

当潮滩盐土经过人工筑堤挡潮后，土体已经脱离了海水浸渍，盐分在土体内因晴雨季节变化而频繁上下移动，成土过程由积盐为主逐步过渡为脱盐为主。地面植被稀少，剖面基本无层次发育，$0\sim100\ cm$ 土体含盐量比围涂前略低；$0\sim20\ cm$ 土层的有机质和其他养分含量与围涂前大致相当。当土壤垦殖后，土壤以脱盐为主要成土过程，剖面层次略有发育；$0\sim100\ cm$ 土体含盐量大都在 $5.0\ g\cdot kg^{-1}$ 以下，盐分在土体内分布呈上低下高状态；耕层有机质和其他养分含量受垦殖施肥影响，变化较大；$0\sim100\ cm$ 土体的有效锌含量低，处于 $0.42\sim0.59\ mg\cdot kg^{-1}$ 之间。土地利用方式主要是旱地和水田，也有少量的盐田。

二、环境形态

在平原泥质海岸地区，由海域至陆域，滨海盐土的环境形态首先是水下浅滩，其次为滨海盐渍母质区，进而为潮滩（潮间带下带和中带）、光滩（潮间带中带和部分上带）、草滩（海岸线以内的陆域及部分潮间上带），渐次延展到广阔滨海农区。

三、剖面形态

剖面层次不明显。滨海盐土剖面除了含盐量高的表层有盐结皮外，一般没有明显的发生层次，上下层的颜色没有明显分化，基本上是由浅灰到浅棕色。沿海农民所称的灰泥层，即指整个土层。滨海盐土在其形成过程中，受自然条件和人为活动的综合影响，导致土壤盐分在剖面中的积累和分异不同，因而形成表土层积盐、心土层积盐和底土层积盐等3种基本积盐动态模式，或复式积盐模式。剖面中积盐有一层，也有多层；并且成土历史短，剖面发育差，土壤剖面中层次分化发育不明显，土壤剖面类型为 A－C 型。

四、土壤盐分状况

一般滨海盐土 $0\sim20\ cm$ 表层的含盐量是 $4.7\sim42.4\ g\cdot kg^{-1}$，底层（$20\sim40\ cm$）为 $2.0\sim22.0\ g\cdot kg^{-1}$。表层与底层的盐分各地差异颇大，并随季节而有明显的变化。在雨季时上层盐分被淋洗，表层盐分可能大大降低；而在旱季盐分又随毛细管水蒸发上升，使表层盐分提高。在土壤可溶性盐中，氯化物含量占 $60\%\sim80\%$，硫酸化合物仅微量。滨海盐土类土壤盐分相差很大，取决于成土过程中的积盐和脱盐强度。滨海盐土含有大量的可溶性盐类，$1\ m$ 土体内含盐量平均在 $1.0\sim22.0\ g\cdot kg^{-1}$ 之间，对作物生长有较强的抑制或毒害作用。以积盐为主时，$1\ m$ 土体内含盐量可大于 $10\ g\cdot kg^{-1}$，最高的可达 $21.8\ g\cdot kg^{-1}$，盐分在土体中的分布为上层高于下层；以脱盐为主时，土体的含盐量一般在 $6.0\ g\cdot kg^{-1}$ 以下，最低为 $1.0\ g\cdot kg^{-1}$，并且呈上低下高的分布形态，但是，往往在脱盐过程的初期，受毛细管水上升的影响，引起上层土壤的积盐（返盐），盐分在土体分布呈上高下低状态。一般含盐量在 $3.0\ g\cdot kg^{-1}$ 以上时，氯离子占阴离子的 $70\%\sim80\%$；含盐量在 $3.0\ g\cdot kg^{-1}$

以下时，重碳酸根离子所占比重明显增加。由裸地向有植被覆盖的土壤类型过渡，特别是经常受淡水浸淋的土壤，氯离子所占比例逐渐减少。

滨海盐土全盐的区域分布特点：一是"外侧高内侧低"，即平原外侧高于内侧，由外向内土壤全盐量依次是：咸泥＞淡涂泥＞江涂泥。二是"南高北低"，即甬江口以北地域明显低于甬江口以南（包括舟山岛屿）地域。一方面，土壤全盐量分布与海水全盐量呈"南片高北片低"分布有关，如杭州湾沿岸至甬江口段海水全盐量平均 $17.8 \sim 20.91 \, g \cdot L^{-1}$，而其南侧的宁、舟、台、温沿岸海水全盐量平均为 $26.71 \sim 27.84 \, g \cdot L^{-1}$。另一方面，土壤盐分与土壤质地有关，质地黏重的土壤，脱盐速度较慢，土壤全盐量也高。此外，种植方式和耕种土壤熟化也影响土壤脱盐速度，裸露地容易返盐，间作套种土壤熟化后不容易返盐。再者，不同土地利用方式对滨海盐土盐分含量也有显著影响。2012年上虞滨海盐土研究表明（刘琛等，2012；Fu et al.，2012），长期农业利用后土壤盐分显著下降，但不同土地利用方式的土壤盐分之间差异明显，如 1 m 土体全盐量最高的为棉花地（含盐量 $1.84 \, g \cdot kg^{-1}$），其次是蔬菜地与水稻田（含盐量分别为 $1.31 \, g \cdot kg^{-1}$ 和 $0.75 \, g \cdot kg^{-1}$），最低为林地（含盐量 $0.23 \, g \cdot kg^{-1}$）。尽管这4种土地的母质来源相同，但林地所处地势较高，受含盐地下水影响较小，所以土体全盐含量很低。棉花植株高大，根系相对扎得较深，叶面蒸腾作用相对强烈，会把含盐地下水带至地表，从而使土体含盐量增加。水稻种植时需灌溉淡水，所以土体全盐含量也较低。

五、土壤 pH

1 m 土体内土壤 pH 在 $6.5 \sim 8.5$。滨海平原土壤含有游离碳酸钙、镁，其含量呈"外侧高内侧低"以及"南片高北片低"的区域性差异。土壤 pH 基本受碳酸盐控制，大多呈碱性反应。土壤 pH 随着成土过程的变化也有所变化，当土壤处于盐渍过程时，表层土壤 pH 在 8.0 以上，1 m 土体变化不大；当土壤进入脱盐过程后，表层土壤 pH 有所下降，约在 7.5，在 1 m 土体内呈上低下高。耕垦种植后，土壤中游离碳酸钙被大量淋失，其 pH 为 $6.0 \sim 6.5$；当土壤中由于碳酸化作用而出现 HCO_3^- 时，土壤 pH 为 $8.0 \sim 8.5$。随着土壤熟化度的提高、碳酸盐性的减弱，以及 pH 的降低，适种的作物种类也扩大。土壤 pH 以 $6.0 \sim 7.5$ 为宜，多分布在平原内侧，适合大多数作物种植。

六、土壤阳离子交换量

滨海盐土的土壤阳离子交换量为 $68.8 \sim 152.6 \, meq \cdot kg^{-1}$。土壤质地轻、耕作历史短的，其交换量小；土壤质地黏、耕作历史久的，其交换量大。北片咸砂、淡涂砂、流砂板等土壤，质地多属砂质或壤质，黏粒含量为 $10\% \sim 15\%$；黏粒矿物以水云母（伊利石）、蛭石为主，也含高岭石；腐殖质含量多不足 1%。因此，土壤交换量平均在 $0.08 \, meq \cdot g^{-1}$ 左右。南片黏质的土壤，其黏粒矿物类型虽然基本与北片相同，但由于黏粒含量高于 25%，含腐殖质也较多，所以南片土壤交换量较大，一般为 $0.12 \sim 0.16 \, meq \cdot g^{-1}$。

七、土壤质地

土壤质地是土壤的重要物理性质，也是反映土壤耕作性能的标志之一。土壤质地由粒径大小不同的矿物质颗粒按比例组成，不仅具有保持部分土壤矿质养分的能力，还有调节水、肥、气、热的功能。土壤质地受成土因素的影响很大，其中成土母质对土壤质地的影响最大，它反映了矿物质颗粒组成的特点；其次是气候条件，它反映土壤矿物风化分解和成土作用的强度与速度；地形也是导致不同粒级颗粒分配的重要外界因素，甚至耕作、培肥和客土等人为活动也会导致土壤质地发生变化。滨海平原土壤母质为海相或河口海相沉积物，土壤质地呈"南黏北砂"的分异。南片以壤质黏土至粉砂黏土为主；北片以砂质壤土至黏壤土为主。

滨海盐土的质地虽有砂壤质，但以重黏土为多。其黏土土粒吸收大量的钠盐，起分散作用，湿时又烂又黏，干时表层呈片状或板状，底层则呈土块状，坚硬难碎。这样不良的结构，致使土壤的通气性、透水性和耕性都很差。土壤质地与养分、盐分含量明显相关，一般黏质土壤有机质、其他养分和盐分含量较高，壤质土居中，砂质土最低。

八、土壤养分状况

滨海盐土的养分状况，除了与母质原始养分状况相关外，还受后期土壤发育的环境条件和发育程度的影响。特别是养分元素的迁移和富集，是在土壤发育过程中逐渐发生的。滨海盐土土壤养分含量，因土壤质地不同有很大差异。在同一个土属中，质地不同，养分含量也不同。总的趋势是：质地越砂，土壤有机质、全氮和速效钾的含量越低；反之，含量越高。质地对有效磷含量影响不明显。土壤全盐量与土壤养分含量的关系也较密切，随着耕作熟化和土壤全盐量降低，有机质和全氮含量明显增加，有效钾含量明显减少，有效磷含量也有所减少。

（一）土壤养分含量

1. 土壤有机质 滨海盐土的土壤有机质含量低，在整个土体中，土壤有机质含量平均为 $12.4 \sim 13.9 \, g \cdot kg^{-1}$，其中 $>20 \, g \cdot kg^{-1}$ 的土地面积仅占 7.8%。滨海盐土因含较多的可溶性盐分，植物一般很难生长，即使天然的盐生植被也很稀少，所以土壤有机质积累少，腐殖质含量一般很少超过 $10 \, g \cdot kg^{-1}$。

2. 土壤全氮 在整个土体中，滨海盐土土壤全氮含量处于 $0.79 \sim 1.12 \, g \cdot kg^{-1}$。自滨海平原的外侧向内侧，土壤有机质和全氮含量逐渐提高，C/N 值逐渐降低（$8.7 \rightarrow 8.6 \rightarrow 8.2$），并且土壤有机质和氮素含量受土壤质地和耕作的影响。潮滩盐土亚类土壤有机质、氮素与土壤黏粒含量呈正相关；滨海盐土亚类经过脱盐和培肥熟化后，土壤有机质、全氮含量均增加。

3. 土壤磷 滨海平原土壤全磷量为 $0.65 \sim 0.79 \, g \cdot kg^{-1}$，有效磷含量平均为 $7.5 \, mg \cdot kg^{-1}$。自滨海平原的外侧向内侧，有效磷含量逐渐下降，其中有效磷含量 $\leq 8 \, mg \cdot kg^{-1}$ 的缺磷土地面积占 54.7%。这是由于土壤富含碳酸钙，土壤中磷酸盐容易转化为磷酸钙和八钙磷酸盐，而大大降低土壤磷的有效性。虽然滨海平原土壤有效磷含量属于中量，但是缺磷（$\leq 5 \, mg \cdot kg^{-1}$）土壤面积由涂泥占 12% 上升到咸泥和淡涂泥占 27%。土壤全磷含量与土壤质地关系不显著，经过脱盐熟化，全磷含量有所提高。在磷的组成中，钱塘江和杭州湾的砂质滨海盐土以钙磷为主，浙南黏质滨海盐土以铁磷和有机磷为主。

4. 土壤钾 滨海平原土壤全钾含量比较丰富，平均为 $24.7 \, g \cdot kg^{-1}$，速效钾含量平均为 166 mg·kg^{-1}。其中速效钾含量＞150 mg·kg^{-1} 的面积占 39%。自滨海平原的外侧向内侧，全钾和速效钾含量明显下降。滨海平原土壤从咸泥熟化演变为淡涂泥后，其速效钾含量随之降低。

5. 土壤锌　滨海盐土土壤全锌含量平均为 71.6 mg·kg^{-1}，低于全国平均土壤全锌含量（100 mg·kg^{-1}）；土壤有效锌含量在 0.36～0.79 mg·kg^{-1} 之间，而土壤中有效锌的含量临界值为 0.5 mg·kg^{-1}。土壤锌的可给形态常以离子态存在，如 Zn^{2+}、$Zn(OH)_2$、$ZnCl^-$、$ZnNO_3^+$ 等。

6. 土壤硼　滨海盐土土壤全硼含量平均为 60.0 mg·kg^{-1}，低于全国平均土壤全硼含量（64 mg·kg^{-1}）；土壤有效硼含量处于 0.73～1.22 mg·kg^{-1}，而土壤中有效硼的含量临界值为 0.5 mg·kg^{-1}。土壤硼的可给形态多以硼酸分子（H_3BO_3）或水化硼离子 $(BOH)_4^-$ 被土壤黏粒与有机胶体表面吸附；有机态硼以多种有机化合物（酯、醇、多糖）结合或络合。水溶态硼属于有效硼，其中中性土壤以 H_3BO_3 为主，碱性土壤（pH 9 以上）以 $H_2BO_3^-$ 存在。

7. 土壤钼　滨海盐土土壤全钼含量平均为 0.35 mg·kg^{-1}；土壤有效钼含量处于 0.12～0.25 mg·kg^{-1}，而土壤中有效钼的含量临界值为 0.15 mg·kg^{-1}。水溶态钼极微量存在，主要以钼的酸性氧化物与钾、钠、镁等生成可溶性钼酸盐，可被植物吸收利用。钼酸离子（MoO_4^{2-}）可以吸附在带正电荷的土壤胶体上而呈交换态钼，随着土壤 pH 增高这种吸附作用大大减弱。有机钼大多为羟基络合物，多见于排水不良的土壤中。

8. 土壤锰　滨海盐土土壤全锰含量平均为 733.0 mg·kg^{-1}，大于全国平均土壤全锰含量（710 mg·kg^{-1}）；土壤有效锰含量处于 4.5～11.3 mg·kg^{-1}，而土壤中有效锰的含量临界值为 7.0 mg·kg^{-1}。土壤中锰的可给形态以 Mn^{2+} 存在。

9. 土壤铜　滨海盐土土壤全铜含量平均为 23.4 mg·kg^{-1}，大于全国平均土壤全铜含量（20 mg·kg^{-1}）；土壤有效铜含量处于 1.32～1.70 mg·kg^{-1}，而土壤中有效铜的含量临界值为 0.2 mg·kg^{-1}。土壤中铜的可给形态除以 Cu^{2+} 存在外，也常呈一价络离子如 $Cu(OH)^+$、$CuCl^+$、$Cu(CH_3CO_3)^+$ 等或与有机酸、苹果酸形成络合物。

10. 土壤铁　滨海盐土土壤全铁含量平均为 38.9 g·kg^{-1}；土壤有效铁含量处于 7.6～17.6 mg·kg^{-1}，而土壤中有效铁的含量临界值为 4.5 mg·kg^{-1}。土壤中铁以 Fe^{2+}、$Fe(OH)^{2+}$、$Fe(OH)_2^+$、$Fe(OH)_4^-$、$Fe(OH)_3^-$ 等水化物形式存在。

综上所述，滨海盐土的土壤微量元素硼和锰含量相对丰富，而锌、铁、铜含量比较贫乏。土壤中存在的锌、锰、铜、铁离子吸附在带电荷的土壤胶体表面，可被植物吸收利用，与土壤中存在的离子统称为有效态微量元素。

（二）农业利用对耕层土壤养分的影响

1. 土地利用方式对土壤养分的影响　不同土地利用方式下土壤养分含量差异较大（表 4-5），土壤有机质及碱解氮含量以棉地和稻田较高，其次为菜地和林地，荒地土壤最低。林地树木稀疏，林下枯枝落叶等有机物质覆盖较少；菜地中大部分有机物质被人为收获，土壤表层腐殖质积累不多，且其植被覆盖时间相对较短。因此林地和菜地的土壤有机质及碱解氮含量低于稻田和棉地。土壤有效磷含量农业利用土壤高于荒地土壤，这可能是农业利用土地施用磷肥，故提高了土壤有效磷含量。荒地土壤速效钾含量处于较高的水平，农业利用后土壤速效钾含量均显著下降，这可能是由于农业利用土壤降盐改良措施引起钾的流失。

表 4 – 5　土地利用方式对 0～20 cm 耕层土壤养分的影响（刘琛等，2012）

土地利用方式	土壤盐分 ($g \cdot kg^{-1}$)	pH	有机质 ($g \cdot kg^{-1}$)	碱解氮 ($mg \cdot kg^{-1}$)	有效磷 ($mg \cdot kg^{-1}$)	速效钾 ($mg \cdot kg^{-1}$)
棉地	2.32ab	7.81	12.43a	108.97a	13.45a	146.02a
菜地	1.38bc	7.67	9.10b	82.47b	12.88a	53.85d
稻田	0.88c	8.02	11.83a	79.80b	11.35a	204.03b
林地	0.17c	7.70	6.83b	58.33c	13.95a	75.77 d
荒地	3.17a	8.43	3.97c	40.30c	3.00b	295.90a

2. 种植年限对土壤养分的影响　从表 4 – 6 可以看出，同一种植方式下，随着种植年限延长，土壤有机质、全氮、碱解氮和有效磷含量越高，而土壤速效钾含量却减少。同一种植年限下，土壤有机质、全氮、碱解氮和有效磷含量以棉地高于稻田和菜地；而土壤速效钾含量则为稻田最高，棉地次之，菜地最低。

表 4 – 6　种植年限对 0～20 cm 耕层土壤养分的影响（上虞，2014 年）

土地利用方式	种植年限 (年)	全盐量 ($g \cdot kg^{-1}$)	pH	有机质 ($g \cdot kg^{-1}$)	全氮 ($g \cdot kg^{-1}$)	碱解氮 ($mg \cdot kg^{-1}$)	有效磷 ($mg \cdot kg^{-1}$)	速效钾 ($mg \cdot kg^{-1}$)
棉地	60	0.97b	6.34e	12.05a	3.06a	15.12a	71.32a	64.5e
	40	0.98b	6.55d	8.18c	2.06b	10.10b	65.48b	74.26d
	20	1.03a	7.76b	5.03d	1.79c	8.79c	61.28b	142.7b
稻田	60	0.97b	6.33e	10.96b	1.70cd	8.28c	22.40e	42.2f
	40	0.98b	6.94c	7.31c	1.66cd	8.12c	39.32d	75.26d
	20	1.02a	7.65b	3.84e	1.58d	7.95 d	54.92c	228.9a
菜地	40	0.97b	7.72b	7.75c	1.76c	8.75c	63.12b	66.46e
	20	1.02a	8.49a	4.17de	0.84e	4.22e	37.52d	91.53c

（三）影响土壤微量元素可给性的因素

土壤环境和土壤物理、化学和生物学特性都会影响土壤微量元素的可给性。

1. 土壤温度　低温可降低土壤微量元素的可给性。如锌，寒冷导致春花作物容易发生缺锌症状，这是因为低温降低了锌的溶解度。当土壤有效锌在临界值时，低温导致秧苗发生缺锌症状，而转暖后即消失。

2. 土壤 pH　土壤有效钼的含量随着土壤 pH 升高而增加。当土壤 pH 为 5.5～6.0 时，锌的有效性随着 pH 升高而增加；当 pH<5.5 时，锌的有效性下降；当 pH>6.0 时，锌的有效性随 pH 升高而降低。当土壤 pH 为 6.0～6.5 时，有效锰的含量随着 pH 升高而增加；当 pH 为 6.5～7.5 时，有效锰的含量有所降低；当 pH>7.5 时，有效锰含量急剧下降；当 pH>8.0 时，有效锰含量很低。土壤有效铁与锰的含量有相似的趋势，随着土壤 pH 升高，土壤溶液中铁急剧下降。当 pH>6.5 时，土壤溶液中含铁量很低，并且有效铁降低程度因成土母质有所差异。在土壤 pH 为 4.7～6.8 时，土壤有效硼含量与 pH 呈显著正相关；当 pH 为 7.1～8.7 时，有效硼含量呈降低趋势。

3. 土壤 Eh　土壤氧化还原电位对锰、铁的影响最大，Eh 值决定锰和铁在土壤中的形态。在通气良好的土壤中，$MnO_2 - Mn^{2+}$ 体系和 $Fe^{3+} - Fe^{2+}$ 体系被氧化体系所掩盖。在淹水状况下的水稻土中，含有较多的还原态锰、铁，因而提高了铁、锰的活性，因此水稻土中基本不会出现铁、锰不足，甚至会过多而发生毒害。

4. 碳酸钙　土壤中碳酸钙直接影响锌、硼、锰、铁的有效性，土壤锌、铁和锰的有效性与碳酸钙含量呈负相关。在 pH 高的土壤中，二氧化碳增高，土壤介质中钙与水形成重碳酸盐，增加了磷酸钙或碳酸钙的可溶性，钙和磷酸盐浓度的增加而间接降低了铁的可给性，从而常见植物缺铁失绿现象。

5. 土壤有机质　有机态微量元素主要存在于生物活体、植物残体和土壤有机质中。有机质含量高的土壤中，土壤锌、铜、锰、硼、钼的含量也较高。凡是有机质含量较高的表土被移走后，心土裸露时常表现出缺锌，而施用大量有机质和厩肥则可有效矫正缺锌。在寒冷的春季，微生物活动较弱，土壤有机质分解缓慢，土壤中可络合态锌较少而造成缺锌。铜与有机质形成螯合物，其稳定性比其他金属-有机螯合物强得多。所以作物缺铜常发生在如泥炭土、腐泥土等有机质含量高的土壤中。土壤有效钼与土壤有机质的关系与铜相似，在土壤有机质含量低时，呈正相关；在有机质含量较高时，相关性不显著或呈负相关。土壤有机质可促进锰的还原而增加其活性，土壤有机质与有效锰含量呈显著正相关。土壤有机质能促进铁的还原，降低土壤的 Eh 值和 pH 而提高铁的有效性。有机质是土壤中硼的来源之一，有机质含量高的土壤一般水溶态硼含量也较高。

6. 微生物活动　微生物活动分解土壤有机物，利用有机质中营养元素的同时促进了有机质中微量元素的释放。如果植物的根际微生物数量、种类多，分解作用强烈，更有利于微量元素的溶解和释放。

除了上述因素外，土壤质地和水分状况也影响微量元素的有效性。质地轻的土壤微量元素含量较质地重的土壤低，因此土壤缺素常发生在质地较轻的土壤中。在干旱条件下，铁、锰、硼、钼的有效性降低，植株易出现缺素症状。因为干旱时，土壤有机质分解缓慢、固定作用强。当土壤水分增加，还原作用增强，土壤 Eh 值降低，三价铁被还原成二价铁，锰被还原成二价锰。在田间持水量为 10％时，土壤交换性锰转化为还原态锰。水田中土壤有效锰常高于旱地。

九、土壤矿质化学成分与黏粒矿物

滨海盐土的矿质化学组成中多以二氧化硅和氧化铝为主。黏粒矿物主要是伊利石，其含量约为 70％，高岭石、蒙脱石、蛭石和绿泥石的含量稍有高低，但差异不大。黏粒含量的变化主要受沉积物源的影响。

十、地下水矿化度

滨海盐土所处地形平坦，一般地下水埋深在 1 m 以内，只有在旱季的短时间内会超过 2 m。地下水的矿化度较高，大都在 $10\ g \cdot L^{-1}$ 以上。

第三节　土壤酶和微生物学特性

一、土壤酶活性

土壤酶参与土壤许多重要的生物化学过程和物质循环，其活性的高低可以反映土壤养分转化的强弱，对土壤肥力的演化具有重要影响。土壤酶主要来自微生物、动物和植物根系分泌物，因此土壤中的酶能直接反映土壤的生物活性，可以反映土壤养分的转化能力，是评价土壤肥力的重要指标。

（一）土地利用方式对土壤酶活性的影响

农用地的土壤过氧化氢酶、蛋白酶、脲酶和磷酸酶的活性均高于荒地土壤（表4-7）。荒地土壤因处于长期不施肥、植被覆盖少、无有机质输入的情况，其微生物生物量低，故土壤酶活性低于农用地土壤，这表明滨海盐土农业利用有利于土壤肥力的提高。在棉地、菜地、稻田和林地中，棉地和稻田土壤的过氧化氢酶、蛋白酶、脲酶和磷酸酶的活性较高，这是由于土壤表层积累了腐殖质，有机质含量较高，微生物代谢旺盛。土壤磷酸酶活性以蔬菜地最低，表明菜地促进难利用磷转化为有效磷的磷酸酶活性较低，应适时施磷肥，补充土壤有效磷。林地土壤酶活性均较低，影响了林地土壤中养分的循环。

表4-7　土地利用方式对土壤酶活性的影响（刘琛等，2012）

土地利用方式	过氧化氢酶 (KMnO$_4$, mL·g^{-1})	蛋白酶 (甘氨酸, mg·g^{-1})	脲酶 (NH$_3$—N, mg·g^{-1})	磷酸酶 (酚, mg·g^{-1})
棉地	1.12ab	3.02ab	1.43a	0.37a
菜地	0.95b	2.89b	1.88a	0.28ab
稻田	1.27a	3.81a	1.48a	0.35ab
林地	0.52c	2.55b	1.81a	0.37a
荒地	0.56c	3.05ab	0.79b	0.23b

（二）种植年限对土壤酶活性的影响

在同一种植方式中（表4-8），种植年限越长，土壤磷酸酶、硫酸酯酶和β-糖苷酶的活性越强，但是土壤脲酶和脱氢酶的活性减弱。在同一种植年限中，土壤磷酸酶、β-糖苷酶、脲酶和脱氢酶的活性均为棉地低于稻田和菜地，而土壤硫酸酯酶的活性则为棉地高于菜地和稻田。

表4-8　种植年限对0～20 cm耕层土壤酶活性的影响（上虞，2014年）

土地利用方式	种植年限 (年)	磷酸酶 (PNP, μg·g^{-1}·h^{-1})	硫酸酯酶 (PNP, μg·g^{-1}·h^{-1})	β-糖苷酶 (PNP, μg·g^{-1}·h^{-1})	脲酶 (μg·g^{-1}·h^{-1})	脱氢酶 (TPF, 24h, mg·g^{-1})
棉地	20	89.39c	20.06d	2.19c	13.19b	3.09b
	40	99.55bc	60.65a	3.03b	0.07d	0.03c
稻田	20	95.88bc	5.76e	3.00b	18.23a	7.57a
	40	113.41a	30.27c	4.06a	1.88c	0.77c

（续）

土地利用方式	种植年限（年）	磷酸酶 (PNP, $\mu g \cdot g^{-1} \cdot h^{-1}$)	硫酸酯酶 (PNP, $\mu g \cdot g^{-1} \cdot h^{-1}$)	β-糖苷酶 (PNP, $\mu g \cdot g^{-1} \cdot h^{-1}$)	脲酶 ($\mu g \cdot g^{-1} \cdot h^{-1}$)	脱氢酶 (TPF, 24h, $mg \cdot g^{-1}$)
菜地	20	102.92b	16.35c	2.18c	17.89a	7.80a
	40	109.52ab	49.21b	2.93bc	10.01b	3.53b

二、土壤微生物数量与组成

土壤生态系统中生活着大量微生物，在土壤物质循环与能量流动中，这些微生物参与有机物质的分解与养分的循环，对植物营养元素的矿化有着重要的作用。土壤微生物群落的组成与活性在很大程度上决定了生物地球化学循环、土壤有机质的周转及土壤肥力状况。

不同土地利用方式对 0~20 cm 耕层土壤微生物数量及分布存在影响。如图 4-3 所示，农用地土壤微生物数量均高于荒地土壤，土壤养分含量、微生物数量及酶活性均以农用地高，可见耕作管理有利于提高土壤肥力。

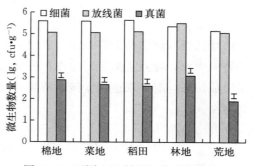

图 4-3 不同土地利用方式对滨海盐土微生物的影响（刘琛等，2012）

从不同土地利用方式土壤微生物的组成及分布来看，细菌仍是土壤微生物的主要类群，数量最多。在 4 种土地利用方式下，细菌数量为稻田、棉地＞菜地、林地。稻田和棉地的土壤养分充足，微生物数量较高，而菜地和林地的表层土壤有机物少，因此微生物数量也相对较低。进一步分析相关性显示，细菌和真菌与土壤有机质（r 分别为 0.883**、0.516*）、碱解氮（r 分别为 0.761**、0.522*）、有效磷（r 分别为 0.543*、0.837**）呈显著或极显著正相关，放线菌和真菌与土壤 pH（r 分别为 -0.534*、-0.800**）、盐分（r 分别为 -0.562*、-0.647**）呈显著负相关。

荒地土壤微生物 Shannon 多样性指数（H）比菜地和林地土壤高，分别为 2.81、2.58 和 2.38，与稻田土壤（2.78）、棉地土壤（2.78）较为接近，这说明围垦利用改变了土壤微生境条件，引起土壤微生物群落结构的变化，对土壤微生物环境产生了影响。在 4 种土地利用方式下，稻田土壤的微生物数量及多样性指数均较高，一方面可能是收获剩余物的存在、分解，为微生物生长提供了丰富的碳源和氮源；另一方面由于水旱轮作的精细管理改善了土壤质量，有利于改善微生物的生活条件。

第五章

盐渍土的障碍因子监测

土壤盐度和碱度作为影响滨海农田土壤质量的两大主要障碍因子，抑制了地力的发挥及作物的生长，导致土地生产效率普遍偏低。因此，弄清滨海盐土土壤盐碱状况及其盐分离子组成特征，对寻求适用于该区的高效改良对策、快速提升滨海盐土地区农田地力具有重要意义。

第一节　土壤盐度和碱度

盐渍化土壤对植物产生危害不只是通过土壤溶液中的总盐浓度（盐度），还通过专性离子（specific ions）的相对浓度，特别是钠（碱化度）而影响。

一、盐度

盐度是指土壤或水中溶解盐的量。以克每升（$g \cdot L^{-1}$）计的溶解盐浓度，并以溶液承载电流（EC）的能力来度量。土壤盐度通常表示为土壤溶液中总溶解性固体（TDS）的量，单位为克每千克（$g \cdot kg^{-1}$）；也表示为土壤溶液中总可溶盐（TSS）的量，单位为克每千克（$g \cdot kg^{-1}$）。

（一）溶解性固体测定

测定水样中溶解盐总量的最简单方法是在容器中加热溶液，直到所有水都蒸发掉，只剩下干燥残留物。180℃的温度用于确保从盐渣中去除化合水，称量固体盐渣得到 TDS，其单位表示为每升水蒸发后留下的固体盐渣的数（$mg \cdot L^{-1}$）。在用于灌溉的水中，TDS 通常在 $5 \sim 1\,000\ mg \cdot L^{-1}$ 范围内；而在从土壤样品提取的溶液中，TDS 可在 $500 \sim 1\,000\ mg \cdot L^{-1}$ 范围内。实际上，TDS 很少通过实际蒸发来测定，而是测量水或土壤-水混合物的电导率（EC），测量的盐度直接以电导率单位表示，有时用于估算 TDS。

（二）电导率测定

纯水是一种不良的电导体，但随着越来越多的盐溶解在水中，电导率会增加。因此，土壤溶液的 EC 可以间接测量含盐量。EC 常在与水混合的土壤样品上或原位土壤上进行测量（表 5-1），单位为分西门子每米（$dS \cdot m^{-1}$）。

表 5-1　估算土壤盐度的不同测量方法

参数	用土壤样品测定
EC_e	饱和土壤泥浆浸提液的电导率
EC_p	饱和土壤泥浆本身的电导率
EC_w	土水混合物（土水混合比例通常为 1:2 或 1:5）浸提液的电导率
EC_s	1:1、1:2 和 1:5 的土水混合物本身的电导率
TDS	水或饱和土壤泥浆浸提液中的总溶解性固体
参数	在适当的大块土壤上进行测定
EC_a	用金属电极测定原状土壤的表观电导率
EC_a^*	施用表面发射器和接收线圈产生的电流电磁感应

基于 1:2 的土壤:水混合物，TDS 可以使用 0 和 $5\ dS\cdot m^{-1}$ 之间的关系转换为 EC_w。对于钠盐，$TDS=640\times EC_w$；对于钙盐，$TDS=800\times EC_w$。

饱和土壤泥浆浸提法是最常用的实验室方法，通常也作为其他方法比较的标准。土壤样品用蒸馏水饱和，并混合至糊状黏稠，表层有水光泽，且在受到振动时能轻微流动。静置过夜以彻底溶解盐后，通过抽吸过滤提取溶液，并测量其电导率（EC_e）。由该方法衍生的一个方法是测量 1:2 土水混合物振动 $0.5\ h$ 后浸提液的 EC。后一种方法耗时较少，但通常不像饱和土壤泥浆浸提法那样与土壤溶液的盐分相关性好。

与土壤溶液盐度密切相关的两种更快速的测定方法是：①饱和土壤泥浆本身的电导率（EC_p），②1:2 土水混合物的电导率（EC_s）。由于省去了繁琐的提取和过滤步骤，因此可以快速实现现场测定。

（三）田间 EC 制图

测量 EC_a 的移动式设备可以实现快速、连续测定，如在潮湿的土壤中插入 4 个或更多紧密排列的电极，便可直接现场测量 EC_a。电极测定 EC_a 的深度与电极之间的间距有关。用于测量 EC_a 的移动式设备包括耕作柄或滚动的犁铧刀片，当拖拉机拉动设备穿过田地时，犁铧刀片作为电极在土壤中移动，在设备上显示土壤 EC_a 数值。该技术快速、简单、实用，并给出了与 EC_e 以及其他土壤性质相关的值。由于拖拉机在田间连续行驶，测量 EC_a 的移动式设备可以产生连续的 EC_a 读数。如果将地理定位系统（GPS）接收器与测量 EC_a 的移动式设备集成，则所得数据可转换为 EC_a 图，可以直观显示这一地块上的土壤盐分和其他土壤性质的空间变异（彩图 4）。测得的 EC_a 不仅与土壤溶液的盐度有关，还与土壤湿度、质地以及影响电导率的许多其他土壤性质有关。当 EC_a 水平低于所关注的盐度水平时，EC_a 图可用于各种土壤管理目的作为精确农业技术的一部分，能够根据大田的每个地块土壤盐度，采取量身定制的土壤改良措施。

（四）电磁感应

第二种田间快速测定电导率的方法是采用电磁感应（EM）法。在土壤中感应电流，该电流数值与电导率有关，所以与土壤盐度相关。位于电池供应 EM 仪器一端的小型发射器线圈在土壤中产生磁场，这种土壤磁场激发出小电流，而小电流数值与土壤电导率有关；通过 EM 仪器另一端的小接收器显示电导率数值。这样，EM 仪器可以测量土壤剖面中土壤 EC。彩图 5 为手持式 EM 电导率传感器，可以将仪器安装在车辆上进行土壤盐度的快速制图。

应该注意的是，上述方法都是通过测量电导率间接估算土壤盐度的。然而，通过这些方法获得的 EC_e、EC_w、EC_s、EC_p、EC_a 或 EC_a^* 的数值都不相同。例如，在高盐土壤中，多电极传感器法（multiple-electrode-sensor method）测得的 EC_a 值约为使用标准饱和泥浆浸提液法（standard saturated paste extract procedure）测得的 EC_e 值的 1/5。但是这些值都是相互关联的，因此如果已知土壤黏粒含量和含水量，任何方法的测量结果都可以合理地转换为标准 EC_e。

二、碱化度

土壤碱化度（也称"钠化度"）是指吸附在土壤颗粒上的钠含量，是对土壤钠危害的一种度量，通常用交换性钠的含量除以阳离子交换量得交换性钠的百分比（ESP）或钠吸附比（SAR）来表示。

（一）交换性钠百分比

交换性钠百分比（ESP）是土壤中交换性钠的含量除以阳离子交换量的百分数，表示交换复合体被钠饱和的程度见式（5-1）。

$$ESP = \frac{交换性钠}{阳离子交换量} \times 100\% \qquad (5-1)$$

式中，ESP 大于 15% 时，土壤物理性质严重恶化，pH 为 8.5 或更高。

（二）钠吸附比

土壤中钠离子相对于钙和镁离子的浓度称为钠吸附比（SAR），通过式（5-2）计算。土壤浸提液的 SAR>13 表明土壤存在钠问题。即使在 SAR>8 的情况下，Na 相对于 Ca 和 Mg 的浓度较高也会导致黏土颗粒分散、土壤结构破裂和土壤孔隙堵塞，从而降低渗透率并增加侵蚀的可能性。

$$SAR = \frac{[Na^+]}{\sqrt{0.5 [Ca^{2+}] + 0.5 [Mg^{2+}]}} \qquad (5-2)$$

式中，$[Na^+]$、$[Ca^{2+}]$ 和 $[Mg^{2+}]$ 是土壤溶液中钠、钙和镁离子的浓度，$mmol \cdot L^{-1}$ 或 $meq \cdot L^{-1}$，并且是从饱和泥浆浸提液中获得的。SAR 的单位为 $(meq \cdot L^{-1})^{1/2}$，要将 $mg \cdot L^{-1}$ 转换为 $meq \cdot L^{-1}$，将浓度值除以相应的当量。对于 Na^+、Ca^{2+} 和 Mg^{2+}，当量分别是 23、20 和 12.2。饱和土壤泥浆浸提液的 SAR 为 13 近似等于 ESP 为 15%。

第二节　土壤盐渍化诊断

一、土壤盐度诊断

土壤盐度指标是表明土壤正在受到盐分影响的一种迹象或征兆。土壤盐度的物理指标包括表层土壤中的盐晶体和着色（如浅灰色或白色）。光秃秃的一小块土地可能表明土壤中含有高浓度的盐，即会抑制植物生长，这种高浓度盐分土壤需要更长的时间才能干燥。

由于这些迹象并不总是与土壤盐分有关，因此，指示类植物的使用通常结合物理和化学指标（即实验室/田间测量）来确定土壤盐分水平。理想情况下，盐分指示类植物应仅生长在盐渍化土壤中（Bui et al.，1998；McGhie et al.，2005），如碱大麦（*Hordeum marinum*）和短尖叶灯芯草（*Juncus acutus*）。

（一）土壤盐度的田间指标

不同植物种类因耐盐性的不同而生长差异很大。随着土壤盐分的增加，盐敏感物种从该地区消失，占主导地位的植被是耐盐物种（Onkware，2000）。大多数耐盐植物并不依赖于盐生存，但通常只在含盐的环境中发现。例如，盐角菊和紫菀在 20 mS•cm^{-1} 的盐渍土中生长良好（Piernik，2003）。这有部分原因是，在非盐或低盐环境中，盐敏感物种在水分和营养方面通常比耐盐物种更具竞争力。不同土壤盐分水平的田间指标如表 5-2 所示。根据土壤 EC_e，可将作物分为如下耐盐作物类型：盐敏感类的 EC_e 为 1.0~1.8 dS•m^{-1}；中度敏感类的 EC_e 为 1.5~2.8 dS•m^{-1}；中度耐盐类的 EC_e 为 4.0~6.3 dS•m^{-1}；耐盐类的 EC_e 为 6.8~10 dS•m^{-1}。

表 5-2　非盐渍土和盐渍土与土壤盐分关系分析

土壤含盐量	作物类型	盐分测量	田间指标
非盐化	豆科植物、蔬菜作物	EC_e<2 dS•m^{-1}，SAR<13	作物正常生长
	其他所有作物	EC_e<4 dS•m^{-1}，SAR<13	
盐土	豆科植物、蔬菜作物	EC_e>2 dS•m^{-1}，SAR<13	干燥时土壤表面或附近有盐结晶；很少或没有植物生长
	其他所有作物	EC_e>4 dS•m^{-1}，SAR<13	
碱土	所有作物	EC_e<4 dS•m^{-1}，SAR>13	湿时黑亮，干时暗灰坚硬开裂；很少或没有植物生长；pH>8.6
盐化-碱土	所有作物	EC_e>4 dS•m^{-1}，SAR>13	上述特征的任何组合都可能出现

在圣华金河谷，灌溉水 EC 大于 6.5 dS•m^{-1} 将超过大多数耐盐作物的耐盐临界值（Jacobsen et al.，1958）。在植物整株、组织或细胞水平上对盐分有不同反应的植物物种可以作为土壤盐分的有效生物指标。随着土壤盐分的增加，鹿角车前草（*Plantago coronopus*）的叶片会变红。然而，目前还没有有效的土壤盐分生物指标或生物标志物（Ashraf et al.，2004）。尽管已经发表了大量关于植物耐盐性的研究，但人们对盐胁迫损伤植物的代谢位点和植物在盐环境下生存的适应机制尚没有很好的解释。Tejera 等（2006）研究了几种营养和生理指标（如氮固定和幼苗钾钠比）在耐盐鹰嘴豆（*Cicer arietinum* L.）植株中的效果。此外，由于 NaCl 是大多数盐渍土中的主要盐分形式，植物体内高钠积累会限制其他矿物养分的吸收（Greenway et al.，1980），包括 Ca 和 K，从而导致 Na/K 颉颃作用（Benlloch et al.，1994）。

（二）土壤盐度的目测指标

土壤中产生盐的原因很多，最常见的来源：固有土壤盐度（岩石风化、母质）；微咸水和咸水灌溉；由于过度开采和使用淡水，海水侵入沿海土地和含水层；排水受限，地下水位上升；地面蒸发和植物蒸腾；海水喷溅，凝结的蒸汽以降雨的形式落在土壤上；盐受风的影响产生盐田；过度使用肥料（化学肥料和农场肥料）；使用土壤改良剂（石灰和石膏）；使用污水污泥和/或经处理的污水；向土壤倾倒工业盐水。

一旦灌溉农田的土壤盐渍化程度有所发展，就很容易看到对土壤特性和植物生长的影响。土壤盐度的目测指标包括：白色盐壳；土壤表面蓬松；干燥土壤表面出现盐渍；种子萌发减少或不萌发；斑块状的作物生长分布；植物活力降低；叶片损伤、灼伤，颜色和形状发生显著的变化；自然生长的盐生植物（指示类植物）数量增加；树木要么死亡，要么濒死；受影响区域在降雨后恶化；易内涝。

（三）土壤盐度的实地评估

盐度的目测评估只提供了一个定性的指示，并没有给出土壤盐度水平的定量测量，必须通过测量土壤 EC 才能实现。在实地，很难从土浆中收集土壤饱和浸提液，但可以采用如土壤：水（w/v）为 1:1、1:2.5 或 1:5 测得土壤 $EC_{1:1}$、$EC_{1:2.5}$、$EC_{1:5}$ 值，与实验室测量土壤饱和浸提液的 EC_e 建立相关关系式，由此导出的田间土壤 EC_e 用于田间土壤盐分管理和作物选择。如在田间持水量（fc）下测得土壤 EC_{fc} 是代表田间土壤盐分，对于大多数土壤，EC_{fc} 与 EC_e 之间的关系通常为：$EC_{fc}=2EC_e$，但砂和壤土砂结构除外。常用土水比现场盐度测定配制包括：10 g 土壤＋10 ml 蒸馏水（1:1）；10 g 土壤＋25 mL 蒸馏水（1:2.5）；10 g 土壤＋50 mL 蒸馏水（1:5）。

二、土壤碱化度诊断

（一）土壤碱化度的目测指标

土壤碱化度可通过以下方式在现场直观预测：

1. **植物生长** 营养生长差，只有少数植物存活，或有许多植物或树木发育不良。
2. **植物高度** 植物高度变化，如同种植物生长高度差异较大、高低不一致。
3. **雨水渗透性** 雨水渗透性差，地表积水。
4. **雨滴飞溅** 雨滴飞溅作用，表面密封和结壳（硬磐）。
5. **水浑浊度** 水坑中的水混浊。
6. **植物根系** 植物的生根深度较浅。
7. **土壤颜色** 由于腐殖质复合体的形成，土壤通常呈黑色。

（二）土壤碱化度的实地测试

通过对土壤：水（1:5）悬浮液进行浊度试验，可以确定土壤碱化度相对水平的实地评估，等级为：透明悬浮液为非碱化；部分混浊或糊状为中等碱化度；混浊糊状为高碱化度。可通过在悬浮液中放置白色塑料勺进一步评估相对碱化度：勺子清晰可见意味着非碱化；勺子部分可见意味着中等碱化度；勺子不可见意味着高碱化度。

（三）土壤碱化度的实验室评估

通过在实验室分析土壤样本，可以准确地进行土壤碱化度诊断。土壤碱化度可用钠吸附比（SAR）导出的可交换钠百分比（ESP）表示。或者，可以通过测量可交换钠（ES）和阳离子交换量（CEC）来确定 ESP，如式（5-1）所示。ESP=15% 是界定碱土的阈值（USSL Staff，1954），达到此水平，土壤结构开始退化，并对植物生长产生负面影响。

在干旱和半干旱地区，由于缺乏足够的淡水用于灌溉，往往需要使用含盐量相对较高、钠离子含量较高的水。一般认为，碱化度对土壤渗透性有显著影响。土壤黏土的膨胀和分散最终破坏了可能是影响植物生长最重要的物理性质——土壤结构，土壤容重和孔隙度（土壤中砂粒、粉粒和黏粒之间的空隙）是土壤结构的主要指标。导水率（水通过土壤孔隙空间的难易程度）是土壤物理性质影响的净效应，并明显受土壤结构发育的影响。土壤水的碱化度对灌溉土壤的影响既可以是表层现象，即表现出表层密封（surface sealing），也可以是地下现象，其中也出现了地下密封。在表层密封中，土壤水的碱化度会导致土壤团聚体因湿润而分解和崩解。当土壤表面干燥时，就会形成表层结壳。在地下密封中，土壤中的黏土颗粒分散并转移到下层，然后沉积在孔隙表面，从而减少孔隙体积并堵塞孔隙，并限制进一步的水分运动，例如产生非导水性孔隙。无论是由于水的碱化度，还是通过碱化度和雨滴飞溅的共同作用，表层的密封和结皮对植物生长都有不利的影响。表层密封使径流增加，特别是在斜坡上，导致细沟侵蚀；植物出苗的机械阻抗；密封结构下方缺乏通气；根系发育迟缓；增加耕作（种植）作业所需的机械力。但是，表层密封也可以防止风蚀，因为可能有更长的沟渠使灌溉水分配更经济，防止底土过度失水。

三、土壤盐渍化的诊断过程

治理所有盐渍化土壤的第一步是评估土壤，包括土壤剖面。建立盐渍化土壤测试，以查看土壤是否为盐土、碱土、盐化-碱土或非盐渍化土壤。盐渍化土壤的诊断可以通过现场观察和/或实验室测定。

（一）现场观察进行盐度诊断

盐度可能是一个局部问题，因此无论详细的土壤信息的可用性如何，都建议进行现场踏勘。一些目测症状可以用来帮助诊断，首先根据土壤和地下水位的分析是现场准确诊断土壤盐度的最佳方法。如果怀疑盐度高是由于地下水位高引起的，则可以通过用螺旋钻孔来测量地下水埋深（丁能飞等，2001；王建红等，2001）。如果地下水聚集深度小于1.5～2 m，则表明存在排水问题。

其次，现场观察种植区域地形和作物生长情况。种植区内的泥沼或洼地周围存在"浴缸圈（bathtub ring）"一样的盐分积聚区域，土壤表面呈浅灰色或白色且需要较长时间才能干燥，表明土壤盐度较高。种植区域没有作物或作物歉收，地表作物生长不良以及耐盐杂草（狐尾大麦、地肤、蓟等）生长等，这些均表明土壤盐度高。某些是土壤盐度高的良好指示植物，桉树（*Eucalyptus cambageana*）、假檀香（*Eremophila mitchellii*）和杨叶桉（*Eucalyptus populnea*）是碱土发现的主要树木。在盐土中生长的植物可能出现水分胁迫。在某些情况下，盐土表面可见白色结皮（彩图6）。

最后，检查作物种子发芽、幼苗和叶片。盐度高的土壤可能会抑制种子发芽，并导致作物幼苗出现不规则萌发，尤其是敏感作物（例如豆类或洋葱）。用咸水喷灌的植物经常显示出叶片烧伤的症状，尤其是在嫩叶上。

如果土壤碱化度较高，则由于土壤有机质分散，有时会在表面形成棕黑色的硬皮。到那时，在土壤表面上可见到变黑的结壳。而高 pH 的土壤有时可能会与盐度或碱化度症状混淆，因为中上层叶片上的黄色条纹或下层叶片和茎的深绿色或紫色可能是 pH 高的迹象（表 5 - 3）。

表 5 - 3　盐度、碱化度和高土壤 pH 的潜在症状

土壤问题	潜在症状
盐土	土壤表面白色结壳，植物缺水，叶尖灼伤（黄花/坏死）
碱土	土壤表面黑色粉末状残留物，排水不良、结皮或硬结，入渗率低；径流和侵蚀量高，植物的叶缘被烧毁
盐化-碱土	一般来说，症状与盐土相同
高 pH 土	植物矮小发黄，深绿色至紫色

（二）实验室测定进行盐度诊断

实验室测定通常将 pH 和 EC（电导率）作为常规程序的一部分进行评估。如果 pH 高（>8.5），则还应计算 SAR 或 ESP。诊断土壤盐分状况的土壤采样深度取决于种植系统和地理特性，作物盐度阈值基于活动根区的平均盐度水平。如果相应地点采用灌溉，还应收集水样进行分析。因为大量的盐和钠离子可能来自灌溉用水、高地下水位、粪肥或化肥的投入，或者来自土壤母质。尽管将 $2.0 \, dS \cdot m^{-1}$ 用作 EC 阈值来定义盐土，但许多作物在较低的 EC_s（$1.5 \sim 2.0 \, dS \cdot m^{-1}$）下可能会出现症状并降低产量。

以下是诊断盐度/碱化度问题常用的测试指标：pH；电导率（EC）；钠吸附比（SAR）；碱化度（ESP）；阳离子交换量（CEC）；石灰量估算；总溶解固体（TDS 仅适用于水）；阴离子和阳离子如 Ca^{2+}、Mg^{2+}、Na^+、Cl^-、SO_4^{2-}、CO_3^{2-}、HCO_3^-；有效石膏（$CaSO_4 \cdot 2H_2O$）和石膏需求量；土壤质地；灌溉用水 EC。

通常，在进行盐度或碱化度问题采样时，从活动根区或计划管理的区域中采集几个土芯的混合样本。高 pH、盐或钠含量在田间分布不均匀的区域，测绘和采样应独立进行，在实验室要求分析这些区域土壤的 SAR 或 ESP，并在必要时进行石膏测试。表 5 - 4 总结了针对不同问题的初步测试。

表 5 - 4　识别不同问题所需的测试

不确定问题	需要测试
盐度或碱化度疑问问题	土壤 EC、pH 和 SAR
疑似劣质灌溉水	TDS、EC、SAR、Na^+、Cl^-、BO_3^{3-}、HCO_3^-
存在盐度问题，监测或计算淋洗	土壤 EC、灌溉水 EC，田间 EC 空间
存在碱化度问题，计算石膏需求量	CEC、ESP 和/或 SAR、石灰量估算

取样时，土壤样品应仅代表盐渍化区域，而不是整个田地。如果盐分的积聚是由于灌溉或其他耕作方式引起的，则应取 0～15 cm 和 15～30 cm 的土样，以评估盐水污染的程度。以附近正常区域的相应深度土壤样品作参照，需要采集多个子样本（带有土壤探针的 15～20 个土芯）来制作具有代表性的混合样本。并且，在评估有可能盐渍化区域的土壤盐度时，需要从盐渍化区域和邻近的非盐渍化区域分别取 0～60 cm 土样，因为混合土样可能无法准确评估田地土壤盐度实际水平。在许多情况下，比较盐渍化区域和正常区域周围的土壤盐度将有助于诊断问题。如果想绘制整个区域的土壤盐度状况，可以使用专用设

备进行间接测量。当需要确定盐度的来源时，可在盐渍化和非盐渍化地区的土壤中挖一个坑，检查盐颗粒并使用稀盐酸（HCl）测试碳酸盐的存在。由于可溶性盐比碳酸盐更具流动性，因此可用于确定水和盐的运动方向。

（三）盐度和碱化度危害强度的确定

1. 盐度估算　盐度是通过测量电导率（EC）来估算的。溶液的电导率与其可溶性盐含量成正比（在水溶液中，EC 随着离子浓度的增加而增加，因此总溶解盐的浓度也会增加）。样品中的盐越多，其电导率就越大。同样，EC 读数越低，盐度越低。

2. 测量 EC　采集土壤样品，向土壤样品中添加足够的水（去离子水）以使其完全饱和，搅拌一段时间，然后使用真空泵从饱和土壤中提取水溶液，用 EC 测量仪或其他类型的仪器测量饱和浸提液的电导率（EC_e）。在没有真空泵的情况下，便捷的 EC 表可以直接插入土壤饱和泥浆中并测量 EC。

3. ESP 估算　交换性钠（exchangeable sodium）的量通过用 1 mol/L 乙酸铵萃取土壤并测量萃取物中的钠含量来确定。必须对提取结果进行校正，以确保为除不可交换态之外的可溶性钠。进行此校正后，以交换性钠离子的百分率表示。

4. SAR 估算　确定 Na、Mg 和 Ca 的离子浓度后，SAR 可以用式（5-2）来计算。盐度和碱化度危害见表 5-5 和表 5-6。

表 5-5　基于 EC 值解释盐度危害

饱和浸提液 EC_e（dS·m^{-1}）	盐度等级	解释
0～2	低	大多数植物没有发生盐害
2～4	中	敏感植物和植物的幼苗表现出伤害
4～8	高	大多数不耐盐植物会表现出伤害
8～16	过度	耐盐植物生长，其他作物表现严重伤害
>16	非常过度	很少有植物能耐盐和生长

表 5-6　基于 SAR、ESP 和 Ca/Na 解释碱化度危害

参数	值	碱化度等级	解释
ESP（%）	0～10	低	对土壤无不良影响
	>10	过度	土壤物理性差，植物生长受限制
SAR	>13	高	指示碱土
ESP（%）	>15	过度	指示碱土
Ca/Na	<10/1	非常过度	钠可能开始引起土壤结构问题

第三节　土壤盐度监测

土壤盐度是间接测量土壤溶液或土壤饱和浸提液的电导率。盐度可以反映土壤是否适合种植作物。土壤饱和浸提液 $EC_e \leqslant 2$ dS·m^{-1} 对所有作物都是安全的；在 2～4 dS·m^{-1} 范围内，盐度极敏感作物的产量受到 EC_e 的负面影响；EC_e 在 $4\sim8\,dS\cdot m^{-1}$ 之间对大多数作物的产量造成影响；只有耐盐作物在 $EC_e>8\,dS\cdot m^{-1}$ 的条件下生长良好（Zaman et al.，2018）。

在灌区和盐渍化地区，大多数土壤通过利用地下咸水进行灌溉而变成盐土。土壤中的盐分浓度在垂直面和水平面上变化很大，变异的程度取决于各种条件，如土壤质地的差异、种植植物对土壤水分的蒸发和盐分的吸收、灌溉水的质量、土壤导水率和所用灌溉系统的类型。

制定有效的盐度监测计划，以便能够追踪盐分变化，特别是根区（root zone）土壤的盐度变化。研究者应根据研究目的选择土壤采样技术，随机选取多个代表性土样，以得到混合土样；并根据项目的性质及其目标来确定土壤采样的持续时间。

一、土壤采样区域

土壤取样区域是一个重要的标准，特别是对于滴灌而言，最大盐度在湿润锋的外围形成（彩图7）。盐分的积累通过两个过程发生：在第一个过程中，土壤变得饱和，水分和溶质向多个方向扩散，在进一步移动之前使相邻孔隙饱和。在连续灌溉周期之间发生的第二个过程中，水的直接蒸发和植物对水的吸收以及养分和盐的吸收都发生了。因此，溶质在土壤中重新分布。在作物整个生长期内，上述两个过程的相互作用最终导致土壤中盐分的积累。然而，从中部区域（两条滴灌管线之间）的土壤取样将显示最大盐度值，并且可能会产生误导。因此，根区内土壤样品可以更好地估计土壤的盐分状况。

二、盐度评估

准确和可靠的测量对于更好地了解土壤盐分问题至关重要，以便更好地管理、提高作物产量与保持根区土壤健康。

（一）饱和泥浆法

将实地采样和实验室分析法，测得的土壤盐度作为评估土壤盐度的标准方法。

从饱和土壤泥浆中提取的溶液（其含水量约为田间持水量的两倍）的 EC 与多种作物的生长或毒性反应有关。这种被称为土壤饱和浸提液电导率（EC_e）测量方法，是目前公认的土壤盐分测量方法。但这个过程非常耗时且需要真空过滤。

1. 饱和土壤泥浆的制备　在 500 mL 塑料烧杯中称取 300 g（过 2 mm 筛）风干土壤；逐渐添加去离子水，直到所有土壤湿润，并用搅拌刀搅拌，获得光滑的糊状物，必要时添加更多水或更多土壤；当烧杯倾斜时，泥浆应闪烁并开始流动。饱和的泥浆表面不应该有游离水，而是应该从搅拌刀上滑下来；在烧杯上盖上盖子，使饱和泥浆保持过夜；第二天早上检查饱和土壤泥浆，首先重新混合上述过夜的饱和泥浆，然后根据需要添加水或土壤，使泥浆达到饱和点。

2. 土壤饱和浸提液的收集和 EC 测量　将 Whatman 42 号圆形滤纸放在布氏漏斗中，该漏斗连接在带有真空吸管的过滤架上。用去离子水湿润滤纸；确保滤纸紧紧地贴在漏斗底部，布氏漏斗上的所有孔都被湿滤纸覆盖；启动真空泵，打开吸入口，向布氏漏斗中添加饱和土壤泥浆；继续过滤，直到布氏漏斗上的泥浆开始出现裂缝；如果滤液不清澈（糊状/混浊），应更换湿滤纸重新过滤，以获得清澈的浸提液。最后，将澄清滤液转移至

50 mL 三角瓶中；用电导率仪将电极浸入土壤饱和浸提液中，并记录 EC 读数；从滤液中取出电导率元件，用喷射瓶中的去离子水彻底冲洗，并用纸巾小心擦干电极。如果对一系列样品进行准确的 EC_e 比较，则需测量浸提液的温度，并使用校正系数（25 ℃）。目前可用的仪器会自动将读数校正到 25℃；使用 0.01 mol/L KCl 溶液检查电导率仪的精度，该溶液在 25℃ 时读数应为 1.413 dS・m^{-1}。

（二）现代土壤盐度测量方法

1. 盐度探针（salinity probe）　带有盐度探针的活度计可以提供即时的表观电导率（EC_a）信息，结果用 mS・cm^{-1} 和 g・L^{-1} 表示。有许多型号的设备可用于原位测量盐度（in-situ salinity）。如德国制造的 PNT3000 COMBI$^+$ 型号，通常用于农田、园艺和景观场所的快速盐度评估和监测。它提供了 0～20 mS・cm^{-1} 和 20～200 mS・cm^{-1} 的扩展 EC 测量范围。该装置包括一个用于直接测量土壤盐分的长 250 mm 的不锈钢电极，一个一种带有镀白金的环形传感器的 EC 塑性探头和一个高质量的铝制便携式箱子。该仪器操作方便简单，只需一个按键即可实现测量。然而，用相同土壤位置的 EC_e 来验证 EC_a 值是至关重要的。在任何情况下，EC_a 必须与 EC_e 相关联，以用于评估作物的耐盐性（salt tolerance）。利用大量盐渍化农田数据，目前已建立了 EC 探针测量的 EC_a 和 EC_e 之间的相关性。

从用不同盐度的水（高者可达海水的浓度）灌溉的试验地块上收集大量土壤样本，这些样品经过风干和处理，以便从中收集土：水悬浮液（1：1、1：2.5 和 1：5），以及由饱和土壤泥浆制成的土壤饱和浸提液。实地电导率（单位：mS・cm^{-1}）用盐度探针测量。然后采用统计检验计算二者相关性和相关系数（R^2），并从中得出系数，以便将 EC_a（通过使用盐度探针在几种土壤含水量下测定）转换为 EC_e。ICBA 实验站细砂质地等级的关联式（表 5-7）。

表 5-7　盐度探针测量的 EC_a 与土：水悬浮液 EC 和土壤饱和浸提液 EC_e 的相关关系

$EC_e=$	2.293 6 EC_a（田间探测）+4.017 7（$R^2=0.889$ 6）
$EC_{1:1}=$	0.792 9 EC_a（田间探测）+0.813 1（$R^2=0.944$ 9）
$EC_{1:2.5}=$	0.605 7 EC_a（田间探测）+0.476 3（$R^2=0.910$ 5）
$EC_{1:5}=$	0.473 3EC_a（田间探测）+0.326 9（$R^2=0.902$ 3）

2. 电磁感应（EMI）　EM38 是农业调查中最常用的仪器，可以快速评估土壤的表观电导率（EC_a），用 mS・m^{-1} 表示。

EM38 由一个发射线圈和一个接收线圈组成。发射线圈感应电流进入土壤，接收线圈记录产生的电磁场。EM38 在垂直和水平偶极子模式的最大探测深度分别为 150 cm 和 75 cm。利用 EMI 进行 EC 制图是最简单、最便宜的盐度测量工具之一。地理信息系统与盐度数据的结合生成盐度分布图，可以帮助解释作物产量的变化，并更好地理解不同田块间的细微盐度差异。

电磁感应法（EMI method）对盐度变化比较敏感，可以在一年中的任何时候进行。EM38 仪器通过安装在农用车的前轮上而调用。在水平（EMH）和垂直（EMV）磁线圈配置中，将传感器位于地面以下几个不同深度进行电磁读数。调整高度时每次停止需要

20～30 s，需要多次读数 0～30、30～60、60～90 和 90～120 cm 土壤深度内的 EC_a（以及相应的盐度）。不同深度和位置的盐度密集数据集也可用于评估过去淋洗/排水措施是否充分。例如，在剖面中，当盐度随深度降低时，水（盐分）的净通量可以解释为向上，这反映了淋洗不足和/或排水不良；当盐度随深度增加时，可以推断水和盐的净通量是向下的，这反映了淋洗/排水的充分性。然而，当盐度较低且随着深度的增加而相对均匀时，淋洗被解释为过量，可能导致其他地方发生内涝，受纳水体的含盐量较高。

EM38 法测定土壤 EC 的影响因素：孔隙度、土壤含水量、盐度水平、阳离子交换量和温度。土壤中的电磁传导是通过单个土壤颗粒之间充满孔隙的水分进行的。因此，土壤孔隙度越大，越容易导电。黏粒含量高的土壤比砂土有更低的孔隙度。潮湿土壤压实后通常会增加土壤 EC，干土的 EC 远低于湿土。提高土壤水电解质（盐分）浓度会显著提高土壤 EC。含有高水平有机质（腐殖质）和/或 2：1 黏土矿物（如蒙脱石或蛭石）的矿质土（mineral soils）比缺乏这些成分的土壤具有更高的保留带正电荷离子（如 Ca^{2+}、Mg^{2+}、K^+、Na^+、NH_4^+ 或 H^+）的能力，从而增加土壤电导率。随着温度向水的冰点下降，土壤 EC 略有下降。在冰点以下，土壤孔隙变得越来越小，土壤 EC 迅速下降。

3. 盐分传感器和数据采集器 盐度数据记录系统（RTASLS）可以实时动态自动记录盐度。在这个系统中，陶制的盐度传感器埋在根区，每个传感器都配有一个外部智能接口。该接口由一个集成微处理器组成，其中包括电源要求和记录间隔在内的允许传感器自主运行所需的所有信息。智能接口与数据总线相连，数据总线通向智能数据采集器，智能数据采集器可自动识别每个盐度传感器，并按预定间隔记录。传感器的瞬时读数可在数据采集器显示屏上现场查看，也可以在现场或远程使用智能手机访问。随着技术的进步，有多种传感器可供选择。草地实时盐度记录系统如彩图 8 所示。盐度数据记录系统不需要电子学或计算机编程知识。为自定义配置智能数据记录器或盐度传感器，可以通过超级终端访问菜单系统，由实现对每个传感器设置的完全控制。来自智能数据采集器的数据可以使用 Excel 进行绘图。

第四节　盐度分类和制图

盐度分类和制图的目的是识别各种土壤盐度类型和程度，并通过定量化为土壤管理实践提供帮助。

一、盐度分类

盐度可以根据水文地质、地表水流量、地质、地形和土壤类型进行分类，主要有基于盐度的成因/来源、基于发育模式和基于含盐量或 EC 分类。

（一）基于盐度的成因/来源分类

1. 地下水所导致的盐度或季节性盐度 盐度是随着地下水的上升和下降而供给的，这主要发生在低雨量地区（干旱地区）和季节性干旱的土壤中，这是由浅层含盐地下水的毛管上升引起的。在湿润的年份或湿润的季节，盐分被充分淋洗和溶解，因此在土壤表面不可见，并且某些作物可生长。然而，随着时间的推移，在湿润的年份中接收到的过量水可能会导致总体盐度增加。在干旱年份，增加的蒸发会使土壤干燥，并将盐吸聚到土壤表层，形成白色的盐结皮。

2. 盐渍土或固有盐度地下水提供的盐度或季节性盐度　在盐渍土或含永久盐分的情况下，从盐分岩石、具有深层盐分的地质构造或从海洋沉积的土壤盐渍化形成。在雨季，由于表层土壤中盐被稀释，作物可以生长。但是如果降雨少，则盐分会影响作物。

（二）基于发育模式分类

基于发育模式，盐度分为原生盐度和次生盐度。

原生盐度是自然发展的，这是由含盐地下水的长期连续排放而导致的。由原生盐度导致的盐土通常具有较高的 EC 值。如果不经过改良管理，这些土壤不适合作物生产。次生盐度是人为诱发的，是人类活动的结果，这些活动改变了该地区的局部水盐运动模式。由于含盐地下水排放量的变化，非盐渍化土壤变成盐渍土。由次生盐度造成的盐渍土可能具有较低的 EC 值，并且可以通过管理得到改善。为了改善盐渍排泄区域的土壤，可在相邻的非盐渍补给区域中灌水，水从补给区流向排泄区。

（三）基于含盐量或 EC 分类

盐度敏感作物在 $EC_e < 2 \ dS \cdot m^{-1}$ 下显示生长受到影响。过去认为 $EC_e = 4 \ dS \cdot m^{-1}$ 为传统一年生作物（小麦、油菜）的总盐度等级，$EC_e < 4 \ dS \cdot m^{-1}$ 不会对其产生显著影响。详细的盐度分级如下：非盐（$0 \sim 2 \ dS \cdot m^{-1}$）；微盐（$2 \sim 4 \ dS \cdot m^{-1}$）；弱盐（$4 \sim 8 \ dS \cdot m^{-1}$）；中盐（$8 \sim 15 \ dS \cdot m^{-1}$）；强盐（$> 15 \ dS \cdot m^{-1}$）。

二、盐度制图

通过盐度制图，创建指定区域盐度图和数据库；从数据库生成彩色编码的盐度图，了解每种盐类型影响的区域；在不同尺度（如省和农场）上监测土壤盐度变化；以及针对不同尺度调控土壤盐度。

三、遥感和地理信息系统的盐度监测与绘制

（一）利用遥感和地理信息系统进行土壤盐度制图

地理信息系统（GIS）是一种计算机应用程序，它涉及按地理位置描述的数据存储、分析、检索和显示。最常见的空间数据类型是地图，GIS 实际上是一种以电子方式存储地图信息的方法。与旧式地图相比，GIS 地图有许多优点。一个主要的优点是，由于数据是以电子方式存储的，因此可以很容易地利用计算机进行分析。就土壤盐度而言，人们可以利用降雨、地形与土壤类型的数据来确定使土壤易受盐渍化影响的因素，目的是预测可能面临风险的其他（类似）地区。

遥感图像适合绘制盐度的表面表达，而卫星图像有助于评估盐渍土的范围，并能实时监测。例如，遥感图像可以反映植被覆盖不良可能是盐渍化的一个迹象，特别是与地下水的深度信息相结合时。盐渍化区和作物种植区可以根据遥感图像的颜色和亮度来确定、分配盐度指数，该指数表示植物的叶片、水分受到盐度的影响程度。在这里，可以使用分离波段的经典假彩色合成（false - color composite），或者可以开发计算机辅助的陆地表面分类。盐渍化农田（salinefields）通常通过卫星图像中斑点状白色沉淀盐块来识别，这种

沉淀物通常出现在海拔较高或没有植被的地区，在蒸发后留下盐渣。卫星图像上可以发现的这种盐结皮（salt crusts）并不是根区高盐度的可靠证据。利用多光谱影像（multispectralimagery）绘制盐度图的另一个限制是有耐盐植物生长的盐渍土（如盐生农业）地区，植物覆盖掩盖了土壤，且耐盐植物不能与其他地被植物（ground cover）区分开来，除非进行广泛的实地调查以证实这些信息。但是，遥感技术可以为不同水盐平衡的大面积地区提供有用的信息，并能识别蒸散、降雨分布、截留损失等参数，以及作物类型和作物密度，在没有直接估计的情况下，这些参数可作为间接测量盐分和涝渍的证据。

专题制图器（thematic mapper，TM）第 5 和第 7 条波段经常用于监测土壤盐分或排水异常。Landsat TM 和 JERS - ISAR（日本地球资源卫星智能合成孔径雷达）数据（可见和红外区域）是区分盐土、碱性土壤和非盐渍土的很好方法。用于详细测绘和监测盐土的 Landsat SMM（太阳峰年）和 TM 数据开发出一个模型，将遥感数据与 GIS 相结合，以评估、表征和绘制土壤盐度图。盐度模型的开发主要分为 4 个阶段：利用遥感数据进行盐度探测、现场观测（现场地面检查）、对比检验（遥感数据目视解译生成的盐度图和现场观测生成的盐度图组合）和模型验证（model validation）。在此，GIS 被用来整合现有的数据和信息来设计模型，并创建不同的地图。研究者建立了一个地理数据库（geo - database），并将从观测点收集的数据与实验室分析数据融合在一起。在这项研究中，利用遥感数据绘制的盐度图与现场观测数据的相关性表明，仅利用遥感数据划定的盐渍化区域中，91.2%的盐渍化区域与利用实地观测划定的盐渍化区域具有良好的吻合性。因此，将一段时间内拍摄的盐度图与数字高程模型（DEM）相结合，有助于预测该地区的盐渍化风险。

（二）利用地质统计学进行土壤盐度制图

地质统计学是利用有限样本数据表征地表特征的一种方法，它广泛应用于"空间"数据的研究领域。第一步是收集数据，以确定研究区域内各个位置数值的可预测性。它根据一个位置的值和另一个位置的值之间的距离和方向来建模，属于半变异图。第二步是估计那些未采样位置的值。该方法称为克里金（kriging）。"普通克里金"就是使用相邻样本的加权平均值来估计给定位置的"未知"值。利用半方差函数模型（semi - variogram model）、样本位置以及已知值与未知值之间的所有相关关系，对权重进行优化。该方法还提供了一个"标准误差"，可用于计算置信度。地质统计学目前在地质和地理应用中得到了广泛的应用，也被应用于水文、地下水、土壤盐度制图和天气预报等多个领域，如普通和协同克里金（co - kriging）已应用于盐度测量，可以更准确地反映土壤盐分的空间分布（王建红等，1998）。为了绘制土壤盐分图，可以使用两种方法：克里金法和逆距离加权法（IDW）。

1. 克里金法 克里金法是一种地理统计程序，它从一组具有 z 值（高程）的离散点生成估计曲面。克里金法假设样本点之间的距离或方向反映了空间相关性，可以用来解释地表的变化。克里金工具将数学函数拟合到指定数量的点或指定半径内的所有点，以确定每个位置的输出值。克里金法是一个多步骤的过程：数据的统计分析、变异函数建模、创建方差曲面。当数据中存在空间相关的距离或方向偏差时，克里金法是最合适的。

2. 逆距离加权法 逆距离加权插值使用一组采样点的线性加权组合确定单元值。假设被映射的变量随着相邻的采样位置的距离而减小影响，权重是距离倒数的函数，被插值的曲面是位置因变量的曲面。

（三）运用地统计学分析土壤电导率的空间变异性

土壤的空间变异性研究是土壤科学研究的一项重内容。早在 20 世纪 30 年代，土壤工作者就注意到土壤的空间变异性问题，但由于土壤空间变异性研究的复杂性和困难性，只在近数十年才逐步形成土壤空间变异性研究的一般理论和方法。在国内，目前人们已对旱地和水稻田的某些物理、化学性质进行了一些研究，GIS 也开始应用于这一研究领域，运用地统计方法对滨海盐土土壤电导率的空间变异性进行了研究，从而为海涂土壤的改良利用提供科学依据。

试验在上虞海涂实验农场滨海盐土进行。第一次采样在 1996 年 5 月，分别在农场内选择了 4 块不同特征的典型地块。第一地块（代号为 B 样区），地势平坦，当时作物为蚕豆，生长比较均一。采样在一条直线上，方向为东西向，并垂直于畦沟，采样点分布于每一畦的中央，采样深度为 20～40 cm，样点平均间距为 1.28 m，共采土样 43 个。第二地块（代号为 C 样区），地势平坦，曾经种过一年水稻，当时作物为蚕豆，生长也比较均一。采样在同一直线上，方向为东西向，东边临排水沟，西侧临灌水沟，采样点分布于畦沟，采样深度为 40～60 cm，样点平均间距为 0.5 m，共采样 37 个。第三地块（共采二层，40～60 cm 土层代号为 D 样区，60～70 cm 土层代号为 F 样区），采样情况与 C 样区基本相同，但该地块一直为旱作，地面作物生长不均。第四地块（代号为 E 样区）为盐斑区，地势南北向倾斜，采样由盐斑中心向外。采样在一条直线上，方向为南北向，采样深度 40～60 cm，样点平均间距为 0.5 m，共采样 37 个。当时作物为大麦，由中心向外围麦秆依次变高，地面返盐现象明显。第二次采样在 1996 年 10 月。在农场内选择了一块棉花生长差异显著的地块，沿畦采样，共分三层（0～20 cm 代号为 G_a，20～40 cm 代号为 G_b 样区，40～60 cm 代号为 G_c 样区），采样方向为南北向，采样点位于畦中央，采样间距 2.0 m，共采样 40 个。

土壤电导率测定方法：先将田间采集的土样风干，过 1 mm 筛，称取过筛后的土样 4 g 于小烧杯中，加 20 mL 蒸馏水，用玻璃棒搅拌 3 min 后，用"DDS-11A"型电导率仪测定土水比为 1：5 的澄清液电导率值，然后换算成 25 ℃时电导率。

1. 土壤电导率的空间变异结构分析　运用半方差函数分析方法，对各样区电导率进行半方差函数分析，利用 excel 绘图软件绘制各样区半方差函数图（图 5-1 至图 5-3）。从各样区的半方差函数图可知，一般情况下，各样区半方差值随着样点取样间距的增大而增大，并逐渐趋于一个稳定值。半方差函数的模型多为线性模型，有明显的块金系数、结构方差、基台值和变程。D 样区的半方差函数值虽然也随着取样间距的增大而增大，但不趋于一个稳定值，这就是说明它没有明显的半方差函数变异结构。另外，具有变异结构的样区，它们的结构特征值：块金系数（间距为零时的半方差值）、结构方差（不同间距的半方差值）、基台值（半方差函数随着间距递增到一定程度

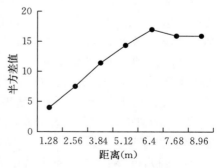

图 5-1　B 样区半方差函数图

后出现的平稳值）和变程（使半方差达到基台值时的样本间距）也不一样（表 5 - 8）。

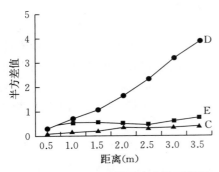

图 5 - 2　C、D、E 样区半方差函数图

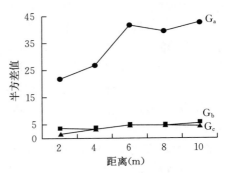

图 5 - 3　G_a、G_b、G_c 样区半方差函数图

表 5 - 8　各样区半方差特征值

半方差特征值	样区					
	B	C	E	G_a	G_b	G_c
块金系数	10 000	0	2 000	100 000	20 000	10 000
基台值	160 000	6 000	6 000	400 000	50 000	40 000
结构方差	150 000	6 000	4 000	300 000	30 000	30 000
变程（m）	6.0	2.0	1.5	6.0	6.0	6.0

通过各样本的半方差分析，发现除 D 和 F 样区外，各样区电导率的空间变异结构明显。对 D、F 样区的电导率空间变化进行进一步分析可以发现，它们的电导率空间变化表现出明显的规律性，这些地块的中部电导率值高，两端电导率值低，呈抛物线状。土壤特性的空间变异由两部分组成，即系统变异和随机变异，其表达式为 $Z(x) = m(x) + e(x)$，其中 $m(x)$ 代表系统变异，$e(x)$ 表示随机变异。对照所有样区的电导率空间变化图不难发现，B、C、E、G_a、G_b、G_c 样区电导率空间分布随机，没有明显的规律性，因此可以认为它们的变异结构中 $m(x)$ 为一恒定值，系统变异不存在，土壤电导率的空间变异仅由随机变异引起。但 D、F 样区的电导率空间变异具有明显的系统变异 $m(x)$。采用曲线拟合法对 D、F 样区进行拟合，拟合曲线为 $Y(x)_D = -7.263x^2 + 111.03x + 461.46$，$R^2 = 0.902\,2$；$Y(x)_F = 1.311x^2 + 35.208x + 701.15$，$R^2 = 0.940\,1$。再根据 x 的值得到了二组系统变量 $m(x)$，最后用 $Z(x) - m(x)$ 得到另两组随机变量 $e(x)$。之后对 D、F 两样区求得的 $e(x)$ 进行分布检验和取样数目合理性检验，结果表明，消除系统变异后的 D、F 两样区的随机变量符合正态分布，并且取样数目也达到了合理取样数目的要求。半方差分析表明（图 5 - 4），消除系统变异后 D、F 样区的随机变异结构明显，表明 D、F 样区电导率的随机

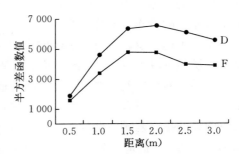

图 5 - 4　消除系统变异后 D、F 样区的半方差函数图

变异结构也是存在的。

2. 土壤电导率空间变异的特征分析 通过对各样区半方差分析后可以发现，所有样区电导率的空间变异性是客观存在的，并且它们的空间变异模型相似，这说明各样区土壤本身固有的特性相似。从对各样区的采样深度、采样方向、采样时间、采样间距、耕作方式和微地形条件与土壤电导率的半方差特征值比较，可以寻找出半方差特征值的变化特征。

（1）从样本测定时间看，土壤电导率的空间变异结构与测定时间并无明显关系。

（2）从样本取样深度看，越是表层的土壤，其电导率的半方差特征值中、块金系数、基台值、结构方差值越大，但与变程无明显关系。

（3）从取样间距看，间距越大，其电导率的半方差特征值越大，特别是变程的大小与取样间距明显有关。因此可知，土壤电导率空间变异的套合结构确实是存在的。

（4）从取样方向看，土壤电导率的半方差特征值与取样方向无明显关系，可见土壤电导率的空间变异是各向同性的。

（5）从耕作方式看，耕作方式对土壤电导率的半方差结构有一定的影响，特别是对变程的影响。

（6）从微地形看，微地形往往是引起土壤电导率系统变异的主要原因，但土壤电导率的随机变异结构与微地形无关。

综上所述，可以得出以下几点结论：一是土壤电导率的空间变异可分为系统变异和随机变异两类，其中系统变异与微地形、土壤管理（如灌、排水沟状况）等外在因素有关，并表现为显著而有规律的变化；而随机变异由土壤本身的特性所决定，其变异结构稳定。二是在海涂土壤电导率的空间变异中，不同区位土壤电导率的系统变异存在差异，有的区位系统变异显著，而有的区位系统变异变不显著。但各区位随机变异的结构稳定而且多为线性模型，并存在套合结构，实验所得随机变异套合结构中的最小变程约为 2.0 m，高一级变程约为 6.0 m。三是电导率的随机变异结构中的变程与深度无关，也就是说同一剖面电导率间的相关性只与采样间距有关，而与采样深度无关。因此测定同一地块不同土层电导率的平均值，只要其系统变异恒定，则采样间距可以相同，只要大于最小变程即可（本实验区土壤电导率的最小变程为 2.0 m）。这样既可提高测定结果的可靠性，又可节约人力物力。

第五节 滨海盐土盐碱障碍因子特征

通过对典型海涂围垦农田 22 个剖面 110 个土壤样品电导率、土壤全盐的测定，建立了土壤电导率与土壤全盐的线性函数关系式：$TS = 2.47EC_{1:5} + 0.26$（$n = 110$，$R^2 = 0.96$，$P < 0.000\,1$），式中 TS 为土壤全盐含量，$EC_{1:5}$ 为土壤电导率，F 检验可知该关系式具有统计学意义，可用来计算该区海涂围垦农田的盐分含量（Fu et al.，2014；Zhu et al.，2021）。

一、土壤盐分分布特征

微域盐斑形成的原因主要有三个：一是由于微域地面高低不平，使邻近的两者表层土壤出现温度和湿度梯度差，发生土壤水盐借毛管侧向水平运动而重新分配；二是由于在层状沉积土体结构中存在埋藏不深的滞水脱盐层；三是局部存在高矿化浅层地下水，并受到人类活动的强烈影响，如人工灌溉、灌排沟渠的布设情况、作物种植区划、耕作方式等。

土壤盐分在剖面上的总体分布趋势如<形，拐点位于 20～40 cm 土层，且 EC、土壤全盐量趋势一致，体现了两者的显著相关性。综合所有剖面均值，表层（0～20 cm）具有较大含盐量（1.79 g·kg^{-1}），20～40 cm 具有剖面最低值（1.46 g·kg^{-1}），而后随土层深度增加逐渐增大，并在 80～100 cm 土层达最大值（2.05 g·kg^{-1}），但最大值与最小值之间仅相差 0.59 g·kg^{-1}，说明海涂围垦农田土壤盐分在垂直方向上分布较均匀，这与土壤电导率、全盐含量的变异系数（0.01、0.05）均为弱变异强度的结论一致。土壤盐分的剖面分布趋势与土壤调查时间及研究区地下水性质直接相关。本次样品采集时间为 5 月，为该区枯水期末，土壤经过一个返盐期，盐分向上运移，导致土壤表层含盐量较高，而调查地块为新围垦的海涂农田，东距黄海仅 3 km 左右，受海水的浸渍、侧渗影响，其地下水埋深浅（调查时期约 200 cm 左右）、矿化度高，导致剖面较深土层盐分高。

二、土壤 pH 分布特征

滩涂围垦农田土壤碱化特征明显，pH 较高，均值达 9.83，各剖面点值介于 8.70～11.10，均大于 8.5，属于典型的碱化土壤。海涂地表及地下径流不畅，抬高了地下水位，而地下水多含有碳酸氢钠，使土壤在积盐过程中具有明显的碱化过程，并且在随后的脱盐过程中，土壤碱化特征进一步暴露，所以海涂围垦农田土壤 pH 较高。相对于盐分空间变异强度来说，pH 的异质性相对较弱，其中，0～20、20～40 cm 土层为弱变异性，其余土层及样本的变异强度总体为中等偏弱（变异系数仅为 0.11～0.21）。而与土壤盐分随土层深度的变换趋势相比，土壤 pH 的剖面分布特征较为简单，自地面向下，pH 单调递增，由表层的 9.23 逐渐增加到 80～100 cm 土层的 10.17。

三、土壤盐分离子组成特征

滨海盐土土壤盐分组成以 Cl$^-$ 和 Na$^+$ 为主，两者分别占阴离子、阳离子含量的 61.79% 和 72.48%，并对全盐含量的贡献率为 65.60%；其次为 SO$_4^{2-}$、K$^+$，分别占阴阳离子含量的 20.48%、11.41%；再次为 HCO$_3^-$ 和 Ca^{2+}，所占比例为 11.90%、8.32%；而 CO$_3^{2-}$、Mg^{2+} 分别占阴离子、阳离子含量的 3.83% 和 7.88%。在成土母质和成土过程的影响下，滩涂围垦农田土壤以海侵盐渍为特征，由于长期受海水浸渍，所以其盐分组成与海水一样，氯化物占绝对优势。

滨海盐土土壤剖面各层盐分离子除 Cl$^-$ 和 Na$^+$ 外，均具有较小的标准差，说明 Cl$^-$ 和 Na$^+$ 与其他离子相比具有较大的变异性（图 5 - 5）。离子中，Cl$^-$ 无论是样本总体还是剖面各层样本，均为中等变异强度（变异系数介于 0.26～0.45）；Na$^+$ 表现为样本总体和 40～60、60～80、80～100 cm 土层为中等偏弱变异（变异系数分别为 0.12、0.11、0.19、0.18），0～20、20～40 cm 土层为弱变异（变异系数<0.1），而其余六大离子的分布皆为弱变异性。这说明土壤盐分的空间变异性与 Cl$^-$ 和 Na$^+$ 的变异程度具有较强的相关性。

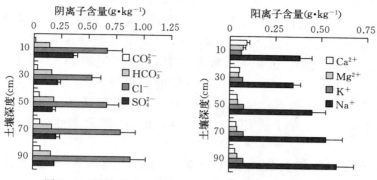

图 5-5 滨海盐土土壤离子组成及其剖面特征（$n=22$）

海涂围垦农田土壤盐分离子的剖面分布趋势各异，但各土层之间的含量差别不大，分布较为均匀，皆为弱变异程度（变异系数＜0.10）。各离子的垂直变化特征：Cl^- 和 Na^+ 的垂直变化特征与土壤盐分的剖面变化趋势一致，呈＜形，再次表明其对土壤盐分的主要贡献作用；CO_3^{2-}、Ca^{2+} 的垂直变化趋势分别为自上而下单调递增与递减；HCO_3^-、SO_4^{2-} 含量的剖面分布趋势则刚好相反，前者在 40～60 cm 土层取最大值，后者反之；Mg^{2+} 为典型的表聚型，在表层取最大值，其余土层均匀分布；而 K^+ 则表层较小，其余土层均匀分布。

四、土壤可溶性离子与土壤盐碱相关性

除个别离子外，土壤盐碱指标与土壤可溶性离子之间以及各离子之间具有显著的相关性（表 5-9）。土壤的离子组成与分布状况是在各种因素综合作用下形成的。由于化学元素的离子半径、化合价、存在形态等的相似性，它们在植物、土壤、沉积物等生命和非生命体中的存在往往具有一定的相关性。

表 5-9 土壤电导率、全盐、pH 与可溶性盐之间 pearson 相关系数（ $*P<0.05$， $**P<0.01$）

指标	EC	TS	pH	CO_3^{2-}	HCO_3^-	Cl^-	SO_4^{2-}	Ca^{2+}	Mg^{2+}	K^+	Na^+
EC	1.00										
TS	0.98**	1.00									
pH	0.04	−0.01	1.00								
CO_3^{2-}	−0.04	−0.08	0.84**	1.00							
HCO_3^-	−0.19	−0.18	0.39**	0.34**	1.00						
Cl^-	0.99**	0.98**	0.04	−0.05	−0.19*	1.00					
SO_4^{2-}	0.43**	0.56**	−0.52**	−0.46**	−0.34**	0.43**	1.00				
Ca^{2+}	0.12	0.17	−0.73**	−0.58**	−0.23*	0.12	0.56**	1.00			
Mg^{2+}	0.52**	0.57**	−0.43**	−0.46**	−0.19*	0.52**	0.69**	0.57**	1.00		
K^+	0.41**	0.37**	0.38**	0.38**	0.14	0.39**	−0.07	−0.35**	0.06	1.00	
Na^+	0.97**	0.98**	0.10	0.01	−0.19	0.97**	0.44**	0.01	0.41**	0.39**	1.00

土壤盐分指标（EC、TS）与除 Ca^{2+} 外的其余三大阳离子及 Cl^-、SO_4^{2-} 呈极显著正相关，与 Ca^{2+} 呈较弱正相关，而与 CO_3^{2-} 和 HCO_3^- 呈负相关，说明海涂围垦农田土壤盐分离子组成的主要来源。土壤 pH 与 CO_3^{2-} 呈极显著正相关，而与 HCO_3^- 和 K^+ 含量相关性虽为极显著，但相关系数远小于 CO_3^{2-}，说明 CO_3^{2-} 含量对土壤碱性起绝对支配作用，其次分别为 HCO_3^- 和 K^+。同时，土壤 pH 还与 SO_4^{2-}、Ca^{2+}、Mg^{2+} 呈极显著负相关，与 Cl^- 和 Na^+ 呈微弱正相关，这说明在对海涂围垦农田土壤进行改良的时候，应重点消减土壤中的 CO_3^{2-}、HCO_3^- 和 Na^+ 等致碱性离子，以防止土壤的碱化过程。

土壤各离子之间的相关性大体来说有一趋势，即除 K^+ 外，与土壤盐分指标（EC、TS）呈正相关的离子（Cl^-、SO_4^{2-}、Ca^{2+}、Mg^{2+}、Na^+）之间，以及与碱性指标呈极显著正相关的离子（CO_3^{2-}、HCO_3^-）之间互呈正相关，而第一类离子与第二类离子之间则为负相关或极弱的正相关。除 SO_4^{2-}、Ca^{2+} 外，K^+ 与其余离子之间均呈正相关。

第六节　滨海盐土水盐动态监测

一、土壤水分变化动态

土壤水分状况是土壤肥力的基本要素之一。在滨海盐土地区，土壤中盐分的运动与积累，大都是以水溶液的状态活动，它是植物营养和盐分的运行媒介。因此，在研究盐分积累过程及拟定防治土壤盐渍化的各项措施时，必须了解土壤盐分和水分在盐渍化过程中的作用和确定盐渍土中的盐分移动、湿润状况和地下水状况之间的关系，无论对了解土壤水盐运动规律，改良土壤及促进农业生产，特别是实行水旱轮作，都具有极其重要的意义。

（一）土壤水分的基本性状

在滨海盐土地区，地下水位较高，土壤水分状况受地下水影响较大，毛细管支持水可达地表。同时在降雨与蒸发两个因素的作用下，由于盐渍土的透水性能差，土壤水分又以悬着水的状态存在。这两种水分一般都存在毛细管最大饱和的情况。从作物生长来说，不同盐土类型，亦反映着不同水分的肥力特性。

1. 土壤孔隙度　在滨海盐土地区旱地土壤剖面中，孔隙度的分布差异很大。在上虞滨海盐土 0～10 cm 土层（表 5-10），土壤总孔隙度轻度盐分土壤（盐分含量 1.52 g·kg^{-1}）为 55.89%，中度盐分土壤（盐分含量 2.18～3.06 g·kg^{-1}）为 52.01%～54.12%，重度盐分土壤（盐分含量 25.34 g·kg^{-1}）为 47.05%。在田间持水量情况下，土壤通气孔隙度轻度盐分土壤（盐分含量 1.52 g·kg^{-1}）为 5.10%，中度盐分土壤（盐分含量 2.18～3.06 g·kg^{-1}）为 3.10%～4.87%，重度盐分土壤（盐分含量 25.34 g·kg^{-1}）为 0.53%，而绝大多数作物获得高产所需的通气孔隙度为土壤容积的 20%～25%。因此，土壤含盐量越多，则其中含有的水分对植物的可给性越低，一般盐分重比盐分轻的土壤中作物生长发育更易受阻碍，如重盐渍土比轻盐渍土高 5.74%，这样滨海盐土水气存在严重矛盾，给作物根系生长发育带来不利。

表 5 - 10 上虞滨海盐土水田和旱地 0～10 cm 土壤孔隙度

田块	土壤盐分（g·kg⁻¹）	毛管孔隙度（%）	通气毛管孔隙度（%）	总孔隙度（%）
水田	1.52	50.79	5.10	55.89
	2.18	49.25	4.87	54.12
旱地	2.39	49.10	4.40	53.50
	3.06	49.00	3.10	52.10
潮滩盐土	25.34	46.52	0.53	47.05

2. 土壤比水容量与水分有效性 比水容量是含水量对吸力的导数，是反映土壤水分有效性的一个强度指标，其含义为土壤水吸力增加（或减少）一个单位时所释放（或吸收）的含水量。一般认为，比水容量值为 10^{-1} 级范围内的土壤吸力（<80 kPa）下，土壤水为速效水；在 10^{-2} 级范围内的土壤吸力（80～800 kPa）下，土壤水为易效水；而在 10^{-3} 级范围内的土壤吸力（>800 kPa）下，土壤水为难以利用的难效水。在上虞滨海盐土，土壤速效水含量轻度盐分土壤（盐分含量 1.52 g·kg⁻¹）为 38.90 cm³·cm⁻³，中度盐分土壤（盐分含量 2.18 g·kg⁻¹）为 36.87 cm³·cm⁻³，重度盐分土壤（盐分含量 25.34 g·kg⁻¹）为 30.94 cm³·cm⁻³；在慈溪滨海盐土，土壤速效水含量轻度盐分土壤（盐分含量 1.10 g·kg⁻¹）为 36.92 cm³·cm⁻³，中度壤盐分土（盐分含量 2.0 g·kg⁻¹）为 36.87 cm³·cm⁻³，重度盐分土壤（盐分含量 26.02 g·kg⁻¹）为 31.73 cm³·cm⁻³。因此，土壤含盐量越大，则土壤含有的水分对植物的可给性越低。

3. 土壤水渗透性 由于盐土的性质及盐分含量不同，其水渗透系数相差悬殊。上虞滨海盐土研究表明，土壤水渗透系数轻度盐土（盐分含量 1.52 g·kg⁻¹）为 0.249 mm·d⁻¹，中度盐土（盐分含量为 2.18 g·kg⁻¹）为 0.220 mm·d⁻¹，而重度盐土（盐分含量 25.34 g·kg⁻¹）为 0.080 mm·d⁻¹。由于土壤中含有可溶性盐分，土壤中交换性 Na^+ 增加，将起到分散土粒和降低土壤水渗透性能的作用。土壤水渗透性能弱，还可能使土壤发生水分饱和的状态，而使土壤通气性恶化。

滨海盐土具有不良的水分性质及不良的透水性能，但良好的耕作、施肥及合理轮作等措施，可以改变和调节不良的水分状况，取得较好的收成。

（二）土壤水分的季节性变化动态

1. 滨海盐土土壤含水量季节性变化动态 上虞和慈溪滨海盐土 0～10 cm 土壤含水量（g·kg⁻¹）随月份的变化而变化（图 5-6），荒地土壤含水量有 3 个高峰，即 6 月、9 月和11 月，2 个低谷为 7 月和 10 月。这与当地降水量有关。因为 5 月雨水较少，6 月为雨季，7 月、8 月高温少雨，9 月下旬降雨增加，10 月又是秋季少雨，11 月下旬降雨又有所增加。土壤含水量的垂直变化，从上虞和慈溪滨海盐土剖面看（图 5-7），荒地土壤含水量随着土层深度的加深而增加，土壤含水量增幅从表土层至 15～20 cm 土层较快，而后则较平缓。这可能是因为荒地没有植被，地表水分蒸发相对较快（丁能飞等，2001；王建红等，2001）。

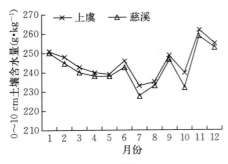

图 5-6 上虞和慈溪滨海盐土 0~10 cm
土壤含水量的月变化

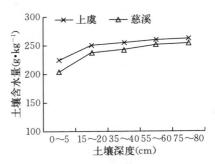

图 5-7 上虞和慈溪滨海盐土剖面中
土壤含水量的变化

2. 轻度盐化草甸土土壤含水量季节性变化动态 在早春-夏末阶段，0~10 cm、10~25 cm 和 45~65 cm 各土层内，其贮水量增减的变化极大。表土层贮水量为 9.32~28.863 mm，10~25 cm 比表层增加 1/3 左右，而 25~45 cm 和 45~65 cm 的贮水量在 46.53~132.90 mm，变化幅度仍然很大。在 65~100 cm 土层内，贮水量高达 137.92~197.20 mm。因此它是补给表层水分蒸发损失和盐分聚积主要来源。到了 5 月初旬-夏初，表层土壤贮水量增大，在 20.05~24.95 mm 之间，尚能满足作物对水分的要求，在 10~65 cm 土层之间，贮水量与前期相差不大。65~100 cm 土层内贮水量的变化不大，且随着降雨发生变化，说明底层贮水量的转移不仅取决于表层蒸发及植物蒸腾的作用，而且也取决于降雨的影响。特别是秋末以后，各土层贮水量都显著增加，为明年的春播贮备了大量的土壤水分。

3. 中度盐化草甸土土壤含水量季节性变化动态 耕层内土壤湿度均超过阻滞作物生长的含水量，从湿度来看，中度盐化草甸土表层湿度比轻度盐化土增高 2%~6%，比高度盐化草甸土同期略低 1%~2%，表明湿度可能与土壤的盐溶液浓度呈正相关。中度盐化草甸土对降雨接纳的作用较小，表现在降雨前后土壤湿度的变化不明显，与高度盐化草甸土相差不大，而轻度盐化土则较高，一般相差 2%~4%。这说明中度盐化草甸土于降雨间歇期间，土壤返盐的现象明显，在土壤剖面中一般不存在着重力水的作用，即土壤水分的运行主要以气态水为主，这也反映了中度盐化草甸土水分与盐分运行的特征。中度盐化草甸土的水分运行状况主要表现在表层，往下变化不大，与高度盐化草甸土接近，而与轻度盐化土大不相同。

4. 高度盐化草甸土土壤含水量季节性变化动态 大多数表层土壤湿度均超过阻滞植物生长的含水量，由早春二月初开始一直到土壤解冻的过程中，到夏初耕层土壤湿度始终维持在 17%~22% 之间，在降雨之后，因土壤吸水率极低，仅为 1%~3%，大部分雨水经地表径流水排出，这也是导致盐斑形成的主要因素。高度盐化草甸土最大湿度值为 26.54%~27.40%（2 月 25 日至 6 月 25 日）即达到田间持水量，最低湿度值为 10.97%~12.62%（2 月 10—25 日）。如果将轻度盐化土与高度盐化草甸土湿度值加以比较，则前者比后者高，特别是在 45 cm 土层以下，两者相差达 16% 左右。从高度盐化草甸土剖面各土层湿度的变化动态来看，在全年各个季节内，土壤各层的变化不大，从表层-心土层到底土层的湿度，均在 17%~27%，上下层的湿度差异一般为 1%~3%，其原因可能是该土壤表层质地紧实板结，心土层 20～45 cm 有黏土层的分布，其底层为细层砂壤土，因此影响了水分上下移动。在冬末早春干旱时期，土壤贮水量的变化不大，但到春末土壤解冻之后，降雨对土壤贮水量起了一定的作用，但雨过天晴后土壤水分便迅速蒸发损失，0～10 cm 土层内的贮水量受降雨的影响较大，例如 4 月 29 日降水量为 17 mm，比降雨前贮水量增加 7.097 mm；到 5 月 5 日，土壤贮水量耗损 33.02 mm，平均每天耗损 0.5 mm。以后随着气温和蒸发的增高，则这种水分的消耗更大。由于表层土壤板结紧实，大部分雨水通过地表径流损失，尤其在心土层有黏土层的分布，阻碍了水分向下移动，因此下层贮水量没有明显的增加，这与轻度盐化草甸土不同。贮水量全年变化幅度较小，一般表层在 25.2～34.27 mm，往下各层贮水量变化更小。根据作物不同生长、发育阶段土壤贮水量的消耗情况来看，苗期 6 月 10 日，表层贮水量为 25.50～26.33 mm，到 9 月 10 日为 31.3 mm，因此土壤水分的运动不是液态形式而是以气态水的形态，逐渐向表层蒸发，因而在干湿交替的过程中，土壤水分不断蒸发，盐分聚积地表。总之，随着土壤盐渍化程度的增大，蒸发速度和土壤干燥范围亦将减少，即土壤湿度的变化状况与盐渍化程度成正比。

5. 盐土旱地土壤水分变化动态一年循环的四个时期　根据土壤水分的积累和消耗的平衡关系，可将盐土旱地水分状况的年循环过程划分为四个时期：一冬季春初上层水分聚湿期。此期是从当年 11 月到翌年 2 月共 4 个月，此时气温急剧降低、干燥，土壤冻结，土壤中的液态水变为固态水，并呈水晶状态存在于土体中，加之该期蒸发量小，降雨（降雪）仅占全年降水量的 10% 左右，一般多为小雪，在风大的情况下，地表不易形成覆盖层，即使形成亦很薄，只能湿润表层，随即蒸发损失，没有补充土壤贮水的作用，只有在个别年份，冬季降雪较大，如覆盖层达 20 cm，但只能维持到 3 月初。本期的前一阶段，11 月至翌年 1 月，0～25 cm 土层土壤湿度较高，在秋雨较多的情况下，土壤水分接近田间持水量且缓慢上升，当秋雨较少时，则土壤湿度略低，接近田间的稳定湿度，在这个时期内，土壤剖面内湿度的变化较为稳定。到了本期的后一阶段，2—3 月，则随着气候变化，土壤表层湿度很低且干土层逐渐加厚，但没有引起下层湿度的降低。在冬季由于地下水位很低，上层土壤的湿度也较低，而湿差梯度的变化较小，因此没有明显的土壤底层水分向表层移动而发生冬季剖面水分重新分布的现象。二晚春初夏上层土壤干湿交替期。这个时期包括 3—6 月 4 个月，本期降水量较小，仅为全年降水量的 10%～20%，且多为小雨，因此时气温增高，相对湿度逐渐降低，此期达全年最小值，且此时旱风盛行，蒸发更为强烈，形成了气候干旱的现象。因此，土壤表层的水分极易蒸发损失。因受土壤冻层融化的影响，且地下水位较高，一般为 1.5～2.5 m，则地下水沿毛细管上升补充表层水分的蒸发与消耗，这样可以始终保持一定的土壤湿度，一般小于田间持水量或接近稳定湿度。在降小雨之际，表层湿度增大，随之蒸发损失，表层湿度降低，一般在 0.17%～0.18%，形成了干湿交替。此时正是春小麦生长盛期，又处于春播作物的播种和苗期阶段，需水量较多。在一般年份，土壤表层湿度均在 18%～20%，尚能满足作物对水分的需要。此期土壤表层变干所影响的土层较薄，并没有引起深层土壤水分的强烈变化，心土及底层土的水分变化较为稳定，均在 20%～26% 的范围内变动，这可能是地下水位较高的结果。三夏季雨水恢复聚湿期。本期包括 7、8、9 月 3 个月，正是作物生长最旺盛的时期，亦是气温较高、蒸发量最大的时期，但此时降雨充沛且集中，约占全年降雨的 2/3，并超过了土壤的蒸发量，使全剖面土壤湿度恢复或接近田间持水量。在短暂的时间内，受降雨淋溶作用的影响，在降水量小时，补充表层土壤水分，当降水量较大时，则有重力水的出现，随即渗入底层，补充了地下水，使地下水位迅速抬高，这是本期地下水的主要来源。土壤湿度持续时间的长短以降雨延续时间的长短及降水量的大小而定，此时期土壤水分的下渗和上移过程都较活跃，但因降水量都超过了同期水分总消耗量，水分下渗和恢复占主导作用。这个时期往往因降水量多，土壤水分常常达到饱和状态，并引起地下水位急剧上升，且容易形成大量的支持重力水长期聚积于上部土层内，这就是造成土壤湿度过高的根本原因。因此，在这个时期内，当降水量过大时，必须及时放出田面积水，防止作物受到内涝威胁。四晚秋初冬水分蒸发消耗期。此期包括 10、11 月，气温逐渐降低，降水量减少，是地下水位下降恢复期，一般为 1～1.5 m，因此土壤湿度仍然很高，而上层充满了移动性的活跃水分，大量水分向上运行至表层，通过土壤表面蒸发而消耗，尤其此期是秋季作物已收割阶段，地面处于裸露，在晚秋冬初风大的季节里，水分蒸发更强烈。但此时秋雨过多，不仅补充了地下水的消耗，还促使土壤湿度增大，土壤水分往往达到田间持水量水平。如秋雨过多，地面过湿使机械不能适时下地耕翻而影响秋耕质量。

二、土壤盐分变化动态

在上虞滨海盐土，根据地势高低布置 5 个相对高程（高程：A 4.09 m；B 4.17 m；C 4.32 m；D 4.37 m；E 4.39 m）定位点的 1 m 土体的盐分动态变化观测，阐明旱地作物种植下新围砂涂土壤盐分变化动态特征（丁能飞等，2001；王建红等，2001）。

（一）耕层土壤盐分含量变化动态

耕层土壤盐分的高低会直接影响作物的生长。在上虞滨海盐土，耕层（0～20 cm）土壤盐分周年变化中有 3 个时期含量较高，时间大致是 5 月、8 月伏旱、11 月至翌年 1 月。而 3 月、6 月和 9 月三个雨季土壤盐分下降（图 5-8）。当遇到气候干旱土壤返盐时，若不采取有效的抑制土壤返盐措施，聚集在表层的土壤盐分可能会危害到作物生长，从而影响作物产量和经济效益。B 和 D 两个观测点土壤盐分高于 A、C 和 E 三个点，说明 B 和 D 两个观测点存在盐斑，需要进行土地平整、土壤盐斑治理，以降低土壤盐分，改善土壤环境，提高土壤肥力。

（二）1 m 土体土壤盐分变化动态

1. 耕层土壤盐分周年变化动态　在上虞滨海盐土定位观测点，与耕层土壤盐分周年变化相似，在一年中有 3 个时期土壤盐分含量较高，分别是 5 月、8 月和 11 月至翌年 1 月，而 3 月、6 月和 9 月三个雨季土壤盐分下降（图 5-9）。因此，在上虞滨海盐土种植业结构调整、作物品种选择中必须充分考虑到土壤的返盐期，才能避免盲目调整并减少盐害对农业生产的损失。并且 A、B 和 D 三个观测点土壤盐分高于其他二个观测点，可知A、B 和 D 三个观测点是该区域重盐斑地方，需要进行土地平整，治理农田盐斑，降低土壤盐分，改善土壤环境，以期有利于作物生长。

2. 土壤盐分与微地形关系　在上虞滨海盐土区，B 和 C 两点分布于同一地块且处于同一积水区域内，两观测点相距 50 m、地势高差 15 cm。当地表积水形成径流时，C 点水流向 B 点，B 点 1 m 土体土壤盐分含量在一年中均比 C 点高。因此，即使在较小面积范围内，微地形的变化（高程差变化）也会导致 1 m 土体土壤含盐量的明显变化，地势高处土壤含盐量较低；反之，地势低处土壤含盐量则较高。主要原因是降雨时，含盐地表水易向地势低处聚集，在排水不畅时，盐分最终在土体中积聚从而使土体含盐量提高。当含盐量提高到一定程度时，就会危害作物生长，导致作物减产。

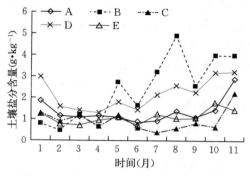

图 5-8　耕层（0～20 cm）土壤盐分含量的变化（2000 年每月 22 日）

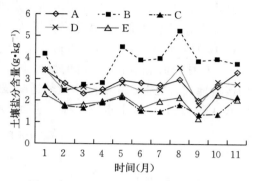

图 5-9　1 m 土体土壤盐分含量的变化（2000 年每月 22 日）

3. 土壤盐分与降水量/蒸发量关系　降水量和蒸发量与 1 m 土体土壤含盐量变化有显著的关系（图 5-10），尤其是降水量的波动与土壤盐分的波动密切相关，只是土壤盐分的波动略滞后于降水量的波动。另外，夏季高温，蒸发量大，也会导致 1 m 土体土壤含盐量升高。

4. 土壤盐分剖面变化　从不同剖面土壤盐分含量变化可知（图 5-11），耕层（0～20 cm）土壤盐分含量低于 20～40 cm 土壤盐分含量。随着土层深度增加，土壤盐分含量增大。这是由于耕层土壤盐分随着雨水淋洗，盐分积聚于下层土壤中。

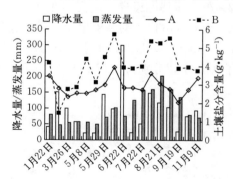

图 5-10　降水量/蒸发量与 1 m 土体盐分关系

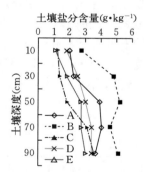

图 5-11　土壤剖面中土壤盐分含量的变化（上虞，2000 年 5 月 22 日）

三、地下水位与盐分变化动态

在上虞滨海盐土，通过 5 个不同相对高程（高程：A 4.37 m；B 4.17 m；C 4.09 m；D 4.32 m；E 4.39 m）定位点的 1 m、2 m 和 3 m 埋深地下水观测，探明了旱地作物种植下新围砂涂地下水位和盐分变化动态特征（丁能飞等，2001；王建红等，2001）。

(一) 地下水位

地下水位受多种因素的影响,如地面高程、排水设施、降水量、蒸发量、土地利用方式等。由于上虞滨海盐土区地面高程较低,为 $5.6 \sim 6.8 \, m$(吴淞高程),所以地下水埋深较浅,一般为 $0.5 \sim 3 \, m$。

从图 5-12 地下水埋深年变化曲线可以看出,地下水位很低的时期有 3 个:一个发生在 5 月中旬即梅雨前的一段时期,地下水埋深可降至 $2.5 \, m$ 左右;第二个发生在 8 月前后,为夏季高温干旱季节,由于蒸发量大、降雨少,地下水埋深可达 $3 \, m$ 以下;还有一个发生在 10 月,地下水埋深在 $2.5 \, m$ 左右。地下水位较高的时期也有 3 个:3 月、4 月的春雨季节,6 月的梅雨季节及 9 月的秋雨季节,此期的地下水埋深均在 $1 \, m$ 以内,有的甚至短期接近地表。地下水位随降水量呈适时波动,降水量大时地下水位高,降水量小时地下水位低(图 5-13,地下水位高程=地面高程-地下水埋深)。

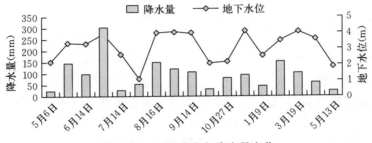

图 5-12 地下水位与降水量变化

(二) 地下水盐分

1. 地下水盐分周年变化 从图 5-14 可以看出,上虞滨海盐土不同观测点的地下水盐分较高,均在 $7 \, g \cdot L^{-1}$ 以上,周年变化曲线比较平缓,这说明降水量与蒸发量对 $3 \, m$ 埋深地下水盐分影响不大。这主要是因为该区高程较低,排渠的设计深度大多在 $0.8 \sim 1.0 \, m$,只能排去地表径流的盐水与 $1 \, m$ 以内的下渗盐水,而对 $3 \, m$ 以上的高矿化度地下水则不起排泄作用,地下水盐分无明显的季节性变化。在 5 个观测点中,B 的地下水盐分最高,全年平均全盐量为 $10.68 \, g \cdot L^{-1}$,C 与 E 的地下水盐分含量居中,分别为 $9.72 \, g \cdot L^{-1}$、$9.38 \, g \cdot L^{-1}$,而 A 与 D 最低,仅为 $8.42 \, g \cdot L^{-1}$ 和 $8.27 \, g \cdot L^{-1}$。

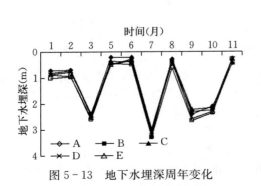

图 5-13 地下水埋深周年变化
(2000 年每月 22 日)

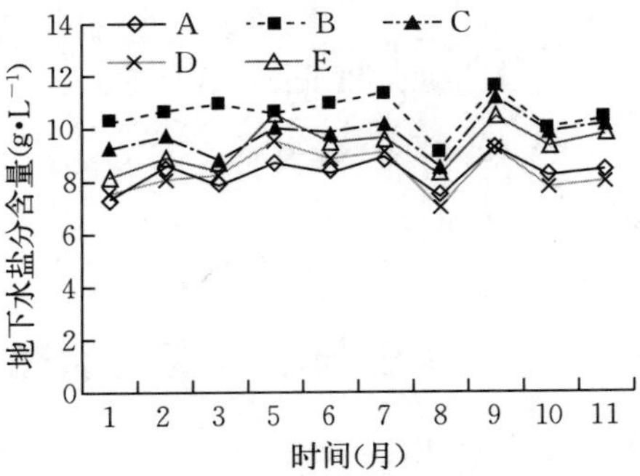

图 5-14 3 m 埋深地下水盐分周年变化
(2000 年每月 22 日)

2. 地下水全盐量　埋深越深，地下水全盐量越大。在上虞滨海盐土5个点（表5-11），1 m埋深地下水全盐量平均为 $7.90\text{ g}\cdot\text{L}^{-1}$，而2 m和3 m埋深地下水平均全盐量分别为 $9.04\text{ g}\cdot\text{L}^{-1}$ 和 $9.29\text{ g}\cdot\text{L}^{-1}$，分别比1 m埋深地下水盐分增加14.4%和17.6%，这说明地下水依次从上至下逐渐脱盐，排水条件与气候因素对1 m埋深地下水的影响比2 m和3 m埋深地下水大得多。

表5-11　不同埋深全年地下水平均含盐量

观测点（1 m）	全盐量（$\text{g}\cdot\text{L}^{-1}$）	观测点（2 m）	全盐量（$\text{g}\cdot\text{L}^{-1}$）	观测点（3 m）	全盐量（$\text{g}\cdot\text{L}^{-1}$）
A	7.36	C	7.90	C	8.27
B	10.09	B	10.65	B	10.68
C	8.95	D	9.52	D	9.72
D	5.94	A	8.30	A	8.42
E	7.14	E	8.84	E	9.38
平均	7.90	平均	9.04	平均	9.29

3. 地下水离子组成　从上虞滨海盐土离子组成分析可以看出（表5-12、表5-13），该区地下水离子组成中阳离子为 K^+、Na^+、Mg^{2+}、Ca^{2+}，阴离子为 Cl^-、HCO_3^-、SO_4^{2-}，不含有 CO_3^{2-}，阳离子以 Na^+ 为主，阴离子以 Cl^- 为主。B点3 m埋深地下水中NaCl占77.95%，B点2 m埋深地下水中NaCl占77.33%；D点3 m埋深地下水中NaCl占72.35%，D点2 m埋深地下水中NaCl占70.67%，且NaCl占离子总量的百分数随地下水盐分的降低而降低。而 HCO_3^- 含量则随地下水盐分的降低而急骤增加，B点3 m埋深地下水中 HCO_3^- 占5.70%，而D点2 m埋深地下水则占11.59%，而 Ca^{2+}、Mg^{2+}、SO_4^{2-} 含量在绝对含量上虽有所减少，但占总离子的百分数则有少许增加。这说明在地下水淡化进程中，离子含量下降最快的是 Na^+ 与 Cl^-，这两种离子含量的下降起主导作用。

表5-12　地下水离子组成（采样日期为2000年11月1日）

观测点	地下水埋深（m）	离子含量（$\text{g}\cdot\text{L}^{-1}$）							离子总量（$\text{g}\cdot\text{L}^{-1}$）
		K^+	Na^+	Ca^{2+}	Mg^{2+}	Cl^-	HCO_3^-	SO_4^{2-}	
B	2	0.121	2.390	0.147	0.399	5.110	0.606	0.926	9.70
	3	0.131	2.580	0.153	0.421	5.470	0.589	0.983	10.33
D	2	0.074	1.430	0.134	0.290	2.980	0.723	0.609	6.24
	3	0.081	1.570	0.137	0.297	3.260	0.692	0.639	6.68

表5-13　盐离子占阴阳总离子的百分数

观测点	地下水埋深（m）	占比（%）						
		K^+	Na^+	Ca^{2+}	Mg^{2+}	Cl^-	HCO_3^-	SO_4^{2-}
B	2	1.25	24.64	1.52	4.11	52.69	6.25	9.54
	3	1.27	24.98	1.48	4.08	52.97	5.70	9.52
D	2	1.19	22.92	2.15	4.65	47.75	11.59	9.75
	3	1.22	23.52	2.05	4.45	48.83	10.37	9.56

第六章
CHAPTER 6
新围滩涂滨海盐土盐分及淡化的预测

随着全球气候变化的加剧，土壤盐渍化呈现出全新的态势。研究土壤水盐运移的机理是改良土壤盐渍化和防止土壤次生盐渍化的理论基础，也是土壤盐渍化研究的核心问题。在受到各种自然因素及人为因素的影响下，土壤中的水分和盐分随时间和空间发生变化。不同改良方式下土壤水盐运移机理是调控土壤水盐运动的关键，能够为土壤盐渍化动态监测提供理论依据；同时，定量分析土壤盐渍化的影响因素，构建土壤盐渍化预测模型对盐渍化土壤的防治及合理开发利用具有重要意义。

第一节　"漩门二期"围垦滩涂区概况

一、滩涂区区位

玉环县"漩门二期"蓄淡围垦工程东靠楚门、清港两镇，南与芦浦镇相邻，西与海山乡相望，北与苔山塘相接，其地理位置位于东经 121°12′、北纬 28°12′。

2001 年围成的二期围垦滩涂区面积 37.5 km²，其中水面 15.9 km²，涂面 21.6 km²（2 160 hm²），垦区涂面平均高程在 1.5 m（黄海标高，下同），建成漩门水库，其正常蓄水位 0.2 m（高程）。整个滩涂区被九眼港、芳清河、楚门河及原一期堵坝海湾通道依次划分为四大块，分布于水库的南、东、北三侧。其中南侧滩涂区位于分水山一线北侧，呈弯月形分布，总面积约 7.57 km²（757 hm²），滩涂区周长约 18 773 m，沿库区一线长10 364 m；东片滩涂区分两块，位于楚门镇与清港镇的西侧，呈三角形分布，两块滩涂区自然环境相似，总面积约 5.63 km²（563 hm²），滩涂区周长合计约 19 864 m，沿库区一线长约 15 182 m；北侧滩涂区位于苔山塘、小青山一线南侧，呈长条形分布，面积较大，约8.40 km²（840 hm²），滩涂区周长约 15 545 m，沿库区一线长约 7 136 m。

二、地形地貌与植被

"漩门二期"围垦滩涂区地势平坦，坡度较小，整个滩涂区由四周向库区略有倾斜，属典型海湾滩涂地貌。但由于在滩涂形成过程中受海水潮流的反复冲刷沉降，以及在滩涂区脱离海水后养殖等人为因素作用，滩涂区的微地形变化非常复杂。

由于滩涂区土壤盐分含量高，因此滩涂区的植被相对比较单一。整个滩涂区的植被主要以芦苇为主，且生长在地势比较低洼的地方，也零星分布一些耐盐植物。总体来看，整个滩涂区的植被覆盖较少，绝大部分为裸露滩涂区，这种植被状况对土壤脱盐是不利的。

三、气候与水文状况

"漩门二期"围垦滩涂区位于浙江省东南沿海，为典型的亚热带季风气候。一年四季分明，春季雨水较多，降水量大于蒸发量；夏季降雨主要集中在梅雨期，梅雨过后，由于滩涂区沿海，台风活动强烈，每次台风过境会带来强烈降雨，因此夏季也是雨量较多的季节，降水量超过蒸发量；秋季天气晴好，降雨较少，降水量少于蒸发量；冬季晴雨不定，有烂冬年也有旱冬年。据玉环县1991—2000年的气象数据可知，该地区过去10年的年平均气温17.3 ℃，年平均降水量1 406.0 mm，年平均蒸发量1 344.9 mm。

四、滩涂区土壤

"漩门二期"围垦滩涂区土壤属滨海盐土土类涂泥土土属涂黏土土种。该类型的土壤母质为最新形成的浅海沉积物，黏粒矿物类型以伊利石为主。据玉环县苔山塘滨海盐土分析，伊利石占70%，蛭石、绿泥石占11%，蒙脱石占10%，高岭石占9%。土壤质地黏重，其机械组成以粉粒和黏粒为主，粗粉粒占30%，中、细粉粒占40%，黏粒占30%。土壤有机质、全氮含量较低，速效钾含量较高，微量元素中有效锌含量中等，铁、锰、铜含量较高。土壤碱性反应强，土壤pH在8.5左右。另外，由于土壤成土时间短，土壤剖面发育差，基本没有分化。同时表土的龟裂现象严重，一般深度达到20~40 cm。通过观测，滩涂区的平均高程在1.5 m，库水位在0.8 m（高程）左右，自然情况下地下水埋深一般在0.1~0.6 m。

第二节　新围滩涂区土壤盐分动态研究

一、影响土壤盐分运动的因素

（一）土壤质地

土壤盐分运动主要是由土壤水分运动引起的，而土壤质地又是影响土壤水分运动的主要因素之一。土壤水分运动包括饱和水、非饱和水运动。"漩门二期"滩涂区的土壤质地黏重，土壤孔隙很小，既不利于非饱和毛细管水的运动也不利于饱和水的入渗运动，因此这种性质的土壤对土体脱盐是十分不利的。研究表明，该滩涂区地下水稳定入渗速率小于1 mm·h^{-1}，也就是说，土壤地下水从一点沿水平流向另一点，每天只能移动24 mm，每年的运动距离不超过10 m。因此，如果不人为加密排水沟，新围垦的滨海盐土每年通过地下水排出土壤盐分是十分有限的。

（二）地形

地形是影响滩涂区土壤脱盐的重要因素之一。地势高的地方排水较好，土壤中的盐分随地表径流而流失，土壤排盐相对较快；地势低洼的地方由于排水不畅，土壤中的盐分无法通过地表径流排出，同时地势较高处的含盐地表水向地势低洼处流动，不仅使得地势低洼处的土壤排盐更加困难，而且还会通过地表径流增加盐分。本滩涂区的地形起伏不大，但微地形复杂，使滩涂区土壤的盐分分布很不均匀，导致表层土壤盐分变化极为强烈。

（三）地表植被

地表植被主要是通过影响地表土壤水分蒸发和雨水下渗而影响盐分在土壤中的运动，这种影响主要是引起土体中土壤盐分的垂直分布差异。研究表明，地表植被覆盖率高的滩涂区，土壤表面蒸发较弱，因此地下土壤盐分向地表运动的速度较慢，加之降雨排出表层土壤盐分，使得地表土壤盐分比裸露滩涂区低，有利于农作物的生长。

（四）气候

气候是影响土壤盐分运动的主要因素。气候因素是通过降水量、蒸发量、风速等几个要素的共同作用来影响土壤的脱盐速度。当降水量大时，有利于表层土壤盐分随地表径流流失和向下运动；当蒸发量大、风速大时，有利于深层土壤盐分向表层运动并在表层积累，使上层土体的盐分含量显著增加。土壤频繁的干湿交替，促使土体棱柱形结构形成和发育，有利于土体的脱盐。

（五）人类活动

人为因素也是影响滩涂区土壤脱盐的重要因素。如果在滩涂区开发利用中规划好排水畅通的沟渠，则对滩涂区土壤的脱盐是十分有利的；反之，若在滩涂区发展海水养殖，由于养殖用水含盐量高，同时又抬高了滩涂区的地下水位，这对滩涂区土壤的脱盐是极为不利的。

二、土壤和地下水盐分观测方法

（一）定位观测点布局

为了全面了解该滩涂区土壤及地下水的盐分变化动态，2002 年 5—9 月，在滩涂区选择了 7 个代表性的观测点，同时在与滩涂区一坝之隔的苔山塘老滩涂区选择了一个参照点，用于比较"漩门二期"围垦滩涂区与早期围垦滩涂区的土壤脱盐情况。

1 号观测点在南片滩涂区，为了使该点具有代表性，其具体位置位于该片滩涂区的中部，离分水山脚垂直距离约 300 m。该区曾被围塘养殖，地表无植被。

2 号观测点位于东部二片滩涂区的九眼港附近，离北面海塘约 1 000 m，离东面海塘约 300 m，地表无植被。该点可反映东部两片滩涂区的土壤及地下水的基本含盐情况。

3 号观测点为参照点，位于离本次观测滩涂区一坝之隔的苔山塘文旦园内。该观测点离九眼港垂直距离约 200 m，地表与河水位的高差在 1.5 m 左右。苔山塘 1982 年围成，围成后逐渐开垦利用。选择该点的目的是要了解与本次预测滩涂区地理环境相似的滨海涂黏土壤脱盐情况，以便为本次滩涂区的土壤脱盐预测提供参考依据。该观测点布点时第一次取 0～200 cm 土层，之后几次取 0～100 cm 土层测定土壤盐分。

4 号、5 号、6 号、7 号、8 号观测点位于北片滩涂区小青山外侧。5 个观测点沿东西向和南北向呈"十"字型分布，各点间距为 150 m。4 号观测点位于小青山内侧垂直距离约 300 m 的废弃养殖塘内，地表没有植被，但观测点四周分布有丛生的芦苇；5 号观测点地势相对较高，地表芦苇丛生；6 号观测点位于废弃养殖塘内，地势较低，地表无植被；7 号和 8 号观测点以 5 号观测点为中心，与 4 号、5 号和 6 号观测点连线垂直呈东西向分布。布置这 5 个观测点的目的是详细了解滩涂区微地形条件下土壤、地下水盐分变化及地下水位变动规律。

（二）测定方法

每个观测点均埋 1.5 m 深的水管，根据滩涂区天气变化情况分别在 5 月 12 日、7 月 4 日、8 月 8 日、8 月 28 日共分四次进行了土壤及地下水的采样，用于测定土壤含盐量、地下水位和地下水盐分变化情况。其中 5 月 12 日采样时间处在春雨过后梅雨之前，天气晴朗，这一时期由于晴天较多，土体有一个微弱的返盐期，1 m 土体土壤含盐略有增高。7 月 4 日处于梅雨后期，这一时期由于前期雨水较多，土壤盐分随水流失和向下运动，因此 1 m 土体的土壤含盐量会处在相对较低的水平。8 月 8 日处在梅雨过后的伏旱期，这一时期由于晴天较多，气温偏高，土壤蒸发强烈，因此 1 m 土体的盐分又会有所回升，处在一个相对较高的时期。8 月 28 日在伏旱后期，这一时期由于天气晴雨不定，特别是这一地区台风活动强烈，因此若这一时期台风较少，天气晴朗，则 1 m 土体的含盐会偏高，若台风较多，降水量较大，则 1 m 土体的含盐量会偏低，因此这一时期土壤含盐量处于相对不稳定的时期。总之 4 次采样考虑了不同时期的天气变化特征，因此测定的数据比较有代表性，可反映观测期内土壤盐分的变化情况。

取土样时，采集定位点 1 m 深土壤剖面，分 0～20 cm、20～40 cm、40～60 cm、60～80 cm、80～100 cm 等 5 个土层，用 DDS-11A 型电导率仪测定各土层土水比为 1∶5 的土壤悬浮液电导率，并换算成 25 ℃时电导率，按滨海涂黏土壤全盐量与电导率换算成土壤全盐量。1 m 土体土壤含盐量为各土层土壤全盐量的平均值。采集地下水水样前用抽水装置把管内水抽干，待其渗出后采水样，分析地下水全盐量和离子组成，并用硝酸银滴定法测定氯离子含量。

三、土壤盐分变化

（一）不同深度土层在不同时期土壤盐分变化

不同时期各观测点 1 m 土体的土壤盐分含量变化如图 6-1 所示，南片滩涂区不同时期 1 m 土体的平均含盐量比东二片和北片滩涂区都高，东二片（东南、东北）滩涂区和北片滩涂区 1 m 土体的土壤含盐量相差不大，并且除东二片滩涂区的 4 次观测外，8 月 8 日测定的土壤盐分均最高，这与气候处于伏旱期土壤蒸发强烈而造成土壤返盐有关。通过 2 160 hm² 滩涂区 4 次 7 个观测点的观测，1 m 土体的土壤平均盐分含量为 11.24 g·kg⁻¹，土壤含氯离子 5.62 g·kg⁻¹。进一步分析测定结果可知，北片滩涂区小青山附近的"十"字型观测点，即 4、5、6、7、8 号观测点的 1 m 土体土壤平均含盐量变化并无明显规律，这表明滩涂区因微地形的变化，土壤盐分的变化是极其复杂的，定位观测结果反映了整个滩涂区当前土壤的含盐水平。其中 3 号参照点位于苔山塘胡柚地内，其 1 m 土体的 4 次平均含盐量为 0.6 g·kg⁻¹，1～2 m 土体的 1 次测定平均含盐量为 4.2 g·kg⁻¹。这表明已开垦利用近 20 年的土壤，1 m 土体的土壤含盐量已影响不到一般作物的正常生长，但 1～2 m 土体的含盐量还是高于大多数作物的耐盐能力，可知该区涂黏土壤的脱盐速度是非常缓慢的。

除了 3 号参照点因土壤已开垦利用 20 年，土壤盐分随土层深度变化基本保持 0.6 g·kg⁻¹外，其他 7 个观测点随土层深度增加土壤盐分显著提高，而且代表南片滩涂区的 1 号观测点各层土壤盐分最高，代表东片滩涂区的 2 号观测点各层土壤盐分处于 5～12 g·kg⁻¹，

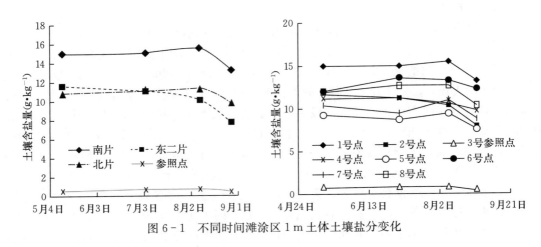

图 6-1 不同时间滩涂区 1 m 土体土壤盐分变化

北片滩涂区因微地形变化 4、5、6、7、8 号观测点各层土壤盐分含量不同，但均随土层深度增加而增加。一般来说，在脱盐初期滩涂土壤盐分随着深度的增加而增加，这与土壤性质有关，如土壤胶体吸附盐离子的能力、土壤含水量等。对滩涂区涂黏土壤盐分的动态观测表明（图 6-1），涂黏土壤 1 m 土体内不同深度土壤盐分的波动随气候条件变化而变化，当地表蒸发强烈时，上层土壤的含盐量高于下层土壤的含盐量，当雨季到来时，上层土壤盐分开始流失和下渗，1 m 土体内的盐分又会随着深度的增加而增加。长期来看，涂黏土壤 1 m 土体的盐分含量随着深度的增加而增加。从 6 号观测点来看，土壤盐分总体变化趋势是随深度的增加而增加，但增加的速度十分缓慢。分析 7 月 4 日 6 号观测点 1～2 m 土体盐分可知，100～120 cm、120～140 cm、140～160 cm、160～180 cm 和 180～200 cm 土层土壤含盐量分别为 16.3 g·kg^{-1}、16.5 g·kg^{-1}、16.8 g·kg^{-1}、17.0 g·kg^{-1} 和 17.3 g·kg^{-1}，100～200 cm 土层平均土壤含盐量为 16.9 g·kg^{-1}。

（二）不同深度土壤盐分总量变化

随土层的加深土体土壤盐分总量增加（表 6-1），并且 2 160 hm² 滩涂区 1 m 土体盐分总量为 3.64×10^8 kg。测定该滩涂区土壤盐离子组成结果表明，土壤中盐离子总量是氯离子总量的 2 倍，1 m 土体氯离子总量达到了 1.82×10^8 kg。比较南片滩涂区、东南片滩涂区、东北片滩涂区、北片滩涂区 0～1 m 土体盐分总量及 0～2 m 土体盐分总量及氯离子总量可知（表 6-2），南片与北片两滩涂区土体盐分总量高于东南片和东北片两滩涂区。

表 6-1 不同土层深度土体的盐分总量和氯离子总量

土层深度（cm）	土体盐分总量（×10⁷ kg）	土体氯离子总量（×10⁷ kg）
0～20	5.29	2.65
20～40	6.29	3.15
40～60	7.29	3.65
60～80	8.28	4.14

（续）

土层深度（cm）	土体盐分总量（×10⁷ kg）	土体氯离子总量（×10⁷ kg）
80～100	9.28	4.64
100～200	54.8	27.4
0～100	36.4	18.2
0～200	91.2	45.6

表 6-2　各片滩涂区 0～1 m 及 0～2 m 土体的盐分总量及氯离子总量

滩涂片	面积（km²）	土层（m）	盐分总量（×10⁸ kg）	氯离子总量（×10⁸ kg）	盐分（kg·m⁻²）	Cl⁻（kg·m⁻²）
南片	7.55	0～1	1.27	0.64	16.8	8.48
		0～2	3.19	1.60	42.3	21.2
东南片	2.52	0～1	0.42	0.21	16.7	8.33
		0～2	1.06	0.53	42.1	21.0
东北片	3.12	0～1	0.53	0.27	17.0	8.65
		0～2	1.32	0.66	21.2	21.2
北片	8.41	0～1	1.42	0.71	16.9	8.44
		0～2	3.55	1.78	42.2	21.2
合计/平均	21.6	0～1	3.64	1.82	16.9	8.43
		0～2	9.12	4.57	42.2	21.1

四、地下水埋深及其含盐量变化

地下水的运动和地下水的含盐量变化直接影响到土壤含盐量。通过表 6-3 可知，滩涂区内的 7 个观测点地下水埋深都很浅，在观测时段内地下水埋深一般在 0.1～0.6 m 内波动，这与水库高水位有关。由于水库水位与整个滩涂区地表的高差都较小，整个滩涂区的地下水位居高不下，这种地下水位状况对本区涂黏土壤脱盐是不利的。从 1.5 m 深处的地下水含盐量分析可知，滩涂区 7 个观测点的地下水含盐量都很高，其中 1 号观测点含盐量最高，另 6 处观测点的含盐量比较接近，这与 1 m 土体的盐分含量变化相似。通过 7 个观测点 4 次观测的平均值可知，1.5 m 深处地下水盐分含量为 19.89 g·L⁻¹，氯离子浓度 11.05 g·L⁻¹。3 号参照点 1.5 m 深处地下水含盐量比 7 个观测点低，但从绝对值 10.90 g·kg⁻¹ 看，其含盐量还是相当高的，说明涂黏区 1 m 以下地下水的脱盐速度非常慢。因为一方面滩涂区地下水位高，另一方面涂黏土壤结构致密，使地下水的运动速度十分缓慢，不利于地下水脱盐。

表 6-3　各观测点不同时期的地下水埋深及地下水全盐量

样点	水管埋深 (m)	不同时期（月/日）地下水埋深（m）					不同时期（月/日）地下水全盐量（g·L^{-1}）				
		5/11	7/4	8/8	8/28	平均	5/11	7/4	8/8	8/28	平均
1 号	1.50	0.25	0.55	0.25	0.53	0.40	15.89	21.28	26.70	29.21	23.27
2 号	1.50	0.25	0.45	0.10	0.55	0.34	16.96	20.67	23.70	18.48	19.95
3 号	1.50	0.70	0.52	0.54	0.89	0.66	11.45	12.48	12.50	7.18	10.90
4 号	1.50	0.30	0.37	0.20	0.52	0.35	15.94	18.63	12.10	21.21	16.97
5 号	1.50	0.40	0.30	0.18	0.40	0.32	13.30	19.18	19.30	22.62	18.60
6 号	1.50	0.20	0.40	0.15	0.45	0.30	18.53	19.62	18.65	19.42	19.06
7 号	1.50	0.25	0.15	0.10	0.60	0.28	18.36	18.83	20.10	23.40	20.17
8 号	1.50	0.25	0.35	0.20	0.42	0.31	18.53	21.84	22.76	21.78	21.23

综上所述，3 号参照点所处的土壤已开垦利用 20 年，土壤盐分 0.6～1.2 g·kg^{-1}；"漩门二期"围垦滩涂区土壤盐分随土层深度增加显著提高，而且代表南片滩涂区的 1 号观测点各层土壤盐分最高，代表东片滩涂区的 2 号观测点各层土壤盐分处于 5～12 g·kg^{-1}，北片滩涂区因微地形变化 4、5、6、7、8 号观测点各层土壤盐分含量不同，但均随土层深度增加而增加。

不同土层土壤盐分总量随土层的加深增加，目前 2 160 hm^2 滩涂区 1 m 土体盐分总量为 3.64×10^8 kg，氯离子总量达到 1.82×10^8 kg，并且南片与北片两滩涂区土体盐分总量高于东南片和东北片两滩涂区。

本滩涂区地下水的埋深都很浅，0.1～0.6 m、1.5 m 深处的地下水含盐量都很高，处于 16～23 g·L^{-1}，地下水盐分含量平均为 19.89 g·L^{-1}，含氯离子 11.05 g·L^{-1}，而且黏涂区 1 m 以下地下水的脱盐速度非常慢。

第三节　新围滩涂区土壤脱盐与淡化预测

影响滩涂区土壤水盐运动的因素很多，因此对土壤脱盐过程的预测是一项十分复杂的工作。在实际工作中根据总的预测目标进行分解，采取分 3 个步骤执行的方法。第一步，涂黏土壤脱盐速度的预测；第二步，新围垦滩涂区脱盐速度的预测；第三步，滩涂区土壤盐分对水库水的影响预测。针对不同的预测目标以及主要影响因素而采用不同的预测方法，以力求预测结果的准确性和可信度。

一、土壤盐分的统计预报预测

（一）理论分析

土壤盐分统计预报法是一种利用数理统计预测土壤脱盐速度的方法。根据预报精度的要求可分为即时预报、月份预报和年度预报，不同的预报要求以不同的时间单位为尺度，采集大量的土壤盐分数据，然后通过回归分析方法对所测得的数据进行拟合，并用求得的拟合曲线预测未知时间段的土壤含盐量。这种预测方法精确性好，但其条件是需要长时间观测，并积累大量的数据资料。

（二）涂黏土壤盐分变化数学模型的建立

为了了解涂黏土区土壤脱盐的资料，并得出相对可信的涂黏土区土壤脱盐规律，一方面，本次定位观测中在与预测区仅一坝之隔的苔山塘布置了一个定位观测点，4 次观测结果得出该观测点 1 m 土体的全盐量为 1.0 g·kg^{-1}，而苔山塘在围垦初期土壤全盐量为 11.2 g·kg^{-1}，经过 20 年利用，苔山塘 1 m 土体脱盐 91.1%。另一方面，在 8 月底，对台州地区属涂黏土区的温岭国庆塘、温岭八一塘、路桥金清九塘、路桥金清十塘进行了观测，对比各观测点围垦初期的土壤含盐状况，求得各观测点在经过若干年后的 1 m 土体土壤脱盐率：温岭国庆塘 1973—2002 年经 29 年土壤脱盐率为 86.7%，温岭八一塘 1975—1978 年经 3 年土壤脱盐率为 45.0%、1975—2002 年经 27 年土壤脱盐率为 81.3%，路桥金清九塘 1980—2002 年经 22 年土壤脱盐率为 82.8%，路桥金清十塘 1980—2002 年经 22 年土壤脱盐率为 80.5%。农业利用的土壤 1 m 土体含盐量不能超过 3.0 g·kg^{-1}，这就要求 1 m 土体的脱盐率基本要在 70% 以上，而这需要 10 年左右的时间。

大量分析数据表明，涂黏土壤 0～1 m 土体脱盐相对较快，1～2 m 土体脱盐速度较慢；0～1 m 土体围垦初期土壤脱盐速度快，一般情况下，新围垦涂黏土区围垦 3 年后 1 m 土体的脱盐率达 45% 左右，20 年后 1 m 土体的脱盐率达 80% 以上，这种土壤的盐分变化规律符合对数函数。因此对 1 m 土体的土壤盐分年度变化用对数函数曲线进行拟合：

$$y = a\ln x + b \tag{6-1}$$

式中，y 表示 1 m 土体土壤含盐量（g·kg^{-1}），x 表示围垦年限，a、b 为常数。

（三）模型的检验与讨论

为了验证该模型的合理性，以温岭八一塘为例进行检验。八一塘 1975 年、1976 年、1977 年、1978 年、1979 年、2002 年测得的滩涂区平均含盐量为 11.0、8.4、7.9、6.3、6.1、1.5 g·kg^{-1}，分别求得这些数据的线性、对数、幂函数、指数拟合方程，见表 6-4。其中，对数函数对实测值的拟合相关性最好，其 R^2 达 0.987 1。因此可以认为，本次预测采用对数函数建立预测模型比较合理，而且其相关性也完全符合预测的精度要求。

表 6-4　温岭八一塘滩涂区土壤实测值拟合函数

拟合方法	拟合方程	R^2
线性	$Y = -0.274x + 8.578$	0.789 6
对数	$Y = -2.208\ln x + 8.912$	0.987 1
幂函数	$Y = 9.102x^{-0.469}$	0.899 9
指数	$Y = 8.976e^{-0.067x}$	0.963 4

二、土壤脱盐量的经验预测

（一）理论分析

经验法是根据前人在类似的区位环境下，对类似滩涂区的盐分定位观测得出的土壤脱盐规律，来推断未知类似区域土壤脱盐情况的一种方法。采用这一方法的前提条件是预测的未知区域必须和已知区域在各方面具有相似性，否则根据已知区域求得的未知区域脱盐结论会与未知区域的实际情况有较大的差距，从而使预测结果缺乏可信度。新围垦滩涂区与所调查的周边滩涂区无论从成土原因以及环境条件等都存在着很大的相似性，因此，其土壤的盐分变化在一般情况下也遵循式（6-1）的动态规律。

（二）新围滩涂区土壤脱盐量

从表 6-5 可知，1 m 土体平均含盐量（y）为初始值，设定 1 m 土体 3 年脱盐率为 45%，20 年脱盐率参照苔山塘情况设定为 90%，则求得式（6-1）中的 $a=-2.579$、$b=8.739$，得 1 m 土体土壤的年度含盐量变化公式为：

$$y=-2.579\ln x+8.739 \tag{6-2}$$

根据式（6-2）结合预测滩涂区的面积，可求得滩涂区 1 m 土体 2002—2010 年的土壤含盐量。根据 1 m 土体的年度含盐量，便可求出 1 m 土体平均每年的单位土壤脱盐量 $\triangle y$，并根据式（6-3）求得整个滩涂区 1 m 土体的年脱盐量，具体见表 6-5。

$$W=S\times H\times\rho\times\triangle y \tag{6-3}$$

式中，W 表示土体中土壤的脱盐总量（kg）；S 表示土体的横截面积（m²）；H 表示土体的深度（m）；ρ 表示土壤容重（g·cm⁻³），结合本地区土壤比较黏重的实际情况，土壤容重值取 1.5 g·cm⁻³；$\triangle y$ 表示单位土体的盐分变量（g·kg⁻¹）。

表 6-5　1 m 土体含盐量、土体脱盐量和年度脱盐总量

年份	1 m 土体年均含盐量（g·kg⁻¹）	1 m 土体年脱盐量（×10⁷ kg）	大库滩涂区		内库滩涂区	
			年脱盐总量（×10⁷ kg）	年脱氯离子总量（×10⁷ kg）	年脱盐总量（×10⁷ kg）	年脱氯离子总量（×10⁷ kg）
2002	11.24	—	—	—	—	—
2003	8.74	2.50	8.10	4.05	4.32	2.16
2004	6.95	1.79	5.80	2.90	3.10	1.55
2005	5.91	1.04	3.37	1.68	1.80	0.90
2006	5.16	0.75	2.43	1.22	1.30	0.65
2007	4.59	0.57	1.85	0.92	0.99	0.49
2008	4.12	0.47	1.52	0.76	0.81	0.41
2009	3.72	0.40	1.30	0.65	0.81	0.35
2010	3.38	0.34	1.10	0.55	0.59	0.29
2011	3.07	0.31	1.00	0.50	0.54	0.27
2012	2.80	0.27	0.87	0.44	0.47	0.23
2022	1.01	0.13	0.42	0.21	0.23	0.11

三、土壤脱盐速度的预测

（一）土壤盐分平衡原理

根据土壤盐分平衡原理，$\triangle S=S_{收入}-S_{支出}$，即在一定范围和一定深度的土壤区域内，

土壤盐分收入与支出的差，等于该区土壤中盐分总量的变化。根据以上原理，只要对土壤盐分的收入与支出能得到较精确的预报，则土壤盐分的变化就可以得到预报，其精度取决于各收入、支出项的预报精度。

本次滩涂区土壤脱盐预报中，选择滩涂区 $0 \sim 2\,\mathrm{m}$ 土体为研究对象，从土体的盐分收入看，一方面来自土体外的含盐水，主要是上游含盐河水和水库水对土体的水平渗透，另一方面是 $2\,\mathrm{m}$ 以下的含盐地下水向 $0 \sim 2\,\mathrm{m}$ 土体运动带入的盐分。这两方面使土体盐分增加的数值计算非常复杂，但考虑到本次预测滩涂区特殊的区位条件和特殊的土壤质地条件，主要是滩涂区地下水位高、土壤质地黏重，使得上游含盐河水、水库水和 $2\,\mathrm{m}$ 以下的地下水对整个滩涂区 $0 \sim 2\,\mathrm{m}$ 土体的水分渗入量非常有限，从而对土体总盐量的影响也非常小，因此 $0 \sim 2\,\mathrm{m}$ 土体土壤总盐量的变化以脱盐为主。

如果把滩涂区土壤 $0 \sim 2\,\mathrm{m}$ 土体作为一个独立系统来分析，其脱盐过程主要通过两条途径：一是通过土体内浅层地下水侧渗运动排出系统，根据滩涂区地形走向，这部分盐分主要排入水库区；二是通过地表径流使盐分随径流水排出系统，在滩涂区排水系统未建立前主要排入水库区。

（二）浅层地下水侧渗运动对土体脱盐的影响

新围垦滩涂区每年地下水运动的脱盐总量可通过式（6-4）进行计算：

$$M = V \times \rho \times P \tag{6-4}$$

式中，M 为地下水排盐总量（kg）；V 为排出地下水体积（m^3）；ρ 为含盐地下水密度（$\mathrm{kg \cdot m^{-3}}$），这里近似取值 $1.0 \times 10^3\,\mathrm{kg \cdot m^{-3}}$；$P$ 为地下水的含盐量（$\mathrm{g \cdot kg^{-1}}$）。V＝水库库沿周长×地下水移动距离×水层平均厚度×重力水容积含水量。

7 个观测点 $1.5\,\mathrm{m}$ 处地下水 4 次含盐量的平均值为 $19.89\,\mathrm{g \cdot kg^{-1}}$，同时观测到滩涂区地下水埋深最深在 $0.5\,\mathrm{m}$ 左右，滩涂区环水库周长约 $32\,682\,\mathrm{m}$，假设涂黏土区地下水每年的相对移动距离约 $10\,\mathrm{m}$，滩涂区平均地下水位 $0.3\,\mathrm{m}$，距离水库库沿 $10\,\mathrm{m}$ 的涂面与水库的水位落差为 $1.5\,\mathrm{m}$，取涂黏土体重力水含量为 20%（容积含水量），则本次预测的滩涂区每年通过地下水排出的 $0 \sim 2\,\mathrm{m}$ 土体总盐量为 $7.8 \times 10^5\,\mathrm{kg}$。该数值相对于涂面地表径流排盐量（$6.96 \times 10^7\,\mathrm{kg}$）而言只有 1.12%，由此说明通过地下水侧渗运动对滩涂区土壤盐分的淋洗速度是非常缓慢的。

综上所述，涂黏土壤质地特征决定了浅层地下水侧渗运动速度非常缓慢，因此滩涂区土壤盐分通过这一途径排入水库区的数量也相对有限。本次预测滩涂区土壤脱盐量及其对水库水的影响主要利用滩涂区含盐地表径流进行分析。

（三）新围垦滩涂区土壤脱盐与淡化预测

1. 新围垦滩涂区不同土层土壤总盐量　新围垦滩涂区几个特征土层的土壤总盐量如表 6-1 所示，4 个不同片区 $0 \sim 1\,\mathrm{m}$ 及 $0 \sim 2\,\mathrm{m}$ 土体的总盐量如表 6-2 所示。根据水库水淡化的需要，在九眼港外侧近主水库区的地方修建内水库供蓄淡用。按照该方案，对内水库蓄淡有影响的滩涂区主要是北片滩涂区和东北片滩涂区的涂面，其总面积约 $11.53\,\mathrm{km}^2$。根据观测得土壤盐分含量，进而可求得该滩涂区 $0 \sim 1\,\mathrm{m}$ 及 $0 \sim 2\,\mathrm{m}$ 土体的总盐量，见表 6-6。

表6-6 内水库水淡化的滩涂区0～1 m及0～2 m土体的总盐量

面积（km²）	土层（cm）	土体含盐总量（×10⁸ kg）	土体含氯离子总量（×10⁸ kg）	土壤盐分（kg·m⁻²）	土壤 Cl⁻（kg·m⁻²）
11.53	0～100	1.95	0.98	16.9	8.5
	0～200	4.86	2.43	42.2	21.1

2. 新围垦滩涂区每年流水运动的脱盐总量　滩涂区每年流水的排盐总量可通过滩涂区每年的径流水量和径流水的含盐量求得，见式（6-5）：

$$E = Q \times \alpha \times S \times \rho \times P \qquad (6-5)$$

式中，E 表示每年地表水的排盐总量（kg）；Q 为滩涂区的年平均降水量（mm）；α 表示径流系数，根据有关资料本式中 α 取 0.57；S 表示预测滩涂区的面积（m²）；ρ 表示水的密度，这里取 1.0×10^3 kg·m⁻³；P 表示径流水的含盐量。

式（6-5）中径流水的含盐量是一个变化较大的变量，它的大小与地表土壤的含盐量、单位时段内的降水强度有关，该变量的确定直接关系到 E 值的预测准确性。根据天气情况分 3 次测定了滩涂区不同观测点的流水含盐量，得到滩涂区流水含盐量的平均值为 4.0 g·kg⁻¹。根据滩涂区的 10 年平均降水量资料、预测滩涂区面积，结合式（6-5）求得滩涂区的径流水排盐总量，见表6-7。

表6-7 大库区和内水库区涂面通过径流水的排盐总量和排氯总量

涂面名称	面积（km²）	径流水排盐总量（×10⁷ kg）	径流水排氯总量（×10⁷ kg）
大库区涂面	21.6	6.96	3.87
其中内水库涂面	11.53	3.69	2.05

由表6-7可知，整个库区涂面通过地表径流水排盐总量 6.96×10^7 kg，占滩涂区土壤 1 m 土体总盐量的 19.1%，占水库区 2 m 土体总盐量的 7.6%。这一结果表明，涂黏区土壤的脱盐以地表径流水脱盐为主。由于地表径流脱盐量随 1 m 土体含盐量的变化而变化，地表径流水的含盐量需要多点多次观测后求平均值得到，因此用以上方法只能求得当年滩涂区地表径流水的脱盐量，而很难预测未来若干年的脱盐量。

3. 新围垦滩涂区每年土体的滞留盐总量　由于 0～2 m 土体脱盐资料缺乏，0～1 m 土体的脱盐规律研究的资料较多，而且通过地表径流流失的土壤盐分主要影响 0～1 m 土体的总盐量，因此本次预测主要对 0～1 m 土体的年滞留盐总量进行预测。根据式（6-2）求得滩涂区 1 m 土体的年均含盐量，用年均土壤含盐量替换土壤脱盐量，利用式（6-3）可求得 1 m 土体的滞留盐总量。综上分析测算，得出滩涂区 2002—2012 年土壤脱盐速度、盐分释放量、氯离子释放量、土体盐分滞留量、土体氯离子滞留量等，结果见表6-8，其中内水库涂区土壤滞留盐总量如表6-9所示。由此可知，粗放农业利用条件下围垦初期土壤脱盐速度快，盐分释放量大，土体滞留盐量高；随着滩涂区土壤开垦利用的年限增加，土壤脱盐速度减缓，土体滞留的盐量逐渐降低，土壤开垦利用 20 年后，土壤盐分含量可达到 1.01 g·kg⁻¹。因此，围垦利用 20 年后土壤基本脱盐，可适合大多数作物的生长。

表 6-8　大水库涂区 2002—2012 年 1 m 土体土壤含盐量及滞留盐总量

年份	年均含盐量 （g·kg⁻¹）	脱盐速度 （%）	盐分释放总量 （×10⁷ kg）	盐分滞留总量 （×10⁷ kg）	脱氯离子总量 （×10⁷ kg）	氯离子滞留总量 （×10⁷ kg）
2002	11.24	—	—	36.4	—	18.2
2003	8.74	22.24	8.10	28.3	4.05	14.2
2004	6.95	20.48	5.80	22.5	2.90	11.3
2005	5.91	14.96	3.37	19.1	1.68	9.6
2006	5.16	12.69	2.43	16.7	1.22	8.4
2007	4.59	11.05	1.85	14.9	0.92	7.4
2008	4.12	10.24	1.52	13.3	0.76	6.7
2009	3.72	9.71	1.30	12.1	0.65	6.0
2010	3.38	9.14	1.10	11.0	0.55	5.5
2011	3.07	9.17	1.00	9.9	0.50	5.0
2012	2.80	8.79	0.87	9.1	0.44	4.5
2022	1.01	—	0.42	3.3	0.21	1.6

表 6-9　内水库涂区 2002—2012 年 1 m 土体土壤含盐量及滞留盐总量

年份	年均含盐量 （g·kg⁻¹）	脱盐总量 （×10⁷ kg）	盐分滞留总量 （×10⁷ kg）	脱氯离子总量 （×10⁷ kg）	氯离子滞留总量 （×10⁷ kg）
2002	11.24	—	19.4	—	9.7
2003	8.74	4.32	15.1	2.16	7.6
2004	6.95	3.10	12.0	1.55	6.0
2005	5.91	1.80	10.2	0.90	5.1
2006	5.16	1.30	8.9	0.65	4.5
2007	4.59	0.99	7.9	0.49	4.0
2008	4.12	0.81	7.1	0.41	3.6
2009	3.72	0.69	6.4	0.35	3.2
2010	3.38	0.59	5.8	0.29	2.9
2011	3.07	0.54	5.3	0.27	2.7
2012	2.80	0.47	4.8	0.23	2.4
2022	1.01	0.23	1.7	0.11	0.9

四、土壤浅层地下水淡化速度预测

对周边类似滩涂区及苔山塘的土壤围垦 20 年来浅层地下水含盐量资料进行分析，其淡化趋势与 1 m 土体含盐量的变化趋势类似，符合对数函数的变化规律，即前期淡化速度相对较快，以后随着年限的延长，其淡化速度越来越慢。将以往不同年限的土壤浅层地下水含盐量用对数函数曲线进行拟合，并以滩涂区 2002 年的土壤浅层地下水含量为初始值，得到式（6-6）：

$$y = -5.215 \times \ln x + 21.779 \qquad (6-6)$$

利用式（6-6）可以计算出滩涂区以后 10 年土壤浅层地下水含盐量和地下水淡化速度。通过地下水侧渗所释放的盐量用式（6-4）进行计算，结果见表 6-10。粗放条件下滩涂区土壤开垦利用 10 年后地下水含盐量才能下降到 $10\ g \cdot L^{-1}$ 以下，20 年后地下水含盐量可下降到 $6.16\ g \cdot L^{-1}$。

表 6-10　滩涂区土壤浅层地下水淡化速度及脱盐量

年份	地下水含盐量 $(g \cdot L^{-1})$	相对上一年下降百分比（%）	相对 2002 年下降百分比（%）	脱盐量 $(\times 10^5\ kg)$
2002	19.89	—	—	7.80
2003	17.80	10.51	10.51	5.98
2004	16.05	9.83	19.31	6.29
2005	14.55	9.35	26.85	5.71
2006	13.39	8.00	32.70	5.25
2007	12.43	7.10	37.48	4.88
2008	11.63	6.47	41.53	4.56
2009	10.93	5.99	45.03	4.29
2010	10.32	5.62	48.12	4.05
2011	9.77	5.32	50.88	3.83
2012	9.27	5.09	53.38	3.64
2022	6.16	—	69.05	2.41

综上所述，一是土壤含盐量随围垦年限符合对数函数的变化规律。统计分析表明，涂黏土壤在一般农业利用方式下，其 1 m 土体的土壤含盐量随围垦年限符合对数函数的变化规律，即前期脱盐速度相对较快，以后随着围垦年限的延长，脱盐速度越来越慢。二是涂黏土壤脱盐主要通过地表径流的淋洗作用，浅层地下水的侧渗运动对土壤盐分的淋洗作用相对来说较有限。三是土壤盐分对水库水的影响有浅层地下水侧渗和地表径流。滩涂区土壤盐分对水库水的影响包括浅层含盐地下水侧渗和含盐地表径流两个途径。通过测算认为，浅层含盐地下水侧渗对水库水的影响较小，即使在围垦初期浅层地下水含盐量很高的情况下，相对于正常库容 6 000 万 m^3 来说，其影响程度为十万分之一左右。四是滩涂区含盐地表径流对水库水的影响根据滩涂区排水条件而定。在滩涂区排水系统尚未建立的情况下，含盐地表径流几乎全部流入库区，按目前滩涂区土壤含盐水平来计算，一年排入库区的盐分总量达 $6.94 \times 10^7\ kg$，如果把正常库容 6 000 万 m^3 作为一个均匀混合体来计算，可使水库水含盐水平提高 $1.16\ g \cdot L^{-1}$。可见滩涂区含盐地表径流是影响水库水淡化的最大因素，滩涂区排水系统的建立及其实际效能的发挥是控制滩涂区土壤盐分对水库水影响的关键。

第四节　土壤与地下水脱盐淡化的预测

一、开挖环库截盐沟

（一）截盐沟控盐预测

封闭式截盐沟能有效阻止高盐滩涂地和地下水脱盐过程中排出的盐分进入水库区，防止水库区水质的恶化。根据土壤和地下水脱盐速度，年排出的盐量很大。由于可能受不稳定因素的影响，若20％盐分溢出而进入库区时，截流效果仍很显著，前3年截盐达13.83×10^7 kg，Cl^-达6.93×10^7 kg；第10年截盐达0.73×10^7 kg，Cl^-达0.37×10^7 kg。10～20年内逐渐减少，第20年截盐仅0.36×10^7 kg，Cl^-仅0.18×10^7 kg。

（二）截盐沟土方工程预测

截盐沟的功能以防止水库水的盐分污染为主要目标。截盐沟总长度为39 091 m（不包括小青山沿岸的2 000 m），其中北区为13 545 m，东北区为9 318 m，东南区为5 864 m，南区为10 364 m；地下水的截流目标为埋深2.0 m以上的浅层地下水，因此，沟深平均为2.0 m，结合自然坡降，头尾深度适当调整，使沟内盐水顺利排出；沟的边坡比采用1∶1；沟底宽与沟面宽，按以下2个方案测算：

方案1：沟底宽5 m，沟面宽9～10 m，须挖土方60万 m^3，能满足24 h内降雨30 mm的贮泄要求。

方案2：沟底宽8 m，沟面宽12～13 m，须挖土方82万 m^3，能满足24 h内降雨50 mm的贮泄要求（表6-11和图6-2）。

表6-11　截盐沟土方工程预测（×10^4 m^3）

方案	总土方量	北区	东北区	东南区	南区
1	60	20.4	14.1	8.9	15.6
2	82	28.5	19.5	12.2	21.8

截盐沟离水库水边20 m处开挖，20 m宽的沿库大堤可作为防护林大堤。沟土向大堤堆积，方案1可平均抬高堤面0.7 m，方案2可平均抬高堤面1.0 m，堤面以5°角左右向截流沟倾斜。

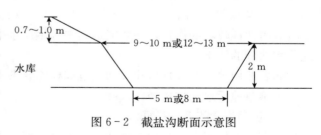

图6-2　截盐沟断面示意图

（三）截盐沟中盐水的排泄方法

如果北区与东北区之间筑堤贮水，则两区的截盐沟可沿堤筑土沟或装大口径塑管相通，两沟盐水合并在二期堵坝西北侧由单独排盐闸向外海排出，或在闸口附近筑贮水池，通过翻坝强制性向外海排盐。

如果东南区与南区之间造桥相通，两沟之间可用大口径塑管相通，合并在二期堵坝东南侧由单独排盐闸向外海排出，或在闸口附近筑贮水池，翻堤向外海排出。

二、土壤和地下水脱盐的农艺与工程措施

(一)农艺与工程措施对垦区加速脱盐的效果

根据"漩门二期"定位观测的结果,结合台州地区滩涂地利用过程中的脱盐趋势及以往垦种试验的观测情况进行综合分析。农艺与田间工程措施的质量,对加速涂黏土壤脱盐效果是十分明显的,但对浅层地下水淡化速度要小于土壤淡化速度。一般 3 年内优质农艺与工程措施的脱盐率要比粗放利用情况下增加 20 个百分点左右,7~10 年增加 10 个百分点左右,10~20 年增加 5 个百分点左右(表 6 - 12)。对农业利用来说优质农艺与工程措施实施 3 年以后作物基本不会发生盐害,加快土体脱盐的同时,可以降低滩涂区地表径流中氯离子的浓度。据测算,滩涂地表径流的氯离子浓度,不考虑季节性变化,按全年平均计算,粗放利用时第 11 年才达三类水标准,优质农艺与工程措施仅 7 年就能达到三类水标准。如果考虑开发利用时农田基建需要 1~2 年实施时间,同时地下水侧渗的盐量与地表水汇合进入库区,实际上前者需要 15 年,后者需要 10 年。

表 6 - 12 不同措施土壤与地下水脱盐程度的预测

年数	1 m 土体脱盐(%)		浅层地下水脱盐(%)	
	粗放利用	优质农艺与工程措施	粗放利用	优质农艺与工程措施
3	45	65	20	30
10	70	80	50	55
20	90	95	70	75

(二)农艺措施的要求

滩涂地的垦种利用,按水盐相随运动的动态规律,浙江的经验是采用改造与利用相结合的原则,一边改造一边利用,相互促进。因此,当滩涂地围成并脱离海水影响后,即可对滩涂地开展初步平整,进行深翻耕,利用风、雨、冷、热加速旱地上层土壤脱盐。黏质涂地,当上层(0~40 cm)土体全盐含量在 5~6 g·kg^{-1}时,就可利用雨季播种田菁等耐盐绿肥,秋季翻入土中,改良土壤;当上层土体全盐含量在 4 g·kg^{-1}左右时,可种大麦或棉花等耐盐作物;当上层土体全盐含量在 3 g·kg^{-1}以下时,种植经济价值较高的粮、果、蔬等耐盐性较弱的作物,一般能达到中等生产水平,并且反复耕作管理也可加速土壤和地下水盐分的排出。

对非农业用地,在规划后建设前,也同样需要平整、翻耕和播种耐盐作物,以利整个滩涂区土壤与地下水的加速淡化。

(三)农田基建的合理布局

如要有效地加速土壤和地下水盐分的排泄,就需加深各级排沟的深度,并增加排沟的密度,把常用的浅密型排水系统改为深密型排水系统。

假设截盐沟距为 1 000 m,中间为主道路。当用二级排水体系时(不包括截盐沟):

方案 1:支排长 500 m,平均深 1.0 m,间距 125 m;条田宽 25 m;毛排间距 50 m,平均深 0.6 m;畦沟平均深 0.4 m。

方案 2:支排长 500 m,平均深 1.5 m,间距 250 m;条田宽 25 m;毛排间距 50 m,

平均深1.0 m；畦沟平均深0.4 m（图6-3）。

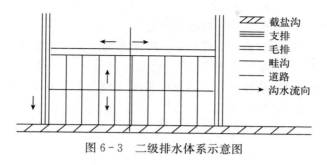

图6-3　二级排水体系示意图

如按三级排水系统（不包括截盐沟），干排长500 m，平均深1.5 m，间距500 m；支排深1.0 m，间距100 m；毛排间距50 m，平均深0.6 m；条田宽25 m；畦沟平均深0.4 m（图6-4）。

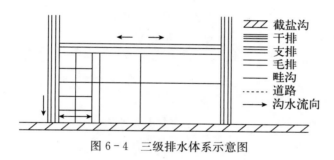

图6-4　三级排水体系示意图

边坡比：干、支沟的边坡比为1：0.8；毛、畦沟边坡比为1：0.6。

干、支、毛排的间距，根据地形与施工实际情况可以适当调整，只需保证沟内排水畅通；条田宽度25 m保持不变，当向两方向排水时，实际大条田宽度为50 m。

综上所述，通过"漩门二期"滩涂区专题研究，得出以下结论：一是探明了滩涂区土壤和地下水的含盐量和含氯量变化规律。$0\sim1$ m土体土壤盐分含量为11.24 g·kg^{-1}，土壤含氯离子5.62 g·kg^{-1}；$0\sim2$ m土体土壤盐分含量为14.07 g·kg^{-1}，土壤含氯离子7.04 g·kg^{-1}。3.2万亩滩涂区1 m土体盐分总量为3.64×10^8 kg，氯离子总量达到1.82×10^8 kg。地下水埋深处于$0.1\sim0.6$ m，1.5 m深处地下水盐分含量为19.89 g·L^{-1}，含氯离子11.05 g·L^{-1}。二是利用动态模拟方法分析预测了土壤脱盐和淡化速度。"漩门二期"滩涂区土壤盐分含量（y）与开垦利用年限（x）的关系符合：$y=-2.579\ln x+8.739$；地下水盐分含量（y）与开垦利用年限（x）的关系符合：$y=-5.215\ln x+21.779$。通过预测，本滩涂区粗放利用条件下前3年1 m土体土壤盐分含量为$6.95\sim11.24$ g·kg^{-1}，土体年脱盐量$3.37\times10^7\sim8.10\times10^7$ kg，地下水含盐量$16.05\sim19.89$ g·L^{-1}，其年脱盐量$5.98\times10^5\sim7.80\times10^5$ kg；20年后1 m土体土壤盐分含量可下降到1.01 g·kg^{-1}，土体年释放盐量为0.42×10^7 kg，地下水盐分含量下降到6.16 g·L^{-1}，年释放盐量为2.41×10^5 kg。三是采取工程措施以淡化滩涂区土壤和地下水。为了充分利用水库水资源，必须尽快采取工程措施，对"漩门二期"滩涂区提出加快土壤脱盐的工程措施。首先，挖环库截盐沟，避免滩涂区含盐地下水和地表径流流入水库。其次，采用农艺与工程措施，加速土壤和地下水脱盐，使滩涂区土壤和地下水尽快达到淡化，从而减少滩涂区土壤和地下水盐分对水库水质的影响。四是通过加速土壤脱盐优质措施的实施，10 年后土壤盐分可以下降到 $2\ \mathrm{g\cdot kg^{-1}}$ 以下，本滩涂区的北片能够种植一般作物和名特优果树。如果采取客土种植、深密型排水系统和合理肥水管理，新围垦滩涂区 5～7 年后可以种植名优特经济作物。五是南片采用深密型排水系统，加速土壤脱盐淡化。建议以工业用地为主的南片，也采用深密型排水系统，并建设截盐沟避免盐分排入水库。

第七章
盐渍土改良的原理与实践

盐渍土主要分布在干旱或半干旱地区，全球约有 7％ 的土地受到高盐度的影响。大部分土地盐渍化是由水和（或）土壤中的 Na^+、K^+、Ca^{2+}、Mg^{2+} 和 Cl^- 含量较高引起的。盐渍化可由自然过程（即原生盐渍化）或人类活动（即次生盐渍化）引起。自然产生的盐分来自矿物（如石灰和石膏）的风化和含盐地下水的长期连续排放。除了矿物风化作用外，盐分还可以通过大气沉降作用进入土壤中。人类活动，比如灌溉，经常改变当地的水流模式。灌溉还会向农业土壤中增加可溶性盐，尤其在干旱和半干旱环境中，因为蒸发量高，同时水分不足，无法从表层土壤和根区中淋洗出可溶性盐。灌溉水质差、可溶性盐含量升高以及土壤排水或渗透性差也可能导致盐分在表层土壤积累。当地下水含盐时，通过高蒸散后土壤中的毛细管水运输以及盐沉淀作用，种植浅根作物的旱地地下水位也会上升，并将溶解的盐分带到根区或土壤表面。

第一节　盐渍化对土壤-作物系统的影响

一、盐度对土壤-作物系统的影响

土壤饱和浸提液的电导率（EC_e）和植物生长的一般关系：低盐度（$EC_e \leq 2\ dS \cdot m^{-1}$），盐度对植物生长的影响几乎可以忽略；中等盐度（$EC_e\ 2 \sim 4\ dS \cdot m^{-1}$），非常敏感作物的产量可能受到限制；高盐度（$EC_e\ 4 \sim 8\ dS \cdot m^{-1}$），许多作物的产量受到限制；过度盐度（$EC_e\ 8 \sim 16\ dS \cdot m^{-1}$），只有耐盐作物表现出令人满意的产量；非常过度盐度（$EC_e > 16\ dS \cdot m^{-1}$），只有少数耐盐作物表现出令人满意的产量。

当植物受盐度影响较大时，会破坏根系对水分的吸收并干扰竞争性养分的吸收。盐分会破坏土壤结构，导致土壤分散、侵蚀和内涝。盐度会降低旱地农业的植物有效水分（plant available water content，PAWC）和根深。盐度对植物生长的影响机制包括渗透效应、离子毒害、专性离子颉颃作用、气孔关闭、碱化的物理效应和有机氮矿化等方面。

（一）渗透效应

渗透效应（osmotic effects）是指随着盐分在土壤中累积，土壤溶液的渗透压增加，可溶性盐降低了土壤水的渗透势，可供植物吸收的水量减少，使根系更难从土壤中获取水分。当土壤溶液中的盐浓度超过植物根区内的盐浓度时，会导致水从根区移出，植物可能会严重脱水。即使土壤不干燥，植物也表现出生长不良和枯萎。对于一年生作物，渗透势降低会导致更频繁的萎蔫且对土壤剖面的水分吸收减少。

（二）离子毒害

某些离子（包括 Na^+、Cl^-、$H_3BO_4^-$ 和 HCO_3^-）对许多植物都有毒，盐渍土会加剧植物细胞内离子（钠和氯）的有毒积累，由于渗透压降低和毒性积累而阻碍重要的生理过程，影响根系生长，从而限制作物的生长并降低产量。

（三）专性离子颉颃作用

某些离子对其他离子或元素的吸收具有颉颃作用（antagonistic effect）。除了特定的毒性作用外，高水平的 Na^+ 还会导致其他阳离子的吸收和利用失衡。例如，Na^+ 在穿过细胞膜的运输过程中与必需的营养离子 K^+ 竞争，使得植物难以从盐渍土中获得所需的 K^+。充足的 Ca^{2+} 有助于植物排斥 Na^+ 和促进对 K^+ 的吸收。表 7 - 1 显示了在盐土中可能发生的颉颃作用。

表 7 - 1　离子的颉颃作用

植物细胞中积累的离子	被抑制进入植物的离子
Ca^{2+}	K^+
Na^+	Zn^{2+}
Cl^-	NO_3^-
SO_4^{2-}	PO_4^{3-}

（四）气孔关闭

气孔关闭（stomatal closure）降低了叶片中的 CO_2 与 O_2 的比率，并抑制了 CO_2 的固定，从而降低了叶片伸长、扩大和细胞分裂的速率，从而抑制植物生长。

（五）碱化的物理效应

物理性状的恶化也会限制植物在盐渍土中生长。盐渍土引起的胶体分散可能至少以两种方式伤害植物：一是由于土壤结构的破坏和空气运动的限制，氧气变得不足；二是由于过低的入渗率和渗透率，植物-土壤水分关系很差。

（六）有机氮矿化

盐分造成土壤中有机氮的缓慢矿化，有机氮的矿化速率变小。

土壤盐度对植物生长的影响往往是多个机制共同作用的。如高盐度会通过降低植物的水分利用率，或高盐土壤条件下根区专性离子（如氯、钠或硼）产生毒害作用，而对作物生长造成不利影响。土壤中高可溶性盐的存在限制了植物对周围土壤中水分的吸收。盐渍化土壤颗粒具有较强的持水性，使植物根系无法利用土壤毛细管水。由于高渗透力，植物需要额外的或更多的能量从盐渍土中吸取水分。因此，即使土壤含水量较高，非耐盐植物也会表现出干旱症状（如萎蔫或落叶）。当土壤含水量为 27%，土壤盐度 EC_e 为 30 dS·m^{-1} 时，植物将处于萎蔫点。随着灌溉后植物对水的吸收越来越困难，土壤溶液的盐分将增加。这一过程在具有高蒸散量的环境中变得尤为重要。当盐分在土壤中积累到一定程度时，植物的生理过程将受到不利影响。如土壤中盐分的积累导致作物种类从小麦和大麦转变为只有大麦，直到土地被撂荒。

土壤盐分对作物生长或产量的影响也取决于土壤类型、气候和灌溉因素。与砂土相比，黏土中会积累更多包括钠在内的盐，这是因为黏土固有的较低淋失率和较大裸露土壤表面。随着灌溉水盐分的增加，可利用水量随之减少。饲料玉米的产量在土壤 EC_e 从 $3\ dS \cdot m^{-1}$ 增加到 $10\ dS \cdot m^{-1}$ 时下降了 50%，在土壤 EC_e 增加到 $16\ dS \cdot m^{-1}$ 时绝产。但是，不同的作物种类或品种在耐盐性方面存在显著差异。当钠离子取代钙离子时，植物组织中钠的高积累可能导致细胞膜损伤、蛋白质合成减少和激素活性改变，从而对水分和养分的吸收产生不利影响。叶片组织中高浓度的氯也可能导致叶片脱水。

盐生植物是生长在高盐度环境中的植物物种，种类相对较少，其中藜科植物占优势。最常见的盐生植物包括互花米草（*Spartina alterniflora*）、盐草（*Distichlis spicata*）、大滨藜（*Atriplex lentiformis*）和北美盐角草（*Salicornia bigelovii*），可以使用原始海水灌溉来培育北美盐角草。耐盐物种具有适应高盐环境的特殊生理机制，如盐分排斥、植物体内盐分转运（如从敏感芽到老叶或根）、细胞渗透调节（如通过增加水分吸收而稀释）、细胞内盐分隔（如在细胞间的空间中积累）或盐排泄（如通过盐腺），从而能够适应土壤和水中的高盐浓度。

二、碱化度对土壤和植物生长的影响

土壤碱化度对土壤结构有很大影响。在碱土上，高的碱化度和低的总含盐量共同作用分散了土壤颗粒，使碱土的耕性变差。这些土壤在湿润时很黏、光滑，几乎不透水，黏土颗粒强烈膨胀，彼此分离，发生分散，导致土壤表面结壳和植物种子出苗不良；当土壤干燥时，土壤变得密实、坚硬、成块、结皮，形成棕黑色的致密层（硬皮），使水和植物根系无法透过。此外，当表层土壤被侵蚀而碱化底土暴露于地表时，会发生植物灼伤，降低植物的有效水分，增强土壤易蚀性。

土壤碱化度对植物生长的影响主要有以下几方面：一是对钠敏感植物的特异性毒性；二是过量交换性钠引起的钙缺乏或营养失衡；三是高 pH；四是土壤颗粒分散，导致土壤物理条件变差。例如，在碱土（碱化度高）上，植物通常叶片边缘表现出组织灼烧或干燥，并向叶脉发展，植物生长和发育迟缓。作物对土壤碱化度的耐受能力不同，如果土壤碱化度过高，则所有作物都会受到影响。

第二节　作物对土壤盐分的响应

土壤盐分过高会降低许多作物的产量。根据作物类型和土壤盐度的严重程度，影响从轻微的产量损失到绝收不等。尽管多种处理和管理方法都可以降低土壤中的盐分含量，但在某些情况下，要达到理想的低盐度水平是不可能的，或者成本太高。在某些情况下，唯一可行的选择是种植耐盐作物。

一、影响作物耐盐性的因素

植物对土壤盐分的耐受性并不是每个物种或品种的固定特征，而是随生长期和环境条件而变化。影响作物耐盐性的因素主要有以下几方面。

（一）耐盐性的品种差异

不同作物耐盐性是不同的，如果盐分水平足够高（大于 16 dS·m^{-1}），则只有耐盐植物才能生存。一些植物的相对耐盐性如表 7-2 所示。有些作物对盐分的敏感性比其他作物高，如菜豆、马铃薯、番茄、洋葱、胡萝卜等大田作物和草莓、苹果、杏、桃、梨等特种水果对盐分特别敏感；大豆、玉米和水稻是中度敏感的；高粱、小麦、大豆和大麦（牧草）对盐分具有中度耐盐（EC$_e$ 约 8 dS·m^{-1}），但是一些小麦品种在灌溉盐度为 14 dS·m^{-1} 时也可以获得合理的产量；棉花、冠状小麦草、高小麦草等非常耐盐，能够在交换性钠含量高于 50% 的土壤上生长。表 7-3 列出了一年生大田作物和饲料作物的相对耐盐性。

表 7-2 一些植物的相对耐盐性（EC$_e$）

耐盐（≥12 dS·m^{-1}）	中度耐盐（8~12 dS·m^{-1}）	中度敏感（4~8 dS·m^{-1}）	敏感（2~4 dS·m^{-1}）
碱草	桦木（白）	苜蓿	桤木
碱性鼠尾粟	芦苇	侧柏	扁桃
大麦（谷物）	山杨	黄杨木	苹果
披穗草	大麦（牧草）	蚕豆	杏
狗牙根	甜菜	卷心菜	杜鹃
叶子花	黑樱桃	芹菜	山毛榉
日本黄杨木	西兰花	三叶草	菜豆
油菜	雀麦草	草莓	白桦
棉花	雪松（红）	玉米	黑莓
椰枣	豇豆	黄瓜	胡萝卜
银胶菊	榆	双穗雀稗	山茱萸
洋麻	高羊茅	葡萄	美国榆树
橡树（红和白）	金银花	山核桃（糙皮）	铁杉
夹竹桃	八仙花	生菜	芙蓉
橄榄	杜松	洋槐（黑）	落叶松
伏地胶	羽衣甘蓝	枫树（红）	菩提树
红草	刺槐	豌豆	枫树（甜和红）
扁穗雀麦	燕麦	花生	洋葱
迷迭香	鸭茅	小萝卜	柑橘
黑麦（谷物）	石榴	水稻	桃
盐草（沙漠）	黑麦草（多年生）	大豆	梨
甜菜	红花	南瓜	松树（白和红）
柽柳	高粱	甘蔗	菠萝
小麦草（鸡冠鹅观草）	黄豆	甘薯	马铃薯

（续）

耐盐（≥12 dS·m⁻¹）	中度耐盐（8～12 dS·m⁻¹）	中度敏感（4～8 dS·m⁻¹）	敏感（2～4 dS·m⁻¹）
野黑麦（俄国）	西葫芦	扁穗牛鞭草	覆盆子
柳树	苏丹草	萝卜	玫瑰
	小麦	野豌豆	星茉莉
	四棱豆	荚蒾	番茄

表 7-3 一年生大田作物和饲料作物的相对耐盐性

电导率（dS·m⁻¹）	大田作物	饲料作物
0～4（非盐至微盐）	大豆、田豆、蚕豆、豌豆、玉米	红三叶、紫苜蓿、扁穗牛鞭草
4～8（中盐）	油菜、亚麻、芥末、小麦、燕麦	芦苇、草甸羊茅、麦穗草、苜蓿、草木樨
8～16（重盐）	大麦可能会生长	黑麦草、盐草

（二）生长阶段

植物生长阶段也与耐盐性有关。在出苗和幼苗早期，植物通常对盐最敏感。耐性通常随着植物的生长而提高。耐盐性值仅适用于从幼苗后期到成熟的植物快速生长时期。尽管某些植物在种子萌发期间以及后期的生长阶段似乎都能耐受盐分。通常，这不是作物在发芽过程中特别敏感的结果，而是由种植种子的浅表区域中盐分异常高引起的。这些高盐浓度是由于向上运动的水分在土壤表面附近蒸发而留下的盐分所致。与其他任何生长阶段相比，大多数植物发芽期间对盐分敏感。但是，发芽种子对盐分敏感性的变化很大。与苜蓿和大麦相比，豆类和甜菜在发芽时对盐分更敏感。大麦、小麦和玉米的耐受性模式与水稻几乎相同。另外，大豆的耐盐性则可能因发芽品种的不同而在发芽和成熟之间增加或降低。

（三）环境因素

气候条件极大地影响植物对盐分的响应。通常，作物在寒冷潮湿的环境比在炎热干燥的环境表现出更大的耐盐性。随着盐度增加，水稻在旱季的产量减少比在雨季要多得多。这是因为干燥的气候会加速蒸发，使盐分积聚在地表。另外，植物更高的蒸腾损失降低了植物的水分含量，阻碍了植物生长。

（四）砧木和耐盐性

大多数水果作物对盐分的敏感性高于粮食、牧草或蔬菜作物，如葡萄、柑橘、核果、浆果和鳄梨对盐度都比较敏感。但是，某些核果类、柑橘类和鳄梨类砧木吸收与运输钠离子和氯离子的能力不同，因此具有不同的耐盐性。

（五）土壤水分

随着土壤水分的减少，盐分的浓度随之增加。因此，土壤水分会影响植物的定植和生长。

（六）土壤类型

对于给定的盐分含量，黏土中的土壤水势比砂土的水势高。因此，与黏土相比，植物可以很容易地从砂土中吸收水分。

二、盐分导致作物减产

高于阈值水平的任何给定土壤盐度（EC）的作物相对产量（Y_r，以百分比表示）计算见式（7-1）：

$$Y_r = \frac{EC_0 - EC_e}{EC_0 - EC_{100}} \times 100\% \qquad (7-1)$$

式中，Y_r 指相对产量，%；EC_0 指零产量时土壤的电导率，$dS \cdot m^{-1}$；EC_e 指土壤饱和浸提液的电导率，$dS \cdot m^{-1}$；EC_{100} 指盐度阈值水平，达到该阈值时作物产量开始下降。

作物实际产量见式（7-2）：

$$Y_{act} = Y_r \times Y_p \qquad (7-2)$$

式中，Y_p 是非盐条件下的潜在产量。可以根据式（7-1）建立分段线性模型：

$$Y_r = 100, \quad 0 < EC_e < EC_t \qquad (7-3a)$$

$$Y_r = S(EC_e - EC_t), \quad EC_t < EC_e < EC_0 \qquad (7-3b)$$

式中，Y_r 指相对产量，%；EC_e 指田间土壤饱和浸提液的盐度，$dS \cdot m^{-1}$；EC_t 指产量开始下降的土壤阈值盐度水平（100%潜在产量的最大 EC_e 值），$dS \cdot m^{-1}$；EC_0 指产量为零的土壤盐度水平，$dS \cdot m^{-1}$；S 指 EC_t 和 EC_0 之间响应函数的斜率（图7-1）。

在盐分水平较低的情况下，大多数作物的产量不会受到明显影响的电导率为 $0 \sim 2\ dS \cdot m^{-1}$。通常，电导率为 $2 \sim 4\ dS \cdot m^{-1}$ 的水平会影响某些作物（稍耐）；电导率为 $4 \sim 5\ dS \cdot m^{-1}$ 的水平会影响许多作物（中等耐性），而电导率高于 $8\ dS \cdot m^{-1}$ 的水平会影响除非常耐盐作物之外的作物。

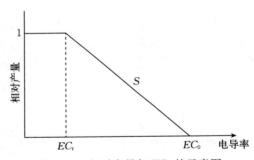

图7-1　相对产量与 EC_e 的示意图

实例7.1

在盐土地区，小麦生长期的 EC_e 值为 $7.0\ dS \cdot m^{-1}$。如果小麦品种能够在 EC_e 高达 $4\ dS \cdot m^{-1}$ 时保持潜在产量，并且 $EC_e > 22\ dS \cdot m^{-1}$ 时产量为零，估算由于盐度导致的减产。

解： 已知 $EC_e = 7\ dS \cdot m^{-1}$，$EC_0 = 22\ dS \cdot m^{-1}$，$EC_{100} = 4\ dS \cdot m^{-1}$；代入得到相对产量，$Y_r = (EC_0 - EC_e)/(EC_0 - EC_{100}) \times 100\% = (22-7)/(22-4) \times 100\% = 83.33\%$。

产量降低 $= (100 - 83.33)\% = 16.67\%$

实例7.2

估算在饱和土壤 EC（EC_e）$= 10\ dS \cdot m^{-1}$，水稻在低于临界盐度水平下生长良好，高于该临界水平（$EC_t = 6\ dS \cdot m^{-1}$）时减产，产量为零时的盐度水平 $= 20\ dS \cdot m^{-1}$，在非盐条件下的潜在产量＝5.0 t·hm^{-2}。

解：已知 $EC_e=10$ dS·m^{-1}，$EC_0=20$ dS·m^{-1}，$EC_{100}=6$ dS·m^{-1}。相对产量，$Y_r=(EC_0-EC_e)/(EC_0-EC_{100})\times100\%=(20-10)/(20-6)\times100\%=71.42\%$

因此，$Y_{act}=Y_r\times Y_p=0.7142\times5=3.57$ t·hm^{-2}。

第三节　盐渍土改良原理

为提高土壤生产力、土壤化学和物理性质的修复被称为土壤改良（soil reclamation）。盐渍土广泛存在于各种水文地质、地理条件、土壤类型、降雨和灌溉制度及社会经济条件下。因此，单一技术或系统不适用于所有区域和条件，可能需要采取多种措施，并整合为一个集成系统（integrated system）。该系统在主要的生产限制条件和土壤类型下可以发挥作用，从而在可持续的基础上实现经济收益。

一、盐土的改良

盐土的管理策略主要基于以下原则：
- 减少含盐地下水的毛细管上升。
- 增加淡水（主要是雨水）的向下运动以冲走盐分。
- 控制咸水入侵。
- 通过适当调整作物种植时间来避开高盐分时期。
- 引入能适应高盐分水平的作物品种。

盐土的改良在很大程度上取决于有效排水的提供和优质灌溉水的可用性，以便盐分可从土壤中淋出。在没有灌溉水的地区，例如在非灌溉的干旱区的盐渗地段，盐分的淋洗可能不可行。在这些地区，可通过种植深根植被来降低地下水位，以减少盐分的向上运移。如果自然土壤排水不足以淋洗，则必须安装人工排水网络（artificial drainage network）。可能需要间歇灌溉过量的灌溉水，以有效地将盐含量降低到期望水平。

盐土可以采用以下方法来改善盐分效应：去除表面结皮/刮除表面盐分，采取水利工程如盐分淋洗、排水、人工补给，灌溉和水管理，化学方法（施用改良剂），物理方法（如掺沙）延缓咸水的入侵，生物降盐如种植一年生作物和牧草，其他避免盐分的管理如覆盖/作物残茬还田、适当/妥善调整施肥，开发耐盐作物等。

（一）淋洗

从盐土中去除多余盐分所需的水量，称为淋洗需水量（leaching requirement，LR），由种植作物的类型、灌溉水质和土壤性质决定。淋洗指施加足够的水，以充分淋洗出土壤中多余的盐分，主要是在作物生长期的关键时间（作物的盐敏感阶段），需要种植者拥有高质量的水。有两种情况可以使用这种方法来管理盐土：一是淋洗需水量法，即通过施加比植物所需更多的水将盐分移到根区以下；二是淋洗加人工排水，在浅层地下水位限制淋洗的情况下，将淋洗需水量法与人工排水相结合。为了正确处理盐度问题，灌溉者应同时监测土壤和灌溉水的盐度。对于淋洗，应按顺序加水，每次加水后都要排干土壤。淋洗所需的水量随初始盐水平、所需盐水平、灌溉水盐度以及水的使用方式而变化。

在相对均匀的盐度条件下，淋洗需水量的近似值是灌溉水的盐度（表示为 EC_{iw}）与待种作物的土壤溶液的最大可接受盐度的比值（表示为 EC_{dw}）：

$$LR = EC_{iw}/EC_{dw} \qquad (7-4)$$

式中，LR 表示完全湿润土壤和满足作物蒸散需求所需后多余的水量。如果 EC_{iw} 较高，并且选择了对盐敏感的作物（EC_{dw} 较低），则会导致非常大的淋洗需水量。通过土壤淋洗的排水处理可能是一个主要问题。因此，通常需要采取一定的技术使 LR 和需要处理的排水量均最小化。

穿过根区灌溉用水的分数称为淋洗分数（leaching fraction，LF），淋洗分数表示为超出作物需水量与洗出盐所需额外水的百分比：

$$LF = D_d/D_i \qquad (7-5)$$

式中，D_d 指排水深度，cm；D_i 指渗水或灌溉水深度，cm。

淋洗需水量是淋洗作物根区下方的盐所需的绝对水量（深度）。但实际上，它表示为作物净灌溉需求（或 ET）的一部分。基于淋洗目标的总灌溉深度方程的推导，根据盐分的质量平衡原理可以写成

$$V_1C_1 = V_2C_2 = \cdots \qquad (7-6)$$

式中，V_1、V_2 分别是状态 1 和状态 2 的含盐溶液（水）的体积，C_1、C_2 分别是溶液中盐的浓度。

对于固定的表面积，式（7-6）可以写成式（7-7）：

$$\frac{V_1}{V_2} = \frac{C_1}{C_2} \qquad (7-7)$$

出于淋洗目的，总（或毛）灌溉深度（AW）由净灌溉量 D_i（或蒸发蒸腾需水量 ET）加上排水量或淋洗量 D_d 组成。也就是说，$AW = ET$（或 D_i）$+ D_d$ 或 $D_d = AW - D_i$。因此，式（7-5）可以改写为：

$LF = D_d/D_i = (AW - D_i)/D_i = AW/D_i - 1$，或 $AW/D_i = 1 + LF$，

或 $AW = D_i(1 + LF) = ET(1 + LF)$ $\qquad (7-8)$

考虑到田间灌溉效率 E_f，式（7-8）变为：

$$AW = ET(1 + LF)/E_f \qquad (7-9)$$

该方程更直接、通用，可用于计算总灌溉深度（或作物需水和用于淋洗的水）。出于实际目的，净灌溉需求或 ET 需求被计算为使根区土壤达到田间生产能力所需的水量。

用于计算特定季节或特定时期总水深的方程见式（7-10）：

$$AW = ET/(1 - LR) \qquad (7-10)$$

式中，AW 指灌溉深度，cm/季；ET 指作物总需水量，cm/季；LR 指淋洗需水量，表示为份数。

淋洗分数可基于式（7-11）计算施用水的盐度：

$$LF = \frac{EC_w}{5EC_t - EC_w} \qquad (7-11)$$

式中，EC_w 是所用灌溉水的盐度，EC_t 是阈值盐度（作物可耐受的平均土壤盐度）。

可以使用式（7-12）计算喷灌灌溉的淋洗分数：

$$LF = \frac{EC_w}{2 \times EC_{max}} \times 100\% \qquad (7-12)$$

式中，EC_{max} 表示根区最大土壤 EC。通常，根据土壤盐分和灌溉水盐分的程度，可以使用 $10\% \sim 20\%$ 的淋洗分数。

淋洗方法的考虑：一是在有多种质量不同的水源情况下，需考虑给定作物在关键盐分胁迫时期的计划淋洗事件。大多数作物在发芽和幼苗期对盐分胁迫高度敏感。一旦作物过了这些阶段，通常在较高盐度条件下也可以耐受并生长良好。计划的定期淋洗事件可能包括收获后灌溉（post-harvest irrigation），以将盐分淋洗至根区以下，为下个春季的土壤（尤其是苗床/表层区域）做好准备。秋季是进行有计划的大型淋洗活动的最佳时间，因为养分物质已被作物吸收。但是，在制定淋洗计划之前，需检查给定田地的土壤、地下水、排水和灌溉系统的状况。二是应用淋洗分数应与土壤低含氮量和残留农药的时期一致。三是地面灌溉应将淋洗需水量与灌溉效率的测量值进行比较，以确定是否需要额外的灌溉。为满足淋洗需水量增加更多的水会降低灌溉效率，并可能导致营养物质或农药的损失以及土壤中盐分的进一步溶解。

1. 无排水限制　渗透水的深度可以表示为平均渗透率（I_f，cm·d^{-1}）和灌溉时间（t_i）的乘积：

$$D_i = I_f \times t_i \qquad (7-13)$$

将式（7-13）代入式（7-8）转化为：

$$LF = \frac{AW}{I_f \times t_i} - 1 \qquad (7-14)$$

2. 内排水（internal drainage）**受到限制**　假定内排水受到田间条件的限制，如果灌溉周期 t_c（d）的平均排水率为 R_d（cm·d^{-1}），则 LF 可以表示为：

$$LF = \frac{D_d}{D_i} = \frac{R_d \times t_c}{ET + R_d \times t_c} \qquad (7-15)$$

式中，ET 指灌溉周期的蒸散量，cm。

3. 排水方式　如果底土是可渗透的，自然排水就足够了。否则，可能需要排水系统，例如地面排水、地下排水、鼠道排水、竖井排水。

地面排水：地面有沟渠，以便多余的水在进入土壤之前流走。

地下排水：为了将地下水位控制在一定深度（作物生长的安全位置），在地面以下安装深沟渠或暗管、带孔的塑料管排水。

鼠道排水（mole drainage）：将留在子弹形装置上的浅槽拉到整个土壤中，可用作连接到主排水系统的辅助排水系统。

竖井排水（vertical drainage）：在深层具有足够的导水率时，从管井中抽出多余的水。

排水系统的深度和间距应基于土壤类型（底土层）和当地经济考虑。

通过补给井可以将雨水人工补给含水层，含水层水的盐度将降低并达到可接受的范围。在平坦的地形中，浅层（$20 \sim 60$ cm 深度的第一层含水层）存在导水性良好的含水层，带管井的补给结构通常比地表蓄水更好。在具有良好透过率和水力传导度的含水层地区，回灌井比从渗滤池或淤地坝逐渐渗水能更快地改善水质和可用性。图 7-2 中补给井的设计结构类似于排水井（抽水井）。

利用农场的池塘或管道收集雨水。当土壤盐分高且没有淡水源时，可以在开挖的农场池塘或管道中收集雨水以种植旱季作物。土地面积与池塘面积之比为 20：1 时，足以在盐渍土地区种植需水量低的旱地作物（水稻除外）。

管理灌溉土壤的淋洗需水量法只是一种近似方法，有以下缺点：第一，在某些情况下，可能需要额外的淋洗，以降低特定元素（如硼）的过量浓度。第二，LR 本身没有考虑到可能因淋洗增加而导致的地下水位上升，因此

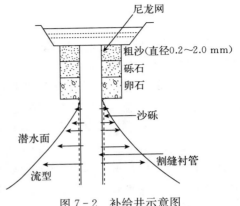

图 7-2 补给井示意图

可能导致涝渍，最终导致盐渍化加剧。第三，使用简单的 LR 方法进行灌溉通常会供水过量，因为整个田块的排水量是以含盐量最大的点不受盐害来估算的。第四，LR 方法没有考虑到已存在于土壤和基质中的盐分。第五，它假设排水的 EC 是已知的，但事实上在很大程度上是未知的，因为灌溉用水可能需要几年甚至几十年才能到达主排水沟。换句话说，当下采样的排水可能代表几个月或几年前的淋洗状况。

另一种方法是通过使用 EM 传感器或四电极方法在整个现场进行重复测定来密切监测土壤剖面中的盐度。然后，根据观测到的盐度剖面（salinity profile）类型来判断淋洗的充分性和水分运动的主要方向。这种方法更复杂，如果能因地制宜使用，似乎有望在灌溉条件下更有效地管理和改良盐渍化土壤。

（二）化学措施（盐土改良）

盐土改良的化学措施包括施化学改良剂和矿物肥料。盐土（saline soils）以中性可溶性盐为主导，在高盐度下氯化钠占主导地位，钙和镁的含量足以满足植物生长的需求。由于氯化钠通常是主要的可溶性盐，因此盐渍化土壤溶液的 SAR 也很高。化学改良剂可中和交换性钠和碳酸钠，通常使用石膏、硫和硫酸。在盐分过多的土壤中，腐殖酸可以固定阴离子和阳离子，并从植物的根区清除它们。

（三）灌溉和水管理

水管理是盐分管理成功的关键。使用滴灌或喷灌进行频繁的少量浇水，有助于淋洗出更多的盐分，而又不会造成过多的深层排水，从而导致地下水位过高。灌溉管理对盐渍土养分也有影响。灌溉技术对盐土盐分运移和植物生长的影响（彩图 9）如下。

1. 灌溉时间 灌溉时间对盐土改良非常重要，尤其是在作物生长季的早期。大多数作物在发芽期间或幼苗早期对盐分特别敏感。因此，灌溉应在种植之前或之后立即进行，以将盐分向下运移并远离幼苗根部。在作物敏感的早期生长阶段灌溉高质量的水来保持根区的低盐度，然后随着作物变得更耐盐而改用低质量的水。旱季应使用优质水，以填充根区并从 15～30 cm 的表层土壤中淋洗盐分。

2. 灌溉频率 在较高频率的灌溉条件下（较短的灌溉间隔），盐分能有效地从土壤剖面中淋洗出来。在两次灌溉之间保持较高的土壤水分含量可以有效地稀释根区的盐分含量，从而降低盐分危害。大多数地面灌溉系统（surface irrigation systems）如漫灌

或沟灌系统不能控制盐分时，每次灌水量应少于 7～10 cm，因此通常不适合这种盐度控制方法。

3. 喷滴灌　喷灌或滴灌系统可以将盐分从植物根部驱离。在滴灌系统中，滴头的合理配置对于在敏感的幼树周围建立低盐区至关重要。尤其是埋在地下的滴灌管，当通过滴管水将盐分转移到种子发芽的土壤表面，可能会造成盐害；当地下滴灌将盐分推到土壤湿润锋的边缘，可以减少对幼苗和植物根系的有害影响。滴灌形成的低盐度区大小和形状也取决于灌溉水的施用速率和土壤质地。

4. 盐水和淡水的混合/调配　高盐度的水可以与优质或低盐度的水混合，以将盐度降低到可接受/可承受的范围。这种方法只有在可获得质量相对较高的水源但又不足以满足需求的情况下才推荐使用。混合不会降低总溶质含量，但会降低溶质浓度。混合水的盐度或混合比可通过式（7-16）获得：

$$C_m = C_1 \times r_1 + C_2 \times r_2 \tag{7-16}$$

式中，C_m 指混合水的浓度；C_1 指第一类水浓度；r_1 指第一类水比例；C_2 指第二类水浓度；r_2 指第二类水比例，且 $r_1 + r_2 = 1$。浓度表示为 $g \cdot L^{-1}$ 或 $dS \cdot m^{-1}$（EC_w）。

5. 盐水和淡水交替灌溉　灌溉可以交替使用淡水和盐水，以最大程度降低盐分危害。任何利用咸水（或与淡水结合）的尝试都要求淋洗积聚的盐分，淋洗可借助自然降雨，或者施加额外的灌溉水（即 LF）。

6. 在作物不敏感的生长阶段用咸水灌溉　作物的不同生长阶段对盐分胁迫的敏感性都不相同。在敏感阶段用淡水灌溉、在相对不敏感阶段用咸水（或混合水）灌溉可以促进作物的生长并提高作物产量。

7. 交替沟灌　单行苗床系统可能需要交替沟灌。这可以通过灌溉其他犁沟并使交替的犁沟保持干燥来实现。盐分从犁沟的灌溉面到干燥面被推过整个床层，确保有足够的水沿苗床一直湿透，以防止盐分在种植区域积累。

8. 隔行灌溉　采用特定的灌溉水使盐分远离植物幼根，即使盐分积累水平较高而不会对作物造成危害。隔行灌溉和仅在垄的湿侧不对称种植，可为幼株提供保护。

（四）生物降盐

通过收获高盐累积的地上部植物来实现生物降盐，可能是减轻盐危害的一种策略。滨藜（saltbush）是盐渍化地区的一种耐盐植物，能将盐吸收到其叶片中。

（五）其他避免盐分的管理

1. 避免盐渍化　通过在土壤盐度低的时期种植作物，从而避开高盐度时期。

2. 覆盖/作物残茬管理　土壤表面的作物残茬减少了水分蒸发损失，从而限制盐分（来自浅层含盐地下水）向根区的向上运动。在裸露的土壤中，蒸发以及盐分的积累往往会更大。30%～50%的残茬覆盖可以显著减少蒸发。在作物残茬下，土壤仍保持较高的水分含量，使秋季或冬季降水更有效地淋洗盐分。滴灌塑料覆膜也能有效减少蒸发，降低土壤盐分。

在透水性较差的土壤中，如果水分供应有限，可以使用诸如沙子、稻壳或稻草等改良剂来改善淋洗。地下排水沟的存在也有助于增加粉黏土中盐分的淋洗。

3. 物理管理　可以使用机械方法来改善表层和根区土壤的入渗与可透性，从而控制盐分条件。其中包括土地平整、深耕和特殊种植技术。土地平整可以实现均匀灌溉，以更好地淋洗和控制盐分。耕作有助于土壤通透性的提高，深耕对具有不透水层的分层土壤最有利。它可以疏松土壤，改善土层的物理状况，并增加通气孔隙和水力传导度。减少种子周围盐分累积的特殊种植技术包括在陡坡、单行或双行高起的犁沟上种植。

4. 有机肥料　在土壤中掺入有机肥料，既可作为营养物质的来源，还能提高土壤通透性，有机肥分解过程中会释放二氧化碳和某些有机酸。

5. 掺沙　对于细密的土壤，可将砂土添加到表层土壤中以增加渗透性。如果做得好，掺沙可以改善土壤空气和水的流动，并增加咸水/碱水的淋洗。掺沙和犁地结合可获得更好的效果。

6. 行/苗床管理　除了在根区淋洗盐以外，还可以通过某些作物垫层和地面灌溉系统将盐移到远离根部区域，确保盐分累积区域远离发芽的种子和植物根系。在垄床系统中，盐积累在床的中央，并且路肩和沟沿相对无盐（图7-3），与正常种植相比，沟沿和倾斜苗床或路肩上的幼苗和植株生长更好。

图7-3　行/苗床的盐度管理布局

7. 作物筛选/种植耐盐作物品种或品系　尽管以上管理措施可以降低土壤中的盐含量，但选择种植耐盐作物是行之有效的措施。应根据作物的盐耐受性和灌溉水的盐度确定适宜的作物。IRRI和其他国际/国家机构开发出了几种水稻和其他作物基因型，可以耐$8\sim14\ dS\cdot m^{-1}$的土壤盐度或灌溉用水。

8. 适当/合理调整施肥　良好的生育期管理，能更好地种植/定植作物。合理调整施肥水平以提高作物产量。在盐渍化土壤中，磷的有效性更多地取决于植物根系长度和面积，过量氯化物对根系磷吸收也有负面影响。在盐土中施用磷肥，通过直接提供磷和减少对氯等有毒元素的吸收，有利于提高作物产量。在中度盐化的土壤中，钾肥的施用可改善钾相对于钠、钙和镁的均衡来提高作物产量。然而，在高盐度条件下，很难通过施用钾肥将钠离子有效地从植物中去除。

（六）增加一年生作物和牧草的用水

在某些地区，盐度是由植被变化引起的。清除了原始植被，并用一年生作物和牧草代替，这就使较大比例的降雨未被植物利用而进入地下水。地下水位上升，会将溶解的累积盐带到表面。在这些地区，应增加现有一年生作物和牧草的用水量，以尽量减少地表的盐分累积。

盐渍化农业用地的管理在很大程度上取决于水的可利用性、气候条件、盐渍化时期、作物种植以及资源的可用性。对土壤、水资源（降雨、灌溉水和地下水）进行详细的调查，结合包括气候、作物、经济、社会、政治和文化环境以及现有耕作制度等当地条件的勘察，由此针对主要生产障碍条件和要求仔细界定，提出农艺措施和工程管理实践相组合的综合改良措施。因此，合适的管理措施（土壤水分、灌溉系统的均匀性和效率、局部排水和正确的作物选择）结合定期的土壤测试，可以在一定程度上改善盐渍化土壤的生产条件，延长其生产力。

实例 7.3

池塘水的盐度为 $2.0\,dS\cdot m^{-1}$，该地区的地下水盐度水平为 $15\,dS\cdot m^{-1}$，这对于小麦灌溉来说是劣质水。试确定池塘水与地下水的混合比，以将盐度降至 $8.0\,dS\cdot m^{-1}$。

已知池塘水的 $EC_p=2.0\,dS\cdot m^{-1}$，地下水的 $EC_g=15\,dS\cdot m^{-1}$，混合物的目标 $EC_m=8.0\,dS\cdot m^{-1}$。

解： 根据 $EC_m=EC_p\times r_p+EC_g\times r_g$，并且 $r_p+r_g=1$ 或 $r_g=1-r_1$，将数值代入等式中可得，$8=2\times r_p+15\,(1-r_p)$ 得 $13r_p=7$，$r_p=0.53$，$r_g=(1-r_p)=0.47$，因此，池塘水与地下水的比率为 $53:47$。

实例 7.4

两种溶液的盐浓度为 $0.01\,g\cdot L^{-1}$ 和 $0.05\,g\cdot L^{-1}$。如果溶液的比例分别为 70% 和 30%，则计算混合水的盐浓度。

已知 $C_1=0.01\,g\cdot L^{-1}$，$r_1=70\%=0.70$，$C_2=0.05\,g\cdot L^{-1}$，$r_2=30\%=0.3$。

解： 根据 $C_x=C_1\times r_1+C_2\times r_2$，混合水的盐浓度 $C_x=(0.01\times0.7)+(0.05\times0.3)=0.022$。

实例 7.5

$120\,d$ 生长期的谷物作物，总 ET 为 $80\,cm$；灌溉周期 $10\,d$，灌溉时间 $6\,h$；平均入渗率为 $1.2\,cm\cdot h^{-1}$；排水的 EC 为 $1.5\,dS\cdot m^{-1}$。假设没有排水限制，则计算淋洗分数和灌溉水的允许电导率。

已知，平均入渗率 $I_f=1.2\,cm\cdot h^{-1}=28.8\,cm\cdot d^{-1}$，入渗时间 $t_i=6\,h=6/24\,d=0.25\,d$，一个入渗周期内的 $ET=(80/120)\times10=6.67\,cm$。

解： $LF=1-ET/(I_f\times t_i)=1-6.67/(28.8\times0.25)=0.074$；根据 $LF=D_d/D_i=EC_{iw}/EC_{dw}$ 计算灌溉水的允许电导率，得 $EC_{iw}=LF\times EC_{dw}=0.074\times1.5=0.111$。

实例 7.6

将小麦种植在粉壤土上，用河水灌溉。灌溉时河水的 EC 为 $1.5\,dS\cdot m^{-1}$。生长季的作物 ET 为 $76\,cm$。淋洗需多少水？

已知，$EC_{iw}=1.5\,dS\cdot m^{-1}$，$ET=76\,cm$；对于小麦，在 100% 的单产潜力下，$EC_e=6.0\,dS\cdot m^{-1}$，$LR\approx LF=EC_{iw}/(5EC_e-EC_{iw})=1.5/(5\times6.0-1.5)=0.0526$

解： ET 需求的水量和淋洗需求的水量：

① $AW=ET/(1-LR)=76/(1-0.0526)=80.22$。

② $AW=ET\,(1+LF)/E_f$，假设 $E_f=90\%$，$AW=76\,(1+0.0526)/0.9=88.89$。

二、盐化-碱土和碱土的改良

对于盐化-碱土和碱土，必须首先降低可交换 Na^+ 的水平，其次关注过量可溶性盐的问题。碱土中过量的钠首先被另一种阳离子替代后进行淋洗，用可溶性钙代替钠来处理碱土。化学改良剂如下：一是可溶性钙盐，如氯化钙（$CaCl_2\cdot2H_2O$）、石膏（$CaSO_4\cdot2H_2O$）。二是酸或酸形成剂，如元素硫（S）、硫酸（H_2SO_4）、硫酸铁（$FeSO_4$）。三是不溶性钙盐，如石灰石粉（$CaCO_3$）。石膏被认为是改良碱土最便宜的可溶性钙源，施用量根据土壤的石膏需求确定。

（一）用 Ca^{2+} 交换复合物上的 Na^+

1. 用石膏进行改良（Na^+ 被 Ca^{2+} 代替）　Ca^{2+} 交换土壤胶体表面的 Na^+，并用易溶于水的 SO_4^{2-} 形式的 Na_2SO_4 代替 Na^+，再用灌溉水从田间向下淋洗或排出。加入石膏后，会发生如下反应：

$$2NaHCO_3 + CaSO_4 \rightarrow CaCO_3 + Na_2SO_4\text{（可淋洗）} + CO_2 \uparrow + H_2O$$
$$Na_2CO_3 + CaSO_4 \leftrightarrow CaCO_3\text{（不溶）} + Na_2SO_4\text{（可淋洗）}$$
$$2Na^+[\text{胶体}] + CaSO_4 \leftrightarrow Ca^{2+}\ [\text{胶体}] + Na_2SO_4$$

然后计算从交换复合体中去除可接受比例 Na^+ 所需的理论石膏量。在实践中，石膏第一次施用 1/2，第二次在 6 个月后施用。土壤必须保持湿润以加速反应，且石膏应通过耕作与表层土壤彻底混合，而不是简单地翻耕。随后，必须用灌溉水彻底淋洗土壤，以淋洗大部分硫酸钠。

2. 用酸或酸形成剂进行改良　元素硫和硫酸可用于碱土，特别是在碳酸氢钠大量存在时。元素硫（S）被氧化成二氧化硫，然后二氧化硫生成硫酸，这不仅使碳酸氢钠转化成危害更小、更易淋出的硫酸钠，还降低了土壤 pH。

元素硫形成硫酸的反应如下：

$$2S + 3O_2 \rightarrow 2SO_2$$
$$2SO_2 + H_2O \rightarrow H_2SO_4$$

硫酸与钠化合物的反应如下：

$$2NaHCO_3 + H_2SO_4 \rightarrow Na_2SO_4\text{（可淋洗）} + 2CO_2 \uparrow + 2H_2O$$
$$Na_2CO_3 + H_2SO_4 \leftrightarrow CO_2 \uparrow + H_2O + Na_2SO_4\text{（可淋洗）}$$
$$2Na^+[\text{胶体}] + H_2SO_4 \leftrightarrow 2H^+[\text{胶体}] + Na_2SO_4$$

采用酸或酸形成剂改良土壤，不仅碳酸钠和碳酸氢钠变为硫酸钠（一种温和的中性盐），而且碳酸盐阴离子也从系统中去除。然而，当使用石膏时，一部分碳酸盐以钙化合物（$CaCO_3$）形式存在。

在土壤中存在石灰条件下：

$$H_2SO_4 + CaCO_3 = CaSO_4 + CO_2 \uparrow + H_2O$$
$$2NaX + CaSO_4 = CaX + Na_2SO_4\text{（可淋洗）}$$

在土壤中无石灰条件下，钠被氢取代。

硫酸铁水解：

$$FeSO_4 + H_2O = H_2SO_4 + FeO$$

在土壤中有石灰条件下：

$$NaX + H_2SO_4 = HX + NaHSO_4$$

在土壤中无石灰条件下：

$$2NaX + H_2SO_4 = 2HX + Na_2SO_4$$

根据经验，基于 1kg 土壤中每毫克当量的交换性钠含量，在 $1\ hm^2$ 的土地上改良 30 cm 深的碱土需要 4.2 t 纯石膏。具体改良所需的石膏量可以通过实验室测试来确定。

（二）增加土壤水力传导度

施用并掺入石膏后，必须添加足够的水以淋洗根区内的钠。碱土的改良速度很慢，因为一旦破坏了土壤结构，恢复起来就很慢。在改良的早期阶段，种植耐盐作物，并保留作物残茬并进行耙地，增加土壤有机质，从而增加水的入渗性和渗透性，可以加快改良进程。

石膏的施用减少了土壤结壳，从而增加水的渗透，进而增加作物产量。对于马铃薯，以每年高达 $10 \text{ t} \cdot \text{hm}^{-2}$ 的石膏用量施入土壤中，可大大改善渗透率。

影响石膏和含硫物质改良土壤的因素：一是石膏和含硫物质对碱土土壤物理性状的影响可能比化学效应更显著。碱土几乎不透水，因为土壤胶体大量分散，基本上没有稳定的团聚体。当交换性 Na^+ 被 Ca^{2+} 或 H^+ 置换后，会促进土壤团聚和提高水分入渗率。交换发生时形成的中性钠盐（如 Na_2SO_4）可以从土壤中淋出，从而降低盐度和碱化度。二是深根植被大大加快了石膏或硫的改良效果。对盐土和碱土有一定耐受性的作物，如甜菜、棉花、大麦、高粱、三叶草或黑麦，可以在改良初期种植。它们的根系穿插有助于提供孔道，石膏可以通过这些孔道向下移动。此外，深根作物（如苜蓿）在改善石膏处理的碱土导水率方面特别有效。

（三）钠盐从土壤系统中淋洗

除了土壤分散导致土壤孔隙减少，而减少土壤空气外，灌溉使水充满土壤孔隙而减少土壤空气，从而降低根系的氧气利用率。在质地较重的灌溉土壤中，改善根区通气性的一种方法是机械充气。这可以通过向滴灌管道中注入空气来实现，适用于高经济价值作物和盆景。

盐化-碱土的特征是存在钠（Na^+）盐，这些盐会影响多种土壤特性和大多数作物的生长。一些适用于盐土改良的方法也可以用于盐化-碱土。在盐化-碱土的改良中，过量可溶性盐的淋洗必须伴随用钙替代交换性钠。如果过量的盐被淋洗并且钙不能置换交换性钠，土壤将发生碱化。即使是非灌溉的碱土或盐化-碱土也可通过施用石膏得到显著改善。

实例 7.7

对 ESP 为 25％、CEC 为 $18 \text{ cmol} \cdot \text{kg}^{-1}$ 的碱土进行改良，将表层 30 cm 土壤的 ESP 降低至约 5％，以便种植苜蓿等作物，需要多少石膏？

解：通过将 CEC 乘以所需的 Na^+ 饱和度变化量（25％－5％＝20％），确定需要的 Na^+ 数量，$18 \text{ cmol} \cdot \text{kg}^{-1} \times 20\% = 3.6 \text{ cmol} \cdot \text{kg}^{-1}$。

将石膏（$CaSO_4 \cdot 2H_2O$，172）分子量除以 2（Ca^{2+} 有两个电荷，Na^+ 只有一个电荷），然后除以 100 换算，$172/(2 \times 100) = 0.86 \text{ g} \cdot \text{mol}^{-1}$，即用来置换 1 cmol 的 Na^+，则 $3.6 \text{ cmol} \cdot \text{kg}^{-1}$ 的 Na^+ 需要：$3.6 \text{ cmol} \cdot \text{kg}^{-1} \times 0.86 \text{ g} \cdot \text{mol}^{-1} = 3.1 \text{ g} \cdot \text{kg}^{-1}$。

1 hm^2 土地 20 cm 土层土壤质量为 $225 \times 10^4 \text{ kg} \cdot \text{hm}^{-2}$，而 30 cm 土层土壤质量为 $337.5 \times 10^4 \text{ kg} \cdot \text{hm}^{-2}$，则 30 cm 深度所需的石膏量：$337.5 \times 10^4 \times 3.1 \times 10^{-3} = 10\,462.5 \text{ kg} \cdot \text{hm}^{-2}$。

实例 7.8

碱土的 ESP 为 35％，CEC 为 $220 \text{ meq} \cdot \text{kg}^{-1}$，计算在 40 cm 深度将 ESP 降至 15％所需的石膏量。

已知，ESP 的变化量＝35％－15％＝20％，CEC 为 $220 \text{ meq} \cdot \text{kg}^{-1}$。

解：根据 ESP＝（可交换的 Na/CEC）×100，交换性 Na＝ESP×CEC÷100＝20×220÷100＝44 meq·kg^{-1}，改变 1 hm^2 土地 0～30 cm 土层 1 meq·kg^{-1} 交换性 Na 所需石膏＝0.385 t。

因此，每公顷需要石膏＝（0.385×44/30）×40＝22.58 t。

考虑到田间施用的安全系数，田间石膏需求量为：

FR＝GR×田间应用的安全系数＝22.58×1.25＝28.23 t。

盐渍土的管理需要根据土壤性状、水质和当地条件（包括气候、作物、经济、社会、政治和文化环境以及现有的耕作制度）进行农艺措施的组合。在灌溉农业中，通常没有解决盐分问题的单一方法。但是，可以将几种方法组合到一个集成系统中，以达到令人满意的产量目标。

三、改良后的土壤管理

一旦盐渍化的土壤被改良，还必须采取相关的管理措施以确保土壤保持生产力。例如，监测 EC 和 SAR 以及灌溉水的微量元素组成是至关重要的。及时调整措施，以适应土壤水质变化。灌溉次数和时间有助于确定盐输入和输出土壤的平衡。同样，保持良好的内排水对去除多余的盐至关重要。

作物和土壤肥力管理对于保持盐渍化土壤的总体质量至关重要，作物残茬（根和地上茎）将有助于保持土壤有机质水平和良好的物理条件。为了保持高产，还需要通过添加适当的有机和无机肥来克服其他高 pH 土壤的微量元素和磷缺乏的问题。

第四节　滨海盐土的改良与利用

滨海盐土最主要的特征是土体中含有盐分，潜水矿化度普遍较高，旱季为 3.0～25.0 g·L^{-1}，且有机质含量偏低。盐渍土地区的主要特点是人少地多，缺乏资金和劳动力。因此，根据实际情况因地制宜，以培肥改土为基本出发点，在确保经济收益的前提下，合理改良和利用，对提高农民改良积极性和加快改良速度具有非常现实的意义。

一、重度盐土的改良与利用

重度盐化土的土体含盐量一般为 4.9～8.0 g·kg^{-1}，土壤含盐量高、有机质含量低（一般小于 5.0 g·kg^{-1}），无法用于农业生产，而靠雨水自然淋洗脱盐的速度较慢。

（一）围田蓄淡养鱼

采取围田蓄淡养鱼，保持 0.8 m 以上的水层，通过重力水和侧渗水运动，使土壤中的盐分随地下水流排到区外，加速洗盐和有机质的积累过程。上虞和慈溪滨海盐土的试验结果表明，3 年的土壤脱盐率达 60.0%～87.9%；土壤有机质从 5.0～6.7 g·kg^{-1} 提高到 8.8～10.0 g·kg^{-1}；除速效钾略有减少外，有效磷、全氮都有所增加。这种改良方式的优点：一是加速了土壤的脱盐速度（一般自然淋洗年脱盐率为 8%～10%）；二是养鱼产生了直接经济效益，每年 1 hm^2 可获利润 3 000～4 000 元；三是土壤养分积累显著，这种养分积累速率是其他措施所不及的。

（二）充足的淡水资源和良好的排水系统

围田蓄淡养鱼需要有充足的淡水资源和良好的排水系统。调查结果表明，灌溉用水矿化度越小，土壤脱盐越明显；排水系统越健全，土壤脱盐越快。养鱼还必须注意下列问题：一是垦区的低洼地，土壤不易改良，可挖低填高，开辟精养鱼塘；二是在淡水源水质较差的地方，可先养殖梭鱼、鲻鱼等鱼种，采取淡化塘水措施，以后过渡到淡水鱼养殖；三是尽量保持较深的养鱼水层，以水"压盐"和防止鸬鹚、海鸥等海鸟对鱼的侵害；四是冬季成鱼起捕后应立即灌水，避免露滩后长时间曝晒，因为滨海盐土地区潜水水位高，冬、春干旱少雨，土壤蒸发严重，易发生返盐现象。

二、中度盐土的改良与利用

中度盐化土是指盐分含量为 $2.0 \sim 4.0\ g \cdot kg^{-1}$ 的海涂土壤。对这种土壤的改良主要采取引淡洗盐与生物改良相结合的方法，主要是鱼麦复合种养、种稻洗盐和种植田菁。

（一）引淡洗盐

经过两年围田蓄淡养鱼洗盐的重度盐土改良为中度盐土后，可进行鱼麦轮作。方法是在区外筑围堤，堤高 $1.5 \sim 2.0\ m$、堤顶宽 $4.0\ m$，内坡 $1 : 73$、外坡 $1 : 72$，在堤内挖成"回"字型沟及丰产沟，沟深 $1.5\ m$ 以上，堤、沟、滩比例为 $10 : 718 : 72$。冬季排水露滩，成鱼全部集中在"回"字型沟及丰产沟里，平滩种大麦，收获后引淡水漫滩养鱼。6—11月淹水 $0.8 \sim 1.1\ m$，这样可使秸秆、麦根长期处于厌氧条件下，有利于加速有机质积累和洗盐。每公顷可获利润 $4\,000$ 元左右。

（二）种稻洗盐

种稻洗盐是改良盐渍土的有效措施，但种稻洗盐的效果取决于灌排体系以及灌溉水质。1996 年和 1997 年，在上虞的中度盐渍化土上，通过淡水泡田洗盐，然后栽插水稻，取得了 $6\,375\ kg \cdot hm^{-2}$ 的好收成。其成功的经验是水质好，泡田时间长，泡田次数多，灌排分开，从栽插活棵到封行期间，田间保持一定的淡水层，便于活棵和"压盐"。两年的土壤脱盐率达 60％ 以上。如灌排没有分开，用矿化度为 $1.5\ g \cdot L^{-1}$ 左右的河水种稻 3 年，水稻平均产量为 $3\,750\ kg \cdot hm^{-2}$，土体盐分从 $4.0\ g \cdot kg^{-1}$ 以上下降到 $2.0\ g \cdot kg^{-1}$ 左右就相对稳定下来，土体盐分与灌溉水矿化度达到了平衡状态。种稻几年后要及时回旱，搞好地面覆盖，种植大麦、油菜、田菁等较耐盐的作物，可使土壤继续脱盐并改善土壤的物理性状。

三、轻度盐土的改良与利用

轻度盐土的含盐量为 $1.0 \sim 2.0\ g \cdot kg^{-1}$，一般来说，只要管理得当，玉米、水稻、棉花、小麦等主要作物的出苗、立苗以及生长发育受土体盐分的影响不是很大。

（一）种植作物

田间试验结果表明，在轻度盐渍化土壤上，只要肥料充足，大麦产量即能达到非盐渍化土壤的水平。在每 $667\ m^2$ 用尿素 30 kg（13 kg 作基肥、7 kg 作苗肥、10 kg 作拔节肥）、过磷酸钙 30 kg（作基肥）的条件下，种植"盐农啤 3 号"大麦，每 $667\ m^2$ 产量达 380 kg。

（二）秸秆覆盖和还田

滨海盐土区每年春秋大风干旱季节表土返盐严重，对作物立苗与生长极为不利。因此，在开垦种植过程中，要注意秸秆覆盖和还田，以减轻返盐对作物的危害。在滩涂地区，人少地广，实行大面积营养钵育苗不现实，目前各地普遍采用直播加地膜覆盖的技术，即棉籽下种后沿行覆盖地膜，能显著促进棉花提早出苗，提高棉花成株率，增产效果显著。

（三）施氮、磷肥

滨海盐土钾素和有效硼含量丰富。在有机质丰富的土壤上，适当补充氮、磷肥后，种植西瓜可取得较好的经济效益。从近两年的调查结果来看，一般 1 hm² 产值 12 000 元左右，利润 6 000 元，而且西瓜口感好，上市后很受欢迎。但由于西瓜极不耐涝渍，因此，在保证有一定地面高程的同时，种植西瓜必须有良好的排水系统。滨海盐土性"冷"，西瓜在春季播种出苗后不易发棵，所以一般采用营养钵育苗，移栽到大田后再覆地膜，其作用是增温、保墒、压草、压盐，促进西瓜早发棵。

四、滨海盐土的耕种改良

（一）耕作层土壤理化性状变化

1. 土壤电导率（含盐量） 围垦初期，土壤电导率（含盐量）极高（图 7 - 4），作物无法生长。耕作 7a 后，土壤含盐量下降 72.4%，达弱盐渍化水平；耕作 15a 后则可完成表土脱盐过程。

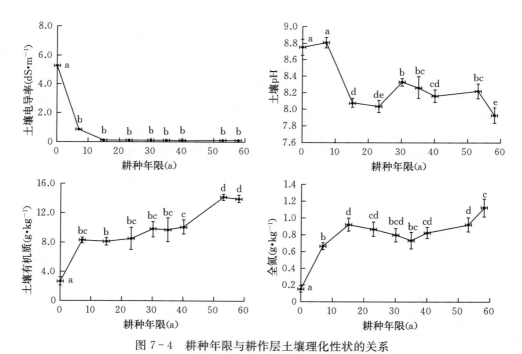

图 7 - 4 耕种年限与耕作层土壤理化性状的关系

2. 土壤 pH 土壤 pH 在耕种 58a 过程中整体呈下降趋势，由强碱性可下降至中性水平。在最初耕种的 7a 间，pH 并没有明显变化，仍处于 8.74～8.91；耕种 15a 后，pH 迅速下降至碱性水平，在随后 38a 的耕种过程中，土壤 pH 并没有明显下降，而是在 8.04～8.33 之间波动；在耕种 58a 后，pH 可下降至 7.93，达到中性水平。

3. 土壤有机质和全氮　有机质（SOM）和全氮（TN）含量总体随耕作年限的增加而呈现上升趋势。SOM 的增加分为 3 个阶段：耕作 7a 内，SOM 迅速积累，由 2.64 g·kg^{-1} 上升至 8.20 g·kg^{-1}，年积累速率可以达到 0.79 g·kg^{-1}；耕作 10～40a，SOM 处于平稳积累中，增幅仅为 1.75 g·kg^{-1}，年积累速率为 0.05 g·kg^{-1}；耕作 40～58a，SOM 再次积累至 13.92 g·kg^{-1} 并达到稳定，年增幅可达 0.31 g·kg^{-1}。TN 的积累与 SOM 类似，但其起始积累阶段可持续至耕种 15a 以后，由 0.15 g·kg^{-1} 增至 0.92 g·kg^{-1}，随后至 35a 间发生小幅的氮素流失，年流失速率为 0.01 g·kg^{-1}；耕作 35a 以后又是氮素持续积累的过程，耕作 58a 可积累至 1.12 g·kg^{-1}。

4. 耕作层土壤有效养分变化　由图 7-5 可见，与土壤全氮含量类似，土壤碱解氮含量也随耕作年限的增加呈现出"积累-消耗-再积累"的趋势，积累可持续至耕种后 23a，达 48.39 mg·kg^{-1}，相较于耕种前（15.91 mg·kg^{-1}）提升 204.15%。而 35a 后又下降至 24.65 mg·kg^{-1}，仅高出耕种前 54.9%。58a 的耕种最终可使碱解氮含量达到 48.96 mg·kg^{-1}。土壤有效磷含量在耕作 7a 间由 6.38 mg·kg^{-1} 迅速上升至 45.36 mg·kg^{-1}，而此后则处于持续下降状态，在 55a 降至最低，达 4.03 mg·kg^{-1}。土壤速效钾含量则在 15a 内由 342.45 mg·kg^{-1} 下降至仅 66.62 mg·kg^{-1}，年均降幅达 5.37%，此后则稳定维持在 45.72～119.65 mg·kg^{-1} 的水平。

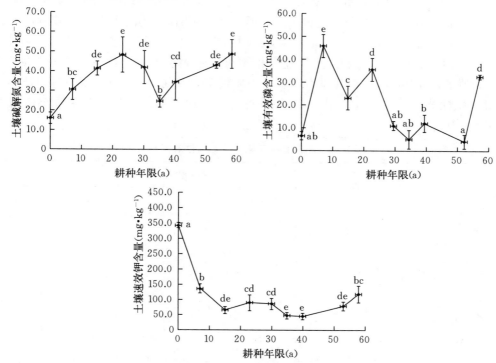

图 7-5　耕种年限与耕作层土壤有效养分之间的关系

5. 耕作层土壤环境变化　　如图 7-6 所示，该地区的土壤碳氮比（C/N）在未耕作前可达 10.06，而在耕种后的 15a 内剧烈下降至 5.05（降幅 49.8％），此后至 35a 回升至 7.05～7.68 并趋于稳定，但回升后的土壤碳氮比变化幅度较之前明显增大，由原先的 2.5％可上升至 19.2％。阳离子交换量（CEC）类似于全氮、碱解氮，围垦初期仅为 5.41 cmol·kg^{-1}，虽然在耕种 58a 间整体处于上升趋势，但在 15～35a 间由 7.70 cmol·kg^{-1} 持续下降至 6.15 cmol·kg^{-1}。

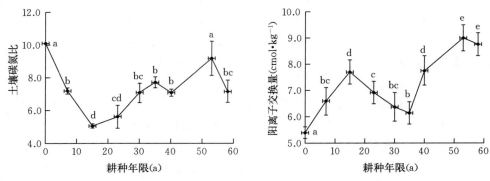

图 7-6　耕种年限与耕作层土壤碳氮比、阳离子交换量之间的关系

（二）土壤剖面理化性状变化

1. 土壤剖面电导率（含盐量）与 pH　　由表 7-4 和图 7-7 可以发现，耕种初期，土壤剖面电导率（含盐量）均处于较高水平，平均可达 2.28 dS·m^{-1}；随着耕作年限的延长，各层剖面电导率（含盐量）迅速下降，但在耕作初期，表层土壤盐分聚集程度由弱性聚集转变为中等聚集，反映了灌溉和蒸发作用对土壤盐分迁移的共同影响。而耕作 15a 后，各层土壤均完成脱盐过程，土壤盐分也不再发生表层聚集。各层土壤 pH 在 8.5～9.0 之间波动，在耕种 40a 内并没有明显的下降趋势，在耕种 40～60a 后才有明显下降，但仍处于碱性范围。耕作过程中，pH 并没有发生表面聚集的趋势，但在耕作初期底层 pH 有所上升。

表 7-4　不同耕种年限下土壤属性表聚系数

指标	耕种年限					
	0	7a	23a	35a	40a	58a
电导率	0.35	0.38	0.23	0.21	0.25	0.20
pH	0.25	0.23	0.25	0.24	0.24	0.24
有机质	0.26	0.65	0.65	0.73	0.44	0.99
全氮	0.23	0.70	0.89	0.94	0.62	0.56
碱解氮	0.31	0.61	1.03	0.59	0.69	0.30
有效磷	0.17	1.58	0.69	0.95	0.46	0.97
速效钾	0.29	0.26	0.43	0.14	0.19	0.25

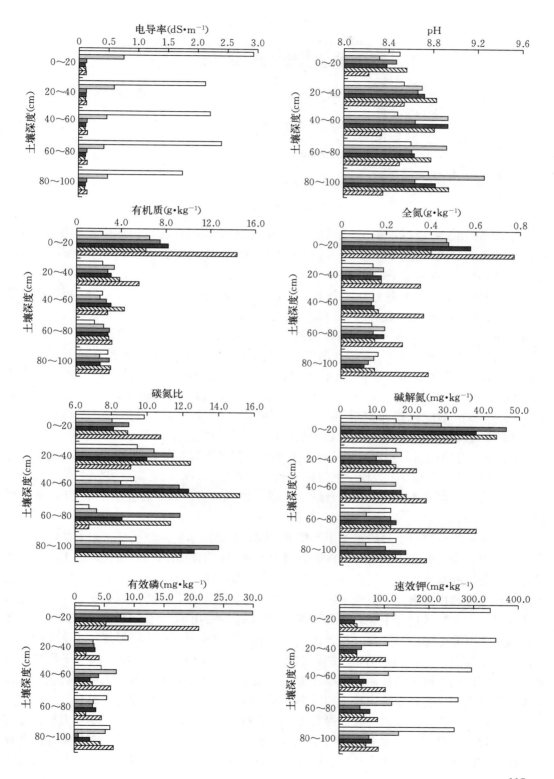

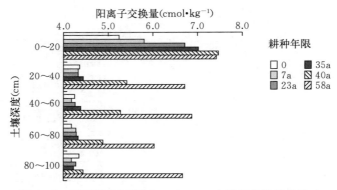

图 7-7　不同耕种年限对 0～100 cm 土壤理化性状的影响

2. SOM 和 TN　SOM 和 TN 的趋势类似，表层土壤均在耕作过程中发生明显积累。但耕种 40～60a 内，SOM 仅在 20～40 cm 土层中有所上升，而 TN 则在各层显著提高。随着 SOM 和 TN 在表层土壤的积累，两者的表聚系数均在耕作 5～10a 达到了强聚集水平，但 SOM 的聚集水平表现为持续升高，而 TN 的聚集水平在耕作 35a 后达到峰值（接近 1.0 g·kg^{-1}），随后回落至 0.6 g·kg^{-1} 左右。各层 C/N 波动剧烈，多数在 8.0～12.0之间，在耕种 7a 以后，40～100 cm 土层中 C/N 有增大的趋势，最高可达 15.2。

3. AH‑N、AP 和 AK　在耕作前各剖面的土壤 AH‑N、AP 含量比较接近，且都处于低值。AH‑N 在最初开始耕作的 23a 内在表层迅速积累，随后则缓慢下降，在耕作40a 之前，AH‑N 的消长主要发生在表层土壤，而 40～58a 间，则开始向深层土壤迁移，并在 60～80 cm 形成较高的积累层。除表层外，AP 在各土壤剖面都呈下降趋势，直到40～60a 才有所回升；在耕种 7a 后，表层土壤 AP 含量达到最高值后大幅下降，在 40～58a 间又重新开始积累。耕种后 AK 在各土壤剖面都呈下降趋势，除在 23a 后表现出中等聚集外，耕种 58a 内都没有表现出明显的表面聚集现象。CEC 的升高主要发生在 0～20 cm的表层土壤，在耕种 35a 以后开始影响中下层土壤，至耕种 58a 后各层土壤 CEC 平均可达 6.71 cmol·kg^{-1}。

由于滨海盐土的成土母质来源于海相沉积物，长期海水的浸泡使高土壤含盐量和高含碱量成为限制沿海地区土壤耕种最重要的两大因素。相比我国内陆盐渍化地区土壤脱盐的过程，东南沿海滩涂围垦区具有更大的自然优势，即超过 1 000 mm 的年均降水量，这也是保证在合理的耕种措施下耕地土壤得以在 10a 左右就迅速完成脱盐的重要原因。滨海盐土脱碱过程远比脱盐过程复杂，土壤溶液在脱盐过程中由 Na‑Cl 型向 Ca‑HCO$_3$ 型转变，碱化度下降会滞后于脱盐过程。该地区土壤碱性的成因存在不同见解，土壤脱盐过程带走了大量盐分离子，但却对 pH 的影响较小，碱性受 CO$_3^{2-}$‑HCO$_3^-$‑Ca^{2+} 平衡体系控制，三者间的此消彼长使该地区土壤在脱盐过程中以及之后，土壤碱性仍可能长期处于较高水平且易出现反复，成为脱盐后期继续限制土壤肥力和作物产量提高的因素。

秸秆还田等改良措施可有效促进耕地土壤有机质的积累，为该地区土壤肥力整体提高奠定了基础。但自然滩涂是氮、磷养分匮乏的地区，因此为在围垦后短期内获得粮食收益，高强度的化肥施用就成为必然。这虽然有效提高了土壤氮素积累的速率，但同时也导致了土壤 C/N 的下降。随着土壤盐碱胁迫的弱化，土壤微生物活性也逐渐增加，在氮素供应充足的条件下，土壤微生物会消耗更多有机碳以维持其活性，这会加速有机质的矿化，可能导致土壤肥力整体退化。各速效养分和 CEC 在近 60a 的耕种过程中均存在不同程度的波动，可见土壤仍处于相对脆弱的状态，受人类耕种方式和区域差异影响很大。因此在土壤改良过程中，合理调控化肥用量，在提高有机质和氮素积累的同时，将农田土壤 C/N 控制在合理范围也是值得注意的问题之一。

在耕种初期的 10a 内，土壤环境的改善和大量氮肥的施用的确显著提高了小麦产量，但是 15～40a 内，相同的氮肥施用并没有使小麦产量相应提高。该地区施用氮肥以尿素为主，高 pH 的土壤环境使氮肥易变成 NH_3 而挥发，伴随着耕种初期较高的土壤侵蚀速率，氮肥的流失量是不可忽视的，极有可能对周边水体造成严重的面源污染。相比氮肥，磷肥在 15～55a 间的施用量不足。在最初的 7a 间，因为作物无法正常生长使得施用的磷肥未得到充分利用，AP 在土壤中大量残留；但随着作物生长趋于正常，有效磷的需求量相应增加，在土壤流失的共同作用下，有效磷含量呈持续下降状态。在耕种 55a 以后，由于深层土壤通气质量得到改善，各土壤速效养分开始向深层迁移，这也会成为长期耕种后土壤养分流失的新途径。滨海地区土壤属性的改良往往在短期内很难获得显著性效果，因此需要结合土壤环境和作物产量的变化，及时调整化肥用量，以避免在土壤改良过程中造成新的环境问题。

◇ ◇ **第八章** ◇ ◇

CHAPTER 8

滨海盐土的旱渍防控

　　滨海盐土农田主要通过农田基本建设实现旱渍防控，要求区域内土地平整成方成块，河道横竖沟通并与外界贯通，田间机耕路与中心道路贯通，涵管机泵按规范配置，灌溉渠道与排水沟渠网络化配套，区域内农田配套设施规范合理、有效，土壤结构得到改良。

第一节　土地平整

　　土地平整对合理灌排、节约用水、改良土壤，保水、保土、保肥，提高劳动生产率和机械作业效率等起着重要作用。一方面，土地不平是农田盐斑形成的主要原因，微地形高处，暴露面大，蒸发强烈，盐分随水分蒸发而聚积地表形成盐斑，造成表土的含盐量高。另一方面，在农用地开发整理后实施地面灌溉的地区，为了保证灌溉质量，必须取土抬填田块，提高田块平整度及规划性。

一、基本要求

　　平整后的田块应有利于作物的生长发育，利于田间机械化作业，有利于水土保持，满足灌溉排水要求和防风要求，便于经营管理。土地平整基本要求包括田面坡降、田块大小、挖填土方量和田块土壤等。

（一）田面坡降

　　平整后的地面坡降对灌水的要求较为严格，灌水技术不同对田面的坡降要求也有所不同，不能出现倒坡现象。顺灌水方向的田面坡降一般在 1/800～1/400，最小也应该达到 1/1 000，最大不能超过 1/300。若灌水选择畦灌，一般要求田面的坡度为1/500～1/150。对于水稻田，其要求的坡降更小，几乎呈水平状，纵向坡降不可超过1/2 000～1/1 000；旱地的地块田面坡降应限制在 1/500 以内。

（二）田块大小

　　对田间工程难易程度、地形起伏情况及是否便于耕作和排灌等进行综合考虑，以合理确定耕作田块的大小，一般田间道路及渠系的走向均可影响到田块的大小和形状。综合考虑耕作机械工作效率、田块平整度、灌溉均匀度、排水畅通度、防风害要求等条件，在滨海盐土地区，一般耕作田块的长度为 500～800 m，宽度为 200～300 m。在田块方向的选择上，应保证耕作田块长边方向受光照时间最长，受光热量最大，一般以南北向为最佳。

（三）田块内部

水田采用格田形式，格田设计必须保证排灌畅通、灌排调控方便，并满足水稻等不同生长发育阶段对水分的需求。格田田面高差控制在 3 cm 以内，长度保持在 60～120 m，宽度为 20～40 m。格田之间以田埂为界，埂高 40 cm，田埂宽 20～40 cm。

（四）挖填土方量

平整田块应尽量使挖填土方量达到平衡，使总的平整土方量最小。在填土方时还应留一定的虚高，约占填土厚度的 20%，保证在沉实虚土后可达到田面的标准要求。

（五）田块土壤

在土地平整的过程中，应保留一定厚度的表层熟土，并进行翻耕，保证耕作田块中的土壤质量，实现当年增产。对于旱作地区的挖方部位，表土厚度保留 20～30 cm 即可，当填方部位的厚度大于 50 cm 时，也应保留熟土层 20～30 cm。

要重施有机肥，巧施速效肥，挖方部位的施肥量至少应为填方部位的 2 倍。

（六）田面高程

田面高程设计要因地制宜。旱涝保收的农田田面高程设计根据土方挖填量确定。以防涝为主的农田，田面高程应高于常年涝水位 0.2 m 以上。地下水位较高的农田，田面高程应高于常年地下水位 0.8 m 以上。

二、基本方法

土地平整工程通常采用倒行子法、抽槽法和全铲法等 3 种方法，每种方法都有各自的优缺点，采用何种土地平整方法，应根据地块的地形地貌状况、土地平整方式等具体情况确定。

（一）倒行子法

倒行子法是一种机械与人工结合的平整土地的方法。具体操作分两步进行：首先根据测量设计，确定开挖线。然后划行取土。沿开挖线，以 1 m 宽度分别向上向下划行，确定取土带和填土带。平整时先挖第一取土带，直至标准地面以下 20 cm，将土填入第一填土带，将第二取土带厚约 20 cm 耕层土填入第一取土带槽底。再开挖第二取土带生土，填入第二填土带，同时将第三填土带表土覆盖在第二填土带上，如此抽生留熟，依次平整。此方法的优点：可保留表土，保持地力均匀；平地加深翻，可达到改良土壤的目的。但此方法操作较为精细，影响施工进度。

（二）抽槽法

抽槽法也是一种机械与人工结合的平整土地的方法。具体操作分 3 步进行：第一步，根据测量设计确定开挖线，然后开槽平整；第二步，根据设计划行开槽取土，熟土放至槽梁，生土垫至低处；第三步，进行平梁合槽。采用抽槽法平整土地的最大好处是可同时开多槽，进度快，工效高。缺点是合槽时梁上表土不易保存，造成地力不均。

（三）全铲法

全铲法是一种主要依靠机械进行土地平整的方法，在具体操作时，把设计地面线以上的土一次挖去，挖起高土填垫低处。这种方法适于机械平整，工效高。但出现生土多，地力不易恢复，需采用人工平地，不宜采用机械平整。

三、平整土方量计算

土方量的计算是土地平整设计中的一项重要内容，它直接关系工程项目的投资费用。土地平整挖填土方量的计算有两种基本方法：方格网法和横截面法。

（一）方格网法

方格网法适用于地形平缓或台阶宽度较大的地段，精度较高，但计算较为复杂。其基本原理是：把要平整的土地分成若干方格，测出各方格点的高程，根据田面高程，求出挖填边界和各方格占的挖填数，最后计算挖填土方量。计算步骤如下：

第一步，划方格网。根据地形图划分方格网，尽量使之与测量或施工坐标网重合。根据土地开发整理项目特点，机械平整方格网可采用 40 m×40 m 至 100 m×100 m，人工平整方格网可采用 20 m×20 m，将相应的设计标高和自然地面标高分别注在方格点的右上角和右下角，求出各点的施工高度（挖或填），填在方格网左上角，挖方为"＋"，填方为"－"。

第二步，计算零点位置。计算确定方格网中两端施工高度符号不同的方格边上零点位置，标于方格网上，连接零点，即得填方区与挖方区的分界线。零点的位置（图 8-1、图 8-2）可按式（8-1）和式（8-2）计算：

$$x_1 = [h_1/(h_1+h_2)] \times a \qquad (8-1)$$

$$x_2 = [h_2/(h_1+h_2)] \times a \qquad (8-2)$$

式中，x_1、x_2 为角点至零点的距离，m；h_1、h_2 为相邻两点的高程，m，均使用绝对值；a 为方格网的边长，m。

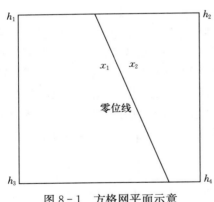

图 8-1　方格网平面示意

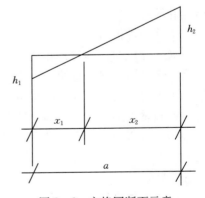

图 8-2　方格网断面示意

第三步，计算土方量。以零位线为分界线，按方格网的底面图形面积和高程，分别计算挖、填体积，即求出每个方格内的填方或挖方量。

第四步，汇总。分别将挖方区和填方区所有方格的土方量进行汇总，即得该场地挖方区和填方区的总土方量。

（二）横截面法

横截面适用于地形起伏较大、自然地面复杂的地区，如丘陵或山地等地貌类型，计算方法较为简便，但精度较低。梯田的土方量计算一般采用此方法。其基本原理是：在地形图上或局部测量的平面图上，根据土方计算的范围，以一定的间距等分场地，将场地划分为若干个相互平行的横截面；按照设计高程与地面线所组成的断面图，计算每条断面线所围成的面积；以相邻两断面面积的平均值乘以等分的间距，得出每相邻两断面间的挖填体积；将各相邻断面的挖填体积加起来，得出挖填总体积。水平梯田（图 8-3）的土方量按式（8-3）、式（8-4）计算。

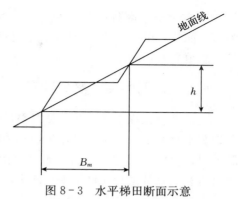

图 8-3　水平梯田断面示意

水平梯田单位长度土方开挖工程量：

$$V_a = 1/2 \times 1/2 h \times 1/2 B_m \tag{8-3}$$

水平梯田 1 hm^2 土方开挖工程量：

$$V_a' = 667 \times 15 \times V_a / B_m = 1/8 \times h \times 667 \times 15 = 1\,249.5h$$

水平梯田土方总工程量：

$$V_总 = S_总 \times V_a' \tag{8-4}$$

式中，h 为田坎高度，m；B_m 为田面毛宽，m；V_a 为单位长度土方工程量，m^3；V_a' 为 1 hm^2 土方工程量，m^3；$V_总$ 为土方总工程量，m^3；$S_总$ 为水平梯田总面积，hm^2。

（三）散点法

很多时候，土地整理中测得的地形图中只有高程点，而且每个格田只有一个高程点，而 Cass 中的网格法是针对连续变化的地形，并且在进行土方计算时，先把高程点连成三角网，然后再通过内插计算各个点的高程，并且是按照一定的坡降，这样一个棱柱形的块地被处理成锥形，算出来的挖填平衡与实际有很大的差异。针对这种情况，一般借助 excel 采用散点法来求土方量。

1. 田块面积量算　先确定该田块是否封闭，如不封闭应封闭后量算其面积。

2. 高程点的选取　计算时高程点的选取一般依据实测图，选取田面的四角四边与田块的最高点、最低点、次高点、次低点以及代表不同高程位置的高程点。

3. 计算土方量　采用 excel 中的 Countif 函数公式

$$H_a = (G_1 + G_2 + G_3 + \ldots + G_n)/n \tag{8-5}$$

$$L = \mathrm{COUNTIF}\ (G_1 : G_n,\ "\!>\!"\ \&\,H_a) \tag{8-6}$$

$$M = \mathrm{COUNTIF}\ (G_1 : G_n,\ "\!>\!"\ \&\,H_a) \tag{8-7}$$

$$H_c = (\mathrm{SUMIF}\ (G_1 : G_n,\ "\!>\!"\ \&\,H_a),\ G_1 : G_n - H_a * L)/L \tag{8-8}$$

$$H_f = (M * H_a - \mathrm{SUMIF}\ (G_1 : G_n,\ "\!>\!"\ \&\,H_a,\ G_1 : G_n))/M \tag{8-9}$$

$$S_w = H_f * S/(H_c + H_f) \tag{8-10}$$

$$S_t = H_f * S/(H_c + H_f) \tag{8-11}$$

$$W = H_f * S/(H_c + H_f) * H_c \tag{8-12}$$

$$T = H_f * S/(H_c + H_f) * H_f \tag{8-13}$$

式中，G_n 为第 n 个高程点；H_a 为田块平均高程，m；L 为大于平均高程的高程点个数；

M 为不大于平均高程的高程点个数；S 为该田块面积，hm^2；S_w 为挖方面积，hm^2；S_t 为填方面积，hm^2；H_c 为田块需挖高度，m；H_f 为需填高度，m；W 为总挖方量，m^3；T 为总填方量，m^3。

四、农田地基平整与整理

土地平整工程中的地基平整是整地作业的一个关键环节。农田的透水性和承载力等均与地基平整有很大关系。对作稻田利用的农田来讲，地基平整质量直接影响农田的保水保肥效果，所以要十分重视这一施工环节。地基平整与其他工程有所不同，如果在工程完工之后再去查漏补缺是一件很困难的事，必须在施工中严把质量关，不留隐患。对平整中填方较多的地段（包括放弃的沟渠、小坑塘）需边填边压，每填土 20～30 cm 需有一道碾压工序，以防止完工后由于地基下沉而产生地面不平整。考虑到土的固结需要一定时间，对大片整地工程可把地基平整与完成等高的时间定得长一点，以促使土体下沉密实、提高地基平整的等高程度。

地基平整作业完成之后，进行地基整理是表土回填前的必要工序。地基整理实际上是对地基平整作业后产生的不平整状态再整平的过程。可以认为地基平整是大平整，地基整理是地基平整基础上的细节再平整。地基整理的质量，对田面的干燥、表土厚度的均匀性、作物生长的一致性等均有影响。此外，如果地基整理工作没有做好，对表土回填后进行修改作业也会带来一定困难。所以，在地基平整作业完成之后，要认真对待地基整理作业。

五、表土回填及平整

（一）表层土壤处理

在土地平整中，一般主张尽量保留表土。但是，由于表土处理的费用在整地工程中所占比例较大，因此对表土去留应作具体分析。在生产实践中，是否需要处理表土，一方面取决于人们对地力、耕层土壤厚度、下层土的理化性状和地面倾斜状况的意向；另一方面还取决于处理与否产生的效益差别。表层土壤处理一般需要参考以下 3 个方面确定。

1. 水田种植单季稻 根据土地利用规划，如果水田种植单季稻，则要求耕层厚度有 15 cm。但是，如果下层有砾石或泥炭层时，则需要耕层厚度达到 20 cm。

2. 水旱轮作或永久作旱地 对于水旱轮作田或永久作旱地利用的农田，如果当前耕层土壤已经不足，影响作物正常的收获量并妨碍了正常的土壤管理时，则需要保持 25 cm 耕层。

3. 耕层厚度 虽然当前还没有问题，但是担心土地平整后会影响作物的正常收获量以及妨碍正常的土壤管理，有下述条件之一时需要保持 25 cm 耕层：粗砂含量（重量百分比，下同）40% 以上；砾石含量 50% 以上；粗砂与砾石累积含量 55% 以上；土壤紧实或含有泥炭层及黑泥层。

（二）表层土壤回填与平整

地基整理工序完成后经检查合格，就可进行表土回填覆盖作业，通过机械或人工将整地前剥离的表土按照设计铺设厚度均匀地覆盖在地基上。表土整理是表土回填作业完成后平整表土的作业。与地基整理一样，表土整理效果对田面干燥、耕层厚度以及机械作业有很大影响。所以，有必要精心组织施工。表土整理的施工方法有干土平整法和灌水平整法，采用那种方法则取决于土质条件和施工时期。

1. 干土平整施工法　这是普遍推荐采用的方法，即在工期允许的情况下，于耕地比较干燥的状态下进行整平施工。

2. 灌水平整施工法　施工过程中行走能力差、无法做到田面完全等高时，以灌水的水面为基准进行田面整平。但是，采用这种方法会引起土壤结构恶化。对黏土而言，采用这种施工方法有时会使土壤透水性变得过小。另外，在施工中总有机械无法作业的部分，进行人工辅助作业是必要的。

六、田间畦埂工程

畦埂原则上用土修筑，土料多从就近田间采取。畦埂从地基面以下开始碾压修筑，并与附近的地基一起压实。按畦埂在田间的位置不同，可分为耕区间畦埂和存在较大高差的畦埂（包括濒临沟渠边畦埂），两种畦埂构造见图8-4。

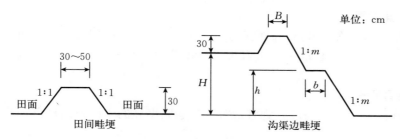

图8-4　畦埂构造示意

平坦地耕区间畦埂比较简单，施工很少出现问题，但在斜坡地由于田面高差大，设计施工时要注意边坡稳定问题，根据地形、土质和地下水状况采取适当的边坡加固措施。表8-1给出了存在较大高差的畦埂构造要素，供设计和施工中参考。

表8-1　畦埂构造要素

H（m）	h（m）	边坡系数 m	B（m）	b（m）
<1.0	—	1.0	0.3～0.5	—
1.0～2.5	—	1.2	0.3～0.5	—
>2.5	<2.0	1.5	0.3～0.5	0.5

第二节　农田道路工程

具体而言，在规划农田道路时需要考虑以下原则：一是满足区内居民生产、生活以及农业机械作业对农田道路的要求；二是与灌排工程规划、土地平整规划相结合，修筑农田道路与土地平整同时进行，取田土筑路；三是与农村建设、林带规划统一考虑，道路顺直、平坦、美观，尽量与林带布置相结合；四是尽量利用原有农田道路，少占耕地；五是近远期统一规划，分期实施。

村落与外界之间联系的道路为主农田道路，村落至田间的机械作业路为次农田道路。在农田道路规划设计中，荷载及路面等级主要根据交通及农业机械化要求确定。考虑机械行走要求，道路均采用碎石路面。

一、农田道路宽度的确定

农田道路参数的确定。主农田道路宽度 6.5 m，次农田道路宽度 5.0 m。道路横坡坡度取 3%，纵坡坡度控制在 8% 以内，特殊地段可放宽至 12%。

整修农田时对于干支线农田道路宽度要根据行走的车辆确定。车道宽度加两侧路边宽度为道路全宽度，车道宽度又称有效宽度。干线农田道路有效宽度应考虑卡车（2.5 m宽）和康拜因联合收割机（2.3 m 宽）错车行驶，有效宽度应为 5.0～6.0 m；支线农田道路以农用机械为主，其有效宽度要考虑康拜因收割机，以 3.0～4.0 m 为宜。

二、路面高度及其纵横坡降的确定

（一）路面高度

从道路维修管护看，道路的高度值应大一点。但是，也要考虑农用机械从道路到农田的出入问题。支线农田道路应高出农田 30 cm 以上，干线农田道路应高出农田 50 cm 以上。

（二）路肩坡降

路肩坡降以 1：（1.0～1.2）为宜，对于交通频率高的干线道路和路面高的道路要视土质而定。

（三）横断面坡降

设计适当横坡对于迅速排除道路雨水是很有必要的。一般来说，路面铺有柏油或水泥的道路横向坡降取 1.5%～2.0%，碎石道路横向坡降取 3.0%～6.0%。

（四）纵断面坡降

道路的纵向坡降应在通行车辆行驶安全的范围内取值。一般情况下，最大纵向坡降取 8.0%。

三、农田田间道路

当农田田间道路与农田高差大于 30 cm、农田田间道路旁如果有灌水渠时，为了方便机械进出田间，需要设置农田田间道路与农田的进出道路。面积不足 0.5 hm² 的耕区，农田田间道路的宽度要考虑拖拉机的回转半径及使用情况，其宽度取 3.0～4.0 m。当农田田间道路和田面高差不足 30 cm，且连接的两个种植区属同一农户经营时，则在两个种植区中设置一处进出路，路宽为 4.0～6.0 m。考虑到拖拉机的爬坡限度，所以农田田间道路的坡度应限制在 18° 以下。

四、交叉路口

考虑到挂拖车的拖拉机和收割机等的宽度，农田道路交叉处要去角拓宽，去掉角的一边长度由两条相交的农田道路宽度决定，一般为 0.5～2.0 m。在干支线农田道路交叉处，如果足够宽（两条交叉农田道路宽度不小于 5.0 m），有时也可以不去角。

五、农田道路路基用土与路面构造

在目前农村经济条件下，为了减少筑路费用，路面以铺设沙石为宜，但需要做好道路养护工作。铺设沙石时需要考虑土质情况、泥泞状态等因素，沙石的铺设厚度一般为 5～15 cm。为方便车辆通行、避免沙石飞扬，可以分多次铺设。

第三节　农田水利

改良滨海盐土需要淋洗和排除土体中的盐分，就要采用水利措施，通过灌溉淋洗土体中盐分，然后经排水排除土体中淋洗出来的盐分。为使排除地表水、土壤水和降低地下潜水位同时到位，满足灌溉和降渍、防治盐碱的要求，田间灌排渠系工程应分开布置，水位分开控制。

一、田间灌排渠系工程

将滨海盐土垦区分成几块条田，中间开挖中心干河作为引、排的骨干河道，以干河为纲垂直布置中、小（末级固定排水沟）两级沟道，一般为"丰"字型。灌溉提水站（灌溉机口）布置在干河两侧，渠系为干、支（末级固定灌溉渠）二级到田布置。沟渠相间"双非"布设。垦区围堤内侧筑堤取土形成沿堤（环塘）河。

（一）河、沟、渠网布置形式

为提高区域内蓄水、排涝、排灌的能力，在区域内布置面宽 30～60 m 的沿塘直河 1 条，与各区块相互沟通，设计河深 3～5 m，并采用两级边坡系数，下级边坡系数为 1∶3.5，高程 2.5 m 处设 1 m 宽平台，上级边坡系数为 1∶30。各区块内再各设横河 1 条，河面宽 15～20 m，设计河深 1.5～2.5 m，边坡系数为 1∶3。

（二）骨干河道

大沟（也称竖河），间距 2.0～2.5 km；中沟（也称横河），间距 0.5～1.0 km；小沟（也称农排沟），间距 0.08～0.15 km。大、中、小沟相互连通，交织成网，组成基本河网系统。

（三）骨干河道引排调控

依靠潮汐低潮排、高潮引，垦区换水以先排除后补充的方式进行，降渍通过降低垦区整体河网水位。

二、排水沟系统

排水是滨海盐土改良的水利措施核心，只有通过排水系统的排水，才能把土体和地下水中的盐分排除。健全的排水系统包括干、支、斗、农等各级固定沟，不仅可以利用雨水和灌溉水淋洗出土体的盐分，通过排水排出土体，还可以降低滨海盐土地区的地下水位，防止土壤返盐。在滨海盐土地区，选择以农排沟为排出地下水的末级沟。排水沟的参数指深度、间距和断面，其中深度和间距直接影响滨海盐土的改良效果。

（一）排水沟深度

合理的排水沟深度，能够有效控制改良地段的地下水位和排走土壤盐分。排水沟的深度依据土壤地下水临界深度来确定。地下水临界深度是指不致引起土壤耕层积盐危害作物生长的最浅地下水埋藏深度。影响地下水临界深度的因素主要有降雨和蒸发、土壤质地和结构、地下水矿化度等自然因素及农业生产条件。

在确定地下水临界深度后，可按式（8-14）计算出排水沟深度：

$$H = H_K + \triangle h + h_0 \tag{8-14}$$

式中，H 指排水沟深度，m；H_K 指地下水临界深度，m；$\triangle h$ 指排水地区中部地下水位与排水沟内水位差，一般采用 0.2～0.4 m；h_0 指排水沟排地下水时的设计水深，一般采用 0.2 m。

按照上式计算出末级排水沟深度后，再逐级推算斗、支、干渠的深度。

（二）排水沟间距

排水沟的间距要合理，如果过大，地块中间不容易脱盐；如果过小，浪费土地、劳动力和资金。农排水沟的沟距确定，常用的有 3 种方法。

第一种是用非稳定流理论公式法，非稳定流理论公式计算：先假定沟距，确定排水时期，地下水位始、终值后，根据试验资料，求出水位传导系数，然后进行分时段试算，直到排水时期末，地下水位降到临界深度以下，则假定的沟距是正确的。这一方法计算的结果与实际观测试验结果有较大差距，这主要是平原土壤质地比较复杂所造成。

第二种是半经验半理论公式法，半经验半理论公式计算：滨海盐土地区地下水位高，应采用考斯加可夫提出的适合不透水层为无限深的公式。

$$L = \frac{\eta \times K \times T}{\ln \dfrac{H_1}{H_2}} \tag{8-15}$$

式中，L 指农排沟的间距，m；η 指土壤排水特性系数，在滨海盐土地区，当排水沟间距为 50～100 m 时，η 值近似为 68.46；K 指渗透系数，水田为 0.018 m·d^{-1}；T 指排水时期 90 d；H_1 指起始水位至沟水面深，根据作物耐渍极限深度为地面以下 0.6 m，则 $H_1 = 1.2$ m；H_2 指经排水时期 T 后，沟距中点地下水位与沟中水位差，$H_2 = 0.3$ m。

第三种是调查试验法，研究表明，末级排水沟深与土壤脱盐呈正相关，即在一定沟深范围内，沟深与脱盐范围呈直线关系。轻质土壤沟深为 1.7～3.5 m 时排水沟单侧土壤脱盐范围为沟深的 60～100 倍。黏质土壤沟深为 1.2～2.1 m 时，排水沟单侧土壤脱盐范围为沟深的 80～100 倍。在浙江玉环漩门湾的研究表明，滨海盐土黏质土壤的地下水稳定入渗速率小于 1 mm·h^{-1}，也就是说，土壤地下水从某一点沿水平流向另一点，每天只能移动 24 mm，每年的运动距离不超过 10 m。如果不人为加密排水沟，滨海盐土土壤每年通过地下水排出土壤盐分是十分有限的。因此，滨海盐土黏质土壤地区排水沟间距，还需要适当加密。

（三）排水沟断面

排水沟断面应满足改良滨海盐土设计沟深的边坡稳定和排水通畅要求，能顺利通过设计的排水流量不冲不淤，边坡大小取决于土质和土层排列（表 8-2）。适当加大沟底宽有利于保持排水沟断面的稳定和排水沟的通畅。黏质土可采用底宽 1.0 m，轻质土可用 2.0 m。末级排水沟纵向比降一般采用 1/5 000～1/3 000。

表 8-2　不同土质和土层排列的边坡系数

土壤质地	边坡系数
黏壤土及黏土	（1∶1）～（1∶1.5）
砂质黏壤土	1∶1.75
粉砂质壤土	（1∶2）～（1∶3）
上层砂土、下层黏土	上层（1∶2）～（1∶3）、下层 1∶1.5
上层黏土、下层砂土	上层 1∶1、下层（1∶2）～（1∶3）

三、暗管排水

暗管排水既不占耕地，同时也能避免坍塌淤积。土壤脱盐速度比明沟高 10%～30%（1 m 土体），而且排水排盐量也较稳定。虽然修建暗管排水工程投资比明沟高 2～3 倍，但是只需 6～7 年的时间就可完全弥补与明沟投资的差额。因此，暗管排水可作为土质轻或底土含有流沙地区排水改良滨海盐土的选择。

建立滨海盐土地区灌排改良暗管埋深、间距等参数估算方法。当确定改良时间、脱盐目标等指标后，可以根据该估算方法计算暗管间距参数。同样，当知道暗管间距、埋深等指标后，也可以根据该估算方法计算漫灌淋洗一段时间后田间各点土壤盐分变化。

（一）暗管埋深

暗管埋深一般按式（8-16）计算：

$$D = h_{\mathrm{p}} + \Delta h + h_0 \tag{8-16}$$

式中，h_{p} 为植物要求的土壤改良深度或地下水位埋深，m；Δh 为两排水暗管中间点地下水位与暗管中水位之差，该值大小与土壤质地和暗管间距相关，一般取 0.2 m；h_0 为排水暗管中水深，通常取管径的 1/2。

绿化乔灌木根系一般分布在 0～1 m 土层范围内，草坪、地被植物根系一般分布在 0～0.4 m 土层范围内。根据式（8-16），滨海新区盐碱地绿化栽植乔灌木时暗管埋深应不小于 1.2 m，栽植草坪、地被植物时暗管埋深应不小于 0.6 m。

（二）暗管间距

离暗管最远的流管单位面积平均流量 q_{N} 近等于离暗管水平距离最远处（$x = L/2$）流线所在位置的田面入渗强度 $\varepsilon_{L/2}$，根据式（8-17）计算：

$$q_{\mathrm{N}} = \varepsilon_{L/2} = -\frac{w}{f_{\mathrm{t}}} \ln \frac{C_{\mathrm{t}} - C_{\mathrm{i}}}{C_0 - C_{\mathrm{i}}} = \frac{KH}{AL} \cdot \tanh \frac{\pi D}{L} \tag{8-17}$$

式中，q_{N} 为通过流管上口单位横截面积的平均流量，m·d^{-1}；K 为土壤渗透系数，m·d^{-1}；H 为有效水头，等于田面水头与暗管水头之差，m；A 为排水修正系数；L 为暗管间距，

m；h 为排水暗管半径，m；D 为暗管埋深，m；ε_x 为距暗管中心 x 水平距离处的田面入渗强度，其中 $x=L/2$，$m \cdot d^{-1}$。

（三）淋洗定额

淋洗定额计算见式（8-18）：

$$I = \varepsilon_a t = \frac{\varepsilon_{L/2}}{\tan h \dfrac{\pi D}{L}} \times t \tag{8-18}$$

式中，I 为灌溉淋洗定额，m；ε_a 为田面平均入渗强度，$m \cdot d^{-1}$；t 为灌溉时间，h；L 为暗管间距，m；D 为暗管埋深，m。

（四）暗管内径

在知道暗管长度后，可计算暗管排水流量：

$$Q_s = ql = \varepsilon_a IL = \frac{\varepsilon_{L/2}}{\tan h \dfrac{\pi D}{L}} \times L \times l \tag{8-19}$$

式中，Q_s 为暗管排水流量，$m^3 \cdot d^{-1}$；l 为暗管长度，m；其他同上。当暗管埋设方式采用中间高向两端排水时，l 取暗管实际长度的 $1/2$；当暗管埋设坡向一致并向一端排水时，l 取暗管的实际长度。

暗管内径根据排水流量、设计坡降和管材等因素确定：

$$d = 1.548 \, (nQ_s)^{0.375} \times i^{-0.188} \tag{8-20}$$

式中，d 为暗管内径，m；n 为曼宁糙率系数，波纹塑料管通常取 0.016；i 为暗管设计坡降，一般为 $0.001 \sim 0.003$。

（五）冲洗和灌溉压盐

1. 冲洗　在滨海地区，滨海盐土开垦种植时必须先冲洗土壤盐分。在盐分较重的地方，可加大灌水定额以淋洗土壤中的盐分。

冲洗脱盐标准包括冲洗后脱盐层土壤的允许含盐量及脱盐层厚度。脱盐层土壤的允许含盐量是指土壤含盐量降低到作物正常生长的范围，这主要取决于土壤盐分组成、作物种类、不同作物的耐盐能力，同一作物不同生长期耐盐能力也有差异。在滨海地区，一般设计土壤脱盐层厚度为 $0.8 \sim 1.0$ m，氯化物盐土冲洗脱盐标准采用 $2.0 \sim 3.0 \, g \cdot kg^{-1}$。

洗盐定额是指单位面积使土壤达到冲洗脱盐标准所需要的水量。影响冲洗定额的因素主要有土壤类型、冲洗前土壤含盐量、土壤质地、排水条件、冲洗技术和冲洗季节等。滨海盐土洗盐定额见表 8-3。

表 8-3　滨海盐土的洗盐定额

1 m 土体全盐量（$g \cdot kg^{-1}$）	洗盐定额（$m^3 \cdot hm^{-2}$）	排水沟
$4.0 \sim 6.0$	$20.0 \sim 26.7$	
$8.0 \sim 12.0$	$22.0 \sim 29.3$	深度：$2.0 \sim 2.5$ m；间距：$200 \sim$
$14.0 \sim 16.0$	$24.0 \sim 32.0$	500 m
$18.0 \sim 20.0$	$25.3 \sim 34.7$	

灌溉压盐措施主要用于土壤盐分含量较高的新围滨海盐土或盐田改造为农田的滨海盐土，采用泡水洗盐方法改良大量盐土。但是冲洗必须保证有排水条件，否则冲洗引进的水量会引起地下水位上升，导致土壤发生次生盐渍化，而且在冲洗之前，应分畦打埂，平整土地，使水层均匀、脱盐一致。冲洗后要加强田间管理措施，巩固脱盐效果，防止土壤返盐。

2. 灌溉　滨海盐土灌溉既要满足作物需水，又要淋洗土壤盐分，调节土壤溶液浓度，需要加大灌溉定额，使土壤水盐动态向稳定方向发展。滨海盐土灌溉必须针对土壤盐渍状况及季节性变化，掌握有利的灌溉时期和适宜的灌水方法。

以灌溉种稻为例，改良滨海盐土的主要措施有：一是田间水利工程布局。田间水利工程包括灌溉渠和排水沟，可保证滨海盐土脱盐和种稻后地下水水位回落到适合耕作的水位。一般要求末级的灌排渠分系。田间毛渠应修成半挖半填式，毛渠水位不宜过高，防止大水漫灌，否则浪费水资源或抬高地下水位而引起土壤发生次生盐渍化。毛排具有排泄稻田退水和汛期涝水的作用，而稻田表层盐分主要通过毛排排出。特别对于土质黏重的土壤，由于土壤透水性差，排盐更是靠毛排。一般毛排间距以 40～60 m 为宜。在种稻期间为了加快土壤表层脱盐，必须勤灌勤排，保证田面水的 pH 不超过 8.5。田块面积以 0.13～0.26 hm² 为宜，田块过小地埂占用太多浪费土地，田块过大土地不易平整，灌水和排水不均匀，影响脱盐。二是稻田灌溉技术。稻田的水层管理直接影响秧苗生长，一般采用大小水间灌。插秧初期要深灌，田间保持水层 7～10 cm，深水层水温低，盐分浓度低，对水稻危害小，而静水压力大，有利于盐分淋洗。水稻返青期要浅水勤灌，保证田面不断水，以利发棵，也可避免表土干后返盐造成秧苗死亡。分蘖前期浅灌促分蘖，后期深灌抑制无效分蘖。拔节、抽穗、扬花期是水稻需水最多的时期，要深灌。为保证水稻后期不倒伏，在抽穗前烤田一次，促进根系发育，茎秆坚实。后期水层宜浅，实行间歇浅灌，收割前 10 d 田面水自然落干。

第四节　土壤改良

依据土壤水盐运动规律，采取农艺措施，减少土壤盐分向地表累积，提高土壤肥力，防止土壤返盐，以达到保障作物出苗生长和稳产增产的效果。

一、合理耕作

滨海盐土深耕可以将含盐量高的表土翻入深层，改变上层土壤盐分高和下层土壤盐分低的现象，有利于作物出苗和保苗。深耕还能切断土壤毛细管，减少水分蒸发，并且疏松土层的孔隙率高，可促进雨水下渗，盐分亦随之下移，促进土壤淋盐。深耕应在秋季进行，并且在翌年进行浅耕耙磨。雨后勤锄，能及时切断毛细管，防止土壤返盐。

一般而言，土壤耕作对土壤作熟化程度的影响较耕作层厚度的影响更明显。但在相同熟化情况下，耕作熟化土层厚度的影响较熟化程度的影响更明显。因此，对通过调控土壤水盐运动，促进土壤脱盐来说，首先要使地表 10 cm 的土层达到熟化指标，即可实现防盐保苗的效果，然后逐渐加厚熟化层到 20 cm 以上，则可巩固脱盐效果。

二、增施有机肥

有机肥能够改善土壤结构、利于淋洗盐分、延缓土壤返盐、中和土壤碱性、提高土壤养分、增强微生物和酶活性，以及减少灌溉定额，同时，有机质本身具有较好的吸附力，能够产生一定的缓冲作用。利用牧草和鸡粪直接在盐斑上进行堆肥，能够有效降低土壤pH。增施有机肥料，培肥熟化表土，提高土壤肥力，可以抑制土壤返盐。熟化表土之所以能够抑制返盐是因为土壤有良好的结构和较多较大的孔隙，能在土壤表面形成疏松土层，削弱下层土壤水分的蒸发速度，减少土壤盐分的积累。滨海盐土土壤熟化指标：大于0.25 mm土壤水稳性团聚体含量在25%以上，容重小于$1.25\ \mathrm{g \cdot cm^{-3}}$，总孔隙度50%～55%，而非毛管孔隙度在15%以上，有机质含量在$14～15\ \mathrm{g \cdot kg^{-1}}$。

三、种草改土

种草可以改良滨海盐土。草本植物枝叶繁茂，可以降低地温和近地面气温，同时降低地面风速，减少地面蒸发，抑制土壤返盐。随着种草翻压年限的增加，土壤有机质和有效养分含量增加，土壤肥力提高。种草还可以改善土壤物理性状，减轻土壤容重，土壤孔隙增多，因而使土壤疏松，增加土壤透水性，提高土壤蓄水能力。适应性比较广的草种有：豆科紫花苜蓿、草木樨、田菁、毛叶苕子、箭舌豌豆，禾本科大麦、黑麦草、羊草等。

四、铺生土盖草

结合排水沟的清淤，地沟内清出的淤泥铺在田面，通过垫高田面形成一个暂时的隔离层，有利于减少毛细管水的蒸发和盐分在地表的积聚。常年进行铺生土抬高田面，能降低地下水位，并随着排水沟的逐年加深，排水淋盐的效果更好。在铺生土的同时表面盖草，能抑制地表蒸发，减轻土壤返盐，并且能蓄积部分雨水，加强淋盐作用，同时增加土壤有机质。

在改良农田盐斑时，将20～30 cm表土挖开，填入一层干草，目的是切断土壤毛细管，增加土壤透水性。如果地表再覆盖一层厚草，既有利于增加土壤有机质，也有利于消除盐斑。

五、施用土壤改良剂

滨海盐土危害作物生长的原因有：一是土壤盐分含量高，对作物生长产生盐害；二是土壤交换性钠离子的含量和pH高，土壤强碱性易腐蚀作物根系，还会造成某些营养物质如铁、锰、钙和磷的溶解度降低，不能满足作物的需要。施用化学改良剂，可改善土壤结构或置换出土壤中的Na^+，促进盐分的淋洗，提高土壤肥力，达到改良土壤的目的。通常利用脱硫石膏、过磷酸钙、磷石膏、高聚物改良剂、微生物改良剂、土壤综合改良剂等来实现。

（一）高聚物改良剂、土壤综合改良剂等改良盐土

施硫酸铝改土，土壤团聚体明显增多，土壤孔隙度显著增大，Ca^{2+}、K^+、Mg^{2+}的浓

度明显增加，土壤 pH 显著下降，土壤入渗速率明显提高。

利用粉煤灰在树穴底部做隔离层，能够有效防止盐分上升，提高土壤通透性，增加土壤肥力。利用海沙、电石渣与滨海盐土进行一定比例的掺拌改良，能够使滨海盐土在淋水后迅速脱盐。通过设置"20 cm 炉渣＋10 cm 干草"和"20 cm 建筑垃圾＋10 cm 干草"隔离层对滨海盐土进行改良，隔离层具有良好的排盐和排水效果，能够有效调节地下水位。沸石作为一种成本低廉的改良材料也有一定的应用和研究。日本利用沸石进行盐碱地改良，沸石对钠离子和阴离子均有着良好的吸附作用，利用沸石可显著降低土壤黏性、土壤容重和含盐量。

（二）石膏、磷石膏等改良盐土

我国 20 世纪 50 年代开始就使用石膏等化学改良剂改良盐土，并取得了明显效果。通过施用石膏，土壤理化性状得到改善，pH 下降，游离的碳酸根离子消失，土壤紧实度降低，透水性增强。磷石膏通常含有 $50\%\sim70\%$ 的石膏和 $1\%\sim2\%$ 的五氧化二磷，因而有与石膏相同的改土作用，同时含有磷素营养，有利于促进作物生长。

1. 施用时间　适宜在地温显著上升时期或高温多雨时间施用。

2. 施用方法　先平整土地，然后翻耕，撒施改良剂后耙地，使之与表土混合均匀，再种植作物。

3. 施用量　主要取决于被改良土壤盐基交换总量和交换性钠离子的相对量、绝对量，盐基交换总量和交换性钠离子的相对量、绝对量大，改良剂施用量就大。

4. 化学改良剂施用方法　施用化学改良剂一定要结合灌溉排水，以将生成的盐类排出土体。

（三）微生物改良

盐土改良可利用的功能微生物有：硫氧化细菌、放线菌、真菌和光合细菌等。开展耐盐菌种的分离筛选，丰富菌种资源，开发复合菌剂，从而提高盐土改良效果。

利用植物纤维、生物质焦、苔藓植物、沼渣、蚯蚓粪、有益微生物菌制成有机质混合料，再加入红糖水进行堆沤制成盐土改良肥料。将腐殖酸、活性炭、氮磷钾肥、石膏、硼砂、硫酸锌进行配比制备盐土改良肥料，均在盐碱地改良中起到了良好的改良效果。

第五节　地下水控制措施

杭州湾南岸拥有大量海涂资源，由于新围垦滩涂地下水位高，矿化度大，土壤盐分重，返盐强烈，围垦后改良土壤速度迟缓，农业产量低而不稳。为了消除生产障碍，充分发挥土地的生产潜力，需要调控地下水（何守成和董炳荣，1986）。

一、土壤与水文地质条件

杭州湾南岸滩涂土壤分布在萧山、绍兴、上虞、慈溪、余姚和镇海等地。本区地质结构为第四纪冲积层，沉积层次明显，土层深厚。全剖面粒级组成均以 $0.01\sim0.05$ mm 的粗粉砂为主，其含量大都在 80% 以上，小于 0.001 mm 的黏粒含量在 10% 以下。近河口的颗粒较细，远离河口的较粗。土壤渗透系数为 $0.86\sim0.91$ m·d^{-1}，围垦前土壤容重为

$1.3\sim1.4\,g\cdot cm^{-3}$，$1\,m$ 土层含盐量为 $5.0\sim8.0\,g\cdot kg^{-1}$，盐分组成以氯、钠为主，均占阴离子总量和阳离子总量的 80% 以上，$0\sim20\,cm$ 土层有机质含量大都在 $7.0\,g\cdot kg^{-1}$ 以下，全氮在 $0.4\,g\cdot kg^{-1}$ 以下，全磷（P_2O_5）为 $1.2\,g\cdot kg^{-1}$，全钾（K_2O）为 $20.0\,g\cdot kg^{-1}$。

由于本区滩涂围垦区地面高程低，加之闸口淤积严重，地下水位普遍很高，地下水矿化度大，耕种多年后的垦区，虽然上部土壤受降水和灌溉的作用趋于淡化，但地下水淡化层大多仍然没有形成。地下水位高，不仅洗盐效果差，而且土壤过湿，也常常影响种子发芽，延迟作物成熟。遇旱时在强烈蒸发影响下，地表盐分聚积，影响作物生长。

二、控制地下水的要求

控制地下水是指控制地下水位和淡化地下水质。研究和实践证明，控制地下水是除涝、防止返盐和提高土壤肥力的重要措施，是改造利用滨海盐土的重要手段。但是，控制地下水首先必须弄清地下水的动态特征，明确要求，才能有针对性地提出控制措施。

（一）地下水位的变化及要求

本区地下水动态类型有降水-蒸发型、浸润型和灌溉型。①降水-蒸发型是旱田荒地，地下水位的上下运移随降雨和蒸发强度而变化。按地下水位季节性变化规律可分为 5 个时期：3 月、4 月为春雨季节，是地下水高水位期，地下水位在 $10\sim50\,cm$。排水不畅的地段，地下水位常在 $40\,cm$ 左右。此时正值小麦和大麦抽穗灌浆、成熟阶段，控制地下水位的目的是防止渍害。5 月、6 月为梅雨季节，是地下水中水位期，地下水位在 $100\,cm$ 左右。此时是棉花播种期、麦类收获季节，控制地下水位的目的是既要防渍又要防盐。7 月、8 月为干旱季节，是地下水的低水位期，地下水埋深在 $150\sim250\,cm$。此时作物需水迫切，但经常出现台风和暴雨，控制地下水位既要满足防涝、防止返盐要求，又要兼顾抗旱。9 月是秋雨季节，是地下水第二次高水位期，地下水位上升到 $40\sim100\,cm$。此期控制地下水位的目的是防涝、防盐。10 月至翌年 2 月是少雨季节，也是地下水持续低水位期，地下水位常在 $150\sim250\,cm$，最低水位可达 $3\,m$ 左右。此期控制地下水位的目的是提高土温，促进作物生长，并保证作物安全越冬。②浸润型是指受灌溉浸润影响下的旱田荒地，地下水位普遍很高。根据慈溪庵东地下水定位观测结果，受影响的棉田地下水位比不受灌溉浸润影响的高，且高水位持续时间长，低水位期地下水位高。地下水质还受灌溉影响，$1\,m$ 以上的地下水氯化钠含量较低，变化幅度大。③灌溉型主要是稻田，影响稻田地下水位变动的主要因素是灌溉和排水，在整个水稻生长期地下水位与地表水基本相连。自 10 月稻田开始排水至 11 月底是潜水位下降期。12 月至翌年 2 月是低水位期，最低水位可达 $2\,m$，3—4 月是稻田引水育苗和泡田洗盐季节，潜水位处于上升期，整个稻作期土壤处于淋洗状态，地下水淡化层逐渐增厚，控制地下水位的关键期是泡田洗盐期和稻田排水期。

（二）地下水质的变化及要求

根据上虞三汇乡土壤定位资料分析，在排水良好的条件下，种稻 4 年后回种棉花，该地的地下水矿化度较低，整个棉花生长期埋深 $3\,m$ 以内的地下水氯化钠含量在 $1\,g\cdot L^{-1}$ 左右，季节性盐分变化不明显，土壤返盐能力弱，作物生育正常，此值可初步作为本区地下水质的淡化标准。对于地下水淡化深度的确定，可以地下水临界深度为准，临界水位以上的地下水质直接受蒸发、降水、灌溉等影响，在临界水位以下不受上述影响。通过用土壤剖面曝晒法来判定在不同地下水位状况下的土壤毛细管水强烈上升高度，当地下水埋深在 2.7 m 时，曝晒前后土壤含水量与田间持水量的曲线几乎是一致的，也就是说底土盐分与地下水中的盐分可不断向上补给；而地下水位在 3 m 和 3.5 m 时，田间持水量与曝晒前后的土壤含水量曲线分别在 40 cm、80 cm 处有较大的离散度，该位点与地下水位的距离为毛细管水强烈上升高度，即 2.6～2.9 m，再加上耕层深度 30 cm，则地下水临界深度为 2.9～3.2 m。因此本区地下水埋深 3 m 以内的水质，氯化钠含量只有在 1 g·L^{-1} 以下，作物才能免除受盐碱的威胁。

三、控制地下水的途径和措施

（一）分区治理

钱塘江南岸自镇海至闸口，沿河长 200 km 范围内，各垦区排水受不同潮位的影响。当开发一个新的滩涂灌区时，要认真研究该灌区出现的设计降水频率时的径流过程与相应外河洪水过程的关系，从而正确确定排水出口的设计标准与工程措施。因此要对钱塘江潮位进行频率分析，制成水面线图，从中查得沿河各地排水口各种频率条件下的高低潮与集水面积要求的畅排水位，并相互比较，区分自排区、抽排区和半自排区。对于抽排区，要建造排水站进行排水。对于自排区，应增设排水口，修建防潮闸，加大河、沟、渠的过水断面，抓住落潮抢排。对于半自排区，高地可以自排，洼地则需辅以抽排，各区排水系统要配套，支、干、河等各级排水沟逐段加深，合理衔接，保证水流畅通。

（二）合理确定田间排水沟沟深和沟距

本区新围垦区都以种稻改良为前提进行水旱轮作，控制水旱轮作区地下水位的田间排水工程规模是以旱作物的排水排盐要求作为设计依据，根据初步调查，旱作物要求雨后 2 d 内将地下水位下降到 0.5 m 以下。防盐地下水埋深在 1.5 m 左右。为了使排水沟的配置能达到上述除涝防盐的要求，在上虞县三汇乡进行了田间排水沟沟深、沟距测试，选定 4 种沟距：75 m、110 m、160 m 和 200 m，沟深有 1.5 m 和 1.7 m，测定不同排水沟在雨后降低地下水位的情况。本区排水沟沟深、沟距的经验公式见式（8-21）：

$$b = 76.9 \frac{K \times T}{\ln \dfrac{H_1}{H_2}} - 138 \tag{8-21}$$

式中，b 为沟距，K 为土壤渗透系数，T 为水位下降历时，H_1 为起始水头，H_2 为地下水下降后的水头，求得本区排斗选用的沟深应为 1.3～1.5 m；沟距 150～200 m，排支的沟深以 1.8 m、沟距 50～1 000 m 为宜。但是，在选定排支沟距时，还应根据各地地下水淡化情况而定，如果土壤盐分重，地下水矿化度高则相应的沟距要小，否则可采用较大的沟距。

（三）减少地下水的侧向补给

本区旱地地下水除降水补给外，绝大部分由稻田灌溉或海涂水库、蓄水河侧向补给。稻田灌溉对旱田的浸润影响不仅增加灌溉定额，而且土壤过湿导致作物发生渍害和阻碍地下水淡化层的形成。水旱轮作灌区最好以支渠为单位进行轮作，每 10～50 hm^2 为一个单元区，有利于减少灌溉水的损失。在轮作区间，应有较深的排水沟隔开，以缩小浸润范围。若灌区内有滩涂水库或专用的蓄水河，也应考虑面积的大小与布局，否则过多的旁侧渗漏量使蓄水效率不高。

（四）建立地下水淡化层

水稻田由于长期淹灌，大量淡水不断将矿化度高的地下水挤向排水沟，使地下水逐步淡化。在实施"先水后旱"的改造新围海涂措施中，应在种植水稻期间调控地下水位，以加速地下水淡化层的形成。在调控地下水位中要掌握水盐变化规律，保持适宜的地下水位，尽量延长低水位期，使雨水充分淋洗土壤盐分。在泡田洗盐前期，要尽可能使地下水位降到最低，以利土壤洗盐和扩大地下水淡化层的范围。在稻田彻水期，要求地下水位尽快降到 1 m 以下，以利于冬作播种。按灌溉水质标准进行灌溉，防止高浓度水质进入田间，并要杜绝海水倒灌。

（五）滩涂三面光水泥沟渠的建造方法

浙江的滩涂土壤含有盐分，为了改良土壤，需开沟排水排盐。在杭州湾和钱塘江两岸，土壤粉砂粒含量高，开挖排水沟一般因断面大而易坍塌，而建造三面光水泥沟渠可克服此缺点。上虞市海涂实验农场采用预制水泥板制成三面光水泥沟渠，投资省、效果好。现将制作方法介绍如下。

1. 做水泥预制板　用 500 号水泥拌成 200 号混凝土，制成长 100 cm、宽 50 cm、厚 3.5 cm 的水泥预制板，板内有钢筋，直 4 根、粗 5 mm，横 5 根、粗 4 mm，成 15 cm×25 cm 的钢筋网。这样一块水泥预制板造价仅 7 元。

2. 挖土造基槽　挖土形成底宽 60 cm、上口面宽 170 cm、深 100 cm 的梯形基槽，为铺水泥板施工做好准备。

3. 铺水泥板　在基槽的底部先铺厚 2 cm 的塘渣粉（开山石塘筛出砾石后的泥沙混合物，如粗沙大小），后铺底板。用注水的塑料管控制沟渠比降，从沟尾到沟口，每 100 m 降低 2～3 cm，呈 0.2%～0.3% 的比降，再铺立板，板与板间留 2 cm 的空隙，以便用水泥勾缝，使板成整体。这样便形成一个底宽 50 cm、面宽 150 cm、深 87 cm 的梯形水泥沟渠。

4. 填土压顶　水泥沟渠与基槽间的空隙用土填实。填土时，一边戽水，一边捣实。在填土的顶部铺厚 15 cm、宽 40 cm 的片石，再用厚 5 cm 的混凝土压顶。宽 40 cm 的片石和混凝土要有 10～20 cm 压在基槽外的老土上，以增强顶部牢固度。

5. 开沟和加顶板　在混凝土压顶外，距离水泥沟 50 cm 左右田内侧开一土排水沟，深 30～40 cm，以排除田间地表水，减轻对水泥渠的压力，防塌效果较好。另外，在沟渠每隔 8～10 m 处加五孔板一块，顶住立板，协助防塌；还可作沟渠两边的过桥。

6. 田间排水涵管及道路下涵管的铺设　若滩涂的田块为 100 m×100 m，其田间排水通过两边的田头沟和中间的腰沟排入水泥沟渠，即在一块田中，有间隔 50 m 的 3 个排水口入水泥沟渠。在入口处用直径 30 cm 的水泥涵管相接，接口处深 50～60 cm；水泥沟渠与道路交叉处也置水泥涵管，口径 40 cm，沟每延长 200～400 m，涵管口径增加 10 cm。

海涂三面光水泥沟渠有 3 种规格，分别是面宽 100 cm、130 cm、150 cm，其中以 150 cm 最好，流量大、抗倒、美观。三面光水泥沟渠造价低，沟底平，清淤方便，也易维修。与土排沟相比，节省土地。在土壤盐分已有一定脱除的地方，此种沟渠可作灌排两用，适宜在滩涂地区推广。

第九章 CHAPTER 9

碱土、盐化-碱土和滨海盐土的植物修复

　　盐度和/或碱化度引发的土壤退化是一个重要的环境制约因素，对农业生产力和可持续性产生了严重的不利影响，特别是在世界干旱和半干旱地区。盐渍化土壤的特点是溶液相以及阳离子交换复合体中可溶性盐（盐度）和/或 Na^+（碱化度）含量过高。这些盐类和 Na^+ 来源于母质矿物的风化作用（导致原生盐度/碱化度）或人类活动的不当管理导致次生盐渍化。碱土作为盐渍化土壤的一个重要类别，由于其在某些物理过程（黏土的崩解、膨胀和分散）和特定条件（表面结皮和硬化）下表现出独特的结构问题。这些问题会影响水和空气运动、植物有效持水能力、根系渗透、出苗、径流和侵蚀以及耕作和播种。此外，土壤溶液和交换性离子比例的变化造成渗透和离子特异性效应以及植物营养的失衡，导致土壤中 Na^+ 含量高。这种物理和化学变化影响着植物根系和土壤微生物的活动，最终影响着作物的生长和产量。盐化-碱土是另一类盐渍化土壤，通常与碱土归为一类，因为它们有几个共同的特征，并且两种土壤类型所需的管理方法相似。

　　碱土和盐化-碱土占世界盐渍化面积的 50% 以上。为了应对全球粮食安全的挑战，必须设法改良这些土壤，确保它们能够支持高生产力的土地利用系统。在过去的 100 多年里，包括化学改良剂、耕作操作、作物辅助干预、水相关方法和电流法在内的多种方法被用来改良碱土和盐化-碱土。其中，化学改良剂的使用最为广泛。许多耕作方案，如深耕和深松，也被用于破碎土壤表层 0.4 m 范围内的浅、密、钠质黏土盘和/或钠质层。然而，近几十年来，以作物为基础的方法，即植物修复，作为一种有效的低成本改良措施，已显示出良好的前景（Ilyas et al.，1993），因为它比化学改良便宜得多，而化学改良的成本对于许多发展中国家来说高得令人望而却步（Qadir et al.，2007）。

　　滨海盐土的植物修复主要依靠耐盐植物来改善土壤环境和促进生态系统的恢复。滨海盐土的植物修复方法是利用耐盐植物进行生态修复，这是改良滨海盐土的重要措施之一。利用耐盐植物对盐土的适应能力，通过种植这些植物，降低土壤盐分，增加土壤肥力，提高水分保持能力，改善土壤质量和生态环境，从而提高植物和土壤的生产能力。

第一节　碱土和盐化-碱土的表征

　　碱土和盐化-碱土通常根据土壤溶液或阳离子交换复合体中 Na^+ 的相对含量来描述，

同时考虑伴随的盐度水平。因此，土壤碱化度可用下列指标表示：①通过土壤电导率测量的盐度，②土壤溶液中可溶性 Na^+ 浓度相对于可溶性二价阳离子浓度的综合效应，即钠吸附比（SAR），或以百分比表示的交换性钠组分即交换性钠百分比（ESP）。

一、钠吸附比

SAR 使用式（9-1）计算：

$$SAR = \frac{Na^+}{\sqrt{1/2 \ (Ca^{2+} + Mg^{2+})}} \qquad (9-1)$$

式中，Na^+、Ca^{2+} 和 Mg^{2+} 分别表示土壤溶液中 Na^+、Ca^{2+} 和 Mg^{2+} 的浓度，$mmol \cdot L^{-1}$。

二、交换性钠百分比

ESP 通过式（9-2）计算，包括土壤的交换性 Na^+（E_{Na}）和阳离子交换量（CEC），单位分别表示为 $mmol \cdot kg^{-1}$ 或 $cmol \cdot kg^{-1}$：

$$ESP = \frac{100 \ (E_{Na})}{CEC} \qquad (9-2)$$

ESP 也可以通过将式（9-2）中的 CEC 替换为可交换性阳离子的总和来计算，如式（9-3）所示，可交换性钙（E_{Ca}）、镁（E_{Mg}）、钾（E_K）、钠（E_{Na}）和铝（E_{Al}）之和，单位为 $mmol \cdot kg^{-1}$ 或 $cmol \cdot kg^{-1}$：

$$ESP = \frac{100 \ (E_{Na})}{E_{Ca} + E_{Mg} + E_K + E_{Na} + E_{Al}} \qquad (9-3)$$

可交换阳离子之和可以用有效阳离子交换量（ECEC）代替。式（9-3）中的 E_{Al} 适用于酸性碱土（pH<6），其阳离子交换复合体上可能含有一些 Al^{3+}。然而，大多数碱土 pH 大于 7，呈碱性。

ESP 为 15%（或 SAR 为 13）通常被认为是临界值，低于该临界值的土壤被归为非碱土，高于该临界值的土壤是分散的，并且在加入水时会遇到严重的物理问题。然而，大量的渗透率和水力传导度数据表明，如果伴随的盐度水平（EC_e）低于 $4 \ dS \cdot m^{-1}$，则在 ESP 值小于 15%时，可能会出现碱土的典型土壤行为。因此，决定 Na^+ 对土壤性质不利影响程度的主要因素是土壤溶液中电解质浓度，低电解质浓度会加剧交换性 Na^+ 的有害影响。

碱性土壤具有高碱化度（ESP>15%）和高 pH（pH>8.3）的特点，并且含有 Na^+ 的可溶性碳酸盐（CO_3^{2-}）和重碳酸盐（HCO_3^-）。Na^+ 浓度大于伴生的氯化物（Cl^-）和硫酸盐（SO_4^{2-}）水平，即 $C_{Na} : (C_{Cl^-} + C_{SO_4^{2-}})$ 值大于 1。或者，土壤溶液相的（$2C_{CO_3^{2-}} + C_{HCO_3^-}$）：（$C_{Cl^-} + 2C_{SO_4^{2-}}$）值大于 1。这些土壤中 Na^+ 和 $CO_3^{2-} + HCO_3^-$ 为主要离子，并且往往具有低盐度和高 pH，这导致黏土膨胀和分散的增加。另外，土壤 pH 可以大于或小于 7，这类土壤可以是盐土或非盐土。

第二节　碱土和盐化-碱土的退化机制

碱化度会影响土壤中黏土粒级（粒径<2 μm）的水平。它是土壤基质的一个重要组

成部分，因为它的电荷特性与其他主要组分（如粉粒和砂粒）相比具有更大的单位质量表面积。在水悬浮液中，黏土颗粒上的电荷被相反电荷的水合离子中和。在碱土和盐化-碱土中，黏土表面通常带有净负电荷，这种负电荷被扩散的离子云中和，其中距离表面越近，阳离子浓度增加，阴离子浓度则降低。这种现象通常被称为扩散双电层。这个电层由表面电荷和补偿反离子组成，形成周围的离子群。

一、扩散双电层的影响因素

扩散双电层的厚度取决于交换性阳离子的性质和土壤溶液的电解质浓度。反离子（counterions）有两种相反的倾向：一方面，阳离子被静电吸引到带负电荷的黏土表面；另一方面，阳离子往往从浓度较高的黏土颗粒表面扩散到浓度较低的溶液中。这种相反的趋势导致可交换性阳离子浓度随着与带负电黏土表面的距离呈指数下降。由于二价阳离子被黏土表面截留的力大于一价阳离子，因此当二价阳离子占主导地位时，扩散双电层的厚度会受到更大的压缩。以类似的方式，增加土壤溶液中的电解质浓度对双电层有压缩作用，因为高浓度降低了可交换性阳离子从黏土表面扩散的趋势。

当两个黏土胶体相互靠近时，它们的扩散双电层重叠，两个带正电的可交换性离子层之间的电斥力被激活。这种电斥力也称为"膨胀压力（swelling pressure）"。可交换性阳离子向黏土表面的收缩越紧越大，黏土胶体之间的斥力越小，即膨胀压力越小，导致黏土膨胀的倾向性越低。黏土膨胀是一个减小土壤孔隙半径的过程，在降低土壤水力传导度方面起着关键作用，从而影响水通过土壤剖面的流动。这一过程随着电解质浓度和可交换阳离子价态的增加而减小，如在多价阳离子的情况下。例如，以 Na^+ 为主的蒙脱石黏土在低电解质溶液中自由膨胀，因为单个黏土片倾向于在这种稀盐溶液中持续存在。当二价阳离子如 Ca^{2+} 占据蒙脱石表面时，单个黏土片会形成团聚体（aggregates），这被称为叠胶（tactoid），也称准晶或黏粒集结体。叠胶由平行排列的 4～9 个黏土片组成，相互间的距离为 0.9 nm。以 Ca^{2+} 为主的黏土组分（clay fraction）表现为一个比表面积小得多的系统。因此，钙蒙脱石的膨胀比钠蒙脱石小得多，因为只有准晶的外表面有助于膨胀。

二、碱土团聚体湿润时吸引和排斥过程

碱土条件下的土壤退化通过一系列机制发生（图9-1）。第一阶段，碱土团聚体干时，黏土颗粒之间的吸引力很高，但灌溉导致土壤团聚体湿润，水化反应导致黏土颗粒之间产生排斥力，从而降低它们之间的吸引力。第二阶段，碱化黏土的初始水化会导致崩解和膨胀。崩解是指在润湿过程中，大团聚体分解为微团聚体。这一过程导致土壤表面大孔隙的数量减少和变小，从而限制降雨或灌溉水的渗透。第三阶段，分散是一个过程，导致单个黏土结构体从土壤团聚体中释放。当单个黏土颗粒从土壤团聚体中分离时，分散开始并形成不稳定的结构。如果碱土和盐化-碱土大量水合，则会从团聚体中释放和自发分散黏土颗粒。第四阶段，此类黏土颗粒的絮凝可能是由于添加电解质，特别是 Ca^{2+} 引起的，这会导致黏土-水系统脱水，并缩短颗粒之间的分离距离。

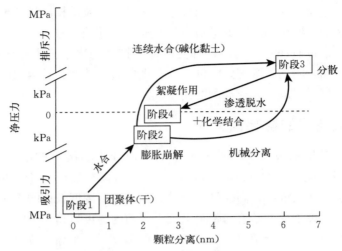

图 9-1 碱土团聚体湿润时吸引和排斥过程（Qadir et al.，2007）

三、结构性结皮或封闭

表层土壤团聚体更容易受到退化过程的影响，因为快速吸水、释放截留的空气、机械冲击和通过灌溉或降水施加的流动水引起的搅动作用所产生的应力。此外，由于低电解质浓度和高 E_{Na} 及 E_{Mg} 水平，表层土壤比下层土壤更不稳定。因此，土壤表面的团聚体首先通过崩解和分散过程被破坏。土壤颗粒干燥时在表面发生重新排列，形成具有高剪切强度的密集薄层，称为结构性结皮或封闭。土壤中结皮形成的两个过程：一方面，土壤团聚体的物理崩解和压实；另一方面，黏土颗粒在 10～15 cm 深度区域内分散和移动，并在该区域滞留和堵塞导水孔隙。虽然这两个过程同时发生，但土壤团聚体的物理崩解增强了黏土颗粒的分散和运动。此外，土壤团聚体的物理崩解主要受阳离子类型及其在土壤和灌溉水中的浓度控制。结皮是影响干旱半干旱地区土壤稳态入渗率的主要机制，干旱半干旱地区土壤有机质含量低，土壤结构不稳定。

四、硬结

与封闭作用类似，硬结（hardsetting）是导致土壤在碱化条件下退化的另一种机制。硬结和封闭之间的主要区别在于，封闭效应保持在土壤 10～15 cm 深度范围内，而硬结导致团聚体完全分解，黏粒通常在整个耕作区内移动。干燥时，硬结使表土层呈现为块状、致密和坚硬状态，一根食指的压力不会造成扰动或凹陷。如果发生硬结则会降低土壤水分入渗率，增加径流和侵蚀，削弱水分进入和通过土壤的运动，减少出苗，进而影响作物生长和产量。

第三节 碱土和盐化-碱土的植物修复

通过 Ca^{2+} 替代阳离子交换复合体上过量的 Na^+，可以改良碱土和盐化-碱土。被置换出的 Na^+ 通过过量的灌溉水从根区淋洗出来，并由自然或人工排水系统排出土体。大多数碱土和盐化-碱土在土壤剖面的不同深度都含有钙源，即方解石（$CaCO_3$）。方解石可能是母质的一种成分，或通过沉淀在土壤颗粒和孔隙中原位形成，从而导致颗粒胶结。然而，由于方解石的溶解度可忽略不计（$0.14\ mmol \cdot L^{-1}$），在大气中通常存在二氧化碳分压（P_{CO_2}）下，方解石的自然溶解不能提供足够数量的 Ca^{2+} 来改良土壤。碱土和盐化-碱土中另一种常见的含钙矿物是白云石，白云石的溶解度比方解石小许多。更易溶解的 $CaCO_3$ 矿物，如球霰石、文石或 $CaCO_3$ 水合物在土壤中不常见，也不易在成土过程中形成。因此，这些土壤的改良主要通过施用化学改良剂来实现。在这方面，石膏（$CaSO_4 \cdot 2H_2O$）等改良剂为土壤溶液提供可溶的 Ca^{2+}，然后取代交换复合体上多余的 Na^+。其他改良剂如硫酸（H_2SO_4）有助于提高方解石的溶解率，以释放土壤溶液中足量的 Ca^{2+}。

通过植物辅助的方法来改良碱土和盐化-碱土，即植物修复。植物修复碱土和盐化-碱土一方面通过植物根系增加方解石溶解率的能力，从而提高土壤溶液中 Ca^{2+} 的水平，以有效取代阳离子交换复合体上的 Na^+ 来实现。另一方面在植物修复过程中，植物吸收土壤溶液中盐分，降低土壤盐分含量，维持了土壤结构和团聚体稳定性，促进了水分通过土壤剖面的运动，并加强了改良过程。

一、植物修复的机制

石灰性碱土和盐化-碱土的植物修复有助于通过土壤-根界面的过程提高方解石的溶解率，从而增加土壤溶液中的钙离子水平。

RP_{CO_2} 是指根区内二氧化碳的分压；RH^+ 是指某些作物（包括豆类作物）在根区释放的质子（H^+）；RPhy 是指根系在改善土壤团聚体和根区水力特性方面的物理效应；S_{Na^+} 代表地上部的 Na^+ 含量，通过收割植物地上部分移除。这些因素共同作用，通过淋洗与排水，从而改良土壤（图 9-2）。

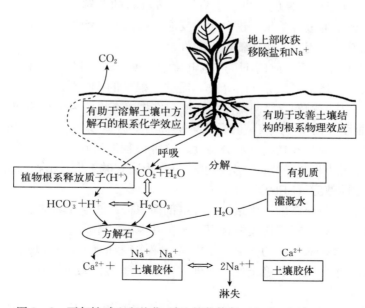

图 9-2　石灰性碱土和盐化-碱土植物修复（Qadir et al.，2007）

(一) 根区 CO_2 分压 (RP_{CO_2})

方解石的溶解和沉淀动力学由体系的化学性质决定。首先，水基质（如土壤溶液）中的 CO_2 转化为 H_2CO_3，并与方解石中的 $CaCO_3$ 反应；其次，H_2CO_3 分解为 H^+ 和 HCO_3^-，H^+ 与 $CaCO_3$ 反应；再者，$CaCO_3$ 的溶解导致 Ca^{2+} 和 CO_3^{2-} 增加，进一步促进土壤中方解石的溶解。

在好氧土壤条件下，P_{CO_2} 可能会增加到 $1\,kPa$，相当于土壤空气体积的 1%。在渍水土壤的厌氧条件下，抑制了 CO_2 向大气的逸出。这种 CO_2 的滞留增加了土壤中的 P_{CO_2}。类似地，在种植条件下，根区的 P_{CO_2} 通过根系呼吸而增强。在非钙质土壤中，CO_2 的增加导致 H^+ 的产生和土壤 pH 的降低。然而，石灰性土壤中的 pH 通常不会大幅度降低，因为 pH 的变化通过方解石的溶解得到缓冲。因此，石灰性碱土和盐化-碱土中 P_{CO_2} 含量的增加导致方解石的溶解增强，从而为土壤改良提供足够的 Ca^{2+}。

根系呼吸不是影响根区 P_{CO_2} 的唯一机制。它还受到以下机制的影响，这些机制可以单独或共同发挥作用：一方面，植物根系分泌物有助于土壤生物氧化多糖、蛋白质和肽，从而产生二氧化碳；另一方面，土壤生物产生有机酸，有助于溶解方解石。无论土壤中二氧化碳的产生来源是什么，无论是根系呼吸、分解有机物和根系分泌物，还是方解石的有机酸溶解，其最终结果是相同的：Ca^{2+} 取代可交换 Na^+ 的速率远远高于方解石在大气中 CO_2 分压产生的溶解速率。

(二) 植物根系的质子释放 (RH^+)

植物根系释放 H^+ 是根际 pH 降低的过程。当铵（NH_4^+）作为氮（N）源时，植物根系促进了 H^+ 释放，植物根际发生酸化；当硝酸盐（NO_3^-）作为氮（N）源时，植物根系减少了 H^+ 释放，植物根际发生碱化。此外，豆科植物共生固氮也会促进植物根系释放 H^+，导致植物根际酸化。虽然这种生物酸化机制主要是在酸性土壤中研究，但是固氮植物在碱土和盐化-碱土根区释放的质子也有助于方解石的溶解，导致 Ca^{2+} 和 HCO_3^- 的产生，提高石灰性碱土的改良效果。这种化学反应与根区 P_{CO_2} 增加的情况相同。同时，种植合适的固氮作物有利于提高土壤中氮的有效性。

植物在土壤-根系界面释放的 H^+ 产生电化学梯度。通过根系阳离子的吸收，根际表面膜电位产生极化，增加了根系 H^+ 释放，促进了根系的 H^+ 泵送。由于 H^+ 的释放，根际土壤 pH 升高，从而触发有机阴离子的合成。作物的有机阴离子补体或树木的凋落物成分含量是土壤-根系界面 H^+ 释放量的量度，被称为灰分碱度（ash alkalinity）。在高碱度土壤上进化的植物可能具有较高的灰分碱度，这种植物能够在土壤-根系界面释放出更多 H^+。因此，测定碱土生长植物的灰分碱度，可作为适宜碱土生长植物的筛选指标之一。

(三) 根系物理效应 (RPhy)

植物根系可以维持正常的土壤结构，土壤剖面中根系的存在驱动了大孔隙的形成。植物根系通过产生生物孔隙或结构裂缝来提高土壤孔隙度，还通过去除较大的传导孔中截留的空气和干湿交替来刺激根区的变化；而根系分泌多糖和真菌菌丝以及土壤-根系界面产生水势梯度，提高了团聚体的稳定性。此外，一些作物的根系可以在压实的土层中生长，并改善犁底层。

植物根系促进 Na^+ 向深层淋洗。能够耐受周围盐度和碱化度水平的深根植物，可以

促进 Na^+ 从阳离子交换复合体向深层淋洗。如多年生深根禾本科植物和豆科植物可以改善耕层结构，同时改善碱土的水力特性。这种种植深根植物改善土壤结构、水力特性和致密心土的方法称为生物钻探。

深根作物紫花苜蓿和田菁与小麦轮作等，并结合施用石膏改良低渗透硬质盐化-碱土（pH_s = 8.8，EC_e = 5.6 dS·m^{-1}，SAR = 49）的研究表明（Ilyas et al.，1993）：紫花苜蓿种植 1 年后，其饱和导水率（K_s）增加了两倍，80 cm 土层土壤的初始 K_s 值范围为 $0.8×10^{-7}$～$1.5×10^{-7}$ m·s^{-1}。在石膏处理的地块上，紫花苜蓿根系的穿透深度为 1.2 m，而在未施用石膏的地块上，紫花苜蓿根系的穿透深度为 0.8 m。田菁—小麦—田菁轮作，增加了 0～40 cm 土层钾含量。田菁根系健康、粗壮、分枝良好，但仅生长到 30 cm 深度。而采用深松（采用弯曲凿子，深 0.45 m、间隔 0.5 m）和明沟排水（深 1 m）并没有改善土壤的渗透性。在谷类作物轮作中加入油菜等作物，并不能改善致密心土层的孔隙度。因此，可以将苜蓿等深根作物纳入种植体系，作为一种生物钻探措施，改善心土渗透性。

种植不同年限（1～5 年）的红豆草对盐化-碱土的土壤有效含水量、容重、孔隙度和 K_s（pH_s = 10.4，EC_e = 22.0 dS·m^{-1}，SAR = 184）的影响研究发现，在 0～20 cm 土壤中，改良前 K_s 值为 0.035 mm·d^{-1}（$0.4×10^{-9}$ m·s^{-1}），5 年内增加为 55.6 mm·d^{-1}（$6.4×10^{-7}$ m·s^{-1}），并且 K_s 的增加伴随着土壤容重的降低，土壤容重从 1.62 t·m^{-3} 降至 1.53 t·m^{-3}，土壤孔隙度从 38.9% 增加到 42.8%。这些变化可能是由于植物根系分布广泛，且可以穿透 1 m 深土壤。

深耕改善低孔隙度的心土是有效的，但其效果是短暂的，而且深耕成本高，限制了其大规模应用。某些植物的根系可以作为生物钻探的耕作工具，可作为深层耕作的替代方法来改善致密心土层。生物钻探分为两个阶段：第一阶段，根系在腐烂时穿透压实土层在心土中形成大孔隙，从而改善水分运动和气体扩散；第二阶段，改善犁底层和心土层的土壤大孔隙。一些作物的根系，如百喜草（*Paspalum notatum* Flugge）和高羊茅（*Festuca elata* keng ex Alexeev）等在压实的土层中生长，可以改良犁底层。牧豆树〔*Prosopis juliflora*（Sw.）DC.〕和黄檀（*Dalbergia hupeana* hanle）种植 3、6 和 9 年，与未种植树木的地块相比，随着种植年限的增加，土壤孔隙度增加，容重降低；未种植树木的表层土壤孔隙度分别为 40.4% 和 44.5%，种植树木 9 年后分别增加到 46.9% 和 51.0%。随着林龄的增加，10 cm 土层的平均土壤渗透性增加。种植 9 年后，牧豆树人工林的平均土壤渗透性从 $0.24×10^{-10}$ cm^2 增加到 $10.95×10^{-10}$ cm^2，黄檀人工林的平均土壤渗透性从 $0.37×10^{-10}$ cm^2 增加到 $11.69×10^{-10}$ cm^2。土壤物理性质的改善归因于有机质含量的增加，提高了土壤颗粒的团聚体，从而改良了土壤结构。

（四）地上部对盐和 Na^+ 的吸收（S_{Na^+}）

植物地上生物量的收获移除，可去除植物地上部吸收积累的盐和 Na^+。盐生植物等耐盐性很强的植物地上部能积累相当高水平的盐和 Na^+。例如，在牧场条件下生长的滨藜灰分为 130～270 g·kg^{-1}，如果生长在盐渍化土壤中，则灰分可高达 390 g·kg^{-1}。尽管通过耐盐植物的地上部收获可实现高水平的脱盐，但这种单一的脱盐方法并不能在含盐量巨大的盐渍化土壤改良过程中发挥重要作用。例如，在非灌溉条件下，盐生植物的年产量约为 10 t·hm^{-2}，以干重计算的地上部盐浓度为 25%（250 g·kg^{-1}），需要连续 20 年才能去除盐渍化土壤 2 m 深处盐分初始含量的 1/2（86 t·hm^{-2}）。在非灌溉条件下，饲料灌木（如滨藜属植物）的年产量很少超过 2 t·hm^{-2}。此外，在树叶中积累的大部分盐分又以落叶的形式进入土壤。因此，在非灌溉条件下，盐生植物的生长和盐吸收对土壤盐度和碱化度降低的影响可能很小。在灌溉条件下，通过地上部收获，典型的盐分积累对盐和 Na$^+$ 净去除的贡献最小，这是碱土植物修复期间方解石溶解增强和随后从根区去除 Na$^+$ 的先决条件。其原因是，除了原生土壤盐度和碱化度外，在灌溉过程中，盐分和 Na$^+$ 也会进入碱土中，特别是灌溉水已经是盐化和/或碱化的状态。在碱土植物修复过程中，作物（如苜蓿）的地上部收获去除的 Na$^+$ 仅占去除 Na$^+$ 总量的 1%～2%，而一些植物的地上生物量对 Na$^+$ 的吸收仅占总盐吸收量的 2%～20%。因此，通过植物修复石灰性碱土，导致土壤碱化度降低的主要原因是盐分和 Na$^+$ 从根区向土壤深层的淋洗，而不是通过收获地上植物生物量来去除的。

盐生植物有两种类型：聚盐性（includers）和泌盐性（excluders）。其中泌盐性植物有糖生草本植物和莎草，以及大多数非盐生植物，它们不积累 NaCl；聚盐性植物如盐生肉质藜科，它们积累 NaCl（以及其他溶质、Na$_2$O$_x$、CaO$_x$、混合溶质等），并在叶和/或茎中变成盐肉质。许多真盐植物可以在海水条件下完成其整个生命周期。它们进化是为了生存，而不是为了最大限度地提高生产力。但也有某些物种，如滨藜属或合滨藜属物种，通过气囊再排泄 NaCl。在细胞、组织和整株植物的水平上，渗透适应起主要作用。盐生植物通过变得多汁、积累无机盐和合成渗透物质进化出各种适应机制。

二、植物修复的相对效率

不同植物种类对碱土和盐化-碱土的修复效果差异很大。总的来说，生物量较大以及抵御周围土壤盐度、碱化度和周期性淹水能力较高的植物，改良土壤的效果更好。

（一）土壤碱化度改良

化学改良和植物修复方法在降低土壤碱化度方面表现相似。而且，将植物修复（添加或不添加石膏）与水稻种植相结合，可以减少阳离子交换复合体上的 Na$^+$，同时促进根区盐分的淋洗。一般来说，植物修复在中等碱化和盐化-碱土上改良效果良好的条件：一是灌溉水量超过作物需水量，以促进充分淋洗；二是作物生长时过量灌溉，因此 P$_{CO_2}$ 处于峰值，可有效中和碱度。这样，植物修复的效果与石膏的施用效果相当。在高碱化和盐化-碱土上，化学改良剂的效果优于植物修复处理。

实例 9.1

在贫瘠、石灰性和碱性的土壤（pH$_{1:2}$＝10.6，EC$_{1:2}$＝2.7 dS·m^{-1}，ESP＝94）上进行的田间试验结果表明，种植稗和双稃草的改良效率与施用 12.5 t·hm^{-2} 石膏相当。石膏处理的第一茬水稻产量平均为 3.7 t·hm^{-2}，而种植稗和双稃草的第一茬水稻产量分别为 3.8 和 4.1 t·hm^{-2}，种植 2 年后相应的水稻产量分别为 5.3 和 6.1 t·hm^{-2}。在 2 年的种草期间，每次收获后 3、6、9 和 12 d，对钙质、粉质黏壤土、盐化-碱土（pH$_s$＝8.3～9.3，EC$_e$＝16.8～37.5 dS·m^{-1}，SAR＝32.5～108.9）进行淋洗，每个地块浸泡 3 d，以收获后 6 d 淋洗的双稃草的改良效率较高，与石膏处理的土壤相当。

实例 9. 2

在石灰性砂质黏壤土、盐化-碱土（pH_s＝8.2～8.6，EC_e＝7.4～9.0 dS·m^{-1}，SAR＝55.6～73.0），种植双穗草、田菁和高丹草修复处理及石膏施用（13 t·hm^{-2}）与对照进行比较，植物生长了两个季节（15 个月）后，土壤表层 0.3 m 的 SAR 降低，改良后依次为石膏（24.7）＞田菁（30.1）≈双穗草双穗草（32.5）＞高丹草（40.0）＞对照（57.2）；田菁可提供 40.8 t·hm^{-2} 的新鲜生物量，而双穗草（29.3 t·hm^{-2}）和高丹草草（24.7 t·hm^{-2}）的产草量较小，表明产草量与土壤碱化度降低有直接关系。在钙质、中等质地、盐化-碱土（pH_s＝8.4～8.8，EC_e＝9.6～11.0 dS·m^{-1}，SAR＝59.4～72.4）上进行田间试验，4 种植物修复处理即双穗草、田菁、光头稗和稷，以及施用石膏 14.8 t·hm^{-2} 的化学处理，土壤 SAR 改良后依次为：石膏（28.2）＞田菁（33.5）＞稷（36.9）＞双穗草（42.6）＞光头稗（48.1）＞对照（53.2），每种牧草的产量与土壤碱化度降低呈正比。

实例 9. 3

采用植物修复（稻麦轮作）、物理＋植物修复（以 1.2～1.5 m 的凿子间距深松 0.45～0.55 m＋轮作）、化学＋植物修复（土壤表层 0.15 m 施 13 t·hm^{-2} 农业级石膏＋轮作）、化学＋物理＋植物修复（石膏＋深松＋轮作）的方法对钙质盐化-碱土（pH_s＝8.8～8.9，EC_e＝9.6～15.2 dS·m^{-1}，ESP＝42.5～45.6）进行改良，灌溉水（EC＝1.8 dS·m^{-1}，SAR＝9.8）按作物需水量施用，种植 4 年后，水稻产量依次为：化学＋植物修复（1.99 t·hm^{-2}）＞化学＋物理＋植物修复（1.84 t·hm^{-2}）＞物理＋植物修复（1.41 t·hm^{-2}）＞植物修复（1.02 t·hm^{-2}）；化学＋植物修复和化学＋物理＋植物修复处理对小麦产量的影响相近（2.72 t·hm^{-2}），其次是物理＋植物修复（1.79 t·hm^{-2}）和植物修复（1.46 t·hm^{-2}）。在土壤表层 0.15 m 深度范围内，所有处理均使土壤盐度（EC_e）降低到 5 dS·m^{-1} 以下，碱化度（ESP）降到 22 以下。

实例 9. 4

在钙质盐化-碱土（pH_s＝8.1～8.2，EC_e＝9.2～13.7 dS·m^{-1}，SAR＝30.6～42.7）上采用作物轮作田菁—大麦、水稻—小麦和双穗草—苜蓿以及石膏处理，所有作物轮作在 1 年后都改善了表层 0.15 m 的土壤（SAR＜10），石膏处理也改善了表层 0.15 m 的土壤（SAR＜14）。

（二）土壤改良深度

不同改良方法所影响的碱土深度，即改良的预期区域，是评价这些改良方法相对效率的重要参数。从土壤改良深度的角度，评价植物修复和化学改良的效果：化学改良（几乎所有情况下都是石膏）主要发生在加入改良剂的区域。在土壤表层 0.15 m 掺入农业级石膏，只有当施用石膏的区域改良接近完成时，更深土层的改良才开始。这直接反映了阳离子交换位点 Ca^{2+} 相对于 Na^+ 的饱和程度。而植物修复碱土和盐化-碱土可以改良整个根区。不同的作物对土壤改良的程度和深度不同，具体受根系形态和体积以及根系穿插深度的影响，深根作物和作物主根在土壤改良深度方面表现出优势。

（三）土壤改良过程中的养分动态

植物修复在降低碱土和盐化-碱土中的盐度和碱化度水平的同时，提高了土壤微生物活性和养分有效性，有利于作物的生长。

实例 9.5

在石灰性盐化-碱土（$pH_s = 8.2 \sim 8.6$，$EC_e = 7.4 \sim 9.0 \, dS \cdot m^{-1}$，$SAR = 55.6 \sim 73.0$）石膏改良过程中，种植田菁、高苏丹草和双穗草 15 个月，植物修复地块中磷（P）、锌（Zn）和铜（Cu）的有效性增加，可能是由于根系分泌物的产生和某些营养物质包裹方解石的溶解，释放出磷、锌和铜。相反，不加石膏处理导致这些营养物质的可利用状态下降。除了淋洗损失外，一些新形成的 $CaCO_3$（石膏溶解的伴生结果）对养分的吸附也导致养分减少。除田菁处理的土壤氮含量由 $0.49 \, g \cdot kg^{-1}$ 增加到 $0.53 \, g \cdot kg^{-1}$ 外，其他处理的土壤氮含量均降低。由于含钾矿物伊利石在黏粒组分中占主导地位，因此不同处理对土壤钾有效性没有影响。另外，田菁种植 45 d 用作绿肥，可为后茬水稻提供高达 $122 \, kg \cdot hm^{-2}$ 的有效氮。

实例 9.6

在碱性土壤（$pH_{1:2} = 10.6$，$EC_{1:2} = 2.1 \, dS \cdot m^{-1}$，$ESP = 95\%$，DHA 脱氢酶 = $4.5 \, mg \cdot g^{-1}$ 三苯基甲膪（TPF），$MBC = 56.7 \, mg \cdot kg^{-1}$）上，采用生长 1 年或 2 年的双穗草（收获的生物量被去除或留在土壤表面分解）、石膏施用（$14 \, t \cdot hm^{-2}$）+双穗草、石膏+高粱、石膏+水稻和石膏+田菁改良，改良后土壤中的 DHA 水平以植物修复处理高于石膏+植物处理，MBC 以石膏+植物处理高于植物处理。

实例 9.7

在碱性土壤（$pH = 10.2 \sim 10.5$）上种植人工林，如牧豆树、阿拉伯金合欢 [*Vachellia nilotica* (L.) Hurter & Mabb]、细叶桉（*Eucalyptus tereticornis* Sm.）、阔荚合欢 [*Albizia lebbeck* (L.) Benth.] 以及阿江榄仁 [*Terminalia arjuna* (Roxb. ex DC.) Wight & Arn.]，土壤 pH 显著降低，有机质含量显著增加，表层 0.15 m 土壤的磷和钾有效水平显著提高。

（四）土壤碳库变化

碱土和盐化-碱土失去了大部分的原始碳（C）库，损失量可能在 $10 \sim 30 \, t \cdot hm^{-2}$ 之间。土壤碳库不仅对土壤发挥其生产力和环境功能具有重要作用，而且在全球碳循环中起着重要作用。在碱土和盐化-碱土上种植适当的作物、灌木和乔木，不仅可以改良土壤，还可以通过生物量生产增加土壤碳库来减缓温室效应。

实例 9.8

在碱性土壤上，种植阿拉伯金合欢、印度黄檀、牧豆树和阿江榄仁树 4 种树种，黄檀和牧豆在生物量生产和降低土壤 Na^+ 水平方面更有效。由于凋落物分解和根系腐烂产生的腐殖质积累，土壤中的微生物活性更高，从而增加了土壤有机碳。土壤微生物活性前 $2 \sim 4$ 年的增长率较低，$4 \sim 6$ 年呈指数增长，$6 \sim 8$ 年的增长率较低。在碱土上定植牧豆树，5 年内 120 cm 土层土壤的有机碳从 $11.8 \, t \cdot hm^{-2}$ 增加到 $13.3 \, t \cdot hm^{-2}$，7 年内增加 $34.2 \, t \cdot hm^{-2}$，30 年内增加 $54.3 \, t \cdot hm^{-2}$，土壤有机碳的年平均增长率为 $1.4 \, t \cdot hm^{-2}$。

三、碱土和盐化-碱土植物修复的植物种类

在植物修复过程中，适当选择能够产生足够生物量的植物物种是至关重要的。物种选择通常基于其耐受土壤盐度和碱化度的能力，同时还能提供可销售的产品或可用于农场的

产品。

Maas 和 Hoffman（1977）提出了一个线性响应函数模型来描述作物的抗盐性，该模型的两个参数是：土壤盐分阈值（作物不减产时的最大允许土壤盐度）和斜率（盐分超过阈值盐分水平时，增加单位盐分对应的产量减少百分比）。以 25 ℃下 EC_e 表示的数据仅作为作物相对耐盐能力的指标。从 Maas - Hoffman 方程获得的土壤盐分阈值和斜率值可用于计算超过盐分阈值的任何给定土壤盐度的相对产量（Y_r）：

$$Y_r = 100 - b (EC_e - EC_{th}) \tag{9-4}$$

式中，EC_{th} 是以 $dS \cdot m^{-1}$ 表示的饱和泥浆浸提液盐分的阈值水平，b 是斜率，EC_e 是以 $dS \cdot m^{-1}$ 表示的根区饱和泥浆浸提液的平均电导率。

在盐化-碱土植物修复中，选择对盐度、碱化度和缺氧的综合效应表现出较强抗性的基因型的植物，如双稃草、田菁、苜蓿、狗牙草、苏丹草、滨藜属、地肤属、盐角草属、稗属等物种，以及在碱土和盐化-碱土上能够良好生长的一些高价值药用植物和芳香植物。许多树种也可修复碱土和盐化-碱土，如阿江榄仁、牧豆树、印度黄檀、阿拉伯金合欢、扁轴木、灰牧豆树、印度田菁、柽柳属和银合欢等。

实例 9.9

在细砂壤土中，30 cm 土层土壤化学性质：pH=9.2～9.7，CEC=43～44 cmmol·kg^{-1}，ESP=57%～70%，盐度水平（$EC_{1:5}$）为 6.1～7.2 dS·m^{-1}。土壤深度为 60～90 cm 的质地大致均匀，其下有一层 5～15 cm 厚的富含方解石致密层。第一阶段，分两次施用总计 37 t·hm^{-2} 的石膏，第一年施用 22 t·hm^{-2}，第二年施用 15 t·hm^{-2}。石膏处理采用施用石膏后反复灌溉井水（EC=0.3 dS·m^{-1}，SAR=0.7），对田地进行大水漫灌，并在 3 周内保持浸泡；植物修复处理采用相同水量，即种植和灌溉，不施用石膏，第一、二年种植大麦，随后，以印度草木樨和白三叶草作为绿肥各种植 1 年，此后，苜蓿连作 5 年，最后一次苜蓿收获后，这些地块休耕 1 年。在石膏和植物修复的处理中，分别种植陆地棉。石膏处理的棉花产量为 1.82 t·hm^{-2}，植物修复处理的棉花产量为 2.10 t·hm^{-2}。在石膏处理的土壤中，30 cm 土层土壤 ESP 从 70% 下降到 5%，而在经过植物修复处理的地块中，ESP 从 65% 下降到 6%。第二阶段，植物修复试验，种植狗牙根 2 年，然后种植大麦 1 年，苜蓿 4 年，燕麦 1 年，总共 8 年。在改良后的土壤中，30 cm 土层土壤 ESP 从 57% 降至 1%，平均剖面（0～120 cm）ESP 从 73% 降至 6%。植物修复处理下 ESP 的下降幅度甚至大于早期试验中石膏处理的下降幅度，这可能是由于种植狗牙根的修复效果较好。

综上所述，植物修复有以下 6 个优势：一是不施用化学改良剂，二是改良期间种植的作物产生经济效益；三是促进土壤团聚体稳定性，并创造大孔隙，有助于改善土壤水力特性；四是植物养分有效性提高；五是土壤耕层更均匀、更深；六是改良后土壤中可以固存碳。植物修复在中度盐化-碱土和碱土上是有效的。然而，它降低土壤碱化度的速率比化学方法慢，并且要求土壤中含有方解石（尽管在大多数碱土中通常都存在方解石）。此外，土壤碱化度很高时，植物修复的可行性受到限制，因为这可能导致植物修复作物生长变化大和参差不齐。在这些条件下，石膏等化学改良剂的使用是不可避免的。

植物修复过程中，石灰性碱土和盐化-碱土对 Na$^+$ 的去除过程主要受根区 P_{CO_2} 的控制，P_{CO_2} 和土壤改良效率与作物生物量、根系活力和作物生长速率成正比。此外，在生长高峰期过度灌溉会显著增加 CO_2 的截留，从而提高植物修复过程中方解石的溶解速率。将 P_{CO_2} 确定为改良碱土的单一最大驱动力表明，需要确定作物种类和作物管理措施，从而更有效地改良碱土，特别是在没有化学改良剂或其价格太贵的地区。

第四节　滨海盐土的植物修复

通过耐盐植物品种的选育、种植以及植物根际微生物利用等，可实现对滨海盐土的改良。如采用不同植被模式或作物轮作，筛选驯化耐盐品种，种植耐盐植物、绿肥，利用微生物菌剂等。植物修复的作用就是保护地面，减少蒸发，降低地下水位和阻碍土壤水分、盐分向上迁移。并且，很多盐生或耐盐植物在其生长过程中可以吸收不少盐分，盐分随收获物离开土体。因此，生物改良可促进土壤脱盐，抑制返盐。此外，种树还能改善农田小气候，调节空气温度和湿度，抑制地表返盐。

耐盐性是指植物在 NaCl 或其他混合盐分环境中维持生长的能力。根据植物是否具有耐盐能力，可将植物分为盐生植物和非盐生植物。能够在至少含 $3.3×10^5$ Pa（相当于 70 mmol·L^{-1} 单价盐）渗透压盐水生境中生长的自然植物即为盐生植物。耐盐植物是具有较强的耐盐能力，能在盐渍环境中良好生长的盐生植物。耐盐植物种类繁多，用途广泛，全球有 1 560 余种盐生植物，很多具有重要的经济价值。它们有的可作为粮食、牧草，生产食用油；有的可作为纤维、化工和医用原料等。同时，耐盐植物在生物修复和生态保护方面也具有非常重要的作用。目前，土壤盐渍化已经成为世界性的资源和生态问题，仅我国的盐碱地就多达 $3.69×10^7$ hm^2，而生物措施则是改良和开发利用盐碱地的最佳方法。因此，对耐盐植物的研究具有现实而深远的意义。现从常见耐盐植物的类型、植物耐盐机理及常见耐盐植物的应用等方面进行介绍，旨在为滨海盐土的开发和植物修复利用提供一定的科学参考。

一、耐盐植物和植物耐盐机理

（一）耐盐植物的类型

我国共有盐生植物 502 种，分属 71 科 218 属。其中，耐盐植物最多的科有藜科（106 种）、菊科（72 种）、禾本科（53 种）和豆科（331 种），这 4 科的种数总和约占我国盐生植物总数的 52.6%。耐盐植物类型划分所采用的参数不同，则划分结果也不一样。根据植物耐盐机理可分为真盐生植物或稀盐生植物、泌盐生植物、假盐生植物或拒盐生植物。

1. 真盐生植物或稀盐生植物　在常见的真盐生植物或稀盐生植物中，叶肉质化的种类有藜科的碱蓬属和猪毛菜属，茎肉质化的种类有盐角草属和盐穗木属等。

2. 泌盐生植物　泌盐生植物中，具有典型盐腺结构的有柽柳、二色补血草，而具有盐囊泡的典型植物包括滨藜属的各种植物等。

3. 假盐生植物或拒盐生植物　假盐生植物常见的有芦苇属、蒿属等，可在土壤含盐量 5 g·kg^{-1} 以下生长。在所有盐生植物中，稀盐生植物所占比例较大，而拒盐生植物种类则比较少。

（二）植物耐盐机理

植物的耐盐机理非常复杂，与植物的小分子渗透物质合成和积累、离子摄入和区域化、大分子蛋白的合成和基因表达有关。植物在盐胁迫下处于休眠或者细胞进行主动调节以适应盐渍环境，其耐盐机制包括使渗透胁迫或离子不平衡降到最低或减轻由胁迫造成的次生效应。植物耐盐的途径也因植物的不同而分为泌盐、稀盐、拒盐、隔盐、避盐、忍盐、离子颉颃、螯合作用等不同方式。国内外研究普遍认为耐盐性是多基因控制的植物学特性，目前公认的盐害对植物的危害有：一是盐害破坏了植物体离子均衡；二是产生渗透胁迫；三是次生盐害主要为氧胁迫。

1. 渗透调节　在盐逆境胁迫下，高等植物通常会采用两种渗透调节方式：一是在植物体内合成有机调节物质；二是积累更多的无机离子（张金林等，2015）。

（1）有机调节物质。通常有机调节物质大体可分为 3 类：①游离氨基酸（如脯氨酸），具有很大的水溶性，其疏水端可和蛋白质结合，亲水端可与水分子结合，蛋白质可借助脯氨酸束缚更多的水，从而防止渗透胁迫条件下蛋白质的脱水变性；可以维持细胞内外渗透平衡，防止水分散失。②甜菜碱，作为一种无毒的渗透调节剂和酶保护剂，它的积累使植物细胞在盐胁迫下保持膜的完整性，在渗透胁迫下仍能维持正常的功能。许多高等植物，尤其是藜科和禾本科植物，在受到水/盐胁迫时会积累大量甜菜碱。③可溶性糖和多元醇，作为渗透调节物质调节植物细胞的渗透势，从而增强植物的耐盐性。

（2）无机离子。①无机离子（K^+、Na^+ 和 Cl^-）作为渗透调节剂，由于大量无机离子的存在，无须消耗物质和能量来合成；②无机离子的调节作用可以在短时间内迅速完成；③无机离子的渗透调节作用显著。如 K^+ 是植物生长的必需元素，在维持细胞的基本功能中扮演了重要角色，并且在保持低水平的蛋白酶和核酸内切酶活性、防止植物在盐胁迫下细胞损伤和死亡中的渗透调节作用显著。

可溶性糖、脯氨酸等是植物体内重要的渗透调节剂。对脯氨酸的研究最多，它的增加和积累有助于细胞和组织的保水，同时还可作为一种碳水化合物的来源、酶和细胞结构的保护剂。但在脯氨酸的合成和积累的生物化学基础、调控机制以及脯氨酸能否作为植物抗逆性指标等问题上，其与耐盐性的关系还有待进一步研究。对甘氨酸甜菜碱的渗透调节作用已经达成共识，在盐胁迫条件下，甜菜碱的积累有利于保持酶的稳定性，从而可部分抵消高盐浓度对植株的有害影响。可溶性糖是很多非盐生植物的主要渗透调节剂，也是合成其他有机调节物质的碳架保护和能量来源，对细胞膜和原生质胶体也有稳定作用，还可在细胞内无机离子浓度高时起保护作用。

2. 清除活性氧的膜保护体系　在正常生理条件下，植物体内的活性氧自由基和自身的抗氧化系统对活性氧的清除是动态平衡的，可以保持体内正常的代谢过程。在干旱、盐渍等胁迫下，膜脂过氧化作用加剧，植物体内活性氧含量上升，随之超氧化物歧化酶（SOD）、过氧化物酶（POD）、过氧化氢酶（CAT）和抗坏血酸氧化酶（ASA）等保护酶的活性也相应增加，从而防止膜脂过氧化作用，以此来增强植物对逆境的耐受性。SOD活性的变化是一种短期的保护性反应，更长时间的盐稳定性还有赖于膜结构本身的调整和细胞的渗透调节。在重度盐胁迫下，植物体内的这些活性氧去除剂的结构发生破坏，植物清除活性氧的防御能力下降，使膜脂过氧化作用加剧，从而破坏细胞膜的透性。

3. 胁迫信号系统与 Ca²⁺ 调节 盐超敏感信号（salt overly sensitive，SOS）信号转导途径是调控细胞内外离子均衡的信号转导途径。近来对 SOS 信号转导途径的研究较为深入，它在植物耐盐机制中起着关键的调节功能，主要控制离子动态平衡，且受 Ca²⁺ 激活。从功能上来看，SOS 信号转导途径与酵母中控制 Na⁺ 进出质膜的钙调磷酸酶系统相似。植物细胞内 Ca²⁺ 信号是最重要的渗透调节信号分子之一。钙可以抑制活性氧物质的生成，保护细胞质膜的结构，维持正常的光合作用，从而提高植物的耐盐性。此外，细胞内的 Ca²⁺ 作为第二信使可传递胁迫信号，调节植物体内的生理生化反应。

4. 植物新合成或合成增强蛋白质 植物在逆境的影响下，体内会出现一些新合成或合成增强的蛋白质：一类是功能蛋白，如离子通道蛋白、胚胎发育晚期富集蛋白（LEA）、调渗蛋白（OSM）等；另一类是调节蛋白，如转录因子、蛋白激酶、磷脂酶 C（PLC）和一些信号分子等。

5. 稀盐生植物的盐离子区域化作用 稀盐生植物的叶片或茎具有肉质化作用。盐分胁迫对植物的伤害主要是渗透胁迫和离子胁迫，稀盐生植物通过在叶片或茎的组织结构中大量增加薄壁组织，以增加其贮水能力，从而保证植物正常生长和发育所需水分的供应。并且将细胞从外界吸收进来的盐离子聚集到液泡中，将盐离子区域化，以降低细胞水势和细胞质的盐离子浓度，从而避免盐害。在盐胁迫下，碱蓬将进入体内的 Na⁺ 区隔化至液泡中可能是对抗盐渍逆境的主要策略。离子通道、Na⁺/H⁺ 逆向运输蛋白和 ATP 酶/H⁺ 泵在 Na⁺ 进入液泡的过程中发挥重要作用。稀盐生植物也可以通过渗透调节作用来减轻盐害，主要通过吸收和积累无机盐或在细胞内合成积累小分子有机化合物或蛋白类保护剂来实现。这些小分子有机化合物包括脯氨酸、甜菜碱和多羟基化合物等。在盐渍环境下，脱落酸对植物的耐盐性能力也起着重要作用，在某种程度上决定着植物细胞内脯氨酸的合成。

6. 泌盐生植物的泌盐结构 泌盐生植物主要利用植物本身的泌盐结构将已吸入植物体内的盐离子排出体外，以维持体内盐离子平衡，避免产生盐害。泌盐结构包括盐腺和盐囊泡，盐腺是一个复杂的多细胞结构，其主要作用是分泌离子，一般由分泌细胞、收集细胞、基细胞或柄细胞组成。其分泌细胞富含小液泡，这些小液泡中可以积累离子，然后由质膜排出。柽柳属植物都具有泌盐腺，是典型的泌盐生植物。由于泌盐腺分泌的盐大都覆盖在植株表面，柽柳通体呈灰绿色，甚至在盐渍化严重的地方植株可见大块的盐粒结晶。盐囊泡可以看作一种特殊的盐腺，是表皮细胞的附属物。它可以将植物体内的盐分贮存在泡状细胞的大液泡中，积累到一定数量后，泡状细胞破裂，从而将盐分排出。中亚滨滨藜属于泌盐生植物，最显著的形态结构是具有盐囊泡。

7. 拒盐生植物的细胞质膜盐低透性 拒盐生植物能耐盐与其根细胞质膜的组成成分关系密切。盐离子进入植物细胞首先要接触细胞质膜，质膜透性大小是决定外界盐离子能否进入和进入多少的主要因素。构成该类植物细胞质膜的脂类化合物多为饱和脂肪酸，对 Na⁺ 和 Cl⁻ 的透性很低，可以保证植物不会摄入过多盐分而致害。此外，某些拒盐生植物存在喜 K⁺ 恶 Na⁺ 的基因。

二、耐盐植物改良土壤机理

（一）生物吸收带走土壤中的盐分

由于耐盐植物对土壤盐分的大量吸收和体内累积作用，土壤中一部分盐分被植物吸收后，通过收获地上部而带走盐分，且不同耐盐植物带走盐分量不同。研究表明，在盐土上种植耐盐碱蓬 15 株·m^{-2} 和 30 株·m^{-2}，20～30 cm 土层中 Na^+ 含量分别减少 4.5% 和 6.7%，0～60 cm 土层中 Na^+ 含量每年每公顷分别减少 1 245 kg 和 1 920 kg；种植不耐盐苜蓿 15 株·m^{-2} 的相同土层中 Na^+ 含量仅减少 1%，而裸地土壤相同土层中 Na^+ 含量反而增加 3.8%。

（二）减少土壤蒸发，阻止耕层盐分积累

土壤蒸发量大于降水量是盐土形成的原因之一。在盐土上种植耐盐植物，裸露的土壤被覆盖，以植物蒸腾代替土壤蒸发，减少土壤蒸发量，降低土壤积盐速度，减少盐分在耕层的累积。发育良好的碱茅草丛，可使土壤蒸发量降低到 22.1%～28.0%。0～40 cm 土层，碱茅草地的脱盐速度为 －11.6～－1.3 g·m^{-2}·d^{-1}，盐分积累速度为 1.1～4.1 g·m^{-2}·d^{-1}；而灌水裸地脱盐速度为 －10.6～－2.1 g·m^{-2}·d^{-1}，盐分积累速度为 8.9～11.4 g·m^{-2}·d^{-1}。碱茅草地的盐分积累速度仅为裸地的 1/7～1/3。在含盐量 10～15 g·kg^{-1} 的土壤上种植滨藜 2 年后，植被覆盖度达到 100%，土壤含盐量下降到 6 g·kg^{-1} 以下，下降了约 65%。由于植物吸收和降雨水分淋洗作用，耕层土壤中盐分越来越少，数年后，耕作层的盐分含量可以达到种植一般农作物的水平。研究表明在轻质和重质盐土上种植耐盐植物一年后，耕作层含盐量下降 1.5～3.5 g·kg^{-1}，下降幅度 10%～20%。

（三）改良盐土理化性状，提高土壤肥力

种植耐盐植物后，由于植物根系的穿插作用，土壤容重、总孔隙度、通透性、总团聚体等物理性状得到改善；由于植物枯枝落叶及死根的存在，土壤有机质增加，促进了土壤微生物的生长和繁殖，改善了土壤养分状况和化学性质，提高了土壤肥力。研究表明，种植碱茅草 2 年、3 年的土壤与盐荒地相比，0～15 cm 土层土壤容重分别从 1.73 g·cm^{-3} 降至 1.61 g·cm^{-3} 和 1.57 g·cm^{-3}；0～15 cm 土层总孔隙度分别增加了 4.7% 和 6.2%，15～30 cm 土层总孔隙度分别增加了 1.2% 和 1.9%。大于 0.25 mm 总团聚体含量，0～15 cm 土层，分别增加 16.1% 和 24.3%；15～30 cm 土层，分别增加 11.6% 和 22.5%。在耐盐植物生长差、中等和良好 3 种情况下，0～40 cm 土层，大于 0.25 mm 水稳性团聚体含量分别增加 6.6%、13.4% 和 22.6%。与盐荒地相比，种植碱茅草 2 年、3 年和 4 年后，土壤的透水系数分别增加 11.1%、31.4% 和 37%。在不同盐度土壤上种植耐盐植物一年后，土壤有机质、有效磷、速效钾等养分含量显著增加，其中，有机质增加 10% 以上，有效磷含量增加 28%～150%，速效钾含量增加 14%～40%，以有效磷含量增加最多，这对通常缺磷的盐土来说是很重要的。

（四）改善微生态环境

耐盐植物的开发利用增加了盐土的植被覆盖度，有十分显著的生态效益，对维护自然生态平衡、改善和保护人类生存环境有重要作用。首先，耐盐植物可以调节生物圈中大气成分的平衡，特别是 CO_2 和 O_2 的平衡；其次，它有过滤尘埃、吸收毒气、降低

噪声、改善空气质量的作用。再者，可调节气候，减小温差、增加雨量、增加湿度、减少地表风蚀和干热风危害。增加地面覆盖的降低土壤温度 $0.7 \sim 3.2\,^\circ\text{C}$，降低地面温度 $0.5 \sim 2.5\,^\circ\text{C}$。随着植被的自然演替，生态多样性和平衡得到恢复，人类生活环境得到改善。

三、植物耐盐性的筛选

耐盐植物已经从植物界的许多分类群中进化出来。但是，耐盐植物的耐盐机制（渗透胁迫、离子排斥和组织耐受性）及其组成部分（离子区域化、离子转运、毒性等）存在遗传变异。遗传变异不仅存在于物种之间，也存在于物种内部。前者对植物育种者来说是个好消息，因为它允许通过正常的杂交育种转移耐盐特性，而种间杂交可以将基因从一个物种（供体）转移到另一个物种（受体）。

（一）植物耐盐性筛选方法

植物生长对盐度的反应随其生命周期而变化，对盐敏感的关键阶段是发芽、幼苗定植和开花。评估和筛选植物耐盐性的标准主要根据盐胁迫的水平和持续时间以及植物发育阶段而变化。一般来说，与非胁迫条件相比，根据生物量或产量来评估对盐胁迫的耐受性。耐盐基因型（品种）通常用植物表型观察来评估，主要参数包括：

1. 发芽 在盐胁迫条件下，进行植物发芽试验。但是，盐胁迫条件下植物能够萌发的能力与植物生长阶段的耐盐性无关。

2. 植物存活 可在高盐浓度下存活作为番茄、大麦和小麦的耐盐标准。无论中等盐度水平下的产量潜力如何，基因型在非常高的盐度下存活并完成其生命周期的能力被认为是绝对意义上的耐受性。

3. 叶片损伤 由于大多数作物不能阻止有毒的盐离子从根部转移到枝和叶中。因此，通过叶片炽烧状变白和坏死的症状可以很容易观察到盐分损害。因此，通过叶片损伤筛选耐盐性是常见的。

4. 生物量和产量 对于植物育种者来说，产量和生物量是评估耐盐性的直接参数。然而，这些参数并不能提供相关潜在生理机制的信息。过去，植物育种者对生理机制不感兴趣，认为一个基因型是耐性的就已足够。然而，随着基因功能研究的发展，这种观点正在改变。

5. 生理学机制 利用植物耐盐的生理学机制筛选。如检测植物组织中的钠含量、营养元素、酶、盐胁迫蛋白和渗透调节物质。

（二）作物耐盐育种

在作物的耐盐育种中，考虑作物各种性状的基因变异，因为这些性状可能在提高耐盐性方面发挥作用；确定作物耐盐性各种成分（性状）的遗传资源；确定所考虑性状的遗传基础，并估计它们的遗传率；启动育种计划，将不同来源的各种性状结合到适应当地的种质中，最终培育出耐盐品种。在一系列含盐土壤中的目标位置测试选定的基因型，以评估它们作为新品种的潜在适应性。

1. 传统杂交育种 培育耐盐作物，产生新的遗传变异。例如，开发自然耐盐的物种（盐生植物）作为替代作物；利用种间杂交提高当前作物的耐盐性；利用作物基因库中已经存在的耐盐遗传变异；通过使用轮回选择在现有作物中产生变异和繁殖。

但是，利用传统杂交育种提高耐盐性的方法收效甚微，很大程度上是因为育种材料的初级基因库中不存在所需的耐盐性。

2. 诱变育种 诱变是增加生物多样性的一种方法。通过对植物材料（通常是种子）进行 γ 射线或 X 射线照射，可以在几分钟内实现突变诱导。通过使用化学试剂也可以很容易地诱导突变。从表型（对盐度的反应）或基因型（寻找目标基因的变化）筛选所需的突变体通常是作物改良的主要瓶颈。一旦找到所需的突变体，这些突变体可以直接进入育种程序。然而，在进入育种程序之前，应进行预育种以"清理"突变品系的遗传背景。各种遗传标记技术可用于标记辅助选择以提高育种效率。

（三）水稻耐盐性筛选

水稻是重要的粮食作物之一，世界上 1/2 以上的人类都食用水稻。土壤盐渍化是限制水稻生长的一个主要且日益严重的问题，每年造成巨大的产量损失。寻找耐盐性高的新品种是缓解这一问题的主要途径。以玻璃温室水培试验为基础，将盐加入培育秧苗的营养水培液中；在水培幼苗定植后进行盐处理，在 2～3 叶阶段开始。查询标准基因型（耐受型、中间型和敏感型）的信息，并与试验苗进行比较。盐分胁迫的目测症状包括叶面积减少、下部叶片发白、叶尖死亡和幼苗死亡等。

1. Yoshida 氏营养液的构成 Yoshida 氏工作溶液的构成如表 9-1 所示，工作溶液是用 6 种储备溶液配制而成的，然后用蒸馏水稀释。溶液可以现用现配，也可以储存起来，以便在下次调整 pH 和体积时加入（每 2 d 一次）。大量的 Yoshida 氏营养液（高达 120 L）可以储存在玻璃温室的密闭桶中，最多可储存 1 周。

表 9-1 Yoshida 氏工作溶液的构成

原液编号	化学物	数量（5 L）
1	NH_4NO_3	457g
2	$NaH_2PO_4 \cdot H_2O$	201.5g
3	K_2SO_4	357g
4	$CaCl_2$	443g
5	$MgSO_4 \cdot 7H_2O$	1 620g
6	$MnCl_2 \cdot 4H_2O$	7.5g
	$(NH_4)_6Mo_7O_{24} \cdot 4H_2O$	0.37g
	H_3BO_3	4.67g
	$ZnSO_4 \cdot 7H_2O$	0.175g
	$CuSO_4 \cdot 5H_2O$	0.155g
	$FeCl_3 \cdot 6H_2O$	38.5g
	$C_6H_8O_7 \cdot H_2O$	59.5g
	$1\ mol \cdot L^{-1}\ H_2SO_4$	250 mL

Yoshida 氏营养液的制备：按照 Yoshida 工作溶液改编，即每种原液摇动，将每种原

液的 150 mL 样品混合在一起，制成 120 L。工作溶液的 pH 用 1 mol·L^{-1}氢氧化钠（NaOH）和 1 mol·L^{-1}盐酸（HCl）调节至 5.0，并进行连续搅拌，以确保溶液均质，同时溶液放置通风处。

2. 种子催芽处理　测定种子发芽率，然后将种子在 0.8%次氯酸钠（NaClO）中浸泡 20 min，用水清洗 3 次，促进种子萌发。

3. 沙培育苗技术　试验通常在温室中进行，温度为白天 30 ℃、夜间 20 ℃，湿度为 70%，光周期为 16 h。在培养管中填装 2/3 灭过菌的细砂，灌满蒸馏水，放入种子。然后用盖子盖住 1 周，以促进黑暗中的萌发。在第 3 天，用半强度的 Yoshida 氏营养液代替水继续培养。1 周后，将萌发的种子转移到装有 Yoshida 氏营养液的试验箱中，以便在盐处理之前建立健康的幼苗。幼苗生长到 2 叶阶段，每 2 d（或 1 周 3 次），需要将容积恢复到满负荷水平，并将 pH 调节到 5。

4. 盐处理　盐处理是在幼苗 2~3 叶期，置于 Yoshida 氏营养液中进行。试验盐浓度为 10 dS·m^{-1}（在 1 L Yoshida 氏营养液和蒸馏水中，10 dS·m^{-1}分别相当于 4.8 g 和 6.4 g 氯化钠）。表 9-2 提供了添加剂 Yoshida 氏营养液中 NaCl 的单位换算。

表 9-2　添加到 Yoshida 氏营养液中 NaCl 单位转换表

NaCl（g·L^{-1}）	NaCl（mmol·L^{-1}）	NaCl（dS·m^{-1}）
0	0	1.17
0.42	7.19	2
0.94	16.08	3
1.22	20.88	4
1.76	30.12	5
2.56	43.81	6
3.1	53.05	7
3.66	62.63	8
4.22	72.21	9
4.78	81.79	10
5.36	91.72	11
5.92	101.30	12
6.5	111.23	13
7.08	121.15	14
7.66	131.07	15
8.26	141.34	16
8.84	151.27	17
9.46	161.88	18
10.04	171.80	19
10.96	187.54	20
13.9	237.85	25
17.08	292.27	30

5. 耐盐性评价　采用目测法评价耐盐性，评分是相对的，1 分代表耐受，9 分代表敏感（表 9-3）。评分在盐处理的第 12 天或前后进行。在这个阶段，敏感的幼苗开始死亡，而中间的基因型则表现出不同程度的耐受性。

表 9-3　幼苗相对耐盐性的评估分数

评分	目测法	相对耐受性
1	正常生长，叶片无卷曲症状	高度耐受
2	接近正常生长，但偶尔会有白色的叶尖和卷叶	耐受
5	生长严重迟缓，大多数叶片卷曲，少数叶片拉长	适度耐受
7	生长完全停止，大多数叶片干燥，一些幼苗死亡	敏感
9	大多数幼苗死亡或濒临死亡	高度敏感

如果需要定量数据，可每天进行评分，通过绘制生长曲线来研究不同时期的响应。为此，可以用芽/根/全株重量（鲜重和干重）、株高和分蘖来记录幼苗的生物量进行定性评价评分。

6. 耐盐品系的恢复　选定的耐性幼苗被从试验中梳理出来，并小心地保持根的完整。然后，将每个选定幼苗移入装有 2/3 管灭菌过的细沙和 Yoshida 氏营养液的培养管中恢复正常生长到成熟，每 2 周更换 1 次。

（四）大麦和小麦耐盐性筛选

1. 小麦和大麦的适应性　预处理，将小麦和大麦的种子在 0.8% 的 NaClO 中浸泡 20 min，种子进行表面消毒，用水洗 3 次。将预处理过的种子（最多 50 粒）放在培养皿中湿润的滤纸上（每 9 cm 培养皿 4 mL 水，水不应该覆盖种子），4 ℃ 的黑暗环境（冰箱）中放置 48 h，确保均匀发芽。然后，将培养皿中种子转移到室温（17～25 ℃）光照下再放置 48 h，必要时补充水（当培养皿倾斜时，应该有大约 1 mL 的过量水）。在光照下 4 d 后，发芽的种子应该有第一片叶子从叶柄中出现，并有 3～8 条根。将这些幼苗单独取出，放入装有 2/3 灭过菌的细砂培养管中，幼苗生长到 2 叶阶段，绿色和健康。

2. Hoagland 溶液　除了从水培开始就使用全强度的 Yoshida 氏营养液外，也可使用 Hoagland 溶液替代（表 9-4）。

表 9-4　Hoagland 溶液的组成

化学药品	数量（mg·L^{-1}）
$NH_4H_2PO_4$	115
H_3BO_3	2.86
$Ca[NO_3]_2 \cdot 4H_2O$	945
$MgSO_4 \cdot 7H_2O$	250
$MnCl_2 \cdot 4H_2O$	1.81
KNO_3	607
$FeSO_4 \cdot 7H_2O$	5.0

3. 温室条件 试验通常在温室中进行：昼/夜温度 20/15 ℃，光周期为 16 h，采用沙培。

4. 测试盐浓度 不同作物对盐分的耐受性差异很大，因此使用不同的盐浓度测定其耐盐性。小麦和大麦比水稻更耐盐，用于筛选小麦和大麦的盐浓度为 15～20 dS·m^{-1} 或 150～200 mmol·L^{-1} NaCl，而用于筛选水稻的盐浓度为 10 dS·m^{-1} 或 100 mmol·L^{-1} NaCl。将装有幼苗（在 Hoagland 液中的 2 叶阶段）的育苗盘转移到 Yoshida 氏营养液中，放入培养箱，以每天 25 mmol 的增量添加盐，直到达到测试浓度。

(五) 筛选出耐盐作物、牧草和树种

1. 耐盐水稻品种 通过对 14 个水稻品种进行耐盐试验，结果表明，在 6 g·kg^{-1} NaCl 胁迫下，协优 9308、中优 208、协优 205、钱优 100、粤优 938、德农 2000 等 6 个水稻品种 10 d 后根的耐性指数大于 70%，芽的耐性指数大于 80%；水培下，6 个水稻品种在 100 mmol·L^{-1} NaCl 胁迫 2 周后，根部和地上部生长均不同程度受到了抑制，其中协优 205 受到的抑制程度最小，根部和叶部的耐性指数分别为 98.86% 和 97.35%。选择无障碍土壤中产量表现最好的协优 9308、当地栽培品种秀水 09 与协优 205 在滨海盐土进行大田试验，产量结果显示（表 9 - 5），协优 205 ＞秀水 09 ＞协优 9308。因此，确定协优 205 为耐盐水稻品种。

表 9 - 5 水稻品种在滨海盐土上的产量及产量三要素

水稻品种	产量三要素			水稻亩产（kg）
	有效穗数（个·m^{-2}）	千粒重（g）	水稻穗实粒数（个）	
秀水 09	268±15	20.5±2.0	85±5	326.0±26.4
协优 205	230±23	24.5±1.6	101±7	363.2±20.4
协优 9308	185±17	20.4±1.0	104±12	303.3±31.0

2. 耐盐作物和牧草 作物和牧草安全生长的土壤全盐含量临界值如表 9 - 6 所示。

表 9 - 6 作物/牧草安全生长的土壤全盐含量临界值（g·kg^{-1}）

作物	盐分	作物	盐分	绿肥/牧草	盐分	瓜/蔬菜	盐分
棉花	2.5～5.0	海滨锦葵	8.0	苜蓿	2.0～2.5	西瓜	2.0
玉米	2.0～3.0	油菜	2.0	田菁	3.0～4.0	菠菜	3.0
高粱	3.0～4.0	大豆	1.8	黑麦草	3.0	大白菜	1.5
水稻	2.0～3.0	向日葵	4.0	苕子	2.0	花椰菜	2.0
大麦	3.0～4.0	绿豆	2.0	高丹草	5.0	豌豆	2.3
小麦	2.0～2.3	蚕豆	2.0～2.5	籽粒苋	5.0	三角叶滨藜	8.2
马铃薯	1.5	花生	1.5				
甘薯	2.0						

（1）棉花。棉花苗期安全生长的土壤全盐含量临界值为 2.5 g·kg^{-1}。但是，抗虫耐盐棉中棉 965 能在硫酸盐与氯化物的总盐分含量 5 g·kg^{-1} 以下的盐土上正常生长，并能

获得 1 000 kg·hm^{-2} 以上皮棉。因此，发展耐盐棉花是早期滨海盐土农业的首选农作物品种。

（2）玉米。玉米苗期安全生长的土壤全盐含量临界值为 2.0 g·kg^{-1}。但是，山大 1 号玉米能在硫酸盐与氯化物的总盐分含量 5 g·kg^{-1} 以下的盐土上正常生长，并能获得 7 500 kg·hm^{-2} 左右籽粒产量。

（3）高粱。高粱苗期安全生长的土壤全盐含量临界值为 3.0 g·kg^{-1}。但是，有的耐盐高粱能在硫酸盐与氯化物的总盐分含量 4 g·kg^{-1} 以下的盐土上正常生长，并能获得 10 000 kg·hm^{-2} 左右籽粒产量。

（4）耐盐油料作物。海滨锦葵能在硫酸盐与氯化物的总盐分含量 8 g·kg^{-1} 左右的重度盐土上正常生长，并能获得 1 500 kg·hm^{-2} 左右籽粒产量。

（5）耐盐蔬菜。三角叶滨藜在土壤含盐量 8.2 g·kg^{-1} 的滨海盐土上也能出全苗。一般 667 m^2 产鲜叶 1 600 kg 左右，收种时获茎叶 1 000 kg 左右（可喂牲畜）。

（6）苜蓿。苜蓿安全生长的土壤全盐含量临界值为 2.0～2.5 g·kg^{-1}。但是，紫花苜蓿中苜 1 号具有耐盐、抗旱、耐瘠薄和生长迅速等特点，能在硫酸盐与氯化物的总盐分含量 5 g·kg^{-1} 以下的盐土上正常生长。

（7）高丹草。高丹草是高粱与苏丹草的杂交种，抗旱、耐盐、耐水淹，能在硫酸盐与氯化物的总盐分含量 5 g·kg^{-1} 以下的盐土上正常生长，一般年刈割 3～4 次，产鲜草 150 t·hm^{-2}。

（8）籽粒苋。籽粒苋是一种新型的一年生粮食、饲料兼用的作物，抗旱、耐盐碱、适应性广，能在硫酸盐与氯化物的总盐分含量 5 g·kg^{-1} 以下的盐土上正常生长，一般产籽粒 2 250 kg·hm^{-2} 左右，兼收青茎叶 75 t·hm^{-2} 左右。

3. 耐盐绿化树种/草种　绿化树种和草种安全生长的土壤全盐含量临界值如表 9-7 所示。

表 9-7　绿化树种/草种安全生长的土壤全盐含量临界值（g·kg^{-1}）

树种	盐分	树种	盐分	草种	盐分
杉木	1.8～2.0	杜英	1.0	菖蒲	5.0
香樟	1.8～2.0	龙柏	6.0	麦冬	4.0
喜树	1.8～2.0	黄杨	4.0	鸢尾	4.0
湿地松	1.8～2.0	柽柳	8.2	高羊茅	3.0
黑杨	2.2～2.5	滨梅	8.2	狗牙根	2.0
珊瑚树	2.2～2.5	银杏	5.0		
女贞	2.2～2.5	紫穗槐	5.0		
海桐	2.2～2.5	合欢	5.0		
意大利 214 杨	2.2～2.5	木槿	5.0		
水杉	2.2～2.5	金银忍冬	4.0		
鹅掌楸	1.0	爬山虎	2.0		

（1）适宜重度盐分盐土（盐分含量 $8.2\,g\cdot kg^{-1}$）种植的树种。柽柳和滨梅适宜在重度盐土种植，能在硫酸盐与氯化物的总盐分含量 $8.2\,g\cdot kg^{-1}$ 左右的盐土上正常生长。

（2）适宜中度盐分盐土（盐分含量 $5\,g\cdot kg^{-1}$）种植的树种。耐盐耐旱树种香花槐、红叶椿、白蜡树适宜在中度盐分盐土种植。耐盐耐低湿树种绒毛白蜡、柳树，耐盐果木无核小枣、银杏、枸杞，耐盐观赏树种香花槐、红叶椿、紫叶李、木槿、紫穗槐、合欢等，这些树种能在硫酸盐与氯化物的总盐分含量 $5\,g\cdot kg^{-1}$ 以下的盐土上正常生长。

（3）适宜盐分含量 $2.2\,g\cdot kg^{-1}$ 以下盐土种植的树种。在生长期内，黑杨、意大利 214 杨、海桐、水杉、女贞、珊瑚树等 6 个树种 $1\,m$ 土体全盐量 $1.8\,g\cdot kg^{-1}$ 以下，生长势都很旺盛或较好。当 $0\sim40\,cm$、$0\sim100\,cm$ 的土壤全盐量分别达到 $2.2\,g\cdot kg^{-1}$、$2.5\,g\cdot kg^{-1}$ 时，林木生长受到抑制。

（4）适宜盐分含量 $1.8\,g\cdot kg^{-1}$ 以下盐土种植的树种。杉木、香樟、喜树、湿地松适宜在盐分含量 $1.8\,g\cdot kg^{-1}$ 以下盐土种植，其耐盐临界值为 $1.8\sim2.0\,g\cdot kg^{-1}$。

（5）盐分敏感的树种。鹅掌楸、杜英对盐分非常敏感，其耐盐临界值为 $1.0\,g\cdot kg^{-1}$。

（6）强耐盐草种。菖蒲可耐盐 $5.0\,g\cdot kg^{-1}$，麦冬、鸢尾可耐盐 $4.0\,g\cdot kg^{-1}$。

（7）中耐盐草种。高羊茅可耐盐 $3.0\,g\cdot kg^{-1}$，狗牙根、爬山虎可耐盐 $2.0\,g\cdot kg^{-1}$。

四、耐盐树种在农田防护林建设中的应用

种树可促进土壤脱盐，抑制返盐。种树还能改善农田小气候，调节空气温度和湿度，减少地面蒸发，抑制地表返盐。农田防护林建设是在结合排灌渠系和道路网基础上，合理配置林带，既要考虑灌溉、排水和耕作方便，又能达到最佳防护效果。

（一）林网布局

根据统一规划、合理布局、因地制宜、适地适树的原则，实施农田林网建设。

1. 林带走向及林网网格面积　在林带走向上总的原则是根据农田水利沟、渠、路配套工程，基本上是林随水走、带随路渠。根据路、河岸、排沟的不同，因地制宜设置主副林带。林带设计采用小网格、窄林带，典型网格为：主林带呈东西或西北-东南走向，与主风方向垂直或成小夹角，间距为 $20\sim300\,m$，副林带间距为 $20\sim400\,m$，林网网格面积为 $6.67\sim13.3\,hm^2$。

2. 造林密度及林带宽度　造林密度及林带宽度是影响林带结构的重要因素，不合理的造林密度不但影响林带的经济效益，而且更重要的是影响林带的透风系数，降低林带的防护效益。为了发挥林网的防护效益，在营造林网时按主林带和副林带进行设计。

（1）主林带。主林带是农田林网的骨架，因此在造林设计上，原则是在路旁边坡栽植 $2\sim4$ 行乔木，宽 $6\sim10\,m$，形成疏透结构。在总排沟、中心河、环塘河等一般设计 $5\sim10$ 行乔木，宽 $10\sim20\,m$，在堤坡种植灌木护坡，品种以紫穗槐为主。造林以意大利 214 杨、黑杨、水杉、池杉等为主导树种，意大利 214 杨、黑杨等树种株行距分别为 $3\,m\times2\,m$、$3\,m\times3\,m$，水杉、池杉株行距分别为 $2\,m\times2\,m$、$2\,m\times1.5\,m$。

（2）副林带。选择南北走向的渠路，沿渠路造林构成林网的副林带。在靠近农田的一边，设计栽植单行乔木林或灌丛，生产路的另一边及渠顶、渠角栽植 $3\sim6$ 行乔木，并在乔木下栽种灌木，使之形成疏透结构，疏透度为 $0.3\sim0.4$。造林树种以意大利 214 杨、

水杉、池杉、紫穗槐等为主，意大利 214 杨株行距为 3 m×2 m，水杉、池杉等株行距分别为 2 m×(1.5~2) m、2 m×(1~2) m。

3. 控制林带胁地效应　林带的防护效益与林带的胁地效应矛盾突出，胁地效应对靠近林带的农田农产品产量影响较为明显。一是在林带设计上，东西走向路边林带设计在南边一侧两行，而在北边不安排林带；二是应选用冠幅小的深根性树种，如水杉、池杉、臭椿，并在林带的两侧挖沟断根，一般沟深 0.5 m 以上，以减少林带的胁地作用。

（二）树种的选择与配置

1. 树种的选择　针对滨海盐土土壤盐分、土壤结构和沿海大风等限制林木生长的立地因子，对于环境较为恶劣的海涂，可选择抗逆性强、能迅速成林的先锋树种，如黑杨、白蜡、刺槐、海滨木槿、白榆、臭椿、女贞、侧柏、紫穗槐、珊瑚树、小叶白蜡、海桐等；对于立地条件得到改善的涂地，如经过第 1 代先锋树种造林地段、围垦时间较长地段（10 年以上），外围又筑新海堤且海风有所减弱、地下水深增加的地段，可选择一些抗逆性较弱但往往具有较高的经济和生态价值的后继树种。

（1）速生丰产树种。在短期内生长快，能提供木材的优质树种，主要有喜树、水杉、泡桐、香椿、池杉等。

（2）常绿树种。能改善海涂冬季生态环境，主要有：香樟、柏木、铅笔柏、大叶黄杨、桂花、棕榈等。其中，香樟、柏木、铅笔柏等既可作防护林带亚乔木，又可作道路、环境绿化树种。

（3）经济果木。经济果木在改善生态环境的同时，又能提供很好的经济效益，如桑、梨、葡萄、银杏、雷竹、角竹、早竹、乌哺鸡竹等。

2. 树种的配置　由于围垦海涂的时间长短不一，基础设施条件存在差异，海涂林地条件呈现多样性。因此，要根据气候、立地条件，正确、合理配置树种，才能起到良好的效果。典型的配置形式有：

（1）纯林带。纯林带常选择速生树种，如杨树、水杉等。成林迅速，整齐美观，防风效果较好。

（2）乔木混交。为了避免树种的单一化，在同一林带可选择两个以上树种进行带间混交。利用不同树种特性，进行互补，增强防护功能，提高防护效益。如新围垦滩涂区靠近海的堤塘、河堤等立地条件较差地段，可选择杨树和刺槐、杨树和臭椿；对一些立地条件较好地段，可选择水杉、湿地松等树种。

（3）乔灌草结合。为了充分利用边际地和空间，提高光能利率，有效防止新造林带水土流失，采取乔灌草结合方式营造林网。灌木一般用紫穗槐、海滨木槿、女贞、海桐、小叶白蜡等，其枝叶茂密，根系发达，萌芽力强，抗逆性好，能提高土壤肥力，固结土壤，防止水土流失，并且能调节透风系数，提高防护效益。另外，一些新围垦滩涂土壤容易被冲刷，可种植护坡草，在边坡、排水沟、鱼塘四周，种植多年生羊茅、龙爪槐、苏丹草，能有效控制滩涂粉砂土冲刷，改善生态环境。

（4）果树林网。在立地条件较好的地段，为了进一步提高林网的经济效益，可适当发展一些经济果木，如桑、无花果、枇杷、柿、枣、葡萄、竹类（雷竹、角竹、哺鸡竹）、梨。如鱼塘四周，营造小网格林网（小于 6.67 hm²）。

（5）常绿与落叶混交。在新围海涂种植常绿树种，既可改善冬季单调的景观，又能有效地增加冬季防护效果。冬季常绿树种生长良好的有：先锋树种珊瑚树，后继树种海桐、香樟、柏木、铅笔柏、大叶黄杨、桂花等。常绿、落叶混交搭配：杨×女贞、杨×臭椿×珊瑚、杨×香樟等。

（三）造林技术

由于滩涂土壤存在全盐含量高、有机质含量低、土壤粗粉砂含量高等障碍因子，林木成活较难。在不同季节，立地条件差异较大，因此，在海涂造林必须把握以下几点。

1. 适地适树，合理配置 由于不同树种耐盐性不同，应根据立地条件合理配置，如先锋树种和后继树种结合，乔灌草结合。适地适树，是造林成功的关键。

2. 选好苗木，适时栽植 首先在苗木选择上，要选用大苗、壮苗。壮苗、大苗抗逆性强，易成活，长势旺盛。对一些易萌芽树种可采取截干造林。如杨树、杂交柳、香樟、泡桐等，可减少叶片蒸腾量，保证根系所需水分，促进根系生长，这对土壤保水保肥性差的砂涂区显得尤为重要。其次，起苗要做到根系完整，随起随栽和适时栽植，根据树种的不同生物学特性，选择最佳栽植时间。如浙江沿海地区杨树栽植以2月底3月初为宜，喜树则应当适当提前，选择1月底2月初种植为宜。

3. 采取措施，改善立地条件 由于涂区地下水位较高，地下水深 $1 \sim 2\,\mathrm{m}$，加上涂区部分地段地势高低不一，因此要采取工程、农艺措施来降低地下水位，改善立地条件。

（1）工程措施排水洗盐。根据盐随水来、盐随水去的规律，可在造林地段开沟排水，抬高地面，洗盐改土，降低地下水位。另外，对一些高盐地段，还可采用客土做墩方法，即用黄泥、猪栏肥分层做成一个底宽 $1 \sim 1.2\,\mathrm{m}$、高 $0.6\,\mathrm{m}$、墩部直径 $0.8 \sim 1\,\mathrm{m}$ 的平墩，然后把树苗定植在平墩上。可在 $1\,\mathrm{m}$ 土体含盐量大于 $3.0\,\mathrm{g} \cdot \mathrm{kg}^{-1}$ 的条件下采用。

（2）整地大穴移栽。在主要造林地段如路边、渠边、河边，土体经过人为挤压已经相当紧实，许多地段土壤容重大于 $1.25\,\mathrm{g} \cdot \mathrm{cm}^{-3}$，土体通气性差，非毛细管孔隙度小于 80%，这种土壤环境对根系生长极为不利。造林时，必须充分严格整地，采用大穴移栽，穴的大小要保证苗木根系伸展，促进苗木健康成长。

（3）农艺措施改善苗木立地环境。新造林地由于地面覆盖度少，土壤盐分变化剧烈，尤其是地下水位较高（小于 $1.5\,\mathrm{m}$）和地下水矿化度大于 $3\,\mathrm{g} \cdot \mathrm{L}^{-1}$ 的林地。可采用农艺措施套种作物，如大豆、花生、蚕豆等，或实行林地覆盖，可以保水、调温、培肥，提高防护林的保存率，促进林木生长。

第十章

灌溉水的盐度调控

缺水是盐渍土农业可持续生产的主要制约因素之一，不当咸水/微咸水灌溉造成土壤高盐度、高碱化度、高离子毒性导致作物减产。在干旱地区，降雨不能充分淋洗土壤中的盐分，导致盐分在作物根区积累。碱化度是指土壤中过量钠的存在，将导致土壤结构的恶化，从而减少水进入和通过土壤的渗透性。离子毒性是指某些盐（如氯化物、硼、钠和一些微量元素）的浓度超过临界浓度，植物生长将受到不利影响。

第一节 灌溉水水质

水中可溶性盐的浓度和组成将决定其用途，如人类和牲畜饮水、作物灌溉等。灌溉水水质评估有 4 个基本指标：一是可溶性盐的总含量（盐度危害）；二是钠（Na^+）与钙（Ca^{2+}）和镁（Mg^{2+}）的相对比例即钠吸附比（钠危害）；三是残余碳酸钠（RSC）、碳酸氢钠（HCO_3^-）和碳酸盐（CO_3^{2-}）阴离子浓度，因为它与 Ca^{2+} 和 Mg^{2+} 浓度有关；四是某些元素离子浓度过高，导致植物离子失衡或植物受毒害。

为了了解前 3 个重要指标，需要确定灌溉水中的以下特征：电导率（EC）、可溶性阴离子（CO_3^{2-}、HCO_3^-、Cl^- 和 SO_4^{2-}，其中 Cl^- 和 SO_4^{2-} 为可选）和可溶性阳离子（Na^+、K^+、Ca^{2+}、Mg^{2+}，其中 K^+ 为可选）。最后，还必须测量硼含量。灌溉水的 pH 不是一个必须要检测的水质指标，因为水的 pH 往往会被土壤缓冲，而且大多数作物都能承受较大的 pH 范围。

一、盐害

过量的盐会增加土壤溶液的渗透压，这种情况会导致生理干旱。因此，即使田里土壤水分充足，植物也会枯萎。这是因为高渗透势使植物根系无法吸收土壤水分。因此，植物通过蒸腾作用失去的水分无法得到补充，从而发生萎蔫。灌溉水的总可溶性盐（TSS）含量可以通过电导率（EC）来测量，单位为每厘米微西门子（$\mu S \cdot cm^{-1}$），也可以通过实际含盐量来测量。表 10-1 给出灌溉水盐危害的含盐量阈值。

表 10-1 灌溉水的盐危害（Bauder et al.，1992）

危害	溶解盐含量（$mg \cdot L^{-1}$）	EC（$\mu S \cdot cm^{-1}$）
无-通常不会发现有害影响的水	500	750

（续）

危害	溶解盐含量（mg·L^{-1}）	EC（μS·cm^{-1}）
部分-对敏感作物产生有害影响的水	500～1 000	750～1 500
中等-对许多作物产生不利影响的水	1 000～2 000	1 500～3 000
严重-可用于渗透性差土壤上耐盐植物的水	2 000～5 000	3 000～7 500

二、钠危害

灌溉水的钠危害表示为钠吸附比（SAR）。虽然钠对总盐度有直接影响，也可能对果树等敏感作物有毒，但钠浓度高的主要问题是对土壤物理性质的影响（土壤结构退化）。因此，如果灌溉水是长期灌溉的唯一来源，建议避免使用 SAR 值大于 10（mmol·L^{-1}）$^{0.5}$的水。即使总盐含量相对较低，该建议仍然适用。例如，如果土壤中含有相当数量的石膏，则 SAR 值可以超过 10（mmol·L^{-1}）$^{0.5}$。因此，应测定土壤中的石膏含量。

持续使用高 SAR 值的水会导致土壤物理结构变差，这种情况是由土壤胶体上吸附的钠过多引起的。土壤物理结构的破坏导致土壤黏土分散，并导致土壤在干燥时变硬和密实，在潮湿时越来越不透水（由于分散和膨胀）。质地细密的土壤，即黏土含量高的土壤受到的影响更大。当钠的浓度过高（与钙和镁成比例）时，土壤被称为碱土。如果钙和镁是吸附在土壤交换复合体上的主要阳离子，则土壤很容易耕种，并具有易于渗透的颗粒结构。

当土壤溶液通过蒸发作用浓缩时，富含碳酸盐（CO_3^{2-}）和碳酸氢盐（HCO_3^-）的水将倾向于沉淀碳酸钙（$CaCO_3$）和碳酸镁（$MgCO_3$）。这意味着 SAR 值将增大，钠离子的相对比例变大，这种情况将使土壤水的钠危害增加到大于 SAR 值所示的水平。

三、专性离子效应（毒性元素）

除盐分和钠危害外，某些作物可能对灌溉水或土壤溶液中存在的中高浓度特定离子敏感。如许多微量元素即使浓度低也会对植物有毒。土壤和灌溉水测试都有助于发现任何可能有毒的成分。灌溉水中的某些特定化学元素可能对作物直接产生毒性，例如硼、氯和钠对植物具有潜在毒性。水中会引起中毒症状的元素实际浓度因作物而异。

当一种元素通过灌溉水添加到土壤中时，它可能会被化学反应钝化，也可能会在土壤中积累，直到达到毒性水平，也可能会立即对作物产生毒性。

（一）钠毒

钠中毒可能以叶片烧伤、烧焦和沿叶片外缘组织死亡的形式发生。对于乔木而言，叶片组织中的钠浓度（超过 0.25%～0.5%）通常被认为是钠的毒性水平。通过土壤、水和植物组织分析可以做出正确的诊断。3 种水平的交换性钠离子百分比（ESP）对应 3 种耐受水平，即敏感（ESP<15%）、半耐受（ESP 15%～40%）和耐受（ESP>40%）。敏感作物有玉米、豌豆、橙子、桃子、绿豆、马铃薯、扁豆和豇豆；半耐受植物包括胡萝卜、三叶草、莴苣、柏树、燕麦、洋葱、萝卜、黑麦、高粱、菠菜、番茄；耐受植物包括苜蓿、大麦、甜菜和香兰。

（二）硼毒

硼是所有植物正常生长所必需的微量元素之一，但所需的量很低。为了维持植物充足的硼供应，灌溉水中应至少含有 0.02 mg·L^{-1} 的硼。然而，为了避免毒性，在理想情况下，灌溉水中的硼含量应低于 0.3 mg·L^{-1}。尽管硼毒在大多数地区不是一个问题，但它可能是一个重要的灌溉水质参数。有趣的是，生长在石灰含量高土壤中的植物可能比生长在非石灰性土中的作物耐受更高水平的硼。

硼被土壤弱吸附，根区浓度可能与灌溉水中的硼在植物生长过程中的富集程度不成正比。硼中毒的症状包括特征性叶片灼烧、黄化和坏死。硼中毒症状首先出现在较老的叶片上，表现为叶尖和边缘的叶片组织变黄、出现斑点或干燥。随着硼的积累，干燥和褪绿通常会向叶脉中心发展。

硼含量大于 1.0 mg·L^{-1} 的灌溉水可能会对硼敏感作物造成毒性，具体见表 10 - 2。作物对硼毒耐受性分为三类：耐受（$2\sim4$ mg·L^{-1}）、半耐受（$1\sim2$ mg·L^{-1}）和敏感（$0.3\sim1$ mg·L^{-1}）。果树对硼最敏感，即使土壤溶液浓度低于 0.5 mg·L^{-1}，硼也会降低柑橘和一些核果类作物的产量。植物对硼的相对耐受性如表 10 - 3 所示。

表 10 - 2　灌溉水中硼（B）浓度对作物影响（Bauder et al.，1992）

硼浓度（mg·L^{-1}）	对作物的影响
＜0.5	适合所有作物
0.5～1.0	适合大多数作物
1.0～2.0	适合半耐受作物
2.0～4.0	仅适合耐受作物

表 10 - 3　植物对灌溉水硼浓度的相对耐受性（Ayers et al.，1985）

非常敏感（＜0.5 mg·L^{-1}）	敏感（0.5～0.75 mg·L^{-1}）	不太敏感（0.75～1.0 mg·L^{-1}）	中度敏感（1.0～2.0 mg·L^{-1}）	中度耐受（2.0～4.0 mg·L^{-1}）	耐受（4.0～6.0 mg·L^{-1}）	非常耐受（＞6.0 mg·L^{-1}）
柠檬	牛油果	大蒜	红辣椒	生菜	番茄	棉花
黑莓	西柚	甘薯	豌豆	卷心菜	西芹	芦笋
	柑橘	向日葵	胡萝卜	芹菜	红甜菜	
	杏	豆子	小萝卜	萝卜		
	桃子	芝麻	马铃薯	燕麦		
	樱桃	草莓	黄瓜	玉米		
	李	菜豆		三叶草		
	葡萄	花生		南瓜		
	胡桃			香瓜		
	洋葱					

注：土壤水或饱和浸提液中的最大容许浓度，不会降低产量或抑制植物生长。硼耐受性因气候、土壤条件和作物品种而异。

（三）氯化物毒性

最常见的作物毒性是由灌溉水中的氯化物引起的。氯化物（Cl⁻）存在于所有水中，因是可溶的，很容易渗入排水系统。氯化物是植物生长所必需的，但如果浓度过高，它们会抑制植物生长，并且对某些植物物种具有高度毒性。因此，在评估水质时，必须分析水的 Cl⁻ 浓度。表 10-4 显示了灌溉水中的 Cl⁻ 浓度及其对作物的影响。对于敏感作物，当 Cl⁻ 在叶片中积累时，就会出现症状。氯对植物的毒性首先出现在叶尖（这是氯中毒的一种常见症状），随着氯中毒程度的加剧，从叶尖开始沿着边缘发展。过度坏死常伴有早期叶片脱落，甚至造成整株落叶。

表 10-4　灌溉水 Cl⁻ 浓度对作物的影响（Bauder et al.，1992）

Cl⁻ 浓度		对作物的影响
meq·L⁻¹	mg·L⁻¹	
<2	<70	一般对所有植物安全
2～4	70～140	敏感植物表现出轻微到中度的损伤
4～10	140～350	中度耐受性植物通常表现出轻微到实质性的损伤
>10	>350	导致严重问题

第二节　灌溉水水质分析

用于评估盐度和碱化度的最终水质数据包括灌溉水和排水所有主要阳离子和阴离子的完整分析。主要阳离子通常包括 Na^+、K^+、Ca^{2+} 和 Mg^{2+}。主要阴离子通常包括 CO_3^{2-}、HCO_3^-、Cl^- 和 SO_4^{2-}。对于高质量水，水中阳离子的总和应近似等于阴离子的总和。这些测量的数据用于计算 SAR，以评估灌溉水的碱化度危害。通过图 10-1 获得水的碱化度等级（S），EC（以 $\mu S \cdot cm^{-1}$ 表示）用于获得盐度等级（C）。此外，还可以测量残余碳酸钠（RSC）。

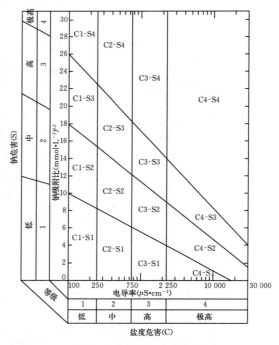

图 10-1　灌溉水分类图（USSL Staff，1954）

一、EC 和总盐浓度

从盐度的角度来看，最重要的水质参数是溶解盐的总浓度。它不同于"总溶解固体（TDS）"。TDS 的测量比 EC 的测量要繁琐得多，EC 是首选的盐度测量方法，测量比较方便。对于 EC 值在 $0.1 \sim 10$ mS·cm⁻¹

（或 dS·m^{-1}）之间的水，可以用式（10-1）换算，一旦知道总阳离子或阴离子的浓度，就可以获得总盐浓度。

$$总阳离子或阴离子（meq·L^{-1}）=10×EC（mS·cm^{-1}或 dS·m^{-1}）$$

$$(10-1)$$

二、钠吸附比（SAR）

钠吸附比（SAR）可以预测盐溶液在土壤中产生过量交换性钠的趋势。SAR 小于 8（mmol·L^{-1}）$^{0.5}$被视为"低钠"水等级，即采用 SAR 小于 8 的灌溉水被认为是安全的，不会引起钠中毒。也就是说，当排水和淋洗受到限制时，长期使用 SAR 为 8 的水进行灌溉，可能会导致土壤发生碱化。

调整后的 SAR（SAR$_{adj}$）意义在于，在田间正常灌溉管理条件下，表土中的交换性钠百分比（ESP）几乎等于调整后的 SAR。调整后 SAR$_{adj}$见式（10-2）：

$$SAR_{adj}=SAR_{IW}\ [1+(8.4-pH_c)] \qquad (10-2)$$

式中，SAR$_{IW}$为灌溉水钠吸附比；pH$_c$是灌溉水 Langelier 指数中使用的 pH。Langelier 指数基于给定水在平均 CO$_2$ 值下与固相碳酸钙平衡时所达到的 pH 来计算。与水的初始 pH 相比，该 pH 可用于预测当 CaCO$_3$ 通过石灰性土壤时，是发生沉淀还是被水溶解，即 pH$_c$ 是水与 CaCO$_3$ 平衡时的理论 pH。

三、残余碳酸钠（RSC）

残余碳酸钠广泛用于预测与 CaCO$_3$ 和 MgCO$_3$ 沉淀相关的额外钠危害。计算见式（10-3）：

$$RSC=(CO_3^{2-}+HCO_3^-)-(Ca^{2+}+Mg^{2+}) \qquad (10-3)$$

式中，所有浓度单位均为 meq·L^{-1}。表 10-5 显示了以 meq·L^{-1}为单位的 RSC 在灌溉用水适宜性方面的范围。

表 10-5　残余碳酸钠（RSC）和灌溉水的适宜性

RSC（meq·L^{-1}）	灌溉用水的适宜性
<1.25	安全
1.25～2.50	边际
>2.50	不适用

第三节　灌溉水水质分类

USSL Staff（1954）的水分类图显示 EC 没有超过 2 250 μS·cm^{-1}。但是，大多数灌溉用水的盐度水平高于 2 250 μS·cm^{-1}。因此，为了适应较高的水盐度水平，图 10-1 为修改后 USSL Staff（1954）的水分类图，将水的盐度增加到 30 000 μS·cm^{-1}。该图基于 EC 和钠吸附比（SAR），y 轴的 SAR 可以通过式（10-4）计算：

$$SAR=\frac{Na^+}{\sqrt{1/2\ (Ca^{2+}+Mg^{2+})}} \qquad (10-4)$$

式中：Na^+、Ca^{2+} 和 Mg^{2+} 的浓度表示为毫克当量每升（$meq \cdot L^{-1}$）；x 轴的电导率值以微西门子每厘米（$\mu S \cdot cm^{-1}$）表示。SAR 和 EC 所处的位置决定了灌溉水的质量等级。

一、电导率等级

如表 10-6 所示，有 4 个盐度等级，即低、中、高和极高。

表 10-6　灌溉水的盐度等级

灌溉水 EC（$\mu S \cdot cm^{-1}$）	盐度等级	盐度危害
100～250	C1	低
250～750	C2	中
750～2 250	C3	高
＞2 250	C4	极高

1. 低盐度水（盐度等级 C1）　它可以用于大多数土壤上数种作物的灌溉，几乎不可能产生土壤盐分。盐度等级为 C1 的水需要进行一定淋洗，但在正常灌溉实践中基本会发生淋洗，渗透性极低的土壤除外。

2. 中等盐度水（盐度等级 C2）　如果可以发生适度的淋洗，则可以使用盐度等级为 C2 的水进行灌溉。在大多数情况下，具有中等耐盐性的植物可以在没有特殊盐度控制措施下生长。

3. 高盐度水（盐度等级 C3）　它不能用于排水受限的土壤，因为淋洗能力较差。即使有足够的排水，也可能需要对盐度进行特殊控制，并应始终选择耐盐性好的植物。

4. 极高盐度水（盐度等级 C4）　一般情况下不适合灌溉，只能在非常特殊的情况下才可以使用。而且土壤必须具有渗透性，排水必须足够好，灌溉用水必须过量，以提供大量淋洗。只能选择耐盐性很强的作物。

二、碱化度等级

根据钠吸附比（SAR）对灌溉水进行分类主要基于交换性钠积累对土壤物理条件的影响。然而，即使土壤水中的交换性钠值过低，不会导致土壤物理条件恶化，钠敏感植物仍可能受到伤害（由于植物组织中的钠积累）。

1. 低钠水（碱化度等级 S1）　它可以用于几乎所有土壤的灌溉，而土壤中交换性钠含量的危害很小。然而，对于钠敏感的作物，如核果树和鳄梨，可能会积累有害浓度的钠。

2. 中钠水（碱化度等级 S2）　除非土壤中存在石膏，否则在具有高阳离子交换力的细粒结构土壤中，尤其是在低淋洗条件下，钠会产生明显的危害。S2 级碱化度水可用于质地粗糙或渗透性良好的有机土壤。

3. 高钠水（碱化度等级 S3）　它可能在大多数土壤中产生有害水平的交换性钠，如果利用需要特殊的土壤管理方法、良好的排水、高淋溶能力和高有机质条件。

4. 极高钠水（碱化度等级 S4）　除了在低盐度和中等盐度的情况下，一般不适合灌溉。具体而言，如果土壤水溶液富含钙，或使用石膏或其他土壤改良剂，则可以使用碱化度等级为 S4 的灌溉水。灌溉水的碱化度等级及其危害见表 10-7。

表 10-7 灌溉水的碱化度等级

灌溉水 SAR（mmol·L^{-1})$^{0.5}$	碱化度等级	碱化度危害
<10	S1	低
10~18	S2	中
18~26	S3	高
>26	S4	极高

有时，灌溉水可能会从石灰性土壤中溶解足够的钙，从而显著降低钠的危害，这一点应在盐度等级 C1、碱化度等级 S3 和盐度等级 C1、碱化度等级 S4 使用灌溉水时予以考虑。对于 pH 较高的石灰性土壤或非石灰性土壤，灌溉水的钠状态为盐度等级 C1、碱化度等级 S3，盐度等级 C1、碱化度等级 S4，盐度等级 C2、碱化度等级 S4 时既可以通过在灌溉渠道中添加石膏来改善，也可以通过定期在土壤中施用石膏来应对钠危害。

第四节 灌溉水盐度的调控

在灌溉之前，有许多方法可以改善水质，包括盐度和碱化度危害的缓解。下面介绍最常用的做法。

一、混合水以达到所需盐度

如果有其他优质水源，咸水/微咸水的水质可以得到改善。灌溉水所需达到的盐度水平，取决于要灌溉的作物。

实例 10.1

混合物由 50％淡水（EC=0.25 dS·m^{-1}）和 50％微咸水（EC=3.9 dS·m^{-1}）制成。计算混合水的最终 EC。

解：EC（混合水）=（淡水 EC×混合比）+（咸水 EC×混合比）

$$=(0.25×0.50)+(3.90×0.50)$$
$$=0.125+1.95=2.075$$

根据盐度阈值，可以通过混合两种已知盐度的水来灌溉特定作物，从而达到所需的盐度。因此，有必要了解两种水的比例。

实例 10.2

混合水由两种水，即淡水（0.25 dS·m^{-1}）和微咸水（20 dS·m^{-1}）组成。需要知道"这两种水以何种比例混合"，以达到预期的混合水盐度（8 dS·m^{-1}）。

解：根据 EC（混合水）=（淡水 EC1×r_1 混合比）+（咸水 EC2×r_2 混合比）

$$r_1+r_2=1$$

将淡水 EC1=0.25 dS·m^{-1}、微咸水 EC2=20 dS·m^{-1}代入，得：

$$8=0.25×r_1+20×(1-r_1)$$

$$8=0.25r_1+20-20r_1$$
$$r_1=0.608, \quad r_2=0.392$$

因此，混合水盐度达到 8 dS·m^{-1} 所需淡水（0.25 dS·m^{-1}）60.8%、微咸水（20 dS·m^{-1}）39.2%，淡水与微咸水的比例为 1.55:1。

二、水碱化度缓解

可以通过使用石膏（$CaSO_4 \cdot 2H_2O$）等含钙改性剂来降低水的碱化度。与其他改良剂相比，石膏便宜且易于处理，是目前降低灌溉水碱化度（钠与钙+镁的比率）最合适的改良剂。添加到灌溉水中所需的石膏量取决于水质（RSC 和 SAR 水平）和作物生长季节灌溉所需的水量。

（一）使用残余碳酸钠（RSC）概念的石膏需要量

实例 10.3

灌溉水的 RSC 为 8.5 meq·L^{-1}，需要减少至 2.5 meq·L^{-1}。高粱作物整个生长期灌溉所需水量为每公顷 800 mm。灌溉 1 hm^2 的水需要添加多少石膏可使水的预期 RSC 为 2.5 meq·L^{-1}。

解： 每升 Na$^+$ 当量需要每升 Ca^{2+} 当量，相当于每升溶液 86.06 g 石膏。因此，1 meq·L^{-1} 的 Na$^+$ 需要 1 meq·L^{-1} 的 Ca^{2+}，相当于每升溶液 0.086 06 g 石膏。因此，6 meq·L^{-1} 的 Na$^+$ 需要 6 meq·L^{-1} 的 Ca^{2+}，相当于每升溶液 0.516 36 g 石膏。

灌溉 1 hm^2 高粱作物所需的总水量 $=800 \times 10=8\,000$ m^3（其中，每 1 hm^2 的 1 mm 水等于 10 m^3）；8 000 m^3 的水等于整个生长季节的 $8\,000 \times 1\,000=8\,000\,000$ L 灌溉水。

$$石膏总需求量 = 8\,000\,000 \times 0.516\,36 = 4.13 \text{ t 纯石膏}$$

如果石膏纯度为 70%，则需要 5.90 t 石膏。要改善水的 RSC，最好将石膏放置在水道中。这样，流动的灌溉水将溶解石膏，降低灌溉水进入农田前的碱化度。

实例 10.4

使用 EC 为 3 dS·m^{-1} 的盐水灌溉高粱作物，并决定使用石膏。实验室分析表明，需要在灌溉水中增加 5 meq·L^{-1} 的钙。整个生长期作物需水量为 800 mm，灌溉 1 hm^2 需要多少石膏？

解： 已知水的 EC=3 dS·m^{-1}，种植面积=1 hm^2，石膏纯度=70%

总需水量$=800 \times 10=8\,000$ m^3 = 8 000 000 L

1 meq·L^{-1} 的 Na$^+$ 需要 1 meq·L^{-1} 的 Ca^{2+}，相当于每升溶液 0.086 06 g 石膏

5 meq·L^{-1} 的 Na$^+$ 需要 5 meq·L^{-1} 的 Ca^{2+}，相当于每升溶液 0.430 3 g 石膏

灌溉 1 hm^2 高粱作物所需的总水量$=800$ mm 或 $8\,000$ m^3 = 8 000 000L。

$$石膏总需求量 = 8\,000\,000 \times 0.430\,3/0.7 = 4.91 \text{ t } 70\% 石膏$$

因此，整个生长季节的灌溉用水需要 4.91 t 约 2 mm 的 70% 石膏。

（二）确定灌溉混合水的 SAR

实例 10.5

井水的化学成分如表 10-8 所示，该井水将与脱盐水以 1:3 的比例稀释。那么混合水的 SAR 是多少？假设脱盐水的 EC 和 Na$^+$、Ca^{2+}、Mg^{2+} 含量可以忽略不计。

表 10 - 8　井水的化学成分分析

水	EC (dS·m^{-1})	离子浓度（meq·L^{-1}）								SAR (mmol·L^{-1})$^{0.5}$
		Na$^+$	K$^+$	Ca^{2+}	Mg^{2+}	CO$_3^{2-}$	HCO$_3^-$	Cl$^-$	SO$_4^{2-}$	
井水	4	25	2	7	6	0	0	20	20	9.805
脱盐水	1	6.25	0.5	1.75	1.5	0	0	5	5	4.903

解： 以 1∶3（井水∶脱盐水）的比例混合后，混合水的

EC＝（4×0.25）＋（1×0.75）＝1＋0.75＝1.75 dS·m^{-1}

Ca^{2+}＝（7×0.25）＋（1.75×0.75）＝1.75＋1.312 5＝3.06 meq·L^{-1}

Mg^{2+}＝（6×0.25）＋（1.5×0.75）＝1.5＋1.125＝2.63 meq·L^{-1}

Na$^+$＝（25×0.25）＋（6.25×0.75）＝6.25＋4.687 5＝10.94 meq·L^{-1}

SAR＝Na$^+$/[（Ca^{2+}＋Mg^{2+}）/2]$^{0.5}$＝10.94/[（3.06＋2.63）/2]$^{0.5}$＝6.48(mmol·L^{-1})$^{0.5}$

实例 10.6

渠道水源（EC＝1.0 dS·m^{-1}）可用于灌溉作物，但水量不足。于是农民决定将 20% 井水（5 dS·m^{-1}）和 80% 渠道水（1 dS·m^{-1}）混合。混合水的 SAR 是多少？表 10 - 9 是渠道水、井水和混合水的化学分析。

表 10 - 9　渠道水、井水和由此产生的混合水化学分析

水	EC (dS·m^{-1})	离子浓度（meq·L^{-1}）								SAR (mmol·L^{-1})$^{0.5}$
		Na$^+$	K$^+$	Ca^{2+}	Mg^{2+}	CO$_3^{2-}$	HCO$_3^-$	Cl$^-$	SO$_4^{2-}$	
渠道水	1.0	6.25	0.5	1.75	1.5	0	0	5.0	5.0	4.903
井水	5.0	32.0	2.5	9.0	8.0	0	0	25.0	25.0	10.98
混合水	1.8	11.4	0.9	3.2	2.8	0	0	9.0	9.0	6.58

解： 混合水的

EC＝（1.0×0.8）＋（5.0×0.20）＝0.8＋1.0＝1.8 dS·m^{-1}

Ca^{2+}＝（1.75×0.8）＋（9.0×0.2）＝1.4＋1.8＝3.2 meq·L^{-1}

Mg^{2+}＝（1.5×0.8）＋（8.0×0.2）＝1.2＋1.6＝2.8 meq·L^{-1}

Na$^+$＝（6.25×0.8）＋（32.0×0.2）＝5.0＋6.4＝11.4 meq·L^{-1}

K$^+$＝（0.5×0.8）＋（2.5×0.2）＝0.4＋0.5＝0.9 meq·L^{-1}

Cl$^-$＝（5.0×0.8）＋（25.0×0.2）＝4.0＋5.0＝9 meq·L^{-1}

SO$_4^{2-}$＝（5.0×0.8）＋（25.0×0.2）＝4.0＋5.0＝9 meq·L^{-1}

SAR＝Na$^+$/[（Ca^{2+}＋Mg^{2+}）/2]$^{0.5}$＝11.4/[（3.2＋2.8）/2]$^{0.5}$＝6.58（mmol·L^{-1})$^{0.5}$

如果目标是降低 SAR，但条件是没有足够的渠道水/淡水灌溉作物，那么混合是可取的。然而，如果渠道有足够的水量可用，那么简单地用渠道的淡水代替井水进行灌溉是一个不错的选择。此外，还必须考虑其他农场条件，例如高 SAR 造成的渗透问题，是否添加石膏等。

第五节　咸水灌溉

灌溉农业面临水资源短缺的挑战。在大多数情况下，利用具有盐度和碱化度问题的灌溉水需要进行调整，如种植的作物种类选择、灌溉方法以及土壤改良剂的使用等。在农业生产中使用咸水灌溉时需考虑：一是选择合适的耐盐作物；二是改善水管理，在某些情况下，还应采用先进的灌溉技术（例如滴灌、喷灌、地下灌溉）；三是保持土壤的物理特性，确保土壤的耕性和足够的土壤渗透性，以满足作物的水分吸收和淋洗要求。

一、灌溉水质

用咸水灌溉时，灌溉水质如表 10-10 所示。

表 10-10　灌溉水质指南

水的性质	单位	限制利用等级		
		无	轻到中	重
盐度（影响作物水分有效性）				
EC_w	dS·m^{-1}	<0.7	0.7~3.0	>3.0
TDS	mg·L^{-1}	<450	450~2 000	>2 000
物理结构和水分入渗（使用 EC_w 和 SAR 一起评价）				
（SAR=0~3）EC_w=	dS·m^{-1}	>0.7	0.2~0.7	<0.2
（SAR=3~6）EC_w=	dS·m^{-1}	>1.2	0.3~1.2	<0.3
（SAR=6~12）EC_w=	dS·m^{-1}	>1.9	0.5~1.9	<0.5
（SAR=12~20）EC_w=	dS·m^{-1}	>2.9	1.3~2.9	<1.3
（SAR=20~40）EC_w=	dS·m^{-1}	>5.0	2.9~5.0	<2.9
钠（Na）专性离子毒性（影响敏感作物）				
地面灌溉	mmol·L^{-1}	<3	3~9	>9
喷灌	mmol·L^{-1}	<3	>3	
氯（Cl）专性离子毒性（影响敏感作物）				
地面灌溉	mmol·L^{-1}	<4	4~10	>10
喷灌	mmol·L^{-1}	<3	>3	
硼（B）专性离子毒性（影响敏感作物）				
灌溉	mg·L^{-1}	<0.7	0.7~2.0	>2.0

咸水灌溉可能会导致土壤盐渍化，进而造成作物减产，相对产量随着灌溉水盐度的增加而降低。如果有淡水，但不足以抵消作物的全部需水量，则始终需要寻找替代水源，如地下水，但通常含盐或含盐、钠。在这种情况下，当幼苗不能耐受高盐度时，建议在早期使用淡水。后期有两种方法可以使用这些水：一是使用盐水一段时间，然后用淡水淋洗盐分；二是先使用咸水，然后淡水（循环使用）灌溉作物。

如果灌溉水的含盐量高，盐分平衡将很难实现。但是，如果土壤排水良好，又能够对盐分的输入和输出进行认真管理，则即使是非常咸的水也可以用于灌溉。

二、排水盐度

必须排水才能防止盐分的积聚，因此还必须严格监测和控制灌溉排水（irrigation drainage waters）的质量和配置，以最大限度地减少对下游用户和栖息地的潜在危害。在任何灌溉系统中，离开地块的排水将比施用到同一田块的灌溉水盐分含量更高。如何处理日益咸化的排水对灌溉农业的可持续性提出了重大挑战。

不同的灌溉工程采取不同的措施，但在不损害下游环境的情况下，问题很少能得到解决。也许最有效的方法是收集排水，将其与相对高质量的渠道水隔离开来，然后重新用于灌溉耐盐作物。一般来说，耐盐作物的价值低于盐敏感作物（例如，$1\ hm^2$ 地块耐盐棉花的产值远低于同样面积盐敏感番茄的产值）。而排水再利用通常是指必须用一些淡水（雨水）与回收的排水混合，以将排水盐度降低到耐盐作物能耐受的水平。而且，在重复使用几个周期后，必须处理排水，因为即使耐盐的植物，排水也会变得过咸，无法再灌溉。

另一种更常见的方法（虽然水效率较低）是将排水引回渠道，将劣质的排水与优质的渠道水混合在一起，改善了一种水质，但降低了另一种水质。同样，在循环使用几次之后，下游的水变得太咸而必须进行处理（去盐成本非常高）。在许多情况下，灌溉排水被引到蒸发塘中，使水蒸发以收集盐分。

第十一章

新围垦滩涂种植水稻改良

浙江省滩涂资源丰富，1950 年以来，滩涂的围垦利用发展得很快，并取得了很大成绩。在围垦的滩涂上，不但出现了每 667 m² 生产稻谷超 500 kg 的丰产田，而且还出现了大面积蔬菜、水果及桑树种植等，为发展特色经济作物和果品提供了良好的基地。但是，目前大量的低潮位露面滩涂尚未围垦，因此围垦改良利用海涂，对浙江省农业生产的进一步发展具有十分重要的意义。

第一节　滨海盐土种植水稻限制因素

若能将滩涂在较短的时间内变为良田，对缓解日益紧张的农用地矛盾和推动国民经济可持续发展都具有重要意义。通过对沿海滩涂水稻种植现状进行分析，找出了制约沿海滩涂水稻生产发展的因素，并提出了相关建议，以期为进一步推进沿海滩涂水稻生产发展提供参考依据。沿海滩涂围垦种稻限制因素有：

（一）淡水来源不足

滩涂围垦种植水稻时，在水稻栽插前要灌淡水 3～5 次，以冲洗田间盐分，且水稻的整个生育期须始终保有淡水层；若有充足的淡水资源保证灌溉，并将洗出的盐分及时排离，经过 3 年左右土壤盐分便会降到 2.0 g·kg⁻¹、pH 降到 8.0 以下。但是，沿海地区地势平坦，缺少建设大型水库的条件，汛期径流难以有效拦蓄，且滩涂大多处于外来水源末梢，配套灌溉条件差，排灌方面不能满足水稻生长对淡水的需求，导致水稻产量较低。

（二）土壤结构差、养分含量低

沿海滩涂及围垦区耕地土壤以粉砂土为主，其中粉砂含量超过 60%，高的地块甚至超过 80%，保水保肥效果差。同时，滩涂土壤盐分含量呈季节性变化，夏秋两季为脱盐期，春冬两季为积盐期，易造成地表返盐。此外，由于滩涂成土时间和耕种时间较短，土壤理化性状、土壤剖面层次发育程度较差，表土层仅有 10 cm 左右，土壤有机质含量低于 10 g·kg⁻¹，碱解氮和有效磷含量均较低，但速效钾含量高。

（三）基础设施薄弱

沿海滩涂新围垦地区的交通、电力、排灌等基础设施配套不完善，不能满足灌排、洗盐等滩涂土壤开发的需求，且滩涂土壤的吸湿性、膨胀性、水稳性、可塑性均较弱，易遭受水力、风力侵蚀。同时，滩涂围垦区内防护林较少，风沙活动剧烈，易将细颗粒黏土吹走，造成部分排水河道淤积，这对滩涂的开发利用非常不利。

（四）水稻品种选择困难

水稻幼苗期对盐胁迫较敏感，营养生长阶段对盐胁迫的耐性逐渐增强，生殖生长阶段对盐胁迫又较敏感，整体表现为对盐胁迫中度敏感。水稻耐盐性复杂，不同品种对土壤盐碱地的反应也不同，导致水稻品种选择困难。

（五）病虫草害发生情况复杂

沿海滩涂独特的生态环境，使稻田生态系统，尤其是稻田病虫草害的群落结构与内陆稻区有显著区别。如围垦滩涂稻区病虫草害生物优势种类有螺蛳、螃蟹等小型动物及水稻条纹叶枯病、稻纵卷叶螟、灰飞虱、褐飞虱、海三棱草等，与内陆淡水区域水稻上常发性病虫草害的发生情况不同。围垦滩涂稻田病虫草害发生情况复杂，不利于围垦滩涂水稻产量的稳定。

第二节 滨海盐土种植水稻技术

沿海围垦滩涂种植水稻的措施包括加强基础设施建设，选择耐盐水稻品种和集成围垦滩涂种植水稻技术等（应永庆等，2018）。

一、农田基础建设

加强基础设施建设。在滩涂围垦利用过程中，应注重完善闸、站、渠、涵、路等配套工程建设，并相应提高土地平整和田块建造标准。有条件的地方可对盐分含量较高的滩涂盐碱地进行深翻，将含盐量较高的表层土壤翻埋至底部，从而使含盐量较少的底层土被翻至表层。同时，可适当在盐分含量较高的滩涂围垦区种植田菁、苜蓿、黑牧草等耐盐植物，有条件的地方亦可通过秸秆还田、增施有机肥等农艺措施来改良土壤；围垦时间较长的地区还可通过轮作、套种等方式，建立粮、菜、油、果等多元种植模式，保持田面绿色覆盖，并根据土壤状况适时施肥保养，避免因重垦殖轻保养使地力下降。此外，应加强围垦滩涂防护林及农田林网建设，以改善滩涂农田生态条件。

（一）条田的大小

条田的大小是影响土壤脱盐的主要因素，也是园田化质量的标志之一。为了加速换水，换水彻底，容易平整土地，适合田间管理，符合机械化水平，由于土质、地形条件和利用方式不同，条田的大小也不一致。砂涂条田长 $60\sim70$ m、宽 100 m，为了加速垦种初期的土壤脱盐，条田从中对开，田块划成每块 $0.067\sim0.13$ hm²；黏涂的条田，按等高矩形划格田，长 $60\sim70$ m、宽 $20\sim25$ m、面积 $0.13\sim0.17$ hm² 为宜。稻田排灌单独进出，力求速灌速排，以防止田内死角咸水滞留，引起局部地段的死苗。又因黏涂土壤收缩性大，失水后裂隙较深，剖面层密布孔穴。因此，在造田时必须做好田埂的砌土踏漏工作，以节省淡水和提高盐分淋洗效果。

（二）灌渠排沟分系

垦区灌溉和排水系统分干、支两级，毛渠、毛排大部分为临时性设置，支级的灌排渠系相间排列。在干渠或沿老堤坝设提水机埠，利用内塘淡水，实行咸淡水分系。有了咸淡水分系的设施，还要配合抽（排）咸水换（引）淡水的措施，即淡水引入前，先排去垦区河道内的咸水，以确保灌溉水的含盐量在 $1\,g\cdot L^{-1}$ 以下。砂涂的沟渠易遭受冲刷而塌方，边、坡比要比黏涂大，砂涂边、坡比为 1：1.5 左右，黏涂边、坡比为（1：1）～（1：1.3）。同时，排沟必须及时维修，使支排保持深 1 m 左右，干排保持深 1.5 m 以上，以保证排水畅通，加速土壤脱盐和地下水的淡化。排沟设置强调排水通畅，不宜过深，约 50 cm 为宜，以免塌方、漏水。做好渠岸的土建工作，新围滨海盐土要十分重视切沟（切深约 50 cm）踏漏，逐层回土夯实，做好大小包围圈的堵漏工作是建立田面水层的必需条件，围后几年的涂地也要趁雨后土壤湿润状况下把渠岸线基础夯实。并要尽量缩短土建工程时间，抓紧上水以防止渠岸土体的龟裂而返工。

（三）平整土地

平整土地方法：抽条取土，掘高填低，先找平、粗平，后打水平，再用溜板（或其他工具）打溜运土，精细平整田面，务求全田高差不大于 3 cm。

二、耕作层淡化

（一）泡田洗盐指标

泡田洗盐指标是指通过泡田洗盐后能确保水稻成活的土壤含盐量，即当 0～10 cm 立苗层土壤含盐量（指风干土）$1.5\,g\cdot kg^{-1}$、10～20 cm 土层含盐量 $3.0\,g\cdot kg^{-1}$ 时，需要泡田洗盐确保水稻成活。但它还与土壤质地、灌溉水质、栽培管理技术有关。一般情况下，黏涂、水质好及管理水平高，土壤含盐量可以略偏高一些。水稻返青至分蘖期田面水的矿化度控制在 $1.5～2\,g\cdot L^{-1}$，封行期后可略高，短暂的土壤高盐量 $3.0～5.0\,g\cdot kg^{-1}$ 也不至于造成盐害死苗。

（二）泡田洗盐方法

黏涂可燥耕晒垡，灌水后进行耕耙，经 5～6 h 后排去田面咸水，换上淡水，这样泡洗 2～3 次后，即可达到满足水稻扎根立苗的要求，保持田面有水，等待插秧。砂涂泡田洗盐比较容易，只要在耕耙后结合田面排水换水 1～2 次，并保持田面有水，浸泡 1 周也能基本达到要求，浸泡达到要求后保持田面有水，等待插秧。泡田期间，如能 4～5 d 耕 1次，可提高泡田效果。泡田洗盐的用水量，每 667 m^2 为 20～30 m^3。

三、选择耐盐水稻品种

水稻不同种质资源间的耐盐性差异明显，如籼稻的耐盐性强于粳稻；同一种质资源不同生育时期的耐盐性也存在较大差异，如水稻幼苗期和生殖生长阶段对盐胁迫敏感，而营养生长阶段对盐胁迫的耐性逐渐增强。因此，迫切需要对耐盐水稻的种质资源进行筛选，加强对耐盐种质资源的相关研究，了解其耐盐生理机理。同时，在育种方法上，要把耐盐性分子育种技术与常规育种技术相结合，在现有高产种质资源的基础上进行耐盐性改良，加快选育出高产优质、耐盐性强的水稻新品种。

四、滩涂种稻集成技术

要实现水稻高产优质，必须做到土、肥、水、温、光、气、热综合协调，围垦滩涂种植水稻因土壤含盐量偏高，相关种植技术也与内陆淡水种稻存在差异，亟须开展围垦滩涂种稻的技术试验和集成。在播栽技术环节，可通过客土育秧或基质育秧等方式，培育壮秧，提高秧苗抗盐碱的能力；在水浆管理环节，不仅要满足水稻生长对水的需求，还要以水压盐、排盐，保证水稻整个生育期始终有淡水层；在肥料施用环节，除要提高土壤肥力外，还要尽量满足水稻生长本身对肥料的需求；在病虫草害防治环节，需对滩涂稻田的病虫草害进行有效监测，掌握病虫草害发生规律，并推广水稻病虫草无害化防治技术。

（一）育秧密植

1. 咸田育秧　咸田育秧可提高秧苗耐盐能力，插秧后败苗轻，转青快，成活率高。用 0.3% 食盐水浸种催芽，半旱式育秧，二叶期前湿润育秧，二叶期后薄水护秧，铲秧前排水烤秧，深施适量氮肥作基肥，分次酌量面施氮肥，早稻适当推迟播种，清明前播好种，667 m^2 播 200～250 kg，培育适龄秧（早稻 25～30 d，晚稻 15～25 d）。

2. 密植浅插　由于滨海盐土盐分重、土性差、养分贫乏，植株分蘖力弱，因此，必须坚持密植浅插，依靠主穗，争取早分蘖，来实现增穗高产。黏涂由于脱盐慢，耕层下部含盐量常较高，加上田土糊烂，带土浅插可以防止秧苗沉陷，有利于提早返青发棵。砂涂土壤硬，随耕随插，秧苗下沉严重，因此，更要重视浅插。带土浅插，一般插深 1.7～3 cm 为宜，砂涂以 17 cm×10 cm、每丛 8～10 本、每 667 m^2 基本苗 30 万株，黏涂以 17 cm×13 cm、每丛 8 本、每 667 m^2 基本苗 25 万株比较适宜。

（二）护苗搁田

1. 活水护苗　插秧以后，合理的水浆管理，可以促使土壤继续脱盐和防止盐害，早活早发。黏涂插秧后，如水质较好，氯化钠含量不超过 1.5 g·L^{-1}，以勤灌水勤换水为主，封行前早耘田多耘田，加深淡化土层，为根系发育改善条件；封行后排水搁烤田，促使水稻青秆黄熟。砂涂在灌溉水质优良（如氯化钠为 1 g·L^{-1}时），插秧后先深水护苗，数日后即可改灌浅水，待发到每 667 m^2 50 万～60 万株苗时开始搁田。

2. 适当搁田　一般长势差的田块可轻搁，每次 3～4 d；长势好的田块可搁 1 周左右，如遇阴雨，还可延长。新垦滨海盐土一定要注意搁田，防止黑土黑根，避免"软脚"，防止早衰减产。在灌溉水质恶化时（氯化钠含量达到 2～3 g·L^{-1}），需要采用短时期的咸水深灌（6.5～7 cm），日深夜浅、隔日换水（阴雨天排咸蓄淡并自然落干）的办法来稳定田水的含盐量，可起到良好的保苗效果。引水种稻，耗水量大，每季每 667 m^2 水稻用水600～800 m^3（不包括泡田洗盐），砂涂大于黏涂，晚稻大于早稻。

（三）增施有机肥，深施化肥

1. 冬种黄花苜蓿　667 m^2 播黄花苜蓿种子 5～8 kg，管好播后的田水，以免烂芽、死苗。未经垦种过的砂涂荒地，只要在播前做好泡洗工作，使耕层氯化钠降到 2.0 g·kg^{-1} 左右，再配合盖草、浅沟条播以及增施磷肥等措施，每 667 m^2 产鲜草也可达 1 000 kg 左右。

2. 稻田养绿萍　稻田养绿萍对解决垦种第一季水稻的有机肥具有重要意义。但由于绿萍的耐盐性不强，在灌溉水质含盐量超过 2 g·L^{-1}时，就会产生盐害。

3. 夏播田菁　在早稻行间套种田菁，平均每 667 m^2 可生产田菁茎叶 900 kg，足够作晚稻基肥。

4. 稻草还田　早稻草是新围垦区较丰富的有机肥源，试点早稻草还田数量一般为每 667 m² 200～300 kg 干草。

5. 深施化肥　黏涂是氮素供应不足，而砂涂则是氮磷都缺。因此，黏涂主要以施氮肥为主，而砂涂需要氮、磷配施。为了尽量减少由于经常换水而造成的化肥流失，提高化肥利用率，黏涂采用化肥深施，砂涂对水稻施用化肥可采用"前重、中稳、后补足"的分配原则。在泡田洗盐 2～3 次后施用基肥，667 m² 施有机肥 100～150 kg，全层深施氮肥。追肥深施速效氮肥占总氮肥量的 75%～80%，面施占 20%～25%，早稻插秧后约 7 d（晚稻 7～10 d）先施肥后耘田。

插秧后如逢灌溉水质差（氯化钠 2～3 g·L⁻¹），需要深灌勤换水时，施肥就要结合灌水和天气条件变化灵活进行。一般可利用阴天，放浅水层后施肥，待田水自然落干后再复水。如遇降雨，则放干咸水以承接淡水，施重肥而让其自然落干。

（四）选用良种，合理搭配

早稻以迟中熟抗病高产品种为主，晚稻以迟中熟抗病高产品种为主，搭配晚粳。咸田种稻，稻苗转青发育迟缓，生育期有所推迟（约 7 d）。因此，掌握早稻插秧不过"立夏"关，晚稻不过"立秋"关，且要早管促早发，力争早熟增产。

第三节　新围垦滩涂地种植水稻技术

自在杭州湾新垦滩涂砂涂地上大面积推广种稻洗盐改土获得成功以后，浙东、浙南黏涂地，继续开展了种稻洗盐改土的科学实验，也获得了显著效果。

一、新垦砂涂地种植水稻

（一）泡田洗盐，淡化耕作层

实行泡田洗盐，可在短期内达到使水稻立苗生长的淡化耕作层，一般水稻立苗生长的淡化土壤盐分含量要求在 2 g·kg⁻¹ 以下。泡田前平整土地，然后灌水泡田，使表土盐分下渗；泡田过程中，通过进水、排水等数次换水，使表层土壤淡化。泡田期间，4～5 d 翻耕一次，可提高泡田效果。

（二）防止返盐，培育壮秧

从泡田结束到插秧前，田面不能断水，以防土壤返盐。在平整土地、泡田洗盐基础上，采用随淌随播、浑水落谷，多施土杂肥和日灌夜排的灌水方法等措施，可有效防止秧田的返盐、烂秧，保证全苗和育成壮秧。当秧板发生烧芽、卷叶等返盐失水伤苗症状时，灌水就可控制盐害。办法是露水干后灌水，将植株大部沉在水里，待太阳西斜后，逐步将水排干。待生长恢复后，可停灌或灌浅水，直至秧苗移栽。

（三）灵活用水，力争全苗早发

采用渗水插秧或带土插秧后，立即灌深水（7 cm 以上）护苗几天，每天换水一次，能防止盐害伤苗，促进扎根转青。在淡水资源不足或灌溉水质较咸时，改浅灌勤灌为满灌勤灌，日深夜浅。

（四）选用良种

选用耐盐性强、生育期不迟于 11 月初的品种。

（五）开辟有机肥源，合理施肥

新围滩涂地，土壤贫瘠，保水保肥能力差，应重视有机肥料的施用，如增施商品有机肥、种植绿肥、稻草还田等。在泡田耕作层淡化后，施用基肥并增施磷肥，提高秧苗成活率，促进早稻发根和分蘖。追肥应遵循少量多次、兼顾两头的原则，重视穗肥的施用。追肥时要和田间灌水协调，尽量减少肥料流失。

（六）适当密植，增穗高产

要适当提高密植程度，依靠主穗获高产，如株行距以 16 cm×（10～13）cm 为宜。

二、新垦黏涂地种植水稻

新垦黏涂种稻，除了要做好土地平整、泡田洗盐、就地育秧以及合理施肥等措施外，还要注意 4 个环节：一要做好切土踏漏。由于黏涂中生物穿孔多，开裂严重，要在筑田埂的部位切挖一条沟，踏实裂缝漏洞，然后再在沟内堆土筑田埂。否则，灌入的淡水不易积蓄，耗水量增加，降低泡田洗盐效果。二要掌握适当的土壤含盐量。新垦黏涂田种稻，土壤盐分含量的要略低于砂涂。即在泡田洗盐后，当 0～5 cm 土层中氯化钠含量降到 1.5 g·kg^{-1}以下，5～20 cm 降到 3.0 g·kg^{-1}左右时就可种稻。三要实行秧苗带土浅栽。黏涂土糊，秧苗带土浅栽可以防止秧苗沉陷，有利于早返青、早发棵。四要采用合理的灌排、搁田技术。前期灌水不宜太深，在灌排分系的情况下，为了洗盐保苗，采用急灌速排、勤灌勤换的灌排方法，同时还应看天气、看稻苗的变化，做到排灌及时，促使稻苗发棵生长。在水稻分蘖末期还要适当搁田，假如黏涂过于糊烂，则要早搁、重搁，以减轻黑土黑根的产生。新垦黏涂种稻的主要技术措施如下。

（一）合理规划，搞好农田基本建设

按照水源状况分片规划，水、旱作要尽量集中种植，并设置截流沟或排咸沟相隔。稻区内规划灌排相间，排沟设置强调排水通畅，不宜过深，约 50 cm 为宜，以免塌方、漏水。换水应彻底，保证平整土地容易、田间管理方便、符合机械化水平，按等高矩形划格田，长 60～70 m，宽 20～25 m，0.13～0.17 hm^2 为宜，设置独立进出水口。做好渠岸的土建工作，新垦荒涂要十分重视切沟（切深约 50 cm）踏漏，逐层回土夯实，做好大小包围圈的堵漏工作是建立田面水层的必需条件，围后几年的涂地也要趁雨后土壤湿润状况下把渠岸线基础夯实。并要尽量缩短土建工程时间，抓紧上水以防止渠岸土体的龟裂而返工。平整土地方法是，抽条取土，掘高填低，先找平、粗平，后打水平，再用"溜板"（或其他工具）打溜运土，精细平整田面，务求全田高差为 3～5 cm。

（二）泡田洗盐，带水耕耙滞水排咸

多年来生产实践明确了泡田洗盐的目标是 0～5 cm 立苗层土壤氯化钠（指风干土）不大于 1.5 g·kg^{-1}，5～20 cm 土层含盐量 3.0 g·kg^{-1}左右；水稻返青至分蘖期田面水质矿化度控制在 1.5～2 g·L^{-1}，封行期后可略高，短暂的高盐量 3.0～5.0 g·kg^{-1}也不会造成盐害死苗。泡田洗盐方法是，强调燥耕，浅耕（10～12 cm）晒垡、凉垡、带水耕耙，滞

水 5～6 h 后排咸；头次灌水要求达到水层深 6～7 cm，第 2～3 次灌水水层深 5～6 cm，带水旋耕 1～2 次，一般泡洗 3～4 次即可达到洗盐指标，第 3～4 次灌水保 3～4 cm 水层，保淡待插秧。

（三）咸田育秧，带土浅插，浓株密植

咸田育秧可提高秧苗耐盐能力。用 0.3％食盐水浸种催芽，半旱式育秧，二叶期前湿润育秧，二叶期后薄水护秧，铲秧前排水烤秧。播种前，秧田深施适量氮肥作基肥，秧苗二叶一心和移栽前分次酌量面施氮肥。早稻适当推迟播种，清明前播好种，667 m² 播 200～250 kg，培育适龄秧（早稻 25～30 d，晚稻 15～25 d）带土浅插，17 cm×13 cm 密植，1 丛插 8 本左右，每 667 m² 插足基本苗 20 万～25 万株，是全苗、早发、早熟、增产的有效措施。

（四）活水护苗，匀株补苗，适当搁田

苗期勤灌勤换水，先排后赶水，更换进出水口，消灭咸水角，对盐斑地段，结合换水增加耘田次数，田面水矿化度不大于 1.5 g·L^{-1}，灌溉水质差（1 g·L^{-1} 以上）适当加深水层。耘田结合补苗，力求全苗均衡生长。封行前早耘多耘田，加深淡化土层，改善根系发育条件；封行后排水搁田，防止黑根，促使青秆黄熟防止早衰减产。

（五）广辟肥源，增施有机肥，深施化肥

大田冬种黄花苜蓿，稻田养细绿萍，夏播田菁及稻草还田，配施速效氮肥作底肥，在插秧前泡田洗盐 2～3 次后，每 667 m² 施有机肥 1 000～1 500 kg，全层深施氮肥。插秧后，追肥深施氮肥，面施少量氮肥，其中深施速效氮肥占总氮肥量的 75％～80％，面施占 20％～25％。早稻插秧后约 7 d（晚稻 7～10 d）先施肥后耘田。

（六）选用良种，合理搭配

早稻以迟中熟抗病高产品种为主，晚稻以迟中熟抗病高产品种为主，搭配晚粳。咸田种稻，稻苗转青发育迟缓，生育期有所推迟（约 7 d）。因此，必须掌握早稻插秧不过"立夏"关，晚稻不过"立秋"关，且要早管促早发，力争早熟增产。

第四节　滨海盐土种植水稻改土效应

一、土壤脱盐淡化

（一）土壤淡化效应

采用引水种稻和其他耕作培肥措施，加快了土壤脱盐淡化。但由于土壤质地不同，以及土地利用方式不同，其脱盐的程度与特点各有差异。垦种前，0～100 cm 土层的全盐含量黏涂为 9.0 g·kg^{-1} 左右，砂涂为 6.0 g·kg^{-1} 左右。通过 2～3 年的引水种稻，耕作层（0～20 cm）脱盐 65％～70％，0～100 cm 脱盐 30％～77％。由于砂涂土壤含盐量低，比黏涂的渗水性较好，因此淋盐较快。种稻 1 年后，耕层含盐量迅速降到 2.0 g·kg^{-1} 以下。从表 11-1 可以看出：种稻 3 年后，1 m 土层的全盐量砂涂为 1.3 g·kg^{-1}，而黏涂则为 4.8 g·kg^{-1}。总之，新围涂地，特别是砂涂，通过引淡种稻，土壤可以迅速脱盐淡化，在采用适当耕作和水肥管理条件下，能保证作物安全生长。

表 11-1　垦种前后土壤盐分含量的变化

土种	地点	垦种 3 年	0～20 cm 土层			0～100 cm 土层		
			垦前含盐量 $(g \cdot kg^{-1})$	垦后含盐量 $(g \cdot kg^{-1})$	脱盐率 (%)	垦前含盐量 $(g \cdot kg^{-1})$	垦后含盐量 $(g \cdot kg^{-1})$	脱盐率 (%)
砂涂	上虞	3 年水稻	4.0	1.4	65.0	5.7	1.3	77.0
黏涂	温岭	1 年棉花+2 年水稻	5.8	1.7	70.2	8.6	6.0	29.8
黏涂	玉环	3 年水稻	9.4	3.0	67.8	9.0	4.8	46.1

（二）离子组成变化

随着土壤的脱盐，离子组成也发生了变化。不论砂涂或黏涂，耕层土壤中阳离子的脱盐率为 $K^+ > Na^+ > Mg^{2+} > Ca^{2+}$（其中砂涂垦种后耕层土壤中的 Ca^{2+} 含量尚有增加），阴离子的脱盐率为 $Cl^- > SO_4^{2-} > HCO_3^-$（表 11-2）。$HCO_3^-$ 在 1 m 土层中，两种涂地垦后都有增加，其增加的趋势是先上层、后下层。新围涂地种稻后，Cl^- 和 $K^+ + Na^+$ 的淋洗速度较快，Ca^{2+} 含量的相对积累，以及 HCO_3^- 的增加后逐渐减少，不仅说明了土壤的脱盐淡化，而且也说明了不会迅速碱化。3 年来种稻土壤盐分变化观察表明，新围涂地第 1 年种稻的脱盐效果显著，尤其在耕作层。如种植一季早稻后表土（0～10 cm）全盐量从 24.5 g·kg^{-1} 下降到 9.1 g·kg^{-1}，脱盐率 92.4%；1 m 土层全盐量从 6.0 g·kg^{-1} 下降到 2.8 g·kg^{-1}，脱盐率为 53.6%。另据多点观察，40 cm 土层在种植一季水稻后脱盐率都在 80% 以上，含盐在 2.0 g·kg^{-1} 以下的脱盐深度可达 50 cm 左右，种两季水稻脱盐深度可达 80 cm 左右。当土壤脱盐到一定程度时，继续种稻表层土壤脱盐不明显，但下层土壤仍在脱盐。1 m 土层土壤脱盐动态的一般规律是：土壤盐分随种稻灌水不断向下淋洗，从上而下逐层脱盐，其脱盐程度随种稻灌水时间的增加而增加，速度为上层大于下层，当表土脱盐最大的时候，中下层土壤盐分大量增加。如在萧山头蓬砂涂种一季早稻后，表土 0～10 cm 含盐量从 5.3 g·kg^{-1} 降到 1.0 g·kg^{-1}，脱盐率 80.9%。而 10～40 cm 的盐分从 1.5 g·kg^{-1} 上升到 3.6 g·kg^{-1}，比原始土壤含盐量增加了 1 倍多。种两季水稻（连作晚稻）后，0～10 cm 含盐量为 1.3 g·kg^{-1} 与早稻期相近，而 10～40 cm 含盐量已开始下降，比早稻收获期降低了 46.6%，但比种稻前仍然增加 12.9%。种四季水稻以后，0～10 cm 土壤含盐量平均降到 0.6 g·kg^{-1}，10～40 cm 土壤含盐量也降低到 1.4 g·kg^{-1}，与种稻前 10～40 cm 含盐量（1.5 g·kg^{-1}）相比脱盐率为 6%。整个 1 m 土层的平均含盐量从 3.5 g·kg^{-1} 下降到 1.2 g·kg^{-1}，脱盐率为 6.3%。因此，头蓬砂涂垦区土壤在种稻一季后表土脱盐虽然明显，但中下层土壤盐分却大量增加，必须继续种稻把下层盐分排除才能使地下水淡化，巩固脱盐效果。

表 11-2　垦种前后土壤中离子组成的变化

离子种类	土层深度 (cm)	土壤中各离子含量					
		上虞（砂涂）			玉环（黏涂）		
		垦前 (meq·kg^{-1})	垦后 (meq·kg^{-1})	脱盐率 (%)	垦前 (meq·kg^{-1})	垦后 (meq·kg^{-1})	脱盐率 (%)
Ca^{2+}	0～20	2.9	4.5	62.0	10.4	4.9	52.9
	0～100	3.4	2.4	30.2	8.6	4.2	51.2

（续）

离子种类	土层深度 （cm）	土壤中各离子含量					
		上虞（砂涂）			玉环（黏涂）		
		垦前 （meq·kg^{-1}）	垦后 （meq·kg^{-1}）	脱盐率 （%）	垦前 （meq·kg^{-1}）	垦后 （meq·kg^{-1}）	脱盐率 （%）
Mg^{2+}	0～20	9.0	2.9	67.0	12.5	3.6	71.3
	0～100	14.4	4.3	70.6	10.8	3.8	64.6
K$^+$＋Na$^+$	0～20	57.1	16.5	70.1	133.0	38.2	71.2
	0～100	80.6	13.8	82.8	129.0	74.0	65.9
HCO$_3^-$	0～20	3.5	4.0	15.9	3.7	4.5	21.7
	0～100	3.6	4.4	23.0	3.6	5.0	37.4
SO$_4^{2-}$	0～20	10.1	4.6	55.0	31.9	11.3	64.7
	0～100	11.4	3.7	67.0	26.3	13.5	48.4
Cl$^-$	0～20	51.6	14.4	71.5	119.0	31.3	73.9
	0～100	81.1	12.0	84.4	121.0	63.4	47.7

二、土壤理化性状改善

（一）土壤肥力变化

土壤由于质地的不同（表 11-3），其基本肥力及垦种 3 年后土壤的肥力变化，也有较大的差异。上虞七五丘粗粉砂含量高，土粒分散，土壤汀板，养分含量低，是一种严重缺氮、缺磷、缺有机质的土壤。黏涂养分含量较高，但由于土壤黏粒含量高，质地黏重，土壤通气不良，失水后收缩开裂，土块僵硬，耕作相当困难。垦种 3 年后（表 11-4），土壤有机质提高 46.5%～60.4%，全氮提高 25%～50%，速效氮提高 55.9%～190.1%。七五丘的肥力基础虽较低，但因有机肥施用较多，因此，垦后上述养分含量的增加速度反而比黏涂快。垦种后的土壤全磷含量，砂涂增加不多，而黏涂因施磷较少有所下降。

表 11-3 土壤机械组成

土种	地点	各粒级的土粒含量（%）						
		1～0.05 mm	0.05～0.01 mm	0.01～0.005 mm	0.005～0.001 mm	<0.001 mm	>0.01 mm	<0.01 mm
砂涂	上虞	12.2	81.44	1.40	1.85	3.11	93.64	6.36
黏涂	温岭	0.0	13.70	15.30	28.00	43.00	13.70	86.30
黏涂	玉环	0.0	10.30	17.40	30.30	42.00	10.30	89.70

表 11-4 垦种前后土壤养分的变化

土种	垦种情况	有机质（g·kg^{-1}）	全氮（g·kg^{-1}）	全磷（g·kg^{-1}）	速效氮（mg·kg^{-1}）	有效磷（mg·kg^{-1}）
	垦前	4.8	0.28	1.18	10.17	10.9
上虞砂涂	垦后	7.7	0.35	1.23	29.5	25.0
	增加	60.4%	25.0%	4.2%	190.1%	129.4%

（续）

土种	垦种情况	有机质（g·kg^{-1}）	全氮（g·kg^{-1}）	全磷（g·kg^{-1}）	速效氮（mg·kg^{-1}）	有效磷（mg·kg^{-1}）
	垦前	9.9	0.8	1.3	49.7	29.8
温岭黏涂	垦后	14.5	1.2	1.46	77.5	22.0
	增加	46.5%	50.0%	12.3%	55.9%	−26.2%

在垦种初期1年2熟，施用肥料大部分以化肥为主。因此，土壤肥力提高较慢。通过2年4季作物的种植（表11-5），土壤有机质含量虽有增加；但其含量仍然很低，保持在5.0~7.0 g·kg^{-1}，全氮量种植2年后有所提高。原来土壤中的含磷量虽在1.0 g·kg^{-1}以上，但其有效磷量很低，仅在6 mg·kg^{-1}上下。因此，施用磷肥有一定的增产效果。种稻后土壤物理性状有所改善，表现在孔隙度提高，表层0~8 cm土壤容重从种稻前的1.32 g·cm^{-3}降低到1.19 g·cm^{-3}。由于人为带水耕作影响，心底土的容重却有不同，特别是8~20 cm土层处的土壤容重从1.30 g·cm^{-3}增大到1.43 g·cm^{-3}，初步形成紧实的犁底层，这是有利于土壤的保水保肥，促进表土肥力的发展。

表11-5　上虞砂涂种稻前后土壤肥力的变化

种稻年限（年）	有机质（g·kg^{-1}）	全氮（g·kg^{-1}）	全磷（g·kg^{-1}）	土壤容重（g·cm^{-3}）				
				0~8 cm	8~20 cm	20~40 cm	40~60 cm	60~100 cm
0	5.1	0.30	1.2	1.32	1.30	1.30	1.32	1.35
1	6.5	0.33	1.4	1.19	1.43	1.29	1.31	1.32
2	7.6	0.06	1.6	1.12	1.41	1.30	1.30	1.33

（二）土壤物理性状变化

垦种后试点土壤物理性状的变化，主要表现在容重下降，结构性改善，耕性变好。特别是砂涂，由于物理性状的改善（表11-6），土粒汀实速度减慢，松软度提高，渗漏量减少，蓄肥能力增强。

表11-6　上虞砂涂垦种后0~10 cm土壤物理性状的变化

类型	垦种年限（年）	容重（g·cm^{-3}）	渗漏量（cm·d^{-1}）	粗粉砂与黏粒比值	总孔隙度（%）
原始土	0	1.41	9.1	26.1	47.42
	1	1.28	7.5	19.3	51.87
丰产田	2	1.14	4.6	15.7	56.33
	3	1.11	4.32	13.7	57.32
	1	1.31	8.1	18.5	50.72
一般田	2	1.26	4.8	17.8	52.37
	3	1.21	3.12	18.8	54.02

（三）土壤酸碱度变化

经耕作施肥影响（表11-7），种稻2年以后表土pH已降到8.0~8.1，但中下层土壤酸碱度有所增加，一般 pH 都在 9.0 以上，特别是刚开始种稻尤为明显。在继续种稻脱盐过程中，这种现象逐渐减轻。当土壤溶液中钠、钾当量和与钙、镁当量和之比大于 4 时（$Na^+ + K^+ / Ca^{2+} + Mg^{2+} > 4$），钠离子被土壤吸收性复合体强烈吸收，使土壤交换性钠含量增高，引起土壤碱化。而种稻后 pH 升高的土层其 $Na^+ + K^+ / Ca^{2+} + Mg^{2+}$ 比值均大于 10，同时重碳酸根离子（HCO_3^-）大量增加，这可能与引起 pH 升高有关。土壤 pH 过高对土壤培肥和作物生长具有不利的影响。

表 11-7　上虞砂涂种稻前后土壤 pH 的变化

垦种年限（年）	土壤 pH						
	0~5 cm	5~10 cm	10~20 cm	20~40 cm	40~60 cm	60~80 cm	80~100 cm
0	8.50	8.70	8.68	8.70	8.65	8.98	9.05
0.5	8.48	9.45	10.15	10.15	9.25	9.15	9.80
1	8.50	8.72	8.95	9.21	9.70	9.38	8.72
2	8.10	8.00	8.93	9.10	8.95	9.25	9.30

三、地下水盐分变化

在种稻土壤迅速脱盐的同时，地下水逐渐淡化。在田间灌水或降雨的条件下，地下水位在 1 m 土层以内的地下水含盐量比垦种前同等水位的含盐量要低，保持在 5 g·L^{-1} 以下。只有在地下水埋藏深度大于 1.5 m 时，地下水含盐量才有所增加。但是，由于全垦区内土壤脱盐程度不同以及灌溉水质差，地下水含盐量处于不稳定状态（表 11-8）。在水稻生长期，地下水的盐分动态与灌溉水质有直接关系。在雨季结束后的 7、8 月高温季节，地下水含盐量随着灌溉水质的恶化而有升高的趋势，并且在水稻收割后或改种旱作时，含盐地下水仍会向表层土壤上升而蒸发，降低土壤脱盐效果。

表 11-8　地下水含盐量与灌溉水质的关系（g·L^{-1}）（上虞，2012 年）

日期（日/月）	23/5	11/6	11/7	21/7	1/8	11/8	21/10
灌溉水	2.37	0.40	1.96	2.93	4.17	2.94	1.56
种稻 1 年地下水	1.26	0.64	0.97	2.17	3.08	4.81	0.62
种稻 2 年地下水	4.68	0.88	1.32	1.87	3.06	5.09	0.86

四、土壤氮素矿化量

氮素是作物最主要的营养元素之一，土壤中氮素绝大部分以有机态的氨基酸、氨基糖、蛋白质、核酸和腐殖质等化合物形式存在，无机态的 NH_4^+、NO_3^-、NO_2^- 等通常不超过全氮量的 1%~1.5%。土壤中当季残留的有机无机肥料氮，在不施肥的条件下，再度被利用率极低。根据大量试验研究结果，15 ℃ 以上为有效积温，氮矿化量是有效积温的函数：

$$Y_t = k \left[(T - T_0)t \right]^n \tag{11-1}$$

式中，Y_t 指 t 时间内的累积矿化氮量 $mg \cdot kg^{-1}$；k、n 指表征土壤氮素矿化过程系数；T 指日均温，℃；t 指时间，d；$(T-T_0)t$ 指有效积温，℃。

在厌氧条件下，土壤有机氮的分解是一个极其复杂的微生物作用过程，其分解强度受水分、空气、作用基质即有机质或全氮含量、土壤温度、土壤 pH、土壤氧化还原电位以及微生物数量和种类等因素的影响。由于水稻在生长期间，土壤较长时间处于淹水状态，水分和空气的因素一般变异不大，因此，淹水水稻土氮素矿化的主要影响因素是土壤温度及矿化基质。随着有效积温的增加，累积矿化氮量也随之增加。而土壤中有机质是氮素矿化基质，有机质含量直接影响着土壤微生物的种类和繁殖，从而影响矿化作用。从表 11-9 可以看出，土壤有机质含量和全氮含量与土壤矿化氮量之间存在着显著的相关性。r（有机质）$=0.758\,2^{**}$，r（氮）$=0.801\,3^{**}$，都达到了极显著水平，即土壤有机质含量及全氮含量越高，则土壤矿化氮量就越多。施有机肥、有机肥＋化肥和稻草＋化肥的土壤有机质含量较其他处理高，分别为 25.692、26.856 和 25.947 $g \cdot kg^{-1}$，其矿化氮量也高，分别为 54.285、51.241 和 39.065 $mg \cdot kg^{-1}$；而不施肥的土壤有机质含量以及单施化肥的土壤有机质含量低，分别为 17.928 和 22.258 $g \cdot kg^{-1}$，其矿化氮量只有 23.591 及 33.991 $mg \cdot kg^{-1}$，很明显在有机质含量高的土壤中，由于为微生物提供了丰富的能源，促进了矿化进程，氮素矿化量就高。

表 11-9　不同处理土壤矿化氮量（培养 4 周）

处理	有机质（$g \cdot kg^{-1}$）	全氮（$g \cdot kg^{-1}$）	矿化氮量（$mg \cdot kg^{-1}$）
对照	17.928	0.974	23.591
化肥	22.258	1.064	33.991
有机肥	25.692	1.357	54.285
油菜秸秆	23.542	1.101	36.528
稻草	23.959	1.103	40.840
油菜秸秆＋化肥	23.823	1.181	26.381
有机肥＋化肥	26.856	1.384	51.241
稻草＋化肥	25.947	1.142	39.065

五、水稻产量

围垦种植水稻后，667 m^2 稻谷产量第 1 年为 216.5～338.5 kg（表 11-10），第 2 年为 325～535 kg，第 3 年为 445.6～569.5 kg，第 4 年为 581.5～601.5 kg。

表 11-10　围垦种植水稻 667 m^2 稻谷产量（kg）

地点	种稻 1 年	种稻 2 年	种稻 3 年	种稻 4 年
上虞砂涂	288.0	535	569.5	601.5
温岭黏涂	216.5	325	445.6	591.5
玉环黏涂	338.5	444	504.5	581.5

第五节　滨海盐土水稻高产的改土培肥技术

一、水稻高产的土壤肥力状况

(一) 高产田土壤盐分、pH 和 CEC

土壤积盐和脱盐始终是滨海盐土演变过程中的主要矛盾。在长期人们利用自然的有利条件和一系列综合土壤改良措施后，高产稻田土壤出现了显著脱盐和地下水淡化层的加深（表 11-11），0~20 cm 土层的土壤含盐量达到了 1.6~2.3 g·kg^{-1}，pH 处于 6.7~7.8，阳离子交换量 19.5~29.5 cmol·kg^{-1}。

表 11-11　滨海盐土耕层（0~20 cm）土壤高产田土壤含盐量

地点	全盐 (g·kg^{-1})	pH	CO_3^{2-}	HCO_3^-	Cl^-	SO_4^{2-} (g·L^{-1})	Ca^{2+}	Mg^{2+}	$Na^+ + K^+$	阳离子交换量 (cmol·kg^{-1})
上虞	1.60	6.70	0	0.661	0.187	0.420	0.143	0.086	0.266	26.83
慈溪	2.12	6.86	0.039	0.720	0.280	0.400	0.183	0.061	0.291	23.17
象山	1.72	7.39	0.098	0.673	0.171	0.176	0.217	0.241	0.216	27.53
温岭	2.08	7.20	0.098	0.690	0.156	0.592	0.125	0.020	0.465	19.50
玉环	2.30	7.77	0	0.644	0.389	0.520	0.233	0.071	0.342	29.50

(二) 高产田土壤肥力

高土壤肥力是高产稳产的物质基础。高产稻田土壤有机质为 17.18~20.97 g·kg^{-1}（表 11-12），全氮 1.04~1.22 g·kg^{-1}，全磷 0.68~1.14 g·kg^{-1}，全钾 15.1~25.4 g·kg^{-1}，阳离子交换量 19.5~29.5 cmol·kg^{-1}。因此，高产稻田土壤不仅具有较好的保肥能力，同时还有较高供肥能力。滨海盐土在施用大量有机肥的情况下，耕层土壤物理性状得到较大改善（表 11-13），土壤容重 1.15~1.43 g·cm^{-3}，总孔隙度 45.6%~56.1%，沉降系数 0.41~0.65，较高的土壤通透性，可促进水稻根系发育，实现水稻高产。

综上所述，结合滨海盐土地区水稻生产情况和土壤肥力条件，提出了高产田土壤肥力指标：土壤盐分低于 2 g·kg^{-1}，pH 6.7~7.5，有机质 18~21 g·kg^{-1}，全氮 1.2~1.5 g·kg^{-1}，全磷 0.68~1.14 g·kg^{-1}，全钾 20~25 g·kg^{-1}，土壤容重 1.2~1.3 g·cm^{-3}，总孔隙度 45%~56%，阳离子交换量 20~29 cmol·kg^{-1}。

表 11-12　高产田耕层土壤肥力

地点	有机质	全氮	全磷	全钾 (g·kg^{-1})	速效氮	有效磷	速效钾 (mg·kg^{-1})	CEC (cmol·kg^{-1})
上虞高产田	18.59	1.15	1.08	15.10	100.90	34.13	245.8	27.0
上虞一般田	16.61	0.91	0.93	14.85	83.35	18.00	266.2	25.0
慈溪高产田	19.15	1.13	1.14	16.95	118.90	38.93	108.2	23.2

（续）

地点	有机质	全氮	全磷	全钾	速效氮	有效磷	速效钾	CEC
	(g·kg^{-1})				(mg·kg^{-1})			(cmol·kg^{-1})
慈溪一般田	20.33	1.07	1.11	13.20	95.05	35.40	99.2	27.3
象山高产田	20.65	1.22	1.05	24.40	129.54	48.60	69.9	27.5
象山一般田	22.27	1.18	0.83	21.90	137.46	33.67	72.9	28.5
温岭高产田	17.18	1.04	0.68	25.40	133.07	9.93	86.7	19.5
温岭一般田	7.54	0.53	0.78	23.90	56.75	14.00	165.2	12.0
玉环高产田	20.97	1.15	1.03	21.90	111.14	27.67	92.8	29.5
玉环一般田	17.39	0.93	1.02	21.90	1.025	33.40	64.8	25.8

表 11-13　高产田耕层土壤物理性状

地点	容重（g·cm^{-3}）	孔隙度（%）	沉降系数
上虞高产田	1.43	45.6	0.41
上虞一般田	1.49	43.2	0.21
慈溪高产田	1.15	56.1	0.45
慈溪一般田	1.23	53.4	0.47
象山高产田	1.38	47.4	0.65
象山一般田	1.29	51.4	0.30
温岭高产田	1.37	47.9	0.61
温岭一般田	1.43	45.6	0.19
玉环高产田	1.40	47.0	0.59
玉环一般田	1.46	44.4	0.66

（三）高产田土体构型

发育层次与一般水稻土相比，有较为深厚的耕层及发育明显且有一定厚度的犁底层，协调和供应水肥的初期潴育层和保水保肥力强的潴育层（其构型为 A－A_P－P－W）。A 层一般厚度为 15～20 cm，灰色，团粒状结构，土层疏松，结构面布满鳝血斑，富含有机质，耕作阻力较小，透水、透气，水、肥、气、热等协调能力强；A_P 层一般厚 6～10 cm，板块状，较坚实，容重 1.47～1.50 g·cm^{-3}，非毛管孔隙 42%～44%，既有一定的水气通透能力，又能较好地保水保肥，作物根系也能穿透；P 层厚 60～100 cm，发育不深，色泽分化不明显，多为竖向发育，大棱柱状结构，结构面可见胶膜，铁锰新生体多锈斑，这是通气透水的标志；W 层一般发育较深，黄色或灰黄色，多属黄色黏土，少数为黄泥夹沙，呈大块状或块状结构，土层紧实，有较多铁锰结核出现。土壤剖面内可见锈纹锈斑，作物根系能下扎到此层，具有较强的保水保肥作用。可见，高产水稻土有较好的质地层次组合及发育层次组合，一般无障碍层次出现。

土壤整体构造良好。土壤剖面形态特征，反映了土壤的水、肥、气、热状况。土壤剖面层次鲜明，则是水、肥、气、热等协调的标志。耕作层松软，伴随着土壤质地适中，结构和通透性良好，耕性适宜，富含养分。犁底层发育良好并较紧实，有保水、保肥能力，又有一定的渗水性，不影响根系的向下延伸。要使土壤整体结构良好，关键是加强农田基本建设，搞好排灌系统，使地下水位下降。实行水旱轮作，适当加厚耕作层，重施有机肥料，使之松软肥厚。

（四）高产水稻田生产能力

水稻产量一般在 $8\,250\sim9\,750\ kg\cdot hm^{-2}$，小麦产量为 $4\,500\sim6\,000\ kg\cdot hm^{-2}$，油菜产量为 $2\,250\sim3\,000\ kg\cdot hm^{-2}$。

二、新垦滨海盐土改土技术

新垦滨海盐土土壤改良技术是以高标准的农田水利建设为基础，加速土壤脱盐，培肥土壤地力。

（一）进行条田建设，加强排沟养护

条田的大小是影响土壤脱盐的主要因素。由于土质、地形条件和土地利用方式不同，条田的大小也不一致。砂涂条田宽 $100\ m$，为了加速垦种初期的土壤脱盐，条田从中对开，每块田块划成 $1/15\sim2/15\ hm^2$，田块间设临时性的排灌沟。黏涂的条田，一般稻田宽 $25\ m$ 左右，旱作宽 $10\sim15\ m$；稻田排灌单独进出，力求速灌速排，以防止死角咸水滞留，引起局部地段死苗。又因黏涂土壤收缩性大，失水后裂隙较深，加上小蟹繁生，剖面层密布孔穴，因此，在造田时要做好田埂的切土踏漏工作，以节省淡水和提高洗盐效果。

垦区灌排渠系分干、支两级。毛渠、毛排大部分为临时设置，支级的灌排渠系相间排列。砂涂的沟渠易被冲塌，边坡比要较黏涂大，为 $1:1.5$ 左右；黏涂的边坡比为 $(1:1)\sim(1:1.3)$。同时，排沟必须及时维修，使支排保持深 $1\ m$ 左右，干排保持深 $1.5\ m$ 以上，以保证排水畅通，加速土壤脱盐和地下水的淡化。

（二）开辟淡水源，实行咸淡分系

为了扩大引水种稻面积，加快土壤脱盐，尽力采取措施增加淡水来源。采用了灌排分渠、咸淡分系的水利设计，并且配合抽（排）咸换（引）淡的措施，即淡水引入前，先排去垦区河道内的咸水，以确保灌溉水的含盐量能在 $1\ g\cdot L^{-1}$ 以下。

（三）提高泡田洗盐质量，节约淡水用量

水稻的耐盐性不强，而新垦滩涂的上层土壤含盐常在 $5.0\ g\cdot kg^{-1}$ 以上。因此，必须在插秧前进行泡洗，使耕层初步淡化。这是当年垦种能否成功的基础。通过泡田洗盐能确保水稻成活的含盐量，根据试验及生产实践，泡田后 $0\sim10\ cm$ 土层氯化钠含量为 $1.5\ g\cdot kg^{-1}$ 左右，$10\sim20\ cm$ 土层土壤含盐量为 $3.0\ g\cdot kg^{-1}$ 左右。但它还与土壤质地、灌溉水质、栽培管理技术有关。一般情况下，黏涂、水质好及管理水平高的，土壤含盐量可以略偏高一些。为了缩短泡洗时间，节约淡水的同时提高泡洗效果，必须注意泡田洗盐的技术。黏涂可先燥耕晒堡，灌水后进行耕耙，经 $5\sim6\ h$ 后排去田面咸水，换成淡水，这样泡洗 $2\sim3$ 次后，即可达到满足水稻扎根立苗的要求。砂涂泡田洗盐比较容易，只要在耕耙后结合田

面排水换水 1～2 次，并保持田面有水，浸泡 1 周能基本达到要求。泡田洗盐的用水量，每 667 m² 为 200～300 m³（表 11-14）。

表 11-14　泡田洗盐对耕层土壤含盐量的影响

时间	上虞砂涂各土层土壤含盐量（g·kg⁻¹）				玉环黏涂各土层土壤含盐量（g·kg⁻¹）			
	0～5 cm	5～10 cm	10～20 cm	20～40 cm	0～5 cm	5～20 cm	20～40 cm	40～60 cm
泡洗前	30.0	16.2	6.9	4.3	9.7	6.4	9.6	11.3
泡洗后	1.6	1.8	3.5	5.0	1.0	4.3	9.1	11.6
脱盐率（%）	94.7	88.9	49.3	−16.0	89.9	32.8	5.2	−2.7

三、新垦滨海盐土培肥技术

滨海盐土土壤培肥技术主要包括开辟有机肥源、增施有机肥料，加速土壤培肥。新垦滨海盐土大多为光板白地，土壤贫瘠，结构性差，耕性不良。通过灌水洗盐，促使土壤脱盐，可使作物立苗；而耕性不良和养分含量低，只有通过连年施用大量有机肥料，使土壤逐步培肥。单施化肥，成本高，肥效短暂，产量不稳，又可能使土壤结构恶化。有机肥不仅为作物提供养分，而且能为土壤微生物提供有机能源，创造水稳性团粒结构，为作物生长创造良好的土壤环境，更重要的是能更新和补充土壤腐殖质，而腐殖质的保水能力一般比黏粒大 10 倍，吸肥能力比黏粒大 20～30 倍，从而能提高土壤保肥能力。所以增施有机肥，利用秋、冬季的光温资源增种绿肥，是进一步提高高产水稻土的胶体质量和保肥能力的重要途径。

（一）解决有机肥源

1. 冬季种植黄花苜蓿　为了防止稻田土壤返盐，冬季种植黄花苜蓿时需要增施磷肥和做好防冻保暖工作。适当增加播种量，要求 667 m² 播带荚种子 5～7.5 kg，播后加强田水管理，以免烂芽、死苗。未经过垦种的砂涂荒地，只要在播前做好泡洗工作，使耕层氯化钠降到 2.0 g·kg⁻¹ 左右，再配合盖草、浅沟条播以及增施磷肥等措施，667 m² 产鲜草也可达 1 000 kg。

2. 稻田套种田菁　在早稻行间套种田菁，667 m² 可生产田菁茎叶 850 kg；在晚稻秧田沟内套种 2 行田菁，667 m² 可产鲜茎叶 500～750 kg，拔秧后可留作下季基肥。

3. 稻田套养绿萍　稻田养绿萍可作第 1 季水稻的有机肥。但由于绿萍的耐盐性不强，在灌溉水质超过 2 g·L⁻¹ 时，就会产生盐害。而细绿萍耐盐性较强，在黏涂地区大面积养殖成功。

4. 稻草还田　稻草是新围垦区较丰富的有机肥源，667 m² 干稻草还田数量一般为 200～300 kg。根据试验，单纯还田稻草，对当季晚稻增产效果不明显，只有在配施部分速效氮肥后，才能起一定的增产作用。但稻草还田以后，土壤有机质提高快，土壤疏松，耕性显著改善。

5. 种植耐盐绿肥　在围后的海涂堤塘隙地上，田菁、扫帚草、紫穗槐等生长良好，可以广为种植，割青作稻田基肥。然后再配合养猪、养羊积肥等措施，新垦区的有机肥料是可以解决的。但是新围涂地有机肥的施用量，不宜一次施用过多，一般以 $667 m^2$ 有机肥 $1.0\sim1.5 t$ 为宜。特别在高温与灌溉水含盐较高时更要注意，否则容易产生黑土、黑根，造成减产。

（二）新围滩涂地施用磷肥

海涂土壤全磷含量较高，但有效磷含量很低，施用磷肥增产效果颇为显著。在萧山头蓬砂涂试验，水稻施用不同磷肥都有增产效果。按 $667 m^2$ 施有效磷 $3.5 kg$ 计算，施用过磷酸钙早稻增产 17%，后效晚稻增产 1.5%；施用钙镁磷肥早稻增产 11.9%，后效晚稻增产 9.1%；施用磷矿粉早稻增产 8.5%，后效晚稻增产 16.7%。两季合计，不同磷肥的全年肥效大致相近。在头蓬砂涂试验表明：每 $667 m^2$ 施用过磷酸钙 $10 kg$，黄花苜蓿鲜草增产 122%；每 $667 m^2$ 施过磷酸钙 $12.5 kg$，田菁鲜草增产 125%；每 $667 m^2$ 施过磷酸钙 $25 kg$，棉花增产 30.3%；每 $667 m^2$ 施过磷酸钙 $15 kg$，油菜籽增产 19.1%。磷肥施于黄花苜蓿，提高了苜蓿产量，再以苜蓿作水稻肥料，既可提高经济效益，又能改良土壤，是经济合理施用磷肥的重要措施。在头蓬砂涂播种黄花苜蓿时，每 $667 m^2$ 施过磷酸钙 $20 kg$，$667 m^2$ 产黄花苜蓿鲜草 1000 余 kg，种植早稻后每 $667 m^2$ 少施硫酸铵 $10 kg$ 的条件下，较不种苜蓿的早稻每 $667 m^2$ 增产 $60 kg$。因此，新垦涂地施用磷肥具有显著增产作用。但在，新垦黏性涂地上施用磷肥的肥效与土壤中碳酸钙的含量有关，土壤碳酸钙含量高的效果较低。

（三）合理轮作，实行养用结合

合理轮作，安排豆科作物与非豆科作物、深根与浅根作物轮换种植，水旱交替，深耕浅耕交换进行，可增厚耕作层，丰富土壤有机质及其他养分，消除土壤有毒物质，为不同作物之间互相创造有利的养分条件。特别是水旱轮作，由于水旱交替，改善了土壤的通气状况，可减轻厌氧过程的影响，消除或减少还原物质的毒害，促进有机质的矿化及更新，达到用中有养，地力常新。

轮作的方式多种多样，可适当推广水稻与花生、番薯、豆类等作物轮作。根据水旱轮作试验（春植花生—晚稻），晚稻收获后，实行水旱轮作的稻田与种植 1 季晚稻对照田块相比，土壤有机质含量增加 $2.9 g\cdot kg^{-1}$、碱解氮增加 $7.02 mg\cdot kg^{-1}$、有效磷（P_2O_5）增加 $2.9 mg\cdot kg^{-1}$、速效钾（K_2O）增加 $10.2 mg\cdot kg^{-1}$。由此可看出，通过与花生轮作，不但增加了土壤有机质，促进了土壤结构的改善，提高了土壤保水保肥性能，补充了土壤中氮素的不足，为后作水稻提供水、肥、气、热等比较协调的土壤环境，而且由于花生是对难溶性矿物磷吸收利用能力较强的豆科作物，可以把土壤中难以吸收利用的磷素进行吸收转化，起到挖掘土壤潜在肥力、增加有效磷含量的作用。

（四）加深耕层，改良土壤结构

耕层是作物所需养分、水分、热量等的仓库，高产水稻土也和其他土壤一样，耕层变浅的问题较为突出。据 49 个高产水稻土田块的调查，土层厚度原为 $15\sim20 cm$，实际耕作时仅 $12\sim15 cm$，活土量偏少，妨碍了作物的根系生长，需逐年加深耕作，以 $18\sim20 cm$ 为宜。结合施肥措施进行深耕，才能使土壤形成良好结构，提高土壤的熟化度。

第六节　水盐耦合调控的水稻增产技术

试验设 4 个灌溉制度处理（郭彬等，2012）：FD 即浅、搁、浅、排灌溉制度，分蘖初期至盛期灌浅层水深 5 cm，分蘖末期搁田 5～7 d，抽穗开花期至乳熟期灌浅层水深 3 cm，黄熟期收获前 15 d 排水；D 即"浅、搁、浅"常规灌溉制度，分蘖初期至盛期灌浅层水深 5 cm，分蘖末期搁田 5～7 d，抽穗开花期至乳熟期灌浅层水深 3 cm，黄熟期收获前 12 d 排水；PD1 即浅、搁、浅、湿灌溉制度，分蘖初期至盛期灌浅层水深 5 cm，分蘖末期搁田 5～7 d，抽穗开花期至乳熟期灌浅层水深 3 cm，乳熟期至黄熟期灌浅层水深 1～2 cm，收获前 10 d 自然落干；PD2 即浅、搁、浅、浅、延灌溉制度，分蘖初期至盛期灌浅层水深 5 cm，分蘖末期搁田 5～7 d，拔节孕穗期灌浅层水深 5 cm，抽穗开花期至乳熟期灌浅层水深 3 cm，乳熟期至黄熟期灌浅层水深 1～2 cm，延迟至收获前 5 d 自然落干。试验土壤类型为海积盐成土，土壤 pH 8.1，有机质含量 11.44 g·kg^{-1}，有效磷 12.3 mg·kg^{-1}，速效钾 102 mg·kg^{-1}，碱解氮 113 mg·kg^{-1}，表层土壤盐分含量随季节变化而变化，变幅在 1.5～4.5 g·kg^{-1}，表现为春秋季较高而夏冬季较低。

一、土壤盐分含量

0～100 cm 土层中土壤含盐量随土层深度的增加而增加（图 11-1）。D、PD1 和 PD2 的 0～20 cm 土层含盐量为 1.5～2.1 g·kg^{-1}，20～40 cm 土层含盐量为 1.8～2.3 g·kg^{-1}，40～60 cm 土层含盐量为 2.1～2.7 g·kg^{-1}，60～80 cm 土层含盐量为 2.3～2.8 g·kg^{-1}，而在 80～100 cm 土层中土壤盐分含量骤增至 3.5～4.0 g·kg^{-1}，并且各个土层中土壤含盐量均为 PD2 显著低于 D 和 PD1 处理（$P < 0.05$）。与 D、PD1 和 PD2 处理相比较，FD 处理的 0～20 cm 土层土壤含盐量显著增加为 2.26 g·kg^{-1}，上升幅度达 7.6%～50.7%，20～40 cm、40～60 cm、60～80 cm 和 80～100 cm 土层含盐量也有所增加，但上升幅度相对较小。这表明稻田经过排水晒田后，土壤底层的盐分随毛细管作用迅速上升至耕层，并且晒田时间越长，1 m 土层土壤盐分表聚现象越明显。因此，水稻黄熟期若排水过早，可能会对水稻后期的生长及籽粒结实产生不利的影响。

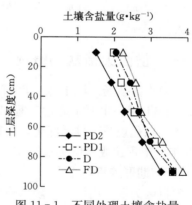

图 11-1　不同处理土壤含盐量随土层深度的变化

二、水稻产量及产量构成

由表 11-15 可以看出，与 FD 和 D 处理相比，PD2 处理显著提高了水稻的产量（$P < 0.05$），水稻产量提高了 9.6%～19.2%。但 PD2 与 PD1 处理之间水稻产量没有显著差异（$P > 0.05$）。对产量构成进行分析表明，处理之间的水稻有效穗数没有显著差异（$P > 0.05$），但 PD2 与 PD1 处理显著增加了千粒重和每穗实粒数（$P < 0.05$）。因此，水

稻黄熟期仍是水稻结实的关键时间，在滨海盐土区控制水稻后期排水，可抑制稻田土层表面过早返盐，有效提高水稻的产量。

表 11 - 15　不同灌溉制度水稻产量和产量构成

灌溉制度	产量构成			产量（kg·hm⁻²）
	有效穗数（穗·hm⁻²）	千粒重（g）	每穗实粒数	
FD	278a	19.5c	70c	4 347c
D	285a	22.1b	82b	4 725b
PD1	289a	24.8a	91a	5 150a
PD2	292a	25.1a	93a	5 180a

第七节　盐田改水田种稻技术

针对盐田土壤盐分高、肥力低，地下水位高和淡水资源缺等难点，采用微咸水灌溉，翻耕深松创建优势流淋盐，通过"内三沟"、排盐沟降低土壤盐分，灌溉种稻洗盐、土壤改良剂与有机肥抑盐、种植绿肥与秸秆还田生物压盐培肥，腐殖酸与有机肥提升有机质的土壤培肥和水盐肥药耦合的绿色高产种植等技术，集成为一套"优势流淋盐淡化耕层、生物压盐肥沃耕层和水盐肥耦合"的土壤改良技术体系，达到水田建设和耕地质量等级 8 等的要求。

一、岱西火箭盐场概况

岱西火箭盐场区域土地整治项目，位于舟山市岱山县岱西镇，工程总建设盐田面积444.504 6 hm²。主要是通过工程措施改造，将火箭盐场区域土地进行整理，使田成方、路成网、绿化规范、排灌配套，改善农业生产环境，形成标准水田，增加有效耕地面积。2018 年，工程建成后形成水田 317.649 8 hm²。

（一）地形地貌与土壤

项目区为浙东南沿海丘陵岛屿平原类型区，属于堆积地貌冲海积平原盐田，表层土壤为全新世海相沉积层，海拔在 1.2～2.0 m。

项目区土壤属于粉质黏土，土壤含盐量高，0～20 cm 土壤水溶性盐在 13.6～45.86 g·kg⁻¹之间，pH 在 7.45～8.0 之间，有机质含量 10 g·kg⁻¹左右，土壤容重 1.17～1.64 g·cm⁻³。土壤质地黏重，有机质、全氮含量较低，速效钾含量较高，微量元素中有效锌含量中等，铁、锰、铜含量较高。由于成土时间短，土壤剖面发育差，基本没有分化。土壤湿时黏、干时硬，通气、透水不良，严重的会造成植物萎蔫、中毒和烂根死亡，影响作物产量。

（二）气候

岱山属于北亚热带南缘季风海洋型气候区，冬、夏长，春、秋短，四季分明，温暖湿润，冬无严寒，夏无酷暑，光照充足，但雨量偏少。全年多大风，春季多海雾，夏秋多台风，冬季少冰雪，雨季集中，干旱频繁。年平均气温 16.2 ℃，最热 8 月平均气温 25.8～28.0 ℃，最冷 1 月平均气温 5.2～5.9 ℃。常年降水量 927～1 620 mm，降水量年内分配呈双峰形，前峰在 6 月，该月雨量通常为全年的 14.4%，主要由梅雨形成，后峰在 9 月，本月雨量一般占全年的 13.3%，以台风暴雨为主。年平均日照时数 1 941～2 257 h，太阳辐射总量为 4 126～4 598 J·m^{-2}。无霜期 251～303 d。但是，目前尚缺乏淡水，灌溉保证率小于 30%。

（三）植被

由于土壤盐分含量高，自然条件下道路边植被相对比较单一，只有少数耐盐植被。以芦苇为主，还有部分盐生植物如柽柳、咸草、大米草、碱蓬等。区内林带缺乏，植被单一，系统较敏感，稳定性较差，生态环境较为脆弱。

（四）存在的主要问题

1. 土壤盐分含量高、肥力低 岱西火箭盐场土壤盐分高、肥力低，土壤质地黏重，土壤有机质和全氮含量低，阻碍了作物生长。

2. 地下水位和矿化度均高 地下水位埋深为 0.90～1.50 m，地下水矿化度 20.3～21.5 g·L^{-1}。由于地下水位高，由此产生的两大问题对园区生产形成严重的制约。一是土地排水困难，限制了一部分作物的生产；二是容易产生因地下含盐水的上升而返盐，防止土壤返盐将是园区一项长期而艰巨的任务。

3. 淡水资源缺乏 缺乏淡水资源，淡水资源依靠降雨，灌溉保证率小于 30%。河道水中盐分含量高 4～12 g·L^{-1}。

二、土壤脱盐技术

采用物理、化学、生物等改良方法，以利用微咸水灌溉、翻耕深松创建优势流淋盐碱，通过"内三沟"、排盐沟降低土壤盐分，灌溉种稻洗盐碱等主要改良措施，结合肥力培育，构建一整套盐田改水田的"优势流淋盐碱淡化耕层"土壤改良技术体系。

（一）土壤脱盐工程

1. 田面明沟排盐系统
田面明沟排盐系统由田间"内三沟"和排盐沟组成。田间"内三沟"建设的重点是土壤淋盐洗碱和排涝降渍（图 11-2）。

田间"内三沟"工程配套，即田间的竖沟、腰沟和围沟等配套建设。沟深 0.4 m，比降为 1/2 000～3 000。通过田间"内三沟"排水将盐分排入排盐沟中，达到田间排盐降渍的作用。

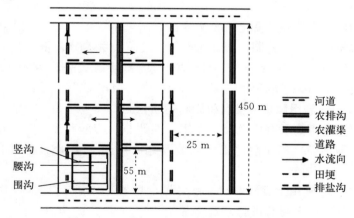

图 11-2 "内三沟"和排盐沟布设示意图

2. 优势流淋盐碱系统

（1）田间挖沟。如彩图 10 所示，田间挖沟宽度 1 m、深度 60 cm，沟间距 6 m，其中邻近田埂的两边沟离田埂 2 m。

（2）布设田间淋溶层和暗管。在宽度 1 m×深度 50 cm 的沟中间挖宽度 20 cm×深度 20 cm 的沟（图 11-3），作为布设暗管。宽度 20 cm×深度 20 cm 的沟布设直径 12～15 cm 暗管，暗管为带孔 PVC 波纹管，管径 12 cm，埋设间距为 6 m，埋深 0.6～0.8 m，坡降 1/1 000～1/500。在暗管铺设后覆盖一层土工布，上面覆厚 20 cm、宽 1 m 的沙石，作为淋盐层。然后，在淋盐隔离层上铺设土工布。在土工布上覆盖土壤 30 cm，然后平整土地，每块田的田面高差不超过 3 cm。

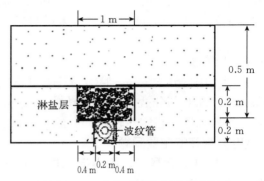

图 11-3　优势流淋盐系统示意图

3. 土壤翻耕、灌溉与深松泡田淋洗盐　平整土地，第 1 次翻耕（深 20～25 cm）、灌水（20～30 cm 水层）、泡田 2～3 d 排水后，深松（深 30 cm），灌新鲜水（2～5 cm 水层），泡田 3 d 后排水；第 2 次翻耕、灌水（2～5 cm 水层）、泡田 4 d 排水后，深松，灌新鲜水（2～5 cm 水层），泡田 3 d 后排水；第 3 次翻耕、灌水（2～5 cm 水层）、泡田 4 d 排水后，深松，灌新鲜水（2～5 cm 水层），泡田 3 d 后排出。这样连续灌水、泡田和排水循环 5～7 次，最后一次泡田后不排水。每 667 m² 泡田水量 200～300 m³。由于灌水层的压力作用，下渗的淡水还能使原来高矿化度的地下水逐渐淡化，形成淡水层。

（二）抑制土壤盐化

1. 施用土壤改良剂　由于盐碱土在盐分淋洗过程中会出现盐碱化和养分流失现象，需要在盐分淋洗结束后施用土壤改良剂，以此抑制土壤盐碱化现象，提高土壤养分含量，改善土壤理化性状。综合考虑土壤改良剂对滨海盐土水分下渗速率、淋盐脱盐率、淋盐均匀度及土壤养分变化的影响，在 20 cm 耕层每 667 m² 施土壤改良剂 150～200 kg，然后翻耕耕层土壤，抑制土壤盐化现象，提高土壤养分含量，改善土壤理化性状。每 667 m² 施用磷石膏 1 500 kg＋沸石粉 200～350 kg＋硫酸铝 35～80 kg，提高土壤活性钙阳离子的含量，磷石膏中的游离酸可中和土壤中的碱，降低 pH。

2. 施用腐殖酸类有机肥和钙质化肥　每 667 m² 施用腐殖酸 2 000～3 000 kg，对钠、氯等有害离子有代换吸附作用，能调节土壤酸碱度。每 667 m² 施钙质化肥（过磷酸钙、硝酸钙等）和酸性化肥（硫酸铵等）90 kg，可增加土壤中钙的含量和活化土壤中钙素（应永庆等，2021）。

3. 施用土壤调理剂　施用营养型微生物耐盐调理剂，增强水稻耐盐能力，提高水稻产量。一般与有机肥一起施入，每 667 m² 用量 100 kg。

（三）生物压盐，培肥土壤

种植耐盐作物，例如耐盐水稻、油菜等；种植耐盐牧草，例如紫花苜蓿"中苜 1 号"、黄花苜蓿、田菁、苏丹草以及多年生黑麦草等。通过秸秆还田、绿肥还田等措施，可以改良滨海盐土结构、提高土壤肥力、防止或减轻表土返盐。

(四) 种水稻洗盐碱

在水稻种植前，先对土地进行平整、翻耕、浸泡，田面换水洗去表层土壤中的大量盐分，有利于插秧后促使水稻立苗；然后利用水稻生长期间田水的下渗作用，将中、下层土壤中的盐分逐步淋洗至地下水中，使土壤脱盐层逐步加深。通过水稻的栽培，1 m 土体全盐可以减少 50% 以上。

种植水稻对灌溉水质的要求比较高，一般要求灌溉水氯化钠含量在 $2.5\ \mathrm{g \cdot L^{-1}}$ 以下。因此，渠系应做到灌排分开，以免灌溉水循环利用、水质恶化而引起水稻死苗、减产和影响土壤脱盐。

三、土壤培肥技术

(一) 土壤有机肥料投放量的测算

新垦水田培肥的核心是提高土壤有机质含量。在土壤背景有机质较低的情况下，通过较大有机肥料的投入，并使土壤中有机肥料腐殖化过程超过矿化过程，实现土壤有机质快速提升。

有机肥料的用量依据式 (11-2) 计算：

$$C_t = \frac{A}{k} - \left(\frac{A}{k} - C_0\right) \mathrm{e}^{-kt} \tag{11-2}$$

式中，t 指时间，年；C_t 指培肥 t 年后土壤有机质数量，$\mathrm{kg \cdot hm^{-2}}$；$A$ 指年进入土壤的有机质数量，$\mathrm{kg \cdot hm^{-2}}$；$k$ 指土壤有机质的矿化率，%；C_0 指土壤有机质原始（背景）数量，$\mathrm{kg \cdot hm^{-2}}$。

维持耕层土壤有机质盈亏平衡的有机肥用量采用式 (11-3) 计算：

$$M_1 = \frac{W_1 \times C_0 \times k - W_2 \times f_1}{f_2 \times R} \times 100 \tag{11-3}$$

式中，M_1 指有机肥施用量，$\mathrm{kg \cdot hm^{-2}}$；$W_1$ 指耕层土壤质量，$\mathrm{t \cdot hm^{-2}}$；k 指土壤有机质矿化率，%；C_0 指土壤有机质原始（背景）含量，$\mathrm{g \cdot kg^{-1}}$；f_1 指根茬的腐殖化系数，%；W_2 指耕层中根茬生物量，$\mathrm{kg \cdot hm^{-2}}$；$f_2$ 指施入有机肥的腐殖化系数，%；R 指有机肥中有机质的含量，%。

土壤有机质提升年度目标有机肥投入量采用式 (11-4) 计算：

$$M_2 = \frac{[C_t - C_{t-1} \times (1-k)] \times 15 \times 150\,000}{f \times R} \tag{11-4}$$

式中，M_2 指有机肥年度适宜投入量，$\mathrm{kg \cdot hm^{-2}}$；$C_t$ 指年度土壤有机质提升目标值，$\mathrm{g \cdot kg^{-1}}$；C_{t-1} 指上一年度土壤有机质测定值，$\mathrm{g \cdot kg^{-1}}$；k 指土壤有机质的矿化率，%；f 指有机肥的年腐殖化系数，%；R 指有机肥的有机质含量，%；15 指亩与公顷换算；150 000 指 20 cm 耕层土壤重量。

1. 有机肥料　根据式 (11-4)，岱西火箭盐场水田每 $667\ \mathrm{m^2}$ 施有机肥量 2.0 t，快速增加土壤中有机质的含量和 N、P、K 的含量，有利于水稻种植。

2. 腐殖酸肥料　腐殖酸可促进土壤结构形成，改善孔隙状况；提高土壤的阳离子吸收性能，增加土壤的保肥供肥能力；增强土壤缓冲性能，改良酸性土；促进土壤有益微生物的活动，增加土壤中有机质的含量。根据式（11-3），并且考虑到有机质的降解、矿化和流失，为了使 2 年期内有机质含量大于 15 g·kg^{-1}，施肥后的土壤有机质必须达到 20 g·kg^{-1}左右，因此每 667 m^2 施腐殖酸肥料 3.5 t。

3. 土壤改良剂　土壤改良剂用量按产品说明和项目面积计算总需要量。土壤改良剂的作用主要是活化专用肥料的有机物质，加快肥料中有机物质与土壤黏粒的结合，尽快形成土壤团聚体，加速土壤腐殖质的形成。

（二）土壤有机物料的施入

在土壤翻耕、灌溉与深松泡田基础上，通过施肥机将有机肥、腐殖酸肥料和土壤改良剂均匀撒施在田面，然后翻耕将有机肥等翻压入土，翻耕深度控制在 15~18 cm，田面灌水，控制水层 2 cm，旋耕至肥料与泥土混合均匀后种植水稻。

四、水盐肥药耦合的绿色高产种稻技术

针对重盐碱地土壤盐分阻碍作物生长的问题突出，在优势流土壤快速脱盐方法基础上，通过测土定肥确定施肥方案和水盐肥药耦合水稻绿色种植技术体系，实现水稻高产。

（一）测土定肥

在种植地内取土样，分析检测土壤的有效 N、P、K 含量；根据水稻的类型、品种、目标产量确定单位产量水稻的吸肥量；根据土壤的有效 N、P、K 含量和水稻的吸肥量，按照式（11-5）确定施肥量。

$$施肥量＝\frac{目标产量所需养分量－土壤养分供应量}{肥料养分含量×肥料利用率} \qquad (11-5)$$

由此可得，岱西火箭盐场水田种植水稻的施肥量为 N 255~300 kg·hm^{-2}、P$_2$O$_5$ 100~370 kg·hm^{-2}、K$_2$O 1~1.5 kg·hm^{-2}，即尿素 550~660 kg·hm^{-2}、过磷酸钙 750~2 650 kg·hm^{-2}、磷酸二氢钾 3~4.5 kg·hm^{-2}、有机肥 15 000~30 000 kg·hm^{-2}。

（二）定量施肥

考虑土壤供肥能力、肥料利用率和生产水平等因素，施用肥料中 N：P$_2$O$_5$：K$_2$O＝（0.8~1）：（0.5~1）：（0.03~0.05）。有机肥和磷肥作基肥一次性施用，氮肥分配方案为基肥：分蘖肥：穗肥：粒肥＝4：4：1.5：0.5，钾肥作粒肥根外喷施。

（三）水盐肥药调控

1. 整地插秧，虫害防控

（1）整地插秧。当田面水盐分稳定在 1 g·L^{-1}以下时，保持田面水层 2~5 cm，施基肥（氮肥总量的 40%、全部的有机肥和磷肥）进行翻耕耙平，机械插秧。

（2）虫害防控。一是翻耕灌水灭蛹。利用螟虫化蛹期抗逆性弱的特点，在越冬代螟虫化蛹期统一翻耕冬闲田、绿肥田，灌深水 7~10 d，降低虫源基数。二是采用生态工程控害。田埂种植芝麻、向日葵、大豆、波斯菊等显花植物，保护和提高寄生蜂和黑肩绿盲蝽等天敌的控害能力；路边沟边种植香根草等诱集植物，减少二化螟和大螟的种群基数。

2. 返青分蘖期

（1）水盐肥管理。插秧后，每天监测田面水盐分，当田面水盐分超过 1 g·L^{-1}时，排水和补充灌新鲜水，保持田面水层 2~5 cm。在插秧后 7~10 d 水稻返青，排水和补充灌

溉新鲜水，调控田面水盐分在 1 g·L^{-1} 以下，第一次施促蘖肥占氮肥总量的 20％；在插秧后 14～20 d 分蘖，排水和补充灌新鲜水，调控田面水盐分在 1 g·L^{-1} 以下，第二次施保蘖肥占氮肥总量的 20％。

（2）虫害防控。一是性信息素诱杀。根据测报，越冬代二化螟、大螟始蛾期开始，集中连片使用性诱剂，通过群集诱杀或干扰交配来控制害虫基数。选用持效期 2 个月以上的诱芯和干式飞蛾诱捕器，平均每 667 m^2 放置 1 个，放置高度以诱捕器底端距地面 50～80 cm 为宜。二是无人机喷农药。分蘖期于枯鞘丛率达到 8％～10％或枯鞘株率达 3％时施药，穗期于卵孵化高峰期施药，重点防治二化螟上代残虫量大、当代螟卵盛孵期与水稻破口抽穗期相吻合的稻田。

3. 拔节孕穗期

（1）水盐肥管理。在插秧后 50～55 d（在出穗前 25 d），继续每天监测田面水盐分，当田面水盐分超过 1 g·L^{-1} 时，排水和补充灌新鲜水，调控田面水盐分在 1 g·L^{-1} 以下，保持田面水层 2～3 cm，第一次施穗肥占氮肥总量的 10％（促花肥），以促进颖花分化，增加颖花数量；在插秧后 60～65 d（或在出穗前 15 d），排水和补充灌新鲜水，第二次施穗肥占氮肥总量的 5％（保花肥），可以增加实粒数和粒重。

（2）病害防控。水稻分蘖末期至孕穗抽穗期施药，防控纹枯病。田间出现细菌性基腐病、白叶枯病发病中心时立即用药防治，重发区在台风、暴雨过后及时施药防治。

4. 抽穗扬花期

（1）水盐肥管理。在破口期施粒肥（在插秧后 70～75 d），继续每天监测田面水盐分，保持田面水层 2～5 cm，当田面水盐分超过 1 g·L^{-1} 时，排水和补充灌新鲜水，调控田面水盐分在 1 g·L^{-1} 以下，施尿素 30～45 kg·hm^{-2}（占氮肥总量的 5％）；在即将齐穗时（在插秧后 75～80 d），叶面喷施 2％尿素 15 kg·hm^{-2} 和 0.3％磷酸二氢钾液 3～4.5 kg·hm^{-2}，根外追施磷酸二氢钾和尿素来提高粒重和结实率。

（2）病虫害防控。水稻孕穗末期至破口期，根据穗期主攻对象综合用药，预防稻瘟病、纹枯病、稻曲病、穗腐病、螟虫、稻飞虱等病虫。防治叶瘟病在田间初见病斑时施药；破口抽穗初期施药预防穗瘟病，气候适宜病害流行时，齐穗期施第 2 次药。在水稻破口前 7～10 d（10％水稻剑叶叶枕与倒二叶叶枕齐平时）施药预防稻曲病，如遇多雨天气，7 d 后施第 2 次药。

5. 灌浆结实期　在插秧后 80 d，继续每天监测田面水盐分，当田面水盐分超过 1 g·L^{-1} 时，排水和补充灌新鲜水，保持田面水层 2～3 cm，调控田面水盐分在 1 g·L^{-1} 以下，直到收获前 7～10 d 排水，田间落干到水稻收获。

6. 收获　收获前 7～10 d 排水，田间落干，机械收获水稻。

五、脱盐培肥效应

（一）暗管的土壤脱盐增产效应

从表 11-16 中看出，暗管埋深和间距不同脱盐效果有差异。在盐田改地后，原始 0～20 cm 土壤盐分含量为 12 g·kg^{-1}，0～100 cm 土壤盐分含量为 17.5 g·kg^{-1}。通过埋设不同间距和深度的暗管种植 1 季水稻，在水稻收获时，暗管埋深 50 cm，间距 6 m、9 m 和

12 m 处理的 0~20 cm 土壤脱盐率分别为 87.5%、81.7% 和 78.3%；而相应处理的 0~100 cm 土壤脱盐率分别为 84.0%、81.7% 和 77.7%。暗管埋深 70 cm，间距 6 m、9 m 和 12 m 处理的 0~20 cm 土壤脱盐率分别为 82.5%、79.2% 和 71.7%；而相应处理的 0~100 cm 土壤脱盐率分别为 81.7%、78.3% 和 76.6%。说明埋设暗管间距 6 m 和深度 50 cm 处理的土壤脱盐效果更好。

表 11-16 不同暗管不同埋设间距和深度的土壤盐分

埋深（cm）	间距（m）	0~20 cm 土体		0~100 cm 土体	
		土壤盐分（g·kg⁻¹）	脱盐率（%）	土壤盐分（g·kg⁻¹）	脱盐率（%）
	6	1.5d	87.5	2.8d	84.0
50	9	2.2c	81.7	3.2c	81.7
	12	2.6b	78.3	3.9ab	77.7
	6	2.1c	82.5	3.2c	81.7
70	9	2.5b	79.2	3.8b	78.3
	12	3.4a	71.7	4.1a	76.6

从表 11-17 可知，通过埋设不同间距和深度的暗管种植 1 季水稻，在水稻收获时，水稻产量以暗管埋深 50 cm 和间距 6 m 的处理最高，比暗管埋深相同但间距为 9 m 和 12 m 处理的产量分别增加 9.0% 和 30.3%，而比暗管埋深 70 cm 和间距 6 m 处理的产量增加 17.5%。从表 11-17 还可以看出，暗管埋深 50 cm 的不同间距处理的产量均比埋深 70 cm 的相应间距处理的产量高。因此，从水稻产量来看，以暗管埋深 50 cm 和间距 6 m 处理的滨海盐土改良效果最优。

表 11-17 不同暗管不同埋设间距和深度对水稻产量的影响

深度（cm）	间距（m）	产量三要素			理论产量（kg·hm⁻²）
		有效穗数（×10⁴ 穗·hm⁻²）	千粒重（g）	穗实粒数（粒）	
	6	250.6a	23.4a	129.3a	7 582.2a
50	9	238.4b	23.3a	125.2ab	6 954.5b
	12	206.3cd	23.3a	121.1b	5 821.0c
	6	229.5b	23.3a	120.b	6 454.3b
70	9	210.8c	23.6a	119.5b	5 945.0c
	12	199.7d	23.6a	108.7c	5 122.9d

（二）腐殖酸的改土增产效应

在 0~20 cm 土层中（表 11-18），腐殖酸处理的各土层土壤 pH 均有不同程度降低，腐殖酸用量≥1 000 kg·hm⁻² 处理的土壤 pH 明显低于 CK 土壤 pH，并且随着腐殖酸用量增加，土壤 pH 显著下降。腐殖酸用量≥1 000 kg·hm⁻² 处理的土壤含盐量显著低于 CK 的土壤含盐量，并且随着腐殖酸用量增加，土壤含盐量显著减少。与 CK 相比，随着腐殖酸用量增加，土壤有机质含量和碱解氮含量均显著提高，当腐殖酸用量≥1 000 kg·hm⁻² 时，土壤有机质含量和碱解氮含量均显著高于 CK，但是腐殖酸用量 1 500 kg·hm⁻² 与

$2\,000\,\mathrm{kg\cdot hm^{-2}}$ 处理之间无显著差异。所有处理之间土壤有效磷和速效钾含量无显著差异。

表 11-18　腐殖酸不同用量对 0～20 cm 土壤化学性质的影响

腐殖酸用量 （kg·hm^{-2}）	pH	土壤盐分 （g·kg^{-1}）	有机质 （g·kg^{-1}）	碱解氮 （mg·kg^{-1}）	有效磷 （mg·kg^{-1}）	速效钾 （mg·kg^{-1}）
0（CK）	8.1a	2.0a	12.5c	110.2c	10.0a	110.5a
500	8.0ab	1.9ab	12.9c	126.8b	11.0a	111.6a
1 000	7.9b	1.8b	13.6b	141.8a	11.0a	112.0a
1 500	7.9bc	1.7bc	14.8a	144.2a	11.1a	111.5a
2 000	7.8c	1.6c	14.9a	145.6a	11.1a	111.0a

从表 11-19 可以看出，随腐殖酸用量的增加稻谷产量呈先增加后降低的趋势。但与 CK 相比，施腐殖酸均显著增加稻谷产量，增产达到 18.6% 以上。其中当腐殖酸用量为 $1\,500\,\mathrm{kg\cdot hm^{-2}}$ 时，稻谷产量达到最高，比 CK 的产量增加 29.8%。

表 11-19　腐殖酸不同用量对水稻产量的影响

腐殖酸用量 （kg·hm^{-2}）	产量三要素			理论产量 （kg·hm^{-2}）
	有效穗数（×10^4 穗·hm^{-2}）	千粒重（g）	穗实粒数（粒）	
0（CK）	225.0c	24.3a	116.2b	6 353.2d
500	232.4b	24.9a	130.2a	7 534.4c
1 000	239.6b	25.0a	135.2a	8 098.5b
1 500	240.5b	25.0a	137.2a	8 249.2a
2 000	238.3a	25.1a	134.5a	8 044.9b

（三）氮肥对水稻产量的影响

从表 11-20 可知，在 3 个处理中滨海盐土水稻生产优选的施氮量水平为纯 N $300\,\mathrm{kg\cdot hm^{-2}}$，即尿素施用量 $650\,\mathrm{kg\cdot hm^{-2}}$，其水稻产量最高，分别比施氮 $255\,\mathrm{kg\cdot hm^{-2}}$ 和 $345\,\mathrm{kg\cdot hm^{-2}}$ 的处理增产 24.0% 和 4.7%。因此，尿素施用量为 $650\,\mathrm{kg\cdot hm^{-2}}$，采用分次施肥的方案为基肥：分蘖肥：穗肥：粒肥＝4：4：1.5：0.5，过磷酸钙 $2\,650\,\mathrm{kg\cdot hm^{-2}}$ 和有机肥 $30\,000\,\mathrm{kg\cdot hm^{-2}}$ 以基肥施入，磷酸二氢钾作粒肥根外喷施 $3\,\mathrm{kg\cdot hm^{-2}}$，是水稻生产的优选施肥方案。

表 11-20　不同施氮量对水稻产量的影响

施氮量（kg·hm^{-2}）	产量三要素			理论产量 （kg·hm^{-2}）
	有效穗数（×10^4 穗·hm^{-2}）	千粒重（g）	穗实粒数（粒）	
255	226.7c	23.3a	116.2b	6 137.8c
300	240.5b	23.4a	135.2a	7 608.7b
345	238.3a	23.2a	131.5a	7 270.1a

（四）不同降盐工程措施对滨海盐土土壤盐分的影响

从表 11-21 中看出，在盐田改地后，原始 0～20 cm 土壤盐分含量为 12.1 g·kg^{-1}，

0～100 cm 土壤盐分含量为 15.5 g·kg^{-1}，通过不同降盐工程措施处理，与传统种稻措施的对照（CK）相比，0～20 cm 土壤脱盐率提高 47.9～57.9 个百分点，0～100 cm 土壤脱盐率提高 31.8～67.1 个百分点，其中 P＋D（明沟排盐系统＋优势流淋盐碱系统）处理土壤脱盐效果最优。

表 11-21　不同降盐工程措施对滨海盐土土壤盐分的影响

处理	0～20 cm 土体		0～100 cm 土体	
	土壤含盐量（g·kg^{-1}）	脱盐率（%）	土壤含盐量（g·kg^{-1}）	脱盐率（%）
CK	8.3a	31.4	12.9 d	16.8
P	2.5b	79.3	8.0c	48.4
D	2.0c	83.5	5.5ab	64.5
P＋D	1.3 d	89.3	2.5 d	83.9

注：CK 指传统种稻措施，P 指明沟排盐系统，D 指优势流淋盐碱系统。

从表 11-22 可知，P（明沟排盐系统）和 D（优势流淋盐碱系统）处理的稻谷产量均显著高于对照，但 P 与 D 处理之间产量差异不显著，而 P＋D（明沟排盐系统＋优势流淋盐碱系统）处理的稻谷产量比对照增产 24.1%，比 P 与 D 处理的产量分别高 8.8% 和 6.1%。综合土壤脱盐与培肥效果看，P＋D＋T（明沟排盐系统＋优势流淋盐碱系统＋腐殖酸肥沃耕层）处理的稻谷产量最高，分别比 P（明沟排盐系统）、D（优势流淋盐碱系统）和 P＋D（明沟排盐系统＋优势流淋盐碱系统）处理增产 15.0%、12.1% 和 5.7%。因此，从水稻产量来看，优势流淡化肥沃耕层构建措施 P＋D＋T（明沟排盐系统＋优势流淋盐碱系统＋腐殖酸肥沃耕层）处理的滨海盐土改良效果最佳。

表 11-22　不同降盐与培肥措施对水稻产量的影响

处理	产量三要素			理论产量（kg·hm^{-2}）
	有效穗数（×10^4 穗·hm^{-2}）	千粒重（g）	穗实粒数（粒）	
CK	225.0c	24.3a	116.2c	6 353.2d
P	231.5b	25.0a	125.2b	7 246.0c
D	232.4b	25.1a	127.4b	7 431.5c
P＋D	240.1a	25.4a	129.3b	7 885.4b
P＋D＋T	246.5a	25.0a	135.2a	8 331.7a

注：CK 指一般种稻措施，P 指明沟排盐系统，D 指优势流淋盐碱系统，T 指腐殖酸肥沃耕层。

第十二章

盐渍土旱地的改土培肥：以滨海盐土为例

CHAPTER 12

　　浙江省滩涂资源十分丰富，约有 26×10^4 hm² 滩涂尚未开垦，除杭州湾两侧 6.7×10^4 hm² 砂质滩涂外，其他分布在象山港以南，大都是弱透水性的黏质海涂。由于沿海地区缺乏淡水源，围涂后不能采取收效较快的种稻改良措施，而是先抛荒多年，经雨水淋洗，待涂地长草后再逐步开垦，一般需要耕种 5～8 年后，作物产量才能接近正常生产水平，这样滞缓了开垦利用期，围后土地未能充分发挥其应有的经济价值。采用暗管排水法，结合深耕、套种等措施，充分利用雨水，增强自然降雨淋洗土壤盐分，加深土壤脱盐深度，以达到加速改良新围海涂的目的。

第一节　旱地上覆下排改土技术

　　浙江省象山县东陈乡幸福塘，围垦滩涂面积 107 hm²，可耕地 80 hm²，涂面高程 2.3 m，地面坡降 1/1 000。外塘涂面高程为 1.5 m，落潮时排水历时 2～4 h，塘内自排地下水困难，影响土壤改良。本区属亚热带海洋性气候，年平均降水量为 1 474 mm，5 月、6 月为雨季，降水量占全年降水量的 29%。年平均蒸发量为 1 454 mm，7 月、8 月、9 月为蒸发高峰期，占年蒸发量的 36%。土壤表层为轻黏土，下层为重壤土，0～20 cm 土层盐分高达 12.5 g•kg⁻¹，1 m 土层全盐量为 9.0 g•kg⁻¹ 左右，土壤有机质含量为 9.62 g•kg⁻¹，全氮为 0.61 g•kg⁻¹，五氧化二磷为 1.4 g•kg⁻¹，氧化钾为 26.0 g•kg⁻¹。土壤植被多为碱蓬。本区地下水质属 Cl - Na 型，地下水矿化度为 25～29 g•L⁻¹，地下水位在 7—8 月和 12 月至翌年 1 月为两次最低期，可达 2 m，雨季 3—6 月地下水埋深在 50～80 cm，有时接近地表。

一、旱地上覆下排改土主要措施

　　新垦涂地含盐虽高，但只要掌握盐分的季节性变化规律，采取暗管排地下水、上覆秸秆、适当耕作等改土措施，以防盐保苗，争取棉花在 5 月全苗、6 月封行，从而减轻伏旱期的盐害，获得增产增收的效果。主要耕作措施有：

（一）暗管埋设

　　排水试区面积为 26 hm²，其中暗排区为 14 hm²，明排区为 12 hm²。暗管排水系统呈单式布置，为了利于截住上端来的潜水，吸水管平行于等高线。埋管深度有 1 m、1.3 m，暗管间距有 10 m、15 m、20 m 和 25 m，共 34 条暗管，每条管长 240 m，中间设一个明式检查井，暗管比降 1/1 000。集水沟是明沟，设有临时抽水点两处。明排区设有间距 20 m、30 m、40 m 和 50 m 等，明沟断面上宽 2.9 m，沟深 1 m，底宽 0.5 m，边坡比 1：1.2，沟底比降 1/1 200，明沟沿等高线方向布置。

暗管为聚乙烯双螺纹管，管径 5.5 cm，管上开孔面积约为 10～90 mm^2，滤料选用附近的海沙（海砂粒径小于 0.5 mm 占 2.5%，大于 3 mm 占 64%）。暗管出口处装有出口控制阀，以防止集水沟水位高过暗管出口而发生倒流。

（二）深耕

在种植作物前深耕两次，一次在夏季雨前进行，另一次在冬种前翻耕，每次耕深 20 cm。冬种作物为大麦或蚕豆，翌年在麦行中套种棉花。

深耕是新涂地旱作改良中的一项经济有效措施。幸福塘垦区在一年配套期间，有 99% 以上的面积进行 2 次深耕，利用 6—7 月（470 mm 雨量）和 1 月（200 mm 雨量）的雨水淋溶洗盐，减轻了旱季的返盐强度，加速了土体的脱盐过程，耕作层的脱盐效果尤为明显。深耕两次与不耕比较，0～20 cm 土层的脱盐率可提高 10%～20%，出苗率提高 17%～25%，增产 40%～78%。

（三）套播

大麦或蚕豆中套播棉花，这是老棉区的一种耕作制度，但新围黏质涂地的旱作，常从荒涂地春播棉花开始。由于荒涂地盐分重、风大，会有短期的强烈返盐现象，所以在棉花出苗时常因盐害有大量死苗现象。如果新涂冬种大麦，春季麦田套播棉花，大麦可为棉花起到显著的防盐保温作用。据试验测定，一般棉花出苗期的表层（0～5 cm）土壤盐分，套麦棉地比不套麦棉地明显下降，土壤脱盐率相对增加一倍，含盐量在 2 g·kg^{-1}（NaCl）左右，这对棉花的发芽、出苗及幼苗生长都是有利的。不套麦的棉地表土（0～5 cm）盐分含量在 3 g·kg^{-1}（NaCl）以上，棉花发芽受阻，出苗率低 2%。棉花出苗期的地表温度，套麦棉地比不套麦棉地高 2～3 ℃，出苗期提早 4～5 d，棉花增产 19%。

（四）覆盖

覆盖措施是盐碱地区抑制盐分向地表返盐积聚的常用措施，它能有效克服作物盐害，实现全苗高产。据新围中黏涂区定点试验观测，不同含盐量的土壤，覆盖抑盐的增产效果是不同的，一般耕作层土壤含盐（NaCl）2～3 g·kg^{-1} 的水平下覆盖抑盐的效果最好，棉花的增产幅度为 2%～65%。不同覆盖物的抑盐增产效果也有区别，例如在耕层含盐（NaCl）3～4 g·kg^{-1} 的高盐区，以覆盖稻草的抑盐增产效果最好。覆盖地膜则因雨水不能渗入而脱盐效果不好，苗期土壤盐分重，5—6 月耕层氯化钠含量常在 3～3.5 g·kg^{-1}，比覆盖稻草区的盐分（NaCl＝2～2.5 g·kg^{-1}）高出 1/3 左右，使棉花生长受抑。但在耕层含盐（NaCl）2 g·kg^{-1} 左右的低盐区，则以地膜覆盖的增产效果最佳，这是由于在抑盐的基础上增温所得到的效果，一般出苗期地膜的地表温度要比露地的地表温度高 3～8 ℃，而整个生长期耕层盐分（NaCl）并未超过 3 g·kg^{-1}，因此地膜覆盖可促使早苗、早熟，每公顷皮棉产量达到 1 125 kg。

二、旱地上覆下排的改土效果

（一）扩大脱盐土层，提高土壤脱盐效果

在新围黏涂埋设暗管排水有明显的脱盐效果，土壤脱盐率高、脱盐深度深、脱盐速度快。经过 2 年排水（表 12 - 1），与明沟排水相比，在相同 20 m 间距下暗管排水区脱盐率为 54.3%～58.8%，而明沟排水区为 48.6%。经过 3 年排水，20 m 间距暗管排水区脱盐率为 62.5%～67.2%，明沟排水区为 60.9%。经过 4 年排水，暗管排水区 1 m 土层土壤盐分在 2.5～3.8 g·kg^{-1}，明沟排水区为 2.5～4.2 g·kg^{-1}。暗管埋深 1 m，间距 10 m、15 m 处理，土壤脱盐率分别在 69.9%、72.2%，80 cm 土层以上土壤全盐量都小于 3.0 g·kg^{-1}；间距 20 m、25 m 处理，40 cm 土层以下土壤全盐量都大于 3.0 g·kg^{-1}。明排区各处理土壤盐分下降到 3.5 g·kg^{-1} 时就开始回升，除表层 20 cm 外，以下各层土壤全盐量在 4.0 g·kg^{-1} 左右。上述结果表明，暗管排水的土壤脱盐效果优于明排。

表 12 - 1　不同排水处理对土壤含盐量和脱盐率的影响

排水方式	沟管深（m）	间距（m）	原始含盐量（g·kg^{-1}）	1 年含盐量（g·kg^{-1}）	1 年脱盐率（%）	2 年含盐量（g·kg^{-1}）	2 年脱盐率（%）	3 年含盐量（g·kg^{-1}）	3 年脱盐率（%）	4 年含盐量（g·kg^{-1}）	4 年脱盐率（%）
暗排	1	10	8.98	5.13	42.8	3.2	64.4	2.89	67.8	2.7	69.9
		15				3.8	57.7	3.16	64.8	2.5	72.2
		20				4.1	54.3	2.94	67.2	3.6	59.9
		25				4.2	53.2	3.24	63.9	3.8	57.7
	1.3	10				3.1	65.5	2.48	72.3	2.0	67.7
		15				3.1	65.5	2.66	70.3	3.4	62.1
		20				3.7	58.8	3.36	62.5	3.0	66.5
		25				3.9	56.6	3.3	63.3	3.4	62.1
明排	1	20	8.76	8.77	22.7	4.5	48.6	3.42	60.9	3.7	67.8
		30				4.7	46.3	3.63	58.6	4.0	54.7
		40				5.4	38.4	3.49	60.1	3.7	57.8
		50				5.4	38.4	3.89	55.6	4.2	52.0

（二）加速地下水位下降

增设暗排后对地下水位迅速下降起到一定作用。据测定：管距 10 m 和 15 m 处理地下水埋深从 20～31.5 cm 降到 56～77 cm，需时 2.7 d，平均地下水位下降速率为 9.1～21.1 cm·d^{-1}；管距 20 m 和 25 m 处理经 2.7 d，地下水位降到 45.5～52.5 cm，平均地下水位下降速率为 5.2～12.0 cm·d^{-1}。明排区间距 20 m 处理地下水埋深从 17.5 cm 降到 48.5 cm，需时 3 d，平均地下水位下降速率为 10.3 cm·d^{-1}；明排间距 30、40、50 m 处

理在相同时间内地下水埋深从 7 cm 降到 19~23.5 cm，平均地下水下降速率分别为 5.3、4.3、4.0 cm·d⁻¹。从暗明排地下水位季节性变化来看，暗排 15 m 处理地下水埋深最低，其次是明排 20 m 和暗排 20 m 处理。生产上常用的明排 30 m 处理的地下水位最高。

（三）淡化地下水

在黏质土壤上，1 m 土层以上的浅层地下水直接受降雨和排水方式的影响，促使地下水质发生明显变化。经过 2 年排水后（表 12-2），暗排区 1 m 深处的地下水含盐量（NaCl）在 7~10 g·L⁻¹，而明排为 9.7~12.6 g·L⁻¹，暗排淡化地下水程度比明排高。暗排对 1 m 以下土层的地下水淡化几乎没有作用，从历年定位测定不同深度的地下水质资料分析可知，暗、明排各处理区地下水盐分变化并无差异，地下水埋藏深度 1.5、2.0、2.5、3.0 m 处的地下水含盐量都在 20 g·L⁻¹ 以上，与原始地下水含盐量相仿。

表 12-2　暗排与明排地下水 NaCl 含量动态变化

地下水深度 (m)	管距 (m)	暗排区地下水 NaCl 含量 (g·L⁻¹)			沟距 (m)	明排区地下水 NaCl 含量 (g·L⁻¹)		
		原始	2 年	4 年		原始	2 年	4 年
1.0		—	6.9	—		—	9.7	—
1.5		23.1	22.7	—		28.9	24.8	—
2.0	10	22.2	23.6	—	20	28.7	23.6	—
2.5		21.4	23.7	28.1		28.4	26.3	25.7
3.0		—	23.3	26.9		28.5	25.4	26.3
1.0		—	10.0	—		22.7	10.7	—
1.5		—	25.5	—		22.2	26.5	—
2.0	20	—	24.9	—	40	22.2	27.0	—
2.5		—	22.9	26.7		22.3	26.6	23.4
3.0		—	22.9	28.1		—	26.2	26.3
1.0		—	9.5	—		—	12.6	—
1.5		—	25.0	—		—	24.4	—
2.0	25	—	26.0	—	50	—	27.7	—
2.5		—	25.6	28.1		—	27.0	25.7
3.0		—	23.9	27.6		—	26.0	26.3

（四）作物增产效果显著

在弱渗透土壤上增设暗排后，水的入渗作用得到加强，提高作物根系活动层的通透性，促进作物生长。据测定，在暗排影响范围内约 8 m，棉花根长 45~80 cm，植株高 75~84 cm，每株蕾数 15~20 个。明排区，根短而少，根长仅 5~15 cm，植株高 41~58 cm，每株蕾数 10~16 个（表 12-3）。暗排各处理区 3 年棉花平均产量都高于明排区，如在相同深度 1 m、间距 20 m 下，暗排区产量高于明排区 9.6%。

表 12-3 不同排水处理棉花产量

排水方式	沟（管）深（m）	间距（m）	皮棉产量（kg·hm^{-2}）			
			1 年	2 年	3 年	平均
暗排	1.0	10	555	1 335	1 035	975
		15	510	1 350	885	915
		20	250	1 215	900	855
		25	495	1 140	810	810
	1.3	10	585	1 260	945	930
		15	570	1 335	945	945
		20	525	1 155	975	885
		25	495	1 185	870	810
明排	1.0	20	315	1 110	915	780
		30	315	795	690	600
		40	255	660	705	540
		50	225	540	540	524

第二节 旱作种植改土技术

新围垦滩涂垦种旱作的关键问题是如何防盐破板保全苗。砂涂由于土壤返盐强烈，旱作立苗十分困难，不宜直接垦种旱作。黏涂因其返盐速度缓慢，围后直接垦种旱作，只要措施得当，还能获得全苗和一定的产量。滩涂从围成到垦种利用，一般要经过数年来自然淡化土壤。在新围垦涂地上实现当年种植旱作，是亟待解决的问题。研究证明，浙江沿海滩涂围垦后采取综合配套技术，可立即种植旱作（如棉花、油菜、大麦、田菁等），并在1～2 年内取得较好产量。

一、旱作种植技术

综合各地新围涂地旱作种植技术，主要为：

1. 水利配套 旱地作物种植要做到水利配套，建造深沟条地，以加速土壤的脱盐淡化。条地的宽度要求在 20 m 以内，排水沟深以 80～100 cm 为宜。畦作要做到狭畦深沟。

2. 多耕深耕 多耕深耕，加速上层土壤脱盐和减少返盐。

3. 种植耐盐性较强的作物 选择耐盐性较强的作物，如甜菜、棉花、油菜、大麦等。也可先种中尾草、田菁、草木樨等耐盐绿肥作物。

4. 客土种植 客土种植，抢墒播种。如播种沟加淡土，有利于旱作立苗生长，成苗率较高。

5. 适当密植 适当密植，加强管理。

采用以上措施，新围海涂，当年种植棉花，每 667 m^2 产皮棉高达 50 kg 左右；种植大麦，每 667 m^2 产量可达 100 kg 以上；种植油菜，每 667 m^2 也可收油菜籽 50 kg 以上。

二、垦种旱作的改土效果

根据在乐清湾黏涂上的试验结果，只要措施适当，充分利用浙江省自然降雨洗盐，脱盐效果较好。试验地冬耕后种植 3 年旱作的，0～60 cm 土壤脱盐率为 88.3%，1 m 土层土壤脱盐率为 73.4%。但应指出，从盐分组成来看，旱作区的土壤，碳酸根及重碳酸根离子大量增加，尤以表层更为明显，pH 也明显升高。因此，旱作脱盐改土的效果，还有待进一步观察研究。

三、土壤快速改良技术

滩涂开发利用尤其是农业和生态建设的最大限制因素是其土壤的高盐分，滩涂快速降盐和耐盐植物的筛选是盐土农业开发研究的两个技术难题或研究方向。近年来，在滨海盐土脱盐改良以及耐盐植物筛选及规模化利用方面的研究，提出了海滩涂快速改良与高效利用技术体系。

沿海滩涂土壤属于滨海盐土类型，由于长期受海洋潮汐的影响，土壤盐分含量高、土体发育不明显、理化性状差、肥力水平低。滨海盐土改良的 2 个关键环节：以工程措施为主导的降盐和以增加有机质为主导的土壤培肥。前者决定围垦的滩涂能否用于作物生产，而后者则决定作物的生产水平及其可持续性。

(一)滨海盐土快速脱盐技术

沿海滩涂资源开发利用的关键问题是土壤盐分含量高，降盐是开发利用滩涂资源的先决条件。目前所使用的一些方法如淡水洗盐、暗管排盐等仍存在诸多不足，如成本高、时间长（3～5 年），且对高盐滩涂来说降盐效果较差。利用沿海地区作物秸秆资源丰富和雨水资源充沛的特点，充分利用每年 6—8 月的雨季，淋溶盐土表层集聚的大量盐分；并利用秸秆覆盖抑制盐分的表聚，构建以秸秆覆盖为核心的滩涂快速降盐技术体系。

与滨海盐土裸地相比，以秸秆覆盖为核心利用每年 6—8 月的雨季滩涂快速降盐技术，明显加快了土壤盐分的淋溶（图 12-1），经过雨季（6—8 月）的淋溶，实施 7 个月时间

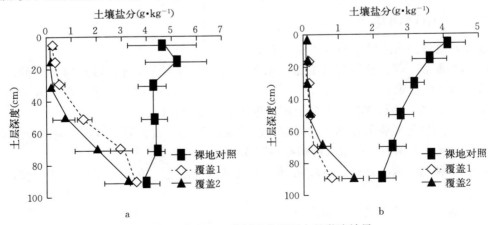

图 12-1 滨海盐土秸秆覆盖下雨水的淋溶效果

a. 实施 7 个月　　b. 实施 11 个月

耕层（0～40 cm）土壤盐分下降至 1～2 g·kg^{-1}，基本可以满足主要作物的生产要求；经过11 个月 0～100 cm 剖面尤其是下层盐分明显下降，可以满足滩涂造林绿化的要求。

进一步分析表明，土壤盐分的淋溶方程用式（12-1）拟合：

$$y = a \times e^{bx} \tag{12-1}$$

式中，y 为 EC_a/EC_i，x 为 D_w/D_s。其中 EC_a 即淋溶后的实际盐分，EC_i 为土壤剖面的初始盐分，D_w 为雨水入渗的深度，D_s 为需改良的土壤深度。

淋溶方程给出了淋溶的相对脱盐量与所提供的相对雨量间明确的数量关系，拟合的指数方程表明 EC_a/EC_i 随着 D_w/D_s 呈指数下降，0～20 cm 和 0～40 cm 脱盐 80% 所需的雨量可根据淋溶方程计算而得（表 12-4）。

表 12-4　秸秆覆盖下滨海盐土的淋溶方程及土壤剖面脱盐 80% 所需雨水量

盐分程度	秸秆覆盖量 (kg·hm^{-2})	淋溶曲线		土壤剖面脱盐 80% 所需雨水量	
		0～20 cm	0～40 cm	0～20 cm	0～40 cm
中度盐分	15	$Y=0.468e^{-2.409x}$ ($R^2=0.859$, $P<0.01$)	$Y=0.886e^{-2.319x}$ ($R^2=0.920$, $P<0.01$)	270.2	451.4
重度盐分	15	$Y=0.482e^{-1.402x}$ ($R^2=0.862$, $P<0.01$)	$Y=0.529e^{-1.207x}$ ($R^2=0.934$, $P<0.01$)	125.5	322.3
	30	$Y=0.362e^{-2.795x}$ ($R^2=0.884$, $P<0.01$)	$Y=0.512e^{-2.245x}$ ($R^2=0.976$, $P<0.01$)	149.3	281.0

（二）滨海盐土快速改良技术

有机质通过改善土壤的理化性状、改变土壤盐分运动状况，促进土壤脱盐，抑制土壤返盐，中和土壤碱度，进而减轻土壤盐分对作物的危害，提高作物产量，达到改良滩涂土壤的目的。有机肥中有机质含量达 30%～60%，还含有大量的 N、P 等养分。随着有机肥施用量的增加，滩涂土壤的容重、密度、pH 逐渐下降，有机质、全氮、全磷、速效氮、有效磷、CEC 均呈上升趋势，全钾、速效钾含量无显著变化。滩涂土壤的细菌、放线菌数量随污泥施用量的提高呈上升趋势。

第三节　旱作土壤培肥技术

新围涂地种植作物，施用化肥虽能获得高产，但从长远角度看，要使新围涂地迅速成为高产稳产农田，一定要就地解决有机肥源。通过近几年的试验，新垦区就地解决有机肥源的办法如下。

一、就地解决有机肥源

（一）种植黄花苜蓿

新荒地用短期泡洗和播后覆盖的办法，可直接种植黄花苜蓿。新围砂性涂地，未经垦种作物，盐分大量集中于上层，经短期泡洗，可将上层土壤中的大量盐分洗去，然后开沟条播黄花苜蓿，再以秸秆覆盖，可以保证成苗。9月头蓬林场在荒地上播种黄花苜蓿，泡洗 4～8 d，播后覆盖麦秆的成苗率及长势都很好，而泡洗不覆盖的因土壤返盐基本上没有出苗，与不泡洗播种的无多大差别。新围涂地种稻后，可套播黄花苜蓿。当稻田套种黄花苜蓿时，早播，控制适宜的土壤水分，保证全苗，可以获得较好的产量。萧山头蓬林场套播黄花苜蓿 2hm²，鲜草产量大都在 1 000 kg 以上。砂性涂地在雨前排水播种，对保全苗有一定作用。

（二）种植田菁

采用水播水育，可在含盐量 6.0～10.0 g·kg⁻¹ 新围砂涂上直接种植田菁。新围砂涂直接种植田菁，常因返盐严重而失败，如能在修筑田埂、平整土地的基础上灌水播种，发芽后适当落干，立苗后间隙灌水护苗，可以保证立苗生长。6 月中旬，萧山头蓬林场水播田菁 2.4 hm²，到 10 月中旬，株高达 2.5～3.0 m，鲜草每 667 m² 产量约 2 000 kg。在水源不足、秋季种稻有困难的地区，于早稻收前 10 d 左右套播田菁，割稻后追施一些过磷酸钙，每 667 m² 收鲜草 250～500 kg，可供冬作基肥。

（三）种植大米草

利用堤外海涂种植大米草，青割供垦区使用。大米草是一种能在海涂上生长的耐盐植物，种植后有促淤效果，目前浙江省已大面积种植。大米草的鲜嫩茎叶，每年可割两次，每 667 m² 鲜草产量 1 000～1 500 kg，肥效比较高。温岭县试验表明，667 m² 施 500 kg 大米草鲜草，较不施增产稻谷 38～45 kg，较施用等量猪粪的增产 2.4%～32.4%。宁海长街农技站试验表明，施大米草较施等量杂草的棉花产量增加 30%。

（四）种植扫帚草

利用耐盐的野生植物——扫帚草作绿肥。扫帚草（地肤、观音草）是一种茎叶相当繁茂的耐盐野生植物。舟山地区在缺乏淡水、田菁难以生长的涂地上种植扫帚草，草高可达数十厘米，青割作肥料，肥效也很高。1974 年台州地区每 667 m² 施用扫帚草嫩茎叶 1 000 kg 作早稻基肥，其肥效较施等量猪栏粪的增产效果明显。

（五）放养绿萍

放养水生绿肥，发展养猪积肥，也是新垦区增加有机肥料来源的重要途径，可以在新垦区由点到面地进行试验推广。据萧山县头蓬垦区试验，新围涂地早稻放养绿萍，每 667 m² 增产稻谷 45 kg。1973 年每 667 m² 施用羊栏肥 1 000 kg，早稻增产 16%，晚稻后效增产 9.5%，合计每 667 m² 增产稻谷 69 kg。

二、有机肥与秸秆覆盖配套技术

通过覆盖（秸秆、薄膜）、有机肥施用、肥料运筹等，构建有机肥与秸秆覆盖传统农艺措施的有效配套组合，可较好地调控滩涂围垦农田土壤水盐，消减滩涂新垦农田的盐碱障碍因子，促进作物增产。

三、作物高效种植培肥模式

沿海滩涂高效农业至少包含 2 个方面的含义：一方面，本身具有较高的直接经济效益，如西兰花、西瓜等特色经济作物的种植；另一方面，通过机械化生产获取规模生产所带来的效益，一些大宗作物尽管单位面积的效益不高，但借助机械化的推广，可大幅降低劳动成本，也能获得较高的规模效益。目前沿海滩涂的高效种植模式主要有以下 3 类：

1. 粮食作物套种特色经济作物　将沿海地区特色经济作物引入沿海滩涂种植制度中，如大麦套种羊角椒、西瓜、西兰花、糯玉米等特色经济作物，并可引入草莓、葡萄等果品。

2. 大宗作物的规模化生产　主要作物如水稻、大/小麦、玉米等目前在播种（育苗、移栽）、收获等环节均已实现机械化，降低了生产用工，减少生产成本。

3. 农牧结合　发展饲草生产，推进农牧结合。

第十三章
CHAPTER 13

滨海盐土作物氮素营养调控增产机制

土壤盐渍化改变了土壤中氮素的转化规律和迁移过程，使得土壤中各形态氮的含量以及比例发生改变，增加了土壤氮素的损失量，影响作物对氮素的吸收。因此，研究滨海盐土氮素转化规律、调控机制和增效途径对农田土壤养分保蓄增持、淋失阻控和高效利用具有重要意义（李红强等，2020）。研究表明，氮肥能缓解水稻盐害。在盐分胁迫下，增加施氮量有利于促进小麦分蘖成穗，提高成穗率，从而提高小麦产量，因此增加施氮量是缓解小麦受到盐分胁迫影响的一个重要解决方式。在施氮量低于 300 kg·hm⁻² 时，随着施氮量的增加，水稻肥料氮和土壤氮的利用率增加；当施氮量超过 300 kg·hm⁻² 时，水稻氮素利用率降低。盐胁迫明显抑制水稻的株高和分蘖，降低了水稻功能叶片叶绿素含量和干物质的积累量，导致水稻产量显著降低（俞海平等，2016）。盐胁迫下施氮可提高水稻的渗透调节能力，植株叶片抗氧化酶（SOD、POD、CAT）活性及体内脯氨酸、可溶性糖含量显著增加，而膜透性和丙二醛含量显著降低，氮素通过调控盐胁迫下水稻体内离子和渗透平衡来减缓伤害（刘晓龙等，2014）。因此，研究盐胁迫下作物氮肥营养与技术，对于滨海盐土提高作物氮素利用率有重要现实意义。

第一节　盐胁迫下作物氮素调控机制

在滨海盐土，一方面，盐分抑制土壤氮素转化。盐渍土高含盐量、高 pH、养分贫瘠的特征通过改变土壤理化性状及微生物分布直接或间接地影响了土壤氮矿化/硝化作用，从而影响土壤氮素的转化、循环和供应。低土壤含盐量会促进氮素矿化作用，高土壤含盐量会抑制氮素矿化作用，随着土壤盐度的增加土壤氮矿化量呈降低趋势。另一方面，盐分限制微生物活性从而限制有效氮的产生。硝化细菌活性与盐分含量呈负相关，硝化速率随着盐分的增加显著下降，硝化作用受到抑制。土壤中含盐量为 5.0～10.0 g·kg⁻¹ 时，土壤硝化作用会完全被抑制。盐渍化类型、水平对土壤的氮素转化有重要影响，随着碱化度和 pH 的升高，氮素矿化量迅速降低。并且，随着盐化程度的增加氮素矿化率明显降低，硝化作用受到不同程度的抑制。虽然盐分胁迫降低了作物氮素吸收，但氮肥的施用可以减轻盐分对作物的胁迫。中低盐分水平下施氮可减轻盐分对作物生长的不利影响。在轻度盐渍土上单一的高氮投入有利于作物增产，但中度盐渍土需结合水肥盐调控措施和农艺及水利措施来综合防控。在轻度盐渍化稻田上，氮磷钾肥合理配施可提高作物产量，外源氮素营养的添加可以减轻盐分对作物的危害。因此，在低盐分条件下，适当增施氮肥有助于作物产量的提高，但在高盐分条件下施氮作用不大。在盐渍土的氮肥调控中，增施氮肥有利于提高作物总吸氮量和各部位吸氮量。通过滨海盐土氮肥、腐殖酸、石膏、生物质炭以及生物抑制剂等的施用通过调控土壤盐分和pH，抑制脲酶活性，影响土壤氮素转化，促进土壤团聚体形成，增加固持氮素等作用机理，促进作物生长，从而促进增产（图13-1）。

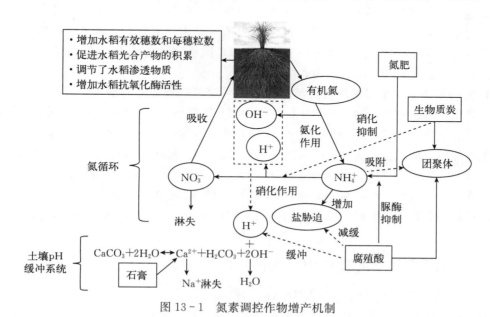

图13-1　氮素调控作物增产机制

一、滨海盐土氮肥调控作物增产机制

（一）氮肥对盐渍土盐分的作用

在盐渍水田灌溉和排水条件下，水稻施基蘖氮肥和穗氮肥时，土壤电导率随氮肥施入的增加而增加，而后下降。盐胁迫下水稻氮素利用率降低，氮肥残余增多，溶解于水田中，使水稻生长在高电导率的环境中，产生胁迫作用。高量氮肥配施石膏可以降低土壤饱和提取液电导率，改善土壤盐碱性。

（二）盐分胁迫下氮肥对水稻的增产作用机制

1. 盐分胁迫下施氮肥增加水稻有效穗数和每穗粒数　盐分胁迫下施氮肥增加了水稻的株高、有效穗数和每穗粒数，从而增加水稻产量。随着土壤盐分的增加，降低水稻的株高，导致茎蘖数减少，降低水稻对氮素的吸收，导致水稻生物量、结实率和千粒重的减少，水稻籽粒产量显著降低。但是，随着施氮量的增加，尤其是基蘖肥施氮量适量的增多，可以使盐胁迫下的植物维持一定的氮同化速率，缓解盐害，使之正常生长，水稻的株高、有效穗数和每穗粒数增加，增大水稻生物干重，从而增加水稻产量。但是，盐分胁迫下随着基蘖肥施氮量超过适量施氮量并不断增加时茎蘖数呈减少现象，因为多余的未吸收的氮肥加重了土壤的盐分浓度，水稻对氮肥的吸收利用率减少。因此，适量施氮提高水稻产量，促进水稻对高电导率土壤养分的吸收。

2. 盐分胁迫下氮肥促进水稻光合产物的积累 盐分胁迫降低水稻叶绿素指数，而基蘖肥施氮量适度增加可提高沿海滩涂水稻叶绿素指数，且分蘖期水稻倒二叶的叶绿素指数最高，拔节期水稻倒三叶的叶绿素指数最高，抽穗期水稻叶片叶绿素指数大多以倒一叶最高。可能是因为盐碱地氮肥利用率低，多施氮肥能增加水稻对氮素的吸收，合成的叶绿素量增大，水稻光合产物的积累也增加。

3. 盐分胁迫下氮肥调节水稻渗透物质 盐分胁迫降低水稻叶片可溶性蛋白含量，而且氮同化相关酶活性降低，增施氮肥能增加水稻对氮素的吸收，叶、茎、穗的可溶性蛋白、可溶性糖和蔗糖含量随着基肥和分蘖肥施氮量的增加呈先增加后降低的趋势。可见适量增施氮肥可提高植物的渗透能力，缓解盐害。

4. 盐分胁迫下氮肥增加水稻抗氧化酶活性 随着盐分梯度的增加，水稻叶片抗氧化酶（过氧化氢酶、过氧化物酶和超氧化物歧化酶）活性增强。水稻叶片移栽期的抗氧化酶（过氧化氢酶、过氧化物酶和超氧化物歧化酶）活性和可溶性蛋白含量随着基肥施氮量的增加先增加后降低，适量增施氮肥有助于增加其抗氧化酶活性，过量氮肥降低其抗氧化酶活性。因此，施氮肥可提高水稻叶片光合能力，减少超氧阴离子的积累，同时提高叶片保护酶活性，从而减轻膜脂过氧化程度，保持盐胁迫下细胞膜的完整性，有利于植物生长。但是，过量的氮素对膜脂过氧化的抑制作用不再显著升高，可能因为诱导了其他种类活性氧的产生。

二、氮肥及黄腐酸调控作物增产机制

（一）氮肥及黄腐酸对土壤电导率、pH 的作用

黄腐酸能够有效降低土壤盐分的主要原因：一方面是黄腐酸对土壤结构有一定的改善作用，通过形成团粒结构破坏盐分沿土壤毛管孔隙随水分上升的条件，降低土壤耕层的盐分积累。另一方面，黄腐酸与有机质络合、螯合土壤中的金属阳离子形成的胶体结构以及其多孔性（比表面大）可吸附土壤溶液中的盐分离子，从而降低土壤中盐含量。氮肥配施黄腐酸对表层土壤 pH 降低具有促进作用。一方面，黄腐酸对土壤 pH 具有缓冲作用；另一方面，水田在淹水条件下土壤毛管孔隙封闭，减少了对 Na^+ 及 HCO_3^- 的吸附，在旱季施肥后黄腐酸降低了尿素在土壤中的转化速率，缓解了尿素分解引起的 pH 增加，减轻了土壤碱害。

（二）氮肥及黄腐酸增加土壤有机碳的积累，抑制脲酶活性

黄腐酸对表层土壤有机碳积累有显著促进作用，在氮肥用量为 $300\ kg\cdot hm^2$ 时效果最好。在耕作初期，土壤盐分较高且结构性差，土壤中微生物多样性与活性相对较低，不同的氮水平影响土壤中碳氮比，对微生物代谢过程具有影响，进而影响有机质积累和转化。同时，土壤大团聚体与有机碳有密切关系，土壤中有机碳与微生物分泌的各种胶结剂如球囊霉素等可以有效促进大团聚体的形成且有较高稳定性。通过对土壤表层盐分和土壤结构的调控作用，氮肥及黄腐酸直接影响土壤中微生物代谢和有机质转化过程，进而促进土壤有机碳含量的增加。此外，黄腐酸与尿素共同施用时，可以抑制脲酶活性，减缓尿素分解，逐步释放氮素，使肥效期延长。同时，黄腐酸的生物活性能促进植物根系发育和体内氮素代谢，促进氮素的吸收，提高肥效，促进作物生长；腐殖酸能增强作物对土壤氮素的

吸附与保持，减少土壤氮素的流失，提高作物对氮素的吸收利用率。

（三）氮肥促进土壤团聚体的形成

滨海滩涂土壤开垦初期，土壤以黏壤与粉砂壤为主，土壤结构性质差、肥力水平低且保水保肥能力差，导致土壤以小粒径微团聚体为主，且存在较大分布差异。土壤在熟化过程中通过降低盐分改善物理结构，从而形成更利于土壤团聚作用进行的条件，促进土壤有机碳形成，而有机碳含量的增加，进一步促进土壤活性有机碳分解和微生物生物量碳增加以及土壤大团聚体的形成。与熟化土壤不同，滩涂土壤水旱轮作模式对土壤盐分的显著抑制效果更利于土壤团聚体的形成。土壤在水耕熟化过程中，土壤有机质在淹水条件下经微生物厌氧分解过程较慢，相应的腐殖质形成有一定程度的积累，土壤有机碳及大团聚体含量也相应增加。随着氮肥用量的增加，土壤大团聚体含量先增后减，说明在滩涂土壤培肥与地力提升过程中应优化施肥种类及用量。

三、生物质炭对土壤氮素调控机理

（一）生物质炭对土壤中氮素吸附机理

生物质炭本身特殊的结构，如含大分子有机物质和具有较大的比表面积，团聚和胶结作用较强，促进了土壤团聚体的形成，继而使土壤对氮素的吸附固持能力有所增强。生物质炭可以通过静电引力、离子交换和 π 键共轭等作用吸附土壤中的 $NH_4^+ - N$。不同原料及热解温度条件下生产的生物质炭对 $NH_4^+ - N$ 的吸附能力不同，而同一种生物质炭在不同 pH 和静电条件下对 $NH_4^+ - N$ 的吸附性亦存在显著差异。在较高的 pH 环境中通过较低热解温度制备出的生物质炭 CEC 含量显著提高，并增加了对 NH_4^+ 的交换位点，进而增强了对土壤中 $NH_4^+ - N$ 的吸附性能。通过铁改性生物质炭后，其总孔隙度明显提高，增强了对 $NH_4^+ - N$ 的吸附能力。当使用 70％浓度的硫酸对生物质炭进行改性后，其对 $NH_4^+ - N$ 的吸附能力远高于未改性生物质炭。因此，选用合适的材料对生物质炭进行改性处理，将有利于提高生物质炭性能，增强生物质炭对土壤中氮素的吸附能力。

（二）生物质炭对土壤中氮素转化作用

生物质炭本身所含的微量养分能够直接释放到土壤中，提高土壤碳、氮等养分含量，改变土壤碳氮比，进而对土壤有机氮的矿化过程产生影响。生物质炭通过降低（nirK＋nirS）/nosZ 的比例和氨氧化细菌的丰度，从而减少了反硝化和自养硝化导致的 NO 和 N_2O 的排放，也增强了土壤酶和微生物的活性。生物质炭抑制了盐渍土中 $NH_4^+ - N$ 向 $NO_3^- - N$ 的转化，从而减少了 $NO_3^- - N$ 的淋失。生物质炭还通过增加 pH，促使土壤反硝化过程向着有利于产生 N_2 的方向进行，进而减少了 N_2O 的排放。生物质炭的施用降低了硝酸盐的淋洗和气态氮的损失，进而增加了氮肥利用率。

四、生物抑制剂对盐渍土氮素固持增效的提升效应

脲酶抑制剂和硝化抑制剂，如 N－丁基硫代磷酰三胺（NBPT）、硫代磷酰三胺（TPT）、双氰胺（DCD）、3，4－二甲基吡唑磷酸盐（DMPP）和 2－氯－三氯甲基吡啶（CP）等被广泛用于氮素转化过程的调控。其中，脲酶抑制剂可以有效降低尿素的水解速率，间接抑制氮的硝化作用，而硝化抑制剂则可以有效抑制 $NH_4^+ - N$ 向 $NO_3^- - N$ 的转

化，两者组合使用效果更好。施加由脲酶抑制剂、硝化抑制剂和磷素活化剂复配而成的肥料添加剂，可使土壤 $NH_4^+ - N$ 含量保持较长时间，提高了水稻对氮素的吸收，增加了氮肥的利用率（孙艳等，2020）。此外，脲酶抑制剂和硝化抑制剂组合使用可显著降低盐渍土壤 NH_3 和 N_2O 的排放。此外，吡虫啉（杀虫剂）也可以在短期内促进盐渍土中细菌、放线菌的生长，抑制脲酶活性，起到增加氮素利用率的作用（张清明等，2014）。

第二节　水稻盐分与氮磷营养耦合调控

在滨海盐土上开展不同土壤盐分氮磷施用量对水稻生产的影响研究（俞海平等，2016），以期为滨海盐土不同盐分水平上的水稻合理施肥提供理论依据。试验土壤 pH 8.1，有机质、全 N 含量分别为 7.1 和 0.37 g·kg^{-1}，碱解 N、有效 P、速效 K 含量分别为 12.7 kg·hm^{-2}、6.7 kg·hm^{-2} 和 216 mg·kg^{-1}。试验设 6 个施氮量 0（N0）、75 kg·hm^{-2}（N1）、150 kg·hm^{-2}（N2）、225 kg·hm^{-2}（N3）、300 kg·hm^{-2}（N4）和 375 kg·hm^{-2}（N5）；4 个施磷量（P_2O_5）0（P0）、37.5 kg·hm^{-2}（P1）、75 kg·hm^{-2}（P2）和 112.5 kg·hm^{-2}（P3）；2 个土壤盐分 1.25 g·kg^{-1}（S1 低盐水平）和 3.37 g·kg^{-1}（S2 高盐水平）。种植水稻，过磷酸钙（P_2O_5 12%）作基肥施入，尿素（N 46%）分 3 次施入，施用比例为基肥：分蘖肥：孕穗肥＝50：30：20。

一、水稻产量、产量构成及经济施肥量

在土壤供肥能力严重不足，全氮含量为 0.37 g·kg^{-1}，有效磷含量为 6.7 mg·kg^{-1}，低盐水平对照处理（S1N0P2）水稻产量仅为 1 260 kg·hm^{-2}（表 13 - 1），施氮、磷肥处理的水稻产量均显著（$P<0.05$）高于相应不施氮、磷肥的处理（S1N0P2、S1N3P0），各施肥处理间的水稻产量也表现出显著差异（$P<0.05$）。在低盐水平下（S1），氮肥在 0～225 kg·hm^{-2} 的范围内能够迅速提高水稻产量，氮肥农艺利用率在 18.5%～25.1% 之间；按照尿素价格 1.9 元·kg^{-1}、稻米收购价格 2.6 元·kg^{-1} 计算，施氮（N）量（x）与利润（y）的回归方程为 $y=-0.159x^2+89.56x+2\,523$（$R^2=0.978\,5$），经济施氮量为 281.8 kg·hm^{-2}，经济施氮肥利润为 15 143 元·hm^{-2}。同样，磷肥在 0～75 kg·hm^{-2} 的施用范围内促产效应亦十分明显，磷肥农艺利用率在 21.0%～35.5% 之间；按照过磷酸钙价格（P_2O_5 12%）560 元·t^{-1} 计算，施磷（P_2O_5）量（x）与利润（y）的回归方程为 $y=-0.563x^2+121.32x+8\,588.9$（$R^2=0.894\,7$），经济施磷量为 107.5 kg·hm^{-2}，经济施磷肥利润为 15 203 元·hm^{-2}。对水稻产量构成要素进行分析表明，水稻的有效穗数受氮、磷肥影响最大，如施氮肥后（S1N1P2）与不施氮（S1N0P2）处理相比，有效穗数增加 63.8%，而每穗实粒数和千粒重分别增加 31.4% 和 13.1%；同样施磷处理（S1N3P1）与对照（S1N3P0）相比，有效穗数增加 9.82%，而每穗实粒数和千粒重分别增加 7.69% 和 6.28%。在高盐水平下（S2），对照处理（S2N0P2）水稻产量仅为低盐水平（S1N0P2）的 41.3%。随着氮、磷肥施用量的增加，水稻产量逐渐增加，但受盐分胁迫的影响，水稻最高产量仅为 5 030 kg·hm^{-2}（S2N4P2），与低盐水平的最高产量 6 530 kg·hm^{-2}（S1N3P2）相比下降 23.0%。回归分析表明，经济施氮量为 344.9 kg·hm^{-2}，施氮量（x）

与利润（y）的回归方程为 $y=-0.084x^2+58.82x+636.6$（$R^2=0.984\,2$），经济施氮肥利润为 10 920 元·hm^{-2}；经济施磷量为 161.3 kg·hm^{-2}，施磷量（P$_2$O$_5$）（x）与利润（y）的回归方程为 $y=-0.228x^2+75.03x+4\,665$（$R^2=0.954\,1$），经济施磷肥利润为 10 828 元·hm^{-2}。与低盐分相比，高盐分胁迫下需要进一步增加氮、磷供给，才能保证水稻产量以及相应的经济利润。

表 13 - 1　盐分与氮磷肥调控下水稻的产量（俞海平等，2016）

处理	产量及其构成					施肥利润（元·hm^{-2}）
	每 1 m^2 有效穗数	每穗实粒数	千粒重（g）	产量（kg·hm^{-2}）	增产（%）	
S1N0P2	130d	51c	19.8d	1 260e	—	2 978
S1N1P2	213c	67b	22.4c	3 140d	149	7 426
S1N2P2	243b	81b	24.2b	5 118c	306	12 352
S1N3P2	283a	92a	26.5a	6 530a	418	15 698
S1N4P2	275a	91a	25.4a	6 256ab	397	14 455
S1N5P2	272a	89a	25.2a	6 052b	380	13 827
S1N3P0	224c	78c	22.3d	3 812d	—	8 981
S1N3P1	246b	84b	23.7c	4 721c	23.8	11 170
S1N3P2	283a	92a	26.5a	6 530a	71.3	15 698
S1N3P3	279a	89a	25.3b	6 221b	63.2	14 720
S2N0P2	76f	34d	18.2d	520f	—	1 002
S2N1P2	170e	50c	21.4c	1 820e	250	4 072
S2N2P2	208d	74b	21.8c	3 200d	515	7 350
S2N3P2	243c	82a	22.3c	4 194c	707	9 624
S2N4P2	275a	85a	23.7ab	5 030a	867	11 518
S2N5P2	263b	82a	24.4a	4 717b	807	10 394
S2N3P0	167c	67c	19.4c	2 231c	—	4 871
S2N3P1	197b	75b	21.6c	2 941b	31.8	6 542
S2N3P2	243a	82a	22.8a	4 194a	66.7	9 624
S2N3P3	246a	79a	23.6a	4 410a	52.0	10 011

二、水稻肥料利用率

在低盐水平（S1）下施氮量 0～225 kg·hm^{-2} 范围内（S1N0P2～S1N3P2）（表 13 - 2），氮肥利用率处于 52.2%～58.2% 之间，之后再增施氮，氮肥料利用率显著下降，S1N5P2 处理的氮肥利用率降至 33.9%。与低盐水平相似，高盐水平（S2）下施氮量 0～300 kg·hm^{-2} 范围内（S2N0P2～S2N4P2），氮肥利用率处于 34.1%～38.0% 之间，继续增施氮至 375 kg·hm^{-2}（S2N5P2），氮肥利用率则降至 25.1%。磷肥利用率与氮肥利用率的变化趋势相似，无论低盐还是高盐水平，均以 N3P2（施 75 kg·hm^{-2}）处理下磷肥利用率最高，分别为 61.8% 和 43.2%。

表 13-2 肥盐调控下水稻肥料利用率（俞海平等，2016）

处理	氮肥利用率（%）	处理	磷肥利用率（%）
S1N0P2	—	S1N3P0	—
S1N1P2	52.2	S1N3P1	51.2
S1N2P2	57.4	S1N3P2	61.8
S1N3P2	58.2	S1N3P3	54.0
S1N4P2	42.5	S2N3P0	—
S1N5P2	33.9	S2N3P1	31.0
S2N0P2	—	S2N3P2	43.2
S2N1P2	38.0	S2N3P3	34.8
S2N2P2	35.7		
S2N3P2	34.1		
S2N4P2	34.6		
S2N5P2	25.1		

在本研究条件下，低盐和高盐水平的对照处理水稻产量分别为 1 260 和 520 kg·hm^{-2}，且高盐水平下各施肥处理的水稻产量均低于低盐水平下相应处理，这表明盐分胁迫对水稻生长产生了明显的抑制作用。这主要是因为土壤中过多的盐离子破坏了水稻根部细胞质膜的完整性，导致细胞质膜选择透性下降甚至丧失，从而使细胞内营养元素大量外渗，而 Na、Cl 等元素在细胞内大量积累，根部吸收和利用养分的能力逐渐丧失，最终导致水稻大幅度减产。

无论低盐还是高盐水平，施用氮磷肥均显著促进了水稻的生长并提高了水稻的产量。例如，当氮肥施用量为 225 kg·hm^{-2} 时，低盐和高盐水平下分别较不施氮肥的处理增产 418% 和 707%。这是由于新围滩涂的土壤肥力较低，碱解氮、有效磷含量分别仅为 12.7 和 6.7 mg·kg^{-1}，土壤养分供给能力不足，因此，氮、磷肥的促产效果在此条件下表现十分明显。此外，高盐水平下经济施氮、磷量均远高于低盐水平。这是因为随着盐分胁迫程度的加剧，水稻对养分吸收的能力也逐渐下降，只有进一步增施氮、磷肥才能满足水稻对养分的需求，促进脯氨酸、可溶性糖等渗透调节物质的积累，提高水稻的渗透调节能力，从而缓解土壤盐分对水稻生长的抑制作用。

由于滨海盐土养分不足，施用氮磷肥使水稻的氮、磷肥料利用率远高于全国均值（氮为 30%、磷为 10%），如氮肥利用率最高达 58.2%，磷肥利用率最高达 61.8%。因为施肥兼具提高水稻耐盐性的作用，造成当地普遍存在肥料高投入的现象，一些地区氮肥投入量甚至高达 400 kg·hm^{-2}，是常规水稻种植区氮肥推荐量的 2.22 倍。这种盐胁迫下的肥料供给模式极易导致氮、磷养分损失。如何在不影响水稻产量的前提下，进一步提高肥料利用率，是当前盐土水稻水肥管理急需解决的课题。

第三节　小麦化学氮肥配施有机肥技术

以滨海盐土为对象（张乃丹等，2020），研究不同速缓效氮肥掺混比例配施有机肥对滨海盐土耕层供氮能力和小麦产量及氮肥利用率的影响，探讨降盐保肥、提氮增碳、增产增效的最优滨海盐土改良培肥模式，为滨海盐土改良和小麦生产提供科学理论与实践依据。耕层土壤质地为黏壤土（含黏粒 31.3%、砂粒 42.2%、粉粒 26.5%）。耕层土壤的基本理化性质为：pH 8.13，水溶性盐含量 2.07 g·kg^{-1}，有机质含量 13.2 g·kg^{-1}，全氮含量 1.43 g·kg^{-1}，硝态氮含量 7.1 mg·kg^{-1}，铵态氮含量 5.8 mg·kg^{-1}，有效磷含量 18.6 mg·kg^{-1}，有效钾含量 299.3 mg·kg^{-1}。试验设 4 个氮素水平，即 0、225 kg·hm^{-2} 速效氮（F1）、112.5 kg·hm^{-2} 速效氮＋112.5 kg·hm^{-2} 缓效控释氮（F2）和 67.5 kg·hm^{-2} 速效氮＋157.5 kg·hm^{-2} 缓效控释氮（F3）；4 个有机肥水平，即 0、6 kg·hm^{-2}（O1）、12 kg·hm^{-2}（O2）和 15 kg·hm^{-2}（O3）；并以不施氮肥和有机肥作对照（CK）。每个处理重复 3 次。缓效控释氮肥为缓效尿素（N35%，控释 90 d），速效氮肥为普通尿素（N46%），有机肥中有机质≥45%、氮磷钾总养分≥5%。所有处理均施过磷酸钙（P$_2$O$_5$18%）150 kg·hm^{-2} 和硫酸钾（K$_2$O50%）75 kg·hm^{-2}。除氮肥 50% 小麦播前基施，50% 拔节期后抽穗期前随水追施外，所有处理的有机肥、磷钾肥均在小麦播前一次性撒施后耕翻与耕层混匀。

一、耕层土壤水溶性盐

小麦不同生育时期耕层土壤水溶性盐含量变化如图 13-2 所示。小麦分蘖期至拔节期，与有机肥用量 O1、O2 处理相比，有机肥用量 O3 处理的耕层水溶性盐含量显著降低；在小麦抽穗期和成熟期，O3 处理与 O2 处理差异不显著，却显著低于 O1 处理。在小麦不同生育时期，与 O2、O1、CK 相比，O3 处理耕层水溶性盐含量分别降低 4.2%，6.7%，10.2%。F3O3 处理在各生育时期平均水溶性

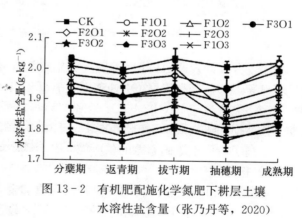

图 13-2　有机肥配施化学氮肥下耕层土壤
水溶性盐含量（张乃丹等，2020）

盐含量为 1.79 mg·kg^{-1}；分蘖期和返青期，F3O3 处理的耕层水溶性盐含量与 F1O3、F2O3、F3O2 差异不显著，显著低于其他处理；拔节期，F3O3 处理与 F1O3、F2O3、F3O1、F3O2 差异不显著，显著低于其他处理；抽穗期，F3O3 处理显著低于 CK、F1O1、F2O1、F3O1，与其他处理差异不显著；成熟期，F3O3 处理与 F1O2、F1O3、F2O3、F3O2 差异不显著，显著低于其他处理。

随着有机肥用量增加，水溶性盐含量显著降低，这与施用有机肥改善土壤物理结构有关。施用有机肥可以减小土壤容重，增加土壤孔隙，改善盐渍土理化性状；而且能有效平衡土壤温度，减小蒸发量，从而抑制盐分表聚，改善土壤盐渍化。未施有机肥

加剧了土壤板结，不利于表层盐分的移动。轻度盐渍土上适量施氮肥可以有效减少土壤溶液中的盐离子浓度，减小电导率，缓解盐分胁迫。本研究结果显示，速缓效氮肥配施有机肥可有效降低土壤水溶性盐含量，但不同速缓效氮肥比例之间差异不显著，说明氮素有效性对土壤溶液中盐分的浓度影响较小，可能主要是通过促进小麦生长扎根，提高抗盐能力。

二、耕层土壤速效氮

（一）硝态氮

施肥处理耕层土壤硝态氮含量显著高于 CK（图 13 - 3）。速缓效氮肥 F3 处理（F3O1、F3O2、F3O3）的硝态氮含量在小麦分蘖期显著低于 F2 处理（F2O1、F2O2、F2O3）、在小麦抽穗期显著低于 F1O3，在其他生育时期则显著高于其他处理。在同一速缓效氮肥比例下，硝态氮含量随有机肥用量的增加而增加。

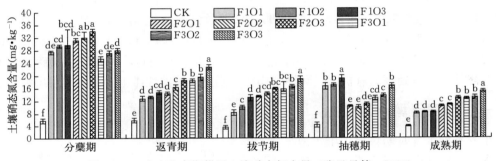

图 13 - 3　小麦生育期耕层土壤硝态氮含量（张乃丹等，2020）

在小麦分蘖期，F3O3 处理耕层土壤硝态氮含量与 F1O1、F1O2、F1O3、F3O2 处理差异不显著，却显著高于 F3O1 处理而显著低于其他处理。在小麦抽穗期，F3O3 处理耕层土壤硝态氮含量与 F1O1、F1O2 处理差异不显著，与其他处理差异均显著。在小麦返青期、拔节期和成熟期，F3O3 处理耕层土壤硝态氮含量最高，与其施肥处理相比差异均显著，提高了耕层土壤硝态氮的供应能力。

（二）铵态氮

速缓效氮肥 F3 处理的耕层土壤铵态氮含量随小麦生长缓慢减少，返青期较分蘖期平均降低 23.7%；与 F1、F2 处理相比，平均分别降低 58.8%、51.1%（图 13 - 4）。有机肥用量在速缓效氮肥 F3 处理下，F3O3 较 F3O1 处理小麦各生育时期铵态氮含量显著增加。分蘖期 F3O3 处理的铵态氮含量较 F3O1、F3O2 处理显著增加，较 F2O3 处理显著降低；返青期 F3O3 处理的铵态氮含量较其他施肥处理显著增加；拔节期 F3O3 处理与 F3O2 处理之间的铵态氮含量差异不显著，较其他施肥处理显著增加；抽穗期 F3O3 处理与 F1O1、F1O2、F1O3 处理之间差异不显著，显著高于其他施肥处理；成熟期 F3O3 处理与 F2O3、F3O2 处理之间差异不显著，却显著高于其他处理。因此，F3O3 处理的耕层硝态氮、铵态氮含量较高且变化稳定，有利于满足小麦不同生育期对氮素的需求。

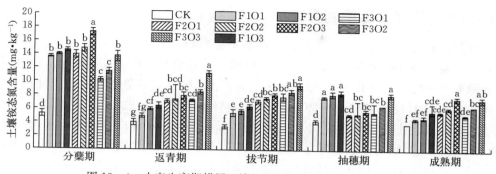

图 13-4　小麦生育期耕层土壤铵态氮含量（张乃丹等，2020）

速缓效氮肥 F1 和 F2 处理耕层土壤速效氮含量在施肥后较高，然后迅速降低，是因为过量速效氮肥施入土壤后，在脲酶和硝化作用下转化为硝态氮、铵态氮，多余的速效氮肥易造成氨挥发或硝态氮的淋洗损失。缓效控释氮肥与有机肥配施显著提高小麦返青期后土壤无机氮含量，缓解了氮素供应与小麦本身需氮之间的矛盾。不仅因为缓效氮肥可以控制释放速率，而且高碳氮比的有机肥增加了土壤微生物活性和微生物固氮能力，固定的氮素在作物需氮时释放；另外有机肥能促进盐渍土上的氮素矿化，提高氮素有效性。基施 30%的速效氮肥和有机肥的矿化可供小麦生长前期对氮素的需求，而 70%的缓效控释氮肥在生育后期缓慢释放，减少了速效氮在土壤溶液中的停留时间，减少氮素损失，提高氮素有效性；另外，较高的氮素有效性可以促进有机质矿化补充无机氮。施用有机肥不仅有助于团聚体形成，增加胶体对铵态氮的吸附，而且有机肥分解过程中产生有机酸和腐殖质可降低土壤酸碱度，从而减少盐渍土铵态氮挥发损失；同样，有机肥可以缓解硝态氮在土壤剖面的累积和淋洗，一方面通过提高微生物的活性，增加微生物固氮而减少硝态氮流失；另一方面通过增加土壤有机碳含量及维持团聚体稳定性，增加阳离子交换量，从而增加对硝态氮的固持作用。

三、耕层土壤有机质

与 CK 相比，施用速缓效氮肥和有机肥处理小麦收获后耕层土壤有机质含量显著增加（图 13-5）。同一有机肥用量条件下，不同速缓效氮肥比例对有机质含量无显著影响；而同一速缓效氮肥比例条件下，有机质含量随有机肥用量增加而增加，其中速缓效氮肥 F2、F3 处理下，有机肥 O2 和 O3 处理有机质含量较 O1 处理显著增加，F3O3 较

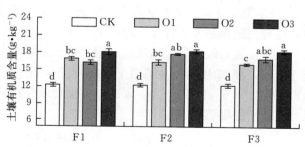

图 13-5　小麦成熟期耕层土壤有机质含量
（张乃丹等，2020）

F3O1 处理有机质含量显著增加 14.4%。同时，F3O3 处理的有机质含量与 F1O3、F2O2、F2O3、F3O2 处理差异不显著，较其他速缓效氮肥和有机肥处理显著增加。

四、小麦产量及氮肥利用率

不同氮肥和有机肥用量对小麦产量与产量构成影响差异显著（表 13-3）。随速缓效氮肥比例的减小和有机肥用量的增加，小麦穗数、穗粒数和千粒重逐渐增加。F3O3 处理的有效穗数与 F2O3、F3O1、F3O2 无显著差异，较其他速缓效氮肥和有机肥处理显著增加。F3O3 处理的每穗实粒数与 F2O3、F3O2 差异不显著，较 F3O1 显著增加。F3O3 处理的千粒重较其他处理显著提高。同一有机肥用量水平下，小麦产量表现为 F3 处理优于 F2 和 F1 处理；有机肥用量分别为 O1、O2、O3 时，F3 较 F2 处理 2 年平均显著提高 4.8%、5.5% 和 7.6%。同一速缓效氮肥比例条件下，有机肥用量显著影响小麦产量，其中 F3 处理下，O3 较 O2 处理 2 年平均显著增产 7.1%，O2 较 O1 处理 2 年平均显著增产 9.4%。同时，F3O3 处理的小麦籽粒产量最高，较其他速缓效氮肥和有机肥处理显著增产 5.9%～47.0%。

表 13-3　小麦产量及其构成（张乃丹等，2020）

处理	1 m² 有效穗数		每穗实粒数		千粒重（g）		实际产量（kg·hm⁻²）	
	2018 年	2019 年	2018 年	2019 年	2018 年	2019 年	2018 年	2019 年
CK	426.7g	433.3f	28.6f	28.8g	35.6e	34.5f	3 692h	3 655g
F1O1	456.7f	463.3e	34.9e	36.9f	36.9de	36.0e	5 003g	5 188f
F1O2	468.3e	470.0de	35.8e	36.2f	37.7cd	37.1de	5 367f	5 370f
F1O3	480.0d	476.7d	36.8d	37.1ef	39.2b	38.4bcd	5 887e	5 767e
F2O1	515.0c	506.7c	37.3cd	38.3dc	37.0d	37.3cde	6 036e	6 146d
F2O2	521.7bc	515.0bc	38.7b	39.0bcd	38.7bc	38.6bc	6 635c	6 601c
F2O3	526.7ab	530.0a	39.5ab	40.0abc	39.1bc	38.7b	6 914b	6 985b
F3O1	525.0ab	525.0ab	38.1bc	39.0cd	37.1d	37.2de	6 296d	6 474c
F3O2	530.0ab	533.3a	39.6a	40.3ab	38.9bc	38.5bcd	6 945b	7 022b
F3O3	533.3a	536.7a	39.6a	41.1a	41.0a	40.6a	7 354a	7 605a

由表 13-4 可以看出，随速缓效氮肥比例的减小和有机肥用量的增加，氮肥效率显著增加，F3 所有处理氮肥农学效率、氮肥偏生产力和氮肥利用率显著高于 F1 和 F2 部分处理，且有机肥用量 O3 所有处理较 O1、O2 部分处理显著增加。F3O3 较 F2O3 处理氮肥农学效率、氮肥偏生产力和氮肥利用率分别显著增加 16.2%、7.6% 和 12.7%；与 F3O2 处理相比，除 2018 年氮肥偏生产力和氮肥利用率差异不显著外，F3O3 处理分别显著增加 10.7%、4.5% 和 10.9%。因此，施用缓效控释尿素能显著提高氮肥利用率，配施有机肥可进一步提高肥效。

表 13-4　小麦氮肥效率（张乃丹等，2020）

处理	氮肥农学效率（kg·kg⁻¹）		氮肥偏生产力（kg·kg⁻¹）		氮肥利用率（%）	
	2018 年	2019 年	2018 年	2019 年	2018 年	2019 年
CK	—	—	—	—	—	—
F1O1	5.4g	6.3g	20.5e	21.2d	34.6d	33.4d

（续）

处理	氮肥农学效率（kg·kg⁻¹）		氮肥偏生产力（kg·kg⁻¹）		氮肥利用率（%）	
	2018 年	2019 年	2018 年	2019 年	2018 年	2019 年
F1O2	6.4f	6.5g	20.4e	20.4e	34.2d	34.6d
F1O3	8.0e	7.7f	21.6d	21.1de	34.7d	39.3c
F2O1	9.6d	10.2e	24.7c	25.2c	40.6c	39.5c
F2O2	11.2b	11.2d	25.2b	25.1c	39.6c	42.6bc
F2O3	11.8b	12.2bc	25.3b	25.6b	40.9c	42.6bc
F3O1	10.7c	11.5cd	25.8b	26.5b	42.0bc	43.8bc
F3O2	12.4b	12.8b	26.4ab	26.7b	44.0ab	44.0b
F3O3	13.4a	14.5a	26.9a	27.9a	45.3a	48.8a

缓效控释尿素较速效尿素显著提高小麦产量与产量构成，且有机无机肥配施可以显著增加滨海盐土作物产量及氮肥利用率。由于氮素有效性的提高，并且足量有机肥可保持较高的植株根系吸收氮素的能力和养分向籽粒转运的能力，进而促进盐分胁迫下小麦的生长。速缓效氮肥比例 3∶7 显著增效，可能是由于滨海盐土的氮素匮乏和盐分胁迫使小麦在营养生长和生殖生长的快速阶段需要供应充足的氮素，而施用 70% 的缓效控释尿素和 30% 的速效尿素与 15 t·hm⁻² 的有机肥供氮能力更强。

第四节　莴笋有机氮与无机氮肥的调控

以滨海盐土为对象（马宁等，2022），研究灌溉和不同水平氮肥有机替代对莴笋产量和土壤理化性状的影响，以探索最优改良方案，为滨海盐土改良和莴笋提质增效提供理论依据。$0 \sim 20$ cm 耕层土壤 pH 8.0，有机质（OM）含量为 18.65 g·kg⁻¹，全氮（TN）含量为 0.91 g·kg⁻¹，碱解氮（AN）含量为 57.97 mg·kg⁻¹，有效磷（AP）含量为 55.55 mg·kg⁻¹，速效钾（AK）含量为 240.7 mg·kg⁻¹。试验设灌溉和有机肥替代化肥氮 2 因素，即灌溉（I）和不灌溉（F）2 个水平，常规施肥（NPK）、有机肥替代基肥中 25% 氮肥（25% O）和有机肥替代基肥中 50% 氮肥（50% O）3 个水平，以不施肥为对照（CK），3 次重复，每个小区 100 m²。常规施肥（NPK）按当地农民习惯施基肥 N 225 kg·hm⁻²、P_2O_5 169 kg·hm⁻² 和 K_2O 169 kg·hm⁻²，处理之间养分水平一致。

一、莴笋产量

莴笋产量结果（图 13-6）表明，与 FCK 和 ICK 相比，有机肥替代氮肥处理下莴笋产量显著增加。与 ICK 相比，25% 有机肥替代（I+25% O、F+25% O）处理分别增产 17.81%、18.81%，50% 有机肥替代（I+50% O、F+50% O）处理分别增产 23.88%、25.47%，I+NPK 处理增产 15.77%。所有处理中，莴笋产量以 F+50% O 的增幅最大。

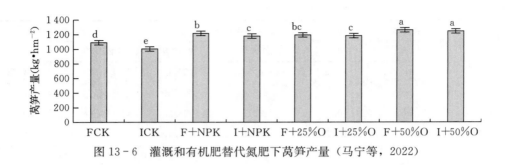

图 13 - 6 灌溉和有机肥替代氮肥下莴笋产量（马宁等，2022）

二、土壤 pH、盐分和养分含量

由表 13 - 5 可知，灌溉处理土壤 pH 和盐分含量相比较非灌溉处理均有下降。与 FCK、ICK 处理相比，其他处理的土壤盐分均有显著下降，其中 I＋25％O 与 I＋NPK 处理对土壤表层盐分的降低最为显著，脱盐率分别达到 12.2％ 和 13.9％。除了常规施肥处理（F＋NPK 和 I＋NPK）外，其他灌溉施肥处理（ICK、I＋25％O、I＋50％O）土壤有机质、全氮和碱解氮的含量均高于非灌溉施肥处理（FCK、F＋25％O、F＋50％O），但处理间土壤速效钾含量没有显著差异。

表 13 - 5 灌溉和有机肥替代化学氮肥下土壤化学性质（马宁等，2022）

处理	pH	盐分 (g·kg^{-1})	有机质 (g·kg^{-1})	全氮 (g·kg^{-1})	碱解氮 (mg·kg^{-1})	有效磷 (mg·kg^{-1})	速效钾 (mg·kg^{-1})
FCK	8.16b	1.15a	18.6b	0.91b	53.6c	55.6a	240.7a
ICK	7.97c	1.13a	20.0a	0.93b	56.5bc	53.1a	280.6a
F＋NPK	8.11b	1.03bc	20.5a	0.91b	55.0c	37.5c	228.8a
I＋NPK	8.01c	0.99c	18.7b	0.96b	57.9b	53.4a	262.7a
F＋25％O	8.20ab	1.02c	19.0ab	0.97b	59.4b	32.9d	212.4a
I＋25％O	7.99c	1.01c	20.4a	1.03a	63.7a	55.3a	257.5a
F＋50％O	8.28a	1.07b	18.5b	0.73c	57.9b	41.6b	221.2a
I＋50％O	7.99c	1.05b	20.1a	1.03a	63.8a	54.8a	216.8a

增施有机肥是土壤培肥的重要措施，长期单施化肥导致土壤养分不均。研究结果表明，在相同灌溉条件下，增加化肥氮的有机替代比例，莴笋产量增幅提高，植株长势更佳，说明氮的有机替代有助于莴笋的生长，并且对莴笋有增产效应。有机无机肥配施是提高增产稳定性的主要因素，增施有机肥不仅增加了莴笋产量，而且提高莴笋品质，降低其硝酸盐含量。配施有机肥处理与单施化肥处理相比，莴笋增产 15.31％，并且土壤各养分含量均显著提高，如能有效提高土壤有机磷、无机磷含量。这是因为施用有机肥土壤有机质含量增加，促进微生物激发土壤中氮的矿化和分解难溶态、固定态的磷钾元素。

盐分运动是盐分离子层次间的传递过程，其中 Cl$^-$ 和 Na$^+$ 传递强度最大。研究表明，灌溉处理下土壤盐分显著降低，这是因为土壤中传递强度大的 Cl$^-$ 和 Na$^+$ 经过淋洗后更易流失，使得土壤盐分含量下降。本研究还显示，相同施肥条件下，灌溉处理的土壤有效磷、全氮含量高于非灌溉处理。这可能归因于灌溉处理下土壤盐分降低，减弱了盐分对微生物的胁迫作用，从而促进土壤中氮、磷的周转。而灌溉施肥处理土壤有机质、全氮和碱解氮的含量均高于非灌溉施肥处理，盐分下降后施加有机肥，土壤腐殖化程度高，从而提高了土壤有机质、全氮和碱解氮含量。有机肥与氮肥配施可显著降低土壤盐分，这是因为有机肥降低了土壤中水溶性钠和交换性钠的含量，从而降低土壤盐分。

综上所述，针对大棚莴笋种植模式，灌溉＋氮肥有机替代处理可以明显改善滨海盐土盐渍化，显著提高大棚莴笋产量，提高土壤肥力，是实现滨海盐土改良和莴笋提质增产的有效途径。

第五节　不同改良剂促进大麦氮素利用

改良重度盐渍土对于缓解耕地矛盾也具有非常重要的意义。通过研究不同改良剂对重度盐土区土壤改良效果以及大麦养分利用效率的影响（高婧等，2019），为提高作物氮肥利用率，增加作物产量，实现新垦滩涂地农业持续高效利用提供依据。试验土壤为新垦滨海盐土，$0 \sim 20$ cm 耕层土壤 pH 9.52，盐分 5.65 $g \cdot kg^{-1}$，有机质（OM）含量为 0.86 $g \cdot kg^{-1}$，全氮（TN）含量为 0.58 $g \cdot kg^{-1}$，全磷（TP）含量为 0.45 $g \cdot kg^{-1}$，碱解氮（AN）含量为 8.35 $mg \cdot kg^{-1}$，有效磷（AP）含量为 3.62 $mg \cdot kg^{-1}$。设 10 个处理：①不施肥处理，CK；②单施化肥处理，T0；③高量生物质炭处理 20 $t \cdot hm^{-2}$，T11；④低量生物质炭处理 10 $t \cdot hm^{-2}$，T12；⑤高量石膏处理 7.6 $t \cdot hm^{-2}$，T21；⑥低量石膏处理 3.8 $t \cdot hm^{-2}$，T22；⑦EM 菌剂施入量 80 $L \cdot hm^{-2}$ ＋全化肥施入，T31；⑧EM 菌剂施入量 80 $L \cdot hm^{-2}$ ＋1/2 有机肥（N 0.09 $t \cdot hm^{-2}$）＋1/2 化肥（N 0.09 $t \cdot hm^{-2}$），T32；⑨高量黄腐酸处理 3 $t \cdot hm^{-2}$，T41；⑩低量黄腐酸处理 1.5 $t \cdot hm^{-2}$，T42。并且分别设置 N0P（施磷不施氮）和 NP0（施氮不施磷）两个处理以计算肥料利用率。各处理重复 3 次。氮（N）、磷（P_2O_5）肥施用量分别为 0.18 $t \cdot hm^{-2}$、0.12 $t \cdot hm^{-2}$。大麦于 2016 年 11 中旬播种，2017 年 5 月底收获。

一、表层土壤盐分

从图 13-7 可知，改良剂处理土壤盐分含量较单施化肥处理（T0）均有所降低。高量生物质炭处理（T11）的 $0 \sim 20$ cm 表层土壤盐分相对于 T0 处理降低 53%，低量生物质炭处理（T12）表层土壤盐分相对于 T0 处理降低 106%；高量石膏处理（T21）的表层土壤盐分相对于 T0 处理降低 78%，低量石膏处理（T22）的表层土壤盐分相对于 T0 处理降低 32%；与 T0 处理相比，EM 菌剂配施全化肥处理（T31）表层土壤盐分降低 53% 左右，EM 菌剂配施有机无机肥处理（T32）使表层土壤盐分降低了约 42%；高量黄腐酸处理（T41）表层土壤盐分较 T0 处理降低 96%，低量黄腐酸处理（T42）表层土壤盐分较 T0 处理降低 35%。

生物质炭由于本身多孔结构的性质，能够抑制土壤返盐过程，减少养分的流失，降低土壤盐分。在 10 $t \cdot hm^{-2}$ 处理量下，表层土壤盐分降低 106%，而在高处理量下（20 $t \cdot hm^{-2}$）

降盐效果却下降，这是由于生物质炭中存在一定的盐分，当施入量过大时，增加了土壤中盐分离子的含量。石膏中的 Ca^{2+} 能够置换出土壤胶体中吸附的 Na^+ 以促进排盐，改善土壤团粒结构，降低土壤盐分，并且高量石膏施入比低量石膏施入土壤降盐效果更好。EM 菌剂是一种混合菌种群，它在土壤中极易生存繁殖，能够增强微生物活性，改善滨海盐土的板结现象，增强土壤排盐的能力，降低研究区表层土壤盐分。黄腐酸是一种有机无机复合体的有机胶体物质，它的施入使得研究区土壤理化性状得到改善，增强了土壤透水保水性。高量黄腐酸（3 t·hm⁻²）处理土壤盐分降低 96%。对比几种改良剂对滨海盐土的降盐效果，以低量生物质炭处理和高量黄腐酸处理效果最佳。

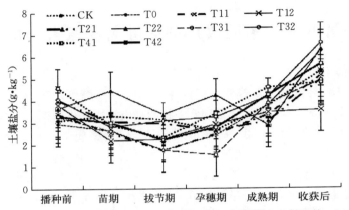

图 13-7　不同改良剂对 0～20 cm 土层土壤盐分的影响（高婧等，2019）

二、大麦产量

与不施肥（CK）相比（图 13-8），施肥处理显著提高了大麦产量。4 种改良剂处理与单施化肥（T0）相比，大麦的产量也均提高，其中，生物质炭的施入使得作物的产量提高 60%～80%；施用石膏使大麦的产量增加 30% 左右；高量黄腐酸处理（T41）促进作物增产 70% 左右，EM 菌剂配施全化肥处理（T31）有一定的增产作用，但低量黄腐酸处理（T42）、EM 菌剂配施有机无机肥处理（T32）与 T0 相比无明显增加。对比不同改

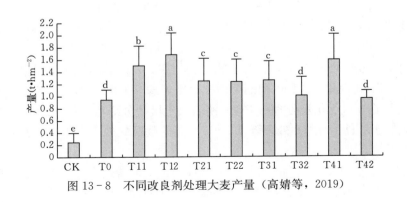

图 13-8　不同改良剂处理大麦产量（高婧等，2019）

良剂处理下大麦产量可知，低量生物质炭处理（T12）对大麦的产量提高最多，其次是高量黄腐酸处理（T41）。这是由于生物质炭疏松多孔的性质，通过淋洗，土壤中的盐分降低，同时生物质炭具有发达的孔隙能增强养分元素的吸附能力，保水保肥，促进大麦生长。而黄腐酸通过酸碱中和反应降低土壤盐分和交换性 Na^+，改善土壤理化性状，提高土壤的保水保肥能力。两者的施入均能有效降低土壤盐分，改善作物生长环境，提高作物产量。

三、大麦肥料利用率

生物质炭、石膏、EM 菌剂和黄腐酸等 4 种改良剂处理大麦的氮吸收量均高于单施化肥处理（T0）（表 13-6）。与 T0 处理相比，低量生物质炭处理（T12）以及高量黄腐酸处理（T41）大麦的氮吸收量分别提高 68％和 64％，低量石膏处理（T22）和 EM 菌剂与全化肥配施处理（T31）大麦的氮吸收量分别提高 29％和 43％，而 EM 菌剂配施有机无机肥处理（T32）与 T0 处理无显著差异。生物质炭的添加显著提高了大麦的磷吸收量。与 T0 处理相比，低量、高量生物质炭施用和高量黄腐酸处理大麦氮肥利用率分别增加了 68％、99％、93％；低量、高量石膏和 EM 菌剂配施全化肥处理大麦氮肥利用率均提高 41％~62％；而 EM 菌剂配施有机无机肥处理（T32）氮肥利用率变化不明显。可见生物质炭和黄腐酸处理对氮肥的作物增产作用明显强于石膏以及 EM 菌剂处理。从磷肥利用率来看，生物质炭施用下作物的磷肥利用率最高，其他处理之间没有明显差异。

表 13-6 改良剂对大麦的氮、磷肥利用率的影响（高婧等，2019）

处理	作物吸收氮素（N，kg·hm^{-2}）	氮肥利用率（%）	作物吸收磷素（P$_2$O$_5$，kg·hm^{-2}）	磷肥利用率（%）
T0	21.66e	6.63e	5.69b	5.12b
T11	31.87bc	11.17bc	8.69a	7.24a
T12	36.41a	13.19a	9.03a	8.84a
T21	29.16c	9.97c	5.39b	4.68b
T22	27.84cd	9.38cd	6.69b	4.79b
T31	31.02bc	10.80bc	5.39b	6.40b
T32	20.34e	6.04e	5.29b	5.99b
T41	35.53ab	12.79ab	6.84b	4.77b
T42	23.80de	7.58de	5.29b	5.19b

综上所述，施用 1％的生物质炭可以提高大麦吸氮量 68％，施用 2％的生物质炭提高作物吸氮量效果开始下降，只提高 47％，高施入量的生物质炭反而加重了土壤盐化程度，因此对于盐化土壤不宜施用过多生物质炭。滨海盐土由于土壤结构差、养分含量低等特点，施用适量生物质炭可以显著提高肥料利用率。但是，重度盐渍土土壤盐分超过 3 g·kg^{-1}，盐害较重，氮肥利用率只达到 10％左右，极大地限制了作物的生长和对养分的吸收利用。腐殖酸类物质通过促进微生物的生长，间接促进作物生长，加强作物对养分吸收。低量生物质炭处理和高量黄腐酸处理均提高了大麦氮吸收量和氮肥利用率，相比单施化肥处理

（T0），氮肥利用率分别增加了 99％、93％，这与两处理对土壤盐分和大麦产量的影响相对应。各改良剂处理（除生物质炭外）与 T0 处理相比，在磷吸收利用方面虽有提高但无差异，而生物质炭处理对磷肥的利用率提高显著，这是由于生物质炭生产过程中残留大量的无机磷，提高了土壤有效磷含量，生物质炭与土粒团聚提高了土壤持水性能，提高了土壤水势，有效促进作物对磷的吸收，从而提高磷肥利用率。对比几种改良剂对作物养分利用率提升的效果，以低量生物质炭处理和高量黄腐酸处理效果较好。

第十四章
CHAPTER 14
盐渍土作物磷素有效化的调控

缺磷和盐碱化是限制作物生产的两大生态问题，磷在土壤表面的吸附因盐的存在而被加强，这种吸附作用随着土壤 pH 的增加而增强。在盐碱条件下，因土壤高 pH、高电导率、低有机质等因素，磷的可利用性降低，加剧了植物磷匮乏的程度。植物主要吸收 HPO_4^{2-} 或者 $H_2PO_4^-$，而 PO_4^{3-} 不易被吸收。由于土壤中铁、铅及土壤黏粒以及高 pH 通过吸附固定、沉淀或微生物吸收作用很快地将有效态的磷变为无效态的磷。在过去的几十年里，已经报道了各种不同的土壤磷活化剂来活化土壤中积累的磷，如解磷细菌、磷酸酶激活剂、低分子量有机酸、腐殖酸、生物质炭等（Yang et al.，2021）。

第一节　土壤磷的有效化调控原理

土壤磷的有效化调控主要有以下几种原理（图 14 - 1）：一是土壤理化特性的改变，如土壤 pH、团聚体稳定性、阳离子交换量、有效持水量等，以激活土壤中磷；二是调节剂直接与土壤磷反应，如生物质炭表面官能团与磷络合；三是微生物种群和酶活性的变化，可以促进土壤有机磷的矿化；四是调节剂直接将土壤表面吸附或沉淀的磷解吸出来而成为有效磷。

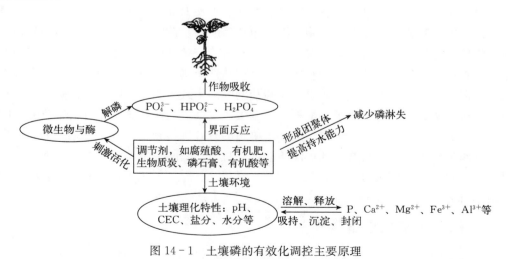

图 14 - 1　土壤磷的有效化调控主要原理

一、腐殖酸提高土壤磷的有效性

腐殖酸的施用降低了土壤 pH，提高了土壤阳离子交换能力，并增加了可交换的 Ca^{2+}、Mg^{2+}、K^+ 和 NH_4^+。腐殖酸中的有机阴离子可作为配体对金属离子起螯合作用，螯合与磷酸盐有关的金属阳离子，即钙、铝、铁等，或阴离子可将吸附于土壤表面的磷酸盐解吸出来。腐殖酸可以通过改变土壤 pH 激活土壤中无效态磷；H^+ 是腐殖酸在土壤中分解时产生的，可通过降低 Ca-P 矿物的沉淀速率来增加钙质土壤中的可溶性磷浓度。腐殖酸中的 H^+ 还可以抑制羟基磷灰石的沉淀，这种作用比低分子量的有机酸更有效。腐殖酸和磷之间的竞争将土壤胶体表面的磷溶解出来，提高了土壤中磷酸盐溶解度。

二、有机肥促进土壤磷素转化

施有机肥既可以直接影响土壤磷素状况，也可以通过改变土壤其他性质如 pH、有机碳（SOC）等间接影响土壤磷素状况，进而促进土壤磷素转化，影响土壤磷素迁移和流失。石灰性的盐渍化土壤中含有较高的游离碳酸钙，碳酸钙（$CaCO_3$）通过吸附或沉淀固定磷。施用有机肥可以降低高石灰性或碱性土壤的土壤 pH。一般来说，在较低的土壤 pH 下，有机磷的矿化增加。施用有机肥还会影响土壤溶液和固相之间磷吸附、解吸的化学反应。并且有机肥中有机残留物分解过程中释放的低分子有机酸、可溶性腐殖酸可能通过竞争土壤胶体上的结合位点来减少对磷的吸附。施有机肥后的盐渍土壤中碱性磷酸单酯酶、无机焦磷酸酶和磷酸二酯酶的活性显著提高，这被认为是由于多年来有机肥投入导致土壤酸碱度降低和微生物活性及多样性增强的综合结果。在盐碱土中添加有机肥和生物菌肥等，通过增加土壤有机质含量，改变土壤微生物的活动，同时有机肥作用产生的有机酸能够与土壤中吸附的磷发生交换，使得有效磷含量增加。

三、生物质炭促进土壤磷有效化

生物质炭是通过将各种生物有机物在缺氧或者低氧环境下经热裂解产生的固体产物。土壤中添加富碳物质可以提高土壤酶活性，包括磷酸酶、蔗糖酶、植酸酶、核糖核酸酶和脱氧核酸酶，它们裂解与磷酸盐有关。生物质炭对磷有效性的影响是不一致的，在酸性土壤中，生物质炭的施用增加了磷的有效性；而在碱性土壤中，磷的有效性没有发生显著变化甚至降低，这主要是由于生物质炭对磷酸盐的吸附导致土壤中磷的有效性降低。生物质炭也可通过吸附、螯合有机分子如酚酸、氨基酸、复杂蛋白质和碳水化合物来改变磷的有效性。研究表明，添加粪肥生物质炭后，土壤磷的有效性得到了提高，这是因为粪肥生物质炭中的磷形态主要是正磷酸盐和焦磷酸盐，并且碱性磷酸单酯酶活性的增强促进了某些有机磷的分解。生物质炭可以直接吸附 Al^{3+}、Fe^{3+}、Ca^{2+} 等阳离子，导致土壤对磷酸盐的吸附或沉淀延迟。

四、磷石膏增加土壤磷含量

磷石膏能够提供 Ca^{2+} 来替代胶体阳离子交换位点上的可交换性 Na^+，从而改善土壤的理化性状，减少土壤侵蚀，促进土壤有效接收降雨，增加保水能力，提高作物产量。研究表明，磷石膏和有机肥改良盐碱地均能显著降低重盐度土壤的容重，增加土壤孔隙度，降低土壤 pH 和电导率，增加土壤呼吸强度，效果最好的是有机肥和化肥（包括磷石膏）混施，能够显著提高盐碱地土壤肥力，降低重盐度土壤的真菌数量，增加细菌种群数。腐殖酸、生物菌剂和磷石膏配施可使盐渍土壤中阳离子和阴离子组成与比例发生变化，显著降低土壤 pH 和电导率。

五、有机酸对土壤磷素的活化

有机酸能够活化土壤磷素主要是因为：一是有机阴离子的配位交换，即有机配位体将矿物表面点位上的无机磷置换下来，使磷释放到土壤溶液中；二是低分子有机酸能够降低有机态含磷化合物的 pH 促进其水解；三是有机酸通过氢质子的溶解作用、阴离子的络合作用使难溶性无机磷转化为可以被作物直接利用的磷酸二氢根离子或者磷酸氢根离子。关于有机酸对土壤磷素的作用，研究表明：柠檬酸能够提高根际土壤磷素有效性是因为降低了石灰性土壤的 pH；对土壤磷起活化作用的仅是有机阴离子；有机酸的加入减少了土壤中磷的吸附位点，从而释放出更多的磷。不同种类有机酸活化磷素的能力也有所差异，柠檬酸有三个羧基，草酸有两个，乙酸有一个。柠檬酸羧基数量最多，占据更多的吸附位，所以能够使更多的磷释放出来。外源有机酸的加入可显著提高土壤有效磷含量和磷素利用率，且随有机酸浓度的提高可持续活化土壤磷素，不仅能促进作物有效态无机磷组分的释放还能促进有机磷组分的矿化。有机酸的添加还能使土壤有机磷稳定性高的形态向稳定性低的形态转化，表现为高稳定性有机磷向活性、中活性、中稳性转化的趋势。对于不同类型土壤，就无机磷而言，草酸对石灰性和中性土壤活化效果最好，因为石灰性土壤中钙、磷存在互作用，草酸能够抑制钙的释放而促进磷的释放；而对于酸性土壤，柠檬酸对磷的活化效果更好。对于肥力不同的土壤，有机酸的表现也不同，草酸对低肥力和中肥力土壤磷活化能力最强，柠檬酸次之，苹果酸最弱；柠檬酸对高肥力土壤磷活化能力最强，草酸次之。

第二节　腐殖酸、生物质炭和磷肥促进大麦磷素利用

在滨海滩涂轻度和中度盐渍土区（高珊等，2020a），开展盐分与磷素营养调控促进作物磷素吸收利用的研究，以期揭示滨海盐渍化农田作物磷素高效利用机制。土壤类型为冲积盐土类潮盐土亚类，是典型的淤泥质海岸带盐渍土。供试土壤为粉砂质土壤，其中砂粒（0.22～2 mm）3.48%、粉砂（0.002～0.22 mm）75.76% 和黏粒（<0.002 mm）20.76%；试验土壤分为：非盐渍土（S），土壤 pH 8.77、含盐量 0.51 g·kg^{-1}、全磷 812.45 g·kg^{-1}、有效磷 44.41 mg·kg^{-1}、H_2O - Pi 12.55 mg·kg^{-1}、$NaHCO_3$ - Pi 80.86 mg·kg^{-1}、$NaHCO_3$ - Po 6.79 mg·kg^{-1}、NaOH - Pi 35.23 mg·kg^{-1}、NaOH - Po 13.89 mg·kg^{-1} 和 HCl - Pi 496.58 mg·kg^{-1}；轻度盐渍土（D），土壤 pH 9.00、含盐量 1.55 g·kg^{-1}、全磷 709.95 g·kg^{-1}、有效磷 21.04 mg·kg^{-1}、H_2O - Pi 4.77 mg·kg^{-1}、$NaHCO_3$ - Pi 41.52 mg·kg^{-1}、$NaHCO_3$ - Po 4.25 mg·kg^{-1}、NaOH - Pi 22.44 mg·kg^{-1}、NaOH - Po

9.58 mg·kg^{-1}和 HCl - Pi 483.66 mg·kg^{-1}；中度盐渍土（Z），土壤 pH 9.33、含盐量 2.53 g·kg^{-1}、全磷 651.20 g·kg^{-1}、有效磷 11.05 mg·kg^{-1}、H$_2$O - Pi 2.15 mg·kg^{-1}、NaHCO$_3$ - Pi 15.06 mg·kg^{-1}、NaHCO$_3$ - Po 4.91 mg·kg^{-1}、NaOH - Pi 11.42 mg·kg^{-1}、NaOH - Po 4.91 mg·kg^{-1}和 HCl - Pi 485.1 mg·kg^{-1}。设 5 个调控处理，即不施磷肥（CK0）、常规磷肥（CK）、磷肥＋生物质炭（FC）、磷肥＋腐殖酸（FH）和磷肥＋有机肥（FM），盆栽大麦，每个处理重复 3 次。氮（N）和磷（P$_2$O$_5$）施用量分别为 100 mg·kg^{-1}和 67 mg·kg^{-1}。其中氮肥为尿素，基追比为 6∶2∶2，磷肥为过磷酸钙，作基肥一次性施入，添加生物质炭和有机肥处理的磷肥施用量按等磷原则予以减少。

一、土壤有效磷含量

由图 14 - 2 可知，与 SCK0 处理相比，DCK0、ZCK0 处理根区土壤有效磷含量分别降低 45.17％、69.15％，表现为有效磷含量随盐分的升高而降低，说明盐碱障碍降低土壤有效磷含量。在轻度盐渍土上，调控措施均能不同程度提高根区与非根区有效磷含量，其中 DFC 处理根区土壤有效磷含量较 DCK 处理显著提高 40.72％，DFH、DFM 处理较 DCK 处理分别提高 10.48％、6.65％。在中度盐渍土上，不同调控措施下根区与非根区土壤有效磷含量均有所提高。其中 ZFC 处理显著增加根区有效磷含量，比 ZCK 处理提高 84.80％，ZFM 处理较 ZCK 处理提高 9.67％。由于作物对土壤磷素的吸收，不同处理下根区土壤有效磷含量均低于非根区，表现出明显的根际效应。

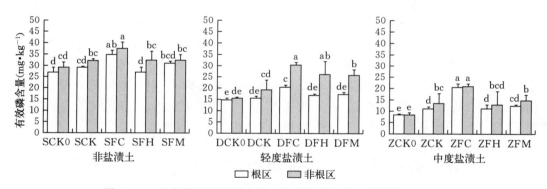

图 14 - 2　调控措施下根区内外土壤有效磷含量（高珊等，2020a）

二、大麦产量及磷素吸收利用

由表 14 - 1 可知，与非盐渍土相比，盐碱障碍会降低大麦产量，常规施磷处理下轻度、中度盐渍土大麦产量较 DCK0、ZCK0 分别提高了 10.36％、64.71％；添加生物质炭能提高盐渍土大麦生物量，其中在中度盐渍土上生物质炭的增产效果显著，较 ZCK 处理提高了 63.20％。在轻度盐渍土上，DFH 和 DFM 处理大麦的产量较 DCK 处理略有降低，而在中度盐渍土上，ZFH、ZFM 处理能提高大麦产量，说明中度盐渍土上腐殖酸、商品有机肥处理的改良效果优于轻度盐渍土。在轻度盐渍土上，DFC、DFH、DFM 处理均能显著提高大麦地上部吸磷量，较 DCK 处理分别提高 16.73％、17.77％和

12.81％；而在中度盐渍土上，ZFC、ZFM 处理显著促进大麦对磷素的吸收，较 ZCK 处理分别提高 67.73％、32.03％，而 ZFH 处理在中度盐渍土上对作物吸磷量的促进效果不明显。

表 14-1　调控措施对大麦产量和磷吸收利用的影响（高珊等，2020a）

土壤	处理	产量（kg·hm⁻²）			磷素吸收量（kg·hm⁻²）			磷肥利用率（％）
		籽粒	秸秆	总量	籽粒	秸秆	总量	
非盐渍土	SCK0	5 153b	4 113b	9 079b	20.92b	2.92c	23.85b	—
	SCK	5 833a	4 384ab	10 217a	22.19ab	4.26b	26.44b	2.92b
	SFC	5 785a	4 928a	10 713a	25.14a	5.82a	30.95a	5.93a
	SFH	5 939a	4 342ab	10 281a	22.76ab	3.38bc	26.14b	2.72b
	SFM	5 758a	4 270ab	10 028a	22.93ab	4.58b	27.51b	3.64b
轻度盐渍土	DCK0	4 663a	3 475c	8 138b	18.54c	2.93b	21.47c	—
	DCK	4 735a	4 356ab	9 091ab	21.91b	4.09b	26.00b	2.25b
	DFC	5 032a	4 550a	9 583ab	23.38ab	6.97a	30.35a	5.92a
	DFH	4 838a	3 906abc	8 743ab	23.13ab	7.49a	30.62a	6.49a
	DFM	5 057a	3 737bc	8 793ab	24.44a	4.89b	29.33a	5.24a
中度盐渍土	ZCK0	1 627b	1 577b	3 204b	5.96d	1.27c	7.24d	—
	ZCK	1 790b	1 599b	3 389b	6.79cd	1.67bc	8.46cd	0.75c
	ZFC	2 705a	2 826a	5 531a	10.83a	3.37a	14.19a	4.33a
	ZFH	1 817b	1 663b	3 480b	7.79bc	1.79bc	9.59bc	1.26bc
	ZFM	1 829b	1 706b	3 535b	8.84b	2.33b	11.17b	2.31b

在非盐渍土上（表 14-1），除 SFC 处理能显著提高磷肥利用率外，其他处理下磷肥利用率较 SCK 处理差异不大。施磷处理下磷肥利用率表现为 SCK＞DCK＞ZCK，说明盐渍障碍降低磷肥利用率。在轻度盐渍土上，DFC、DFH、DFM 处理显著提高磷肥利用率，较 DCK 处理分别提高了 3.67、4.24、2.99 个百分点。而在中度盐渍土上，仅 ZFC、ZFM 处理显著提高磷肥利用率，ZFH 处理的效果不明显。

三、根区土壤磷素形态

在 Hedley 磷素分级方法中，H_2O - Pi 和 $NaHCO_3$ - Pi 是植物主要吸收利用的磷组分，为土壤活性磷库的主要组成部分。由表 14-2 所示，与 SCK0 处理相比，DCK0 与 ZCK0 处理活性无机磷的比例分别降低 3.58、6.69 个百分点。非盐渍土不同调控措施下活性无机磷占比为 8.20％～10.13％，除 SFH 处理较 SCK 处理显著降低外，其余处理与 SCK 处理无显著差异。在轻度、中度盐渍土上，添加生物质炭均能显著提高土壤活性无机磷比例，较 DCK 和 ZCK 处理分别提高了 1.80、3.42 个百分点。添加腐殖酸能显著增加轻度盐渍土活性无机磷的比例，较 DCK 处理提高了 0.58 个百分点，而在中度盐渍土上略有降低。

表 14-2 不同调控措施下土壤各种形态磷的比例（高珊等，2020a）

土壤	处理	Hedley 各种形态磷及占全磷比例（%）							活性无机磷占比（%）
		H_2O-Pi	$NaHCO_3-Pi$	NaOH-Pi	HCl-Pi	$NaHCO_3-Po$	NaOH-Po	R-P	
非盐渍土	SCK0	1.12b	7.77ab	3.80a	62.71ab	0.49a	1.61a	22.46bc	8.89bc
	SCK	1.23b	8.43a	4.00a	63.64a	0.41a	1.38b	20.82c	9.66ab
	SFC	1.67a	8.46a	3.82a	58.69bc	0.66a	1.36b	25.15ab	10.13a
	SFH	1.06b	7.13b	3.60a	58.92c	0.56a	1.31b	27.44a	8.20c
	SFM	1.10b	8.15a	3.84a	58.23c	0.55a	1.51ab	26.58a	9.25abc
轻度盐渍土	DCK0	0.62d	4.69c	2.79b	68.54a	0.84a	1.33b	21.18a	5.31d
	DCK	0.72cd	5.02bc	2.89ab	69.56a	1.04a	1.44a	19.34ab	5.73cd
	DFC	1.47a	6.06a	3.04a	68.10a	0.92a	1.29a	19.12b	7.53c
	DFH	0.88b	5.43b	2.96ab	68.79a	0.75ab	1.42a	19.77ab	6.31b
	DFM	0.74c	5.35b	2.82ab	68.76a	0.53b	1.35a	20.45ab	6.09bc
中度盐渍土	ZCK0	0.32c	1.88d	1.66c	78.06a	0.65ab	1.09a	16.34c	2.20d
	ZCK	0.67b	2.84c	2.11b	76.33b	0.79a	0.89b	16.38c	3.51bc
	ZFC	2.25a	4.68a	2.40a	71.12c	0.61ab	0.90b	18.04b	6.93a
	ZFH	0.51bc	2.85c	2.00b	75.92b	0.67ab	0.88b	17.18bc	3.35c
	ZFM	0.71b	3.30b	2.05b	72.64c	0.59ab	0.90b	19.80a	4.02b

NaOH-Pi 对植物的有效性低，可作为潜在磷源缓慢矿化补充土壤中的有效磷，属于中等活性无机磷。与非盐渍土相比（表 14-2），盐分障碍降低土壤 NaOH-Pi 的比例。添加生物质炭能不同程度提高轻度、中度盐渍土 NaOH-Pi 比例，其中 ZFC 处理较 ZCK 处理提高了 0.29 个百分点，差异显著。其他措施下 NaOH-Pi 比例与常规磷肥对照处理差异不大。

NaHCO$_3$-Po 主要是可溶性有机磷，可向土壤溶液补充有效磷素。而 NaOH-Po 主要是土壤中腐殖酸类物质结合的有机磷。由表 14-2 可知，滨海盐渍土土壤磷库中有机磷的比例很少，仅占 1.49%～2.48%。添加生物质炭、腐殖酸和商品有机肥处理较 SCK 处理能一定程度上提高非盐渍土中 NaHCO$_3$-Po 的比例；而在盐渍土上 NaHCO$_3$-Po 比例与单施磷肥相比均降低，说明在盐分障碍下调控措施能促进土壤有机磷的矿化，其中 DFM 和 ZFM 处理均显著降低了土壤 NaHCO$_3$-Po 比例。而各处理下 NaOH-Po 所占比例与常规磷肥对照处理无显著差异，盐分障碍下不同调控措施对土壤 NaOH-Po 的活化能力有限。

土壤中的有效磷能够直接被作物吸收利用，是判断土壤磷素丰缺程度的重要指标。盐渍土中磷素易被固定，提高根际土壤磷的有效性是提高磷素利用率的关键。由于作物的生长吸收及对土壤难溶性磷素的活化，根际土壤中有效磷含量通常会出现亏缺，表现出明显的根际效应。在轻度盐渍土上，大麦收获后根区土壤有效磷含量显著低于非根区土壤，表现出明显的根区有效磷亏缺现象；而中度盐渍土上不同调控措施下根区有效磷含量与非根区差异较小，这可能是因为在盐分胁迫较强的情况下抑制了大麦对土壤磷素的吸收，从而使根际效应不明显。在轻度和中度盐渍土上，这些调控措施均能不同程度提高根区和非根区土壤有效磷含量，其中 DFC 和 ZFC 处理下根区土壤有效磷含量较单施磷肥处理显著提高，表明施用生物质炭能提高盐渍土的有效磷含量。生物质炭促进土壤磷含量增加的原因在于一方面生物质炭本身含有丰富的矿质养分；另一方面生物质炭具有巨大的比表面积，可对土壤溶液中的离子起到吸附、缓释的作用。此外，生物质炭还可通过改善盐渍土的土壤环境进而影响微生物的活性，使得土壤对磷的吸附、释放过程产生间接影响。盐分作为土壤的障碍因子能影响磷素转化，进而降低作物对养分的吸收和肥料利用率。与非盐渍土相比，盐渍土中存在大量 Cl^-、SO_4^{2-} 等离子与磷元素产生竞争，使得植株吸磷量减少。在盐分障碍下，与单施磷肥相比，不同调控措施能不同程度促进轻度、中度盐渍土上大麦对磷素的吸收，提高磷肥利用率。磷肥中添加腐殖酸也可提高玉米磷素吸收量及土壤中有效磷的含量。与常规施磷肥相比，不同调控措施在提高大麦对土壤磷素吸收的同时还能不同程度提高土壤有效磷含量，说明不同调控措施能减少磷的固定，活化土壤难溶性磷，提高磷肥在土壤中的有效性。

在 Hedley 磷素分级中，H_2O-Pi、$NaHCO_3-Pi$ 和 $NaOH-Pi$ 被认为是有效的无机磷源，而 $HCl-Pi$ 难以转化成有效磷被植物利用，被认为是低活性磷。生物质炭具有多孔性、比表面积大等特点，施入土壤中会干扰铁铝氧化物对磷的吸附，从而减少对磷酸根离子的吸附。添加生物质炭能提高轻度、中度盐渍土活性无机磷、$NaOH-Pi$ 占比，降低土壤中 $HCl-Pi$ 的比例，且在中度盐渍土上 $HCl-Pi$ 的比例显著降低。腐殖酸施入土壤后可通过解离羟基、酚基等官能团与磷酸根竞争土壤胶体表面的吸附位点，同时还可与钙离子等络合形成磷酸盐络合物，减少土壤对磷的吸附，提高土壤磷素有效性。轻度盐渍土添加腐殖酸能一定程度提高土壤中活性无机磷、$NaOH-Pi$ 比例，降低 $HCl-Pi$ 比例，而中度盐渍土效果不明显。这可能是由于中度盐渍土 pH 较高，影响了腐殖酸对土壤磷素的转化作用。有机肥可以减少土壤对化肥磷的固定，促进磷的形态转化，为作物提供有效磷源。轻度、中度盐渍土不同调控措施下土壤 $NaHCO_3-Po$ 和 $NaOH-Po$ 含量较常规磷肥对照处理有所下降，但差异不显著，说明虽然土壤中潜在可以转化的有机磷数量减少，但由于盐分障碍土壤的有机质含量较低，不同调控措施对土壤中 $NaHCO_3-Po$ 和 $NaOH-Po$ 的活化作用有限。

第三节　有机肥和秸秆提高土壤磷素有效性

利用硫黄、生物菌肥、有机肥和秸秆等配施磷肥，提高盐渍化土壤磷素有效性，为磷肥合理施用提供科学依据。试验土壤为轻度盐渍化土壤，土壤 pH 8.65、含盐量 1.86 $g \cdot kg^{-1}$、有机质 15.2 $g \cdot kg^{-1}$、全磷 0.31 $g \cdot kg^{-1}$、有效磷 36.79 $mg \cdot kg^{-1}$、碱解氮 97.36 $mg \cdot kg^{-1}$、速效钾 170.31 $mg \cdot kg^{-1}$。氮肥为尿素（N46%）；磷肥为过磷酸钙（P_2O_5 15%）；有机肥中有机质≥50%，$N+P_2O_5+K_2O$≥5%，其中 P_2O_5 为 3.3 $g \cdot kg^{-1}$；生物菌肥中有机质≥45%，氨基酸≥3%，腐殖酸≥6%，有效活菌数≥2.0 亿个·g^{-1}），P_2O_5 为 0.19 $g \cdot kg^{-1}$；硫黄含磷量 0 $g \cdot kg^{-1}$；秸秆含磷量 0.37 $g \cdot kg^{-1}$。

土壤培养试验：称取过 1 mm 筛的风干土样 100 g 放入 200 mL 培养盒，分别加入

0.05％（$S_{0.05}$）、0.15％（$S_{0.15}$）、0.45％（$S_{0.45}$）的硫黄粉，0.25％（$B_{0.25}$）、0.50％（$B_{0.50}$）、1.00％（$B_{1.00}$）的生物菌肥，0.50％（$M_{0.50}$）、1.00％（$M_{1.00}$）、2.00％（$M_{2.00}$）的有机肥，1.00％（$WS_{1.00}$）、2.00％（$WS_{2.00}$）、4.00％（$WS_{4.00}$）的秸秆，硫黄粉（0.15％）+生物菌肥（0.50％）（$S_{0.15}+B_{0.50}$），硫黄粉（0.15％）+有机肥（1.00％）（$S_{0.15}+M_{1.00}$），硫黄粉（0.15％）+秸秆（2.00％）（$S_{0.15}+WS_{2.00}$），硫黄粉（0.15％）+生物菌肥（0.50％）+有机肥（1.00％）+秸秆（2.00％）（$S_{0.15}+B_{0.50}+M_{1.00}+WS_{2.00}$），然后将分析纯 KH_2PO_4（含 P_2O_5 22.75％）43.956 mg 溶于蒸馏水，加入土壤充分混匀，保持土壤含水量为田间持水量的 70％。同时设置对照（仅添加磷肥，CK），每个处理 3 次重复。

田间试验设 10 个处理：常规施肥（F），施肥量 N 187.5 kg·hm^{-2} 和 P_2O_5 240 kg·hm^{-2}；80％常规施肥（$F_{0.8}$），N 150 kg·hm^{-2} 和 P_2O_5 192 kg·hm^{-2}；80％常规施肥+低用量有机肥（$F_{0.8}O_1$），N 150 kg·hm^{-2}、P_2O_5 192 kg·hm^{-2} 和有机肥 1 500 kg·hm^{-2}；80％常规施肥+中用量有机肥（$F_{0.8}O_2$），N 150 kg·hm^{-2}、P_2O_5 192 kg·hm^{-2} 和有机肥 4 500 kg·hm^{-2}；80％常规施肥+高用量有机肥（$F_{0.8}O_3$），N 150 kg·hm^{-2}、P_2O_5 192 kg·hm^{-2} 和有机肥 7 500 kg·hm^{-2}；80％常规施肥+低用量生物菌肥（$F_{0.8}W_1$），N 150 kg·hm^{-2}、P_2O_5 192 kg·hm^{-2} 和生物菌肥 900 kg·hm^{-2}；80％常规施肥+高用量生物菌肥（$F_{0.8}W_2$），N 150 kg·hm^{-2}、P_2O_5 192 kg·hm^{-2} 和生物菌肥 1 800 kg·hm^{-2}；有机肥（O），有机肥 11 250 kg·hm^{-2}。每个处理 3 次重复。种植小麦，品种为扬麦 20 号，2019 年 11 月 24 日播种，5 月 24 日收获。

一、土壤有效磷含量

由图 14-3 可知，在培养前期（0～20 d）土壤有效磷含量迅速下降，于 30 d 后逐渐趋于稳定，至培养结束时（210 d）下降幅度很小。硫黄粉、生物菌肥、有机肥和秸秆等 4 种改良材料对土壤中的磷均具有活化作用，能够提高盐渍化土壤中有效磷含量。对于同一种改良材料，随着添加比例的提高，土壤中有效磷含量有不同程度的增加。中等添加比例处理下，土壤有效磷含量最高，4 种改良材料表现出相似的趋势。不同的改良材料活化能力不同，在培养 20 d，$S_{0.15}$、$B_{0.50}$、$M_{1.0}$ 和 $WS_{2.00}$ 等处理土壤有效磷含量高于对照，较对照分别增加了 4％、3％、4％和 5％；培养 210 d 时，$S_{0.15}$、$B_{0.50}$、$M_{1.0}$ 和 $WS_{2.00}$ 等处理较对照分别增加了 6％、10％、6％和 12％。由此说明，秸秆单独施用条件下对土壤磷的活化效果较好。不同改良材料组合施用对土壤中的磷均具有活化作用，能够提高盐渍化土壤中有效磷含量。不同的改良材料活化能力不同，在培养 20 d，$S_{0.15}+B_{0.50}$、$S_{0.15}+M_{0.50}$、$S_{0.15}+WS_{0.50}$ 和 $S_{0.15}+B_{0.50}+M_{0.50}+WS_{0.50}$ 等处理的土壤有效磷含量高于对照，较对照分别增加了 3％、3％、2％和 4％；在培养 210 d，$S_{0.15}+B_{0.50}$、$S_{0.15}+M_{0.50}$、$S_{0.15}+WS_{0.50}$ 和 $S_{0.15}+B_{0.50}+M_{0.50}+WS_{0.50}$ 等处理土壤有效磷含量较对照分别增加了 4％、4％、7％和 5％。由此说明，改良材料组合施用中硫黄+秸秆处理对土壤磷素活化效果较好，但与改良材料单施相比效果较差。这 4 种改良材料促进土壤磷有效化原因：生物菌肥不仅可以增加土壤肥力，而且还含有大量有益微生物，可以通过分泌有机酸等代谢产物来减少土壤磷的固定。有机肥和秸秆的腐解过程中，一方面产生腐殖酸等物质，这些酸类物质大多具有络合作用，与

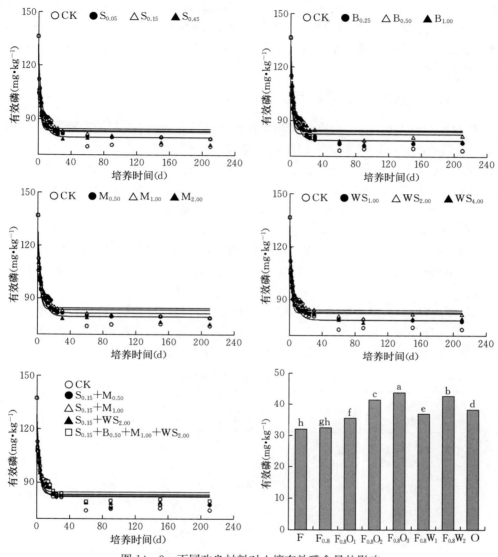

图 14-3　不同改良材料对土壤有效磷含量的影响

土壤中的磷素竞争吸附；另一方面，通过降低土壤酸碱度并增加有机质来改善土壤理化性状，从而减少磷的固定。硫黄施入盐渍土后被氧化，使得盐渍土中 SO_4^{2-} 的含量升高，降低土壤 pH，促进 Na^+ 的淋洗，改善了盐渍土的化学和生物学性质，而氧化过程包含化学和生物学两种途径，生物学途径占主导地位，显著增加某些自养和异氧微生物的数量，减少土壤对磷的固定。但是，中等添加比例秸秆处理土壤有效磷含量高于硫黄、生物菌肥、有机肥和秸秆等 4 种改良材料组合施用处理，说明秸秆单施处理对盐渍化土壤磷素活化的效果更好。这可能与不同改良材料共同作用时，土壤环境的改变会抑制不同材料的氧化过程，不利于提高磷素活性有关。

田间试验可知（图 14-3），在小麦成熟期，土壤有效磷含量为 $F_{0.8}O_3 > F_{0.8}W_2 > F_{0.8}O_2 > O > F_{0.8}W_1 > F_{0.8}O_1 > F_{0.8}$、$F$（$P < 0.05$），即添加有机肥和生物菌肥处理比常规处理和 80% 常规处理显著增加，常规处理和 80% 常规处理之间没有显著差异。其中 80% 常规＋有机肥（高）处理的有效磷含量最高达到 43.83 mg·kg^{-1}，较常规处理增加了 24.45%，较 80% 常规处理增加了 23.19%。

二、小麦产量及其磷肥利用率

从表 14-3 可以看出，添加有机肥和生物菌肥可显著增加小麦的有效穗数、每穗粒数和产量，且随着改良材料的添加比例提高而增加。小麦的有效穗数为 $F_{0.8}W_2$、$F_{0.8}O_3 > F_{0.8}W_1$、$F_{0.8}O_2 > F_{0.8}O_1 > O > F > F_{0.8}$，与 $F_{0.8}$ 相比，$F_{0.8}O_1$、$F_{0.8}O_2$ 和 $F_{0.8}O_3$ 的有效穗数分别增加了 21.72%、22.99% 和 25.66%，$F_{0.8}W_1$ 和 $F_{0.8}W_2$ 分别增加了 23.69% 和 25.66%，O 增加了 19.22%，F 增加了 4.64%；每穗粒数为 $F_{0.8}W_2$、$F_{0.8}O_3 > O > F_{0.8}W_1$、$F_{0.8}O_2 > F_{0.8}O_1$、$F_{0.8}$、$F$，与 $F_{0.8}$ 相比，$F_{0.8}O_2$ 和 $F_{0.8}O_3$ 的每穗粒数分别增加了 4.28% 和 15.60%，$F_{0.8}W_1$ 和 $F_{0.8}W_2$ 分别增加了 14.49% 和 14.77%，O 增加了 9.14%，与 $F_{0.8}O_1$、F 相比没有明显差异；千粒重为 $F_{0.8}W_2 > F_{0.8} > F$、$F_{0.8}O_3$、$F_{0.8}W_1$、$F_{0.8}O_2$、O、$F_{0.8}O_1$，与 $F_{0.8}$ 相比，仅 $F_{0.8}W_2$ 增加了 3.12%，$F_{0.8}$ 较 F 增加了 3.31%；小麦的产量为 $F_{0.8}O_3 > F_{0.8}W_2 > O$、$F_{0.8}W_1 > F_{0.8}O_2 > F_{0.8}O_1 > F$、$F_{0.8}$，与 $F_{0.8}$ 相比，$F_{0.8}O_1$、$F_{0.8}O_2$ 和 $F_{0.8}O_3$ 的产量分别增加了 2.75%、13.70% 和 30.57%，$F_{0.8}W_1$ 和 $F_{0.8}W_2$ 分别增加了 20.91% 和 28.12%，O 增加了 19.30%，与 F 无显著差异。

表 14-3 小麦产量及其磷肥利用率

处理	有效穗数 （×10⁴ 穗·hm⁻²）	穗粒数	千粒重（g）	产量 （kg·hm⁻²）	总吸磷量 （kg·hm⁻²）	磷肥利用率 （%）
F	428.1e	24.49e	47.18cd	4 944 gh	18.69e	7.79d
$F_{0.8}$	409.1f	24.30e	48.74b	4 844 h	16.97f	8.84c
$F_{0.8}O_1$	497.9c	24.54e	45.22 h	4 977f	18.03e	9.15c
$F_{0.8}O_2$	503.1b	25.34cd	46.50f	5 621e	21.98b	10.63b
$F_{0.8}O_3$	514.1a	28.09a	46.86def	6 325a	22.88a	10.56b
$F_{0.8}W_1$	506.0b	25.82c	46.56ef	5 857d	21.24cd	11.05b
$F_{0.8}W_2$	514.0a	27.89a	50.21a	6 206b	22.88a	11.90b
O	487.7d	26.52b	45.61 gh	5 898cd	20.84d	56.13a

从表 14-3 还可知，小麦总吸磷量依次为 $F_{0.8}W_2$、$F_{0.8}O_3 > F_{0.8}O_2 > F_{0.8}W_1$、$O > F$、$F_{0.8}O_1 > F_{0.8}$，与 $F_{0.8}$ 相比，$F_{0.8}W_2$ 和 $F_{0.8}O_3$ 的产量均增加了 34.35%，$F_{0.8}O_2$ 增加了 29.52%，$F_{0.8}W_1$ 和 O 分别增加了 25.16% 和 22.80%，F 和 $F_{0.8}O_1$ 分别增加了 10.14% 和 6.25%，说明有机肥、磷肥减量配施有机肥、生物菌肥均能显著促进小麦植株吸收磷；小麦磷肥利用率为 $O > F_{0.8}W_2$、$F_{0.8}W_1$、$F_{0.8}O_3$、$F_{0.8}O_2 > F_{0.8}O_1$、$F_{0.8} > F$，有机肥、磷肥减量以及磷肥减量配施有机肥、生物菌肥均显著提高小麦的磷肥利用率（13.48% ~

620.54%）。因此，有机肥、磷肥减量以及磷肥减量配施有机肥、生物菌肥均能显著促进小麦植株的吸磷量，并且提高小麦的磷肥利用率。

第四节　肥盐交互作用调控土壤磷素

作物的磷肥施用量逐年增加，导致磷肥利用率偏低，造成了很大的资源浪费。研究肥盐互作对土壤有效磷、总磷、pH、EC、玉米产量和磷肥利用率的影响，探讨低盐度的盐化土和盐土中施肥对根际和非根际有效磷、总磷、pH、EC及作物产量、磷含量、磷肥利用率的影响，为提高盐渍土作物磷肥利用率提供理论支持。试验土壤为新围滨海盐土，低盐度的盐化土土壤 pH 8.09、含盐量 1.58 g·kg^{-1}、有机质 9.44 g·kg^{-1}、全氮 0.47 g·kg^{-1}、全磷 0.93 g·kg^{-1}、有效磷 8.84 mg·kg^{-1}、碱解氮 12.06 mg·kg^{-1}；盐土土壤 pH 8.59、含盐量 19.37 g·kg^{-1}、有机质 2.46 g·kg^{-1}、全氮 0.26 g·kg^{-1}、全磷 0.75 g·kg^{-1}、有效磷 2.74 mg·kg^{-1}、碱解氮 3.21 mg·kg^{-1}。夏玉米品种为浙单 11，氮肥为尿素（N 46%）、磷肥为过磷酸钙（P_2O_5 16%）、钾肥为硫酸钾（K_2O 50%）。试验设 3 个因素 10 个处理，3 个因素分别为盐化程度（S）、施氮量（N）和施磷量（P）。其中，土壤盐化程度 2 个水平，分别为土壤盐分含量 1.58 g·kg^{-1}（S_1）和 19.37 g·kg^{-1}（S_2）；施氮（N）量 2 个水平，分别为 0（N_0）和 225 kg·hm^{-2}（N_{225}）；施磷（P_2O_5）量 4 个水平，分别为 0（P_0）、37（P_{37}）、75（P_{75}）和 150 kg·hm^{-2}（P_{150}）。16 个处理分别为 $S_1N_0P_0$、$S_1N_0P_{37}$、$S_1N_0P_{75}$、$S_1N_0P_{150}$、$S_1N_{225}P_0$、$S_1N_{225}P_{37}$、$S_1N_{225}P_{75}$、$S_1N_{225}P_{150}$、$S_2N_0P_0$、$S_2N_0P_{37}$、$S_2N_0P_{75}$、$S_2N_0P_{150}$、$S_2N_{225}P_0$、$S_2N_{225}P_{37}$、$S_2N_{225}P_{75}$、$S_2N_{225}P_{150}$，每个处理 3 次重复。钾肥施用量均为 120 kg·hm^{-2}。氮肥分两次施用，基∶追＝3∶2，大喇叭口期追肥，磷、钾肥作基肥一次性施入。

一、土壤 pH 和 EC

从表 14-4 可知，盐化程度对玉米非根际土壤 pH 和 EC 有显著影响，并且随着盐化程度增加玉米非根际土壤 pH 和 EC 均增加；施氮量（N）、施磷量（P）、盐化程度与施氮量的交互作用（S×N）、施氮量与施磷量的交互作用（N×P）、盐化程度与施氮磷量的交互作用（S×N×P）对玉米非根际土壤 pH 和 EC 均无显著差异，而盐化程度与施磷量的交互作用（S×P）对玉米非根际土壤 pH 虽然没有显著影响，但对 EC 有显著影响。

表 14-4　不同因素对玉米非根际土壤化学性质、玉米产量及其磷肥利用率的影响

处理	pH	EC (μS·cm^{-1})	有效磷含量 (mg·kg^{-1})	总磷含量 (g·kg^{-1})	玉米产量 (kg·hm^{-2})	磷肥利用率 (%)
$S_1N_0P_0$	8.16b	152.1ab	6.58c	0.77b	1 195.1e	——
$S_1N_0P_{37}$	8.16b	160.5ab	14.14b	0.83a	2 697.0c	8.69b
$S_1N_0P_{75}$	8.01b	142.6ab	15.26b	0.83a	2 997.9c	8.11b
$S_1N_0P_{150}$	8.22b	187.0a	16.35b	0.85a	3 743.7b	2.4bc

（续）

处理	pH	EC $(\mu S \cdot cm^{-1})$	有效磷含量 $(mg \cdot kg^{-1})$	总磷含量 $(g \cdot kg^{-1})$	玉米产量 $(kg \cdot hm^{-2})$	磷肥利用率 （%）
$S_1 N_{225} P_0$	8.11b	129.9b	9.53c	0.76b	2 915.0c	—
$S_1 N_{225} P_{37}$	8.21b	185.9a	15.98b	0.82a	3 490.2b	16.3a
$S_1 N_{225} P_{75}$	8.08b	152.0ab	16.46b	0.86a	5 034.75a	18.1a
$S_1 N_{225} P_{150}$	8.39b	155.5ab	21.86a	0.84a	4 630.4a	10.7ab
$S_2 N_0 P_0$	8.71a	3 673.0bc	0.25d	0.50d	860.5f	—
$S_2 N_0 P_{37}$	8.66a	4 205.0bc	1.47cd	0.63c	2 184.0d	2.41bc
$S_2 N_0 P_{75}$	8.77a	8 760.0a	2.34c	0.65c	2 270.0d	7.2b
$S_2 N_0 P_{150}$	8.87a	3 940.0bc	5.19a	0.74b	3 005.0c	1.3c
$S_2 N_{225} P_0$	8.68a	4 845.0b	0.39d	0.50d	2 578.2d	—
$S_2 N_{225} P_{37}$	8.91a	5 265.0b	0.78d	0.64c	3 105.4c	6.0b
$S_2 N_{225} P_{75}$	8.65a	8 430.0a	2.21c	0.67c	4 873.5a	7.4b
$S_2 N_{225} P_{150}$	8.59a	1 945.5c	4.15b	0.77b	4 035.8b	3.5bc
方差分析的 P 值，$* P < 0.05$						
盐化程度（S）	0.000*	0.000*	0.000*	0.000*	0.000*	0.003*
施氮量（N）	0.898	0.951	0.171	0.354	0.042*	0.270
施磷量（P）	0.165	0.000*	0.009*	0.103	0.507	0.019*
S×N	0.288	0.967	0.020*	0.796	0.039*	0.306
S×P	0.371	0.000*	0.077	0.125	0.494	0.025*
N×P	0.389	0.055	0.369	0.021*	0.149	0.035*
S×N×P	0.118	0.061	0.284	0.104	0.183	0.046*

二、土壤有效磷和总磷含量

如表 14-4 所示，随着盐化程度增加玉米非根际土壤有效磷含量和总磷含量下降，说明盐化程度对玉米非根际土壤有效磷含量和总磷含量有显著影响；施氮量对玉米非根际土壤有效磷含量和总磷含量没有显著影响；施磷量对玉米非根际土壤有效磷含量和总磷含量有显著影响，且施磷量为 75 和 150 kg·hm^{-2} 时，非根际土壤有效磷含量和总磷含量升高。盐化程度（S）、施磷量（P）、盐化程度与施氮量的交互作用（S×N）均对玉米非根际土壤有效磷含量有显著影响，而盐化程度（S）、施氮量与施磷量的交互作用（N×P）均对玉米非根际土壤总磷含量有显著影响。

三、玉米产量与磷肥利用率

盐化程度（S）、施氮量及其交互作用（S×N）均对玉米产量有显著影响（表 14-4），并且随着盐化程度增加玉米产量下降，随着施氮量增加玉米产量增加，施氮量 225 kg·hm^{-2} 配施磷量 75 kg·hm^{-2}时，玉米产量最高。玉米磷肥利用率以氮磷肥配施处理高于单施氮肥和单施磷肥处理，而盐化程度高的土壤低于盐化程度低的土壤；盐化程度（S）、施磷量（P）、盐化程度与施磷量的交互作用（S×P）、施氮量与施磷量的交互作用（N×P）以及盐化程度与施氮磷量的交互作用（S×N×P）均对玉米磷肥利用率有显著影响。因此，在盐化土壤上，氮磷肥配施不仅能够增加玉米产量，而且也能提高玉米的磷肥利用率。

第十五章

不同轮作制中作物养分的运筹策略

传统的施肥方式工作量大，肥料浪费严重，利用率低，对耕地土壤、地下水和大气等环境造成潜在危害，已不适合现代农业的发展。一种肥料一次性施用就可满足作物整个生育期养分需求的施肥方式，不仅在作物高产优质中收效较好，而且可提高肥料利用率，低成本易推广，顺应现代农业发展趋势，得到世界上许多国家的重视。国内外研究多数集中于简化施肥方式，即缓释肥一次性施入作基肥并在作物后期进行一次追肥。已有大量研究表明，在不同程度上施用缓释肥，可以提高水稻、辣椒、马铃薯、棉套油菜等作物当季的化肥利用率和作物产量（Tan et al.，2009）。目前的研究大都是针对单季作物且普遍存在后期追肥的现象，而将肥料一次性施入作基肥的施肥方式应用于盐碱地轮作体系的研究较少。因此，针对沿海土壤瘠薄盐碱等制约粮食生产的因素，充分发挥该区大面积盐渍化中低产田的增产潜力，研究构建盐渍化中低产田粮食周年丰产模式，大幅度提升盐渍化中低产田粮食增产能力，为盐渍化中低产田农业发展提供科学参考，为保障国家和区域粮食安全提供技术支撑，具有重大意义。

第一节　稻麦轮作体系缓控释肥和内生菌根菌剂的运筹

以脲甲醛缓控释氮肥和内生菌根菌剂为供试材料，通过大田试验，阐明缓控释肥和内生菌根菌剂不同施肥方式对土壤化学性质的影响。

小麦-水稻轮作田间试验，土壤类型为滨海盐土，$0 \sim 20$ cm 土壤盐分含量 3.22 g·kg^{-1}，pH 7.98，有机质 7.68 g·kg^{-1}，全氮 0.52 g·kg^{-1}，全磷 0.83 g·kg^{-1}，全钾 1.33 g·kg^{-1}，碱解氮 24.50 mg·kg^{-1}，速效钾 67.5 mg·kg^{-1}，有效磷 25.80 mg·kg^{-1}。

试验设 5 个处理：对照（CK，不施用任何肥料）、常规施肥（F）、缓释肥一次性基施（S）、内生菌根菌剂拌种（E）、内生菌根菌剂拌种和缓释肥一次性基施（SE）。具体施肥模式：小麦总养分为 N 300 kg·hm^{-2}、P$_2$O$_5$ 202.5 kg·hm^{-2}、K$_2$O 101.25 kg·hm^{-2}、内生菌根菌剂 15 kg·hm^{-2}拌种，即对照（CK）不施用任何肥料；常规施肥（F）基施磷酸一铵 163.85 kg·hm^{-2}和尿素 163.85 kg·hm^{-2}，返青肥施用尿素 109.8 kg·hm^{-2}，拔节期施用尿素 109.8 kg·hm^{-2}和复合肥（15-15-15）675 kg·hm^{-2}；缓释肥一次性基施（S），缓释肥（15-10-5）2 000 kg·hm^{-2}；内生菌根菌剂拌种（E），15 kg·hm^{-2}拌种；内生菌根菌剂拌种和缓释肥一次性基施（SE），缓释肥（15-10-5）2 000 kg·hm^{-2}和内生菌根菌剂

15 kg·hm^{-2}拌种。水稻总养分为 N 300 kg·hm^{-2}、P$_2$O$_5$ 135 kg·hm^{-2}、K$_2$O 52.5 kg·hm^{-2}、内生菌根菌剂 15 kg·hm^{-2}拌种，即对照（CK）不施用任何肥料；常规施肥（F）基施缓控释肥（29-13-5）600 kg·hm^{-2}，移栽 6~7 d 后施尿素 150 kg·hm^{-2}，拔节孕穗肥施复合肥（15-15-15）150 kg·hm^{-2}和尿素 75 kg·hm^{-2}；缓释肥一次性基施（S），缓释肥（15-10-5）1 035 kg·hm^{-2}；内生菌根菌剂拌种（E），15 kg·hm^{-2}拌种；内生菌根菌剂拌种和缓释肥一次性基肥施用（SE），缓释肥（15-10-5）1 035 kg·hm^{-2}和内生菌根菌剂 15 kg·hm^{-2}拌种。

一、土壤化学性质

（一）土壤 pH

在小麦成熟期，与常规施肥 F 相比，S、E 和 SE 施肥模式均显著降低了 0~20 cm 土层土壤 pH（$P<0.05$），土壤 pH 为 CK（7.56）＞F（7.50）＞S（7.35）＞E（7.34）＞SE（7.30）。而在 20~40 cm 和 40~60 cm 土层，处理之间土壤 pH 没有显著差异（$P>0.05$），土壤 pH 分别处于 7.65~7.72 和 7.85~8.00。

在水稻成熟期，与常规施肥 F 相比，S、E 和 SE 施肥模式均显著降低了 0~20 cm 土层土壤 pH（$P<0.05$），土壤 pH 为 CK（8.01）＞F（7.88）＞S（7.62）＞E（7.58）＞SE（7.50）。而在 20~40 cm 和 40~60 cm 土层，处理之间土壤 pH 没有显著差异（$P>0.05$），土壤 pH 分别处于 8.38~8.45 和 8.25~8.44。

（二）土壤含盐量

在小麦成熟期（图 15-1），0~20 cm 土层土壤含盐量在 2.08~3.14 g·kg^{-1} 之间。与常规施肥 F 相比，S、E 和 SE 施肥模式均显著降低土壤含盐量（$P<0.05$），分别降低了 27.48%、28.12% 和 21.73%。在 20~40 cm 土层，土壤含盐量最高的是 F 处理，为 3.14 g·kg^{-1}，而 S、E 和 SE 处理的土壤含盐量分别比 F 降低了 21.34%、9.55% 和 9.87%。在 40~60 cm 土层，土壤含盐量为 F＞CK，而 S、E、SE 与 CK 没有差异。

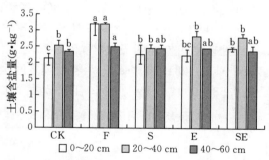

图 15-1　不同施肥模式下小麦成熟期土壤盐分的变化

在水稻成熟期（图 15-2），0~20 cm 土层土壤含盐量在 1.71~2.15 g·kg^{-1} 之间。与常规施肥 F 相比，S 处理没有差异，而 E 和 SE 施肥模式也没有显著降低土壤含盐量（$P>0.05$）。在 20~40 cm 和 40~60 cm 土层，土壤含盐量分别处于 1.83~2.21 g·kg^{-1} 和 1.93~2.35 g·kg^{-1} 之间，各处理间无差异。

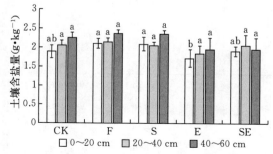

图 15-2　不同施肥模式下水稻成熟期土壤盐分的变化

（三）土壤有机质

在小麦成熟期（图 15-3），0～20 cm 土层土壤有机质含量 SE 最高（9.12 g·kg^{-1}），比 F 增加了 10.28%（$P<0.05$），其他处理之间无显著差异（$P>0.05$）。在 20～40 cm 和 40～60 cm 土层，土壤有机质含量分别为 6.06～6.68 g·kg^{-1} 和 5.14～5.96 g·kg^{-1} 之间，各处理之间差异不显著（$P>0.05$）。

在水稻成熟期（图 15-4），0～20 cm 和 20～40 cm 土层土壤有机质含量分别处于 7.37～8.56 g·kg^{-1} 和 4.92～5.88 g·kg^{-1} 之间，其中有机质含量以 SE 最高，S 含量次之。在 40～60 cm 土层，S 和 SE 的土壤有机质含量比 F 分别增加了 55.85% 和 57.89%。

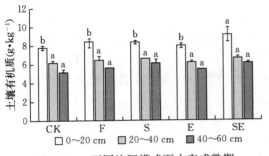

图 15-3　不同施肥模式下小麦成熟期
土壤有机质的变化

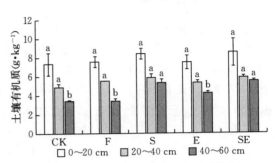

图 15-4　不同施肥模式下水稻成熟期
土壤有机质的变化

（四）土壤氮、磷和钾含量

在小麦成熟期（表 15-1），土壤碱解氮和速效钾含量分别在 24.56～45.78 mg·kg^{-1} 和 62.28～69.78 mg·kg^{-1} 之间，且 SE 与 F 和 S 处理之间无显著差异（$P>0.05$），但与 CK 和 E 处理之间差异明显（$P<0.05$）。土壤有效磷和全钾含量均为 SE 最高，分别为 34.52 mg·kg^{-1} 和 1.56 g·kg^{-1}。各处理之间全磷含量无显著差异（$P>0.05$）。土壤全氮含量在 0.58～0.64 g·kg^{-1} 之间，且 SE 处理比 F 提高 8.47%。

表 15-1　不同施肥模式下稻麦轮作耕层（0～20 cm）土壤养分变化

轮作作物	处理	全氮 （g·kg^{-1}）	全磷 （g·kg^{-1}）	全钾 （g·kg^{-1}）	碱解氮 （mg·kg^{-1}）	有效磷 （mg·kg^{-1}）	速效钾 （mg·kg^{-1}）
小麦	CK	0.58b	1.64a	1.40b	24.56b	29.48b	62.28b
	F	0.59b	1.65a	1.52a	41.56a	33.79a	68.78a
	S	0.62ab	1.67a	1.53a	40.63a	33.97a	68.61a
	E	0.59b	1.66a	1.49ab	29.23b	31.76ab	63.22b
	SE	0.64a	1.68a	1.56a	45.78a	34.52a	69.78a
水稻	CK	1.02b	0.10c	1.79a	29.67b	22.55c	66.88b
	F	1.24a	0.14a	1.92a	42.50a	34.79a	73.38a
	S	1.23a	0.14a	1.81a	41.33a	33.05ab	70.38ab
	E	1.13ab	0.13b	1.80a	33.17b	26.65bc	67.05b
	SE	1.27a	0.14a	1.83a	41.92a	33.33ab	73.65a

在水稻成熟期，土壤碱解氮和有效磷含量最高值出现在 F 处理中，分别为 42.50 mg·kg^{-1} 和 34.79 mg·kg^{-1}。土壤速效钾含量在 66.88～73.65 mg·kg^{-1} 之间，其中 SE 与 F 相比无显著差异，但 S 处理和 E 处理的速效钾含量比 F 低 4.09% 和 8.63%。全磷含量在 0.10～0.14 g·kg^{-1} 之间，且 SE 处理与 F 和 S 处理无显著差异（$P>0.05$），但与 CK 和 E 处理差异明显（$P<0.05$）。各处理之间土壤全钾含量无显著差异（$P>0.05$）。

二、稻麦产量

由表 15-2 可知，E 处理的小麦穗长最短，为 5.23 cm，其他处理之间无显著差异。小麦穗粒数变化范围在 28～40 粒之间，其中 CK 最低，E 处理比 F 降低了 23.91%，S 和 SE 处理之间无显著差异。不同施肥处理间小麦千粒重差异不明显。小麦产量以 SE 最高，比 CK 和 F 处理分别提高了 47.18% 和 11.91%。水稻穗长变化范围在 11.27～13.54 cm 之间，其中 F 处理最高。水稻穗粒数在不同施肥处理间无显著差异。SE 处理的水稻产量比 CK 增加 64.79%，但与 F 处理无差异。

表 15-2 不同施肥模式下稻麦轮作产量

轮作作物	处理	穗长（cm）	穗粒数	千粒重（g）	产量（kg·hm^{-2}）
小麦	CK	5.93a	28.73c	33.18a	3 385.00c
	F	6.80a	39.07a	36.17a	5 712.50ab
	S	6.77a	37.40ab	34.12a	5 385.00b
	E	5.23b	31.53bc	35.27a	3 803.89c
	SE	6.83a	39.20a	36.37a	6 392.50a
水稻	CK	11.27b	65.72a	25.35c	3 802.96b
	F	13.54a	73.86a	27.50ab	6 392.60a
	S	12.28b	69.07a	28.02ab	5 770.12a
	E	11.50b	65.83a	26.52c	3 850.93b
	SE	12.08b	73.29a	28.51a	6 267.02a

从增产效果看，不同施肥模式中只有内生菌根菌剂拌种和缓释肥一次性基施（SE）下小麦增产较高，比常规施肥（F）增产 11.91%，而对水稻增产效果不明显；缓释肥一次性基施（S）的施肥模式下的稻麦产量略低于常规施肥（F）；内生菌根菌剂拌种（E）施肥模式下的稻麦产量显著低于常规施肥（F），甚至几乎与不施肥（CK）处于同等水平。因此，S 和 E 这两种施肥模式不适合应用于滨海盐土稻麦种植。内生菌根菌剂拌种和缓释肥一次性基施（SE）的施肥模式在小麦上的应用效果极佳，而在水稻上的应用效果略差，SE 对水稻的产量及产量构成的影响与常规施肥（F）无显著差异。然而，内生菌根菌剂拌种和缓释肥一次性基施（SE）的施肥模式减少了肥料浪费，提高了肥料利用率，减少了施肥次数，节省了劳动力，降低生产成本。综合考虑，内生菌根菌剂拌种和缓释肥一次性基施（SE）达到了节本增效的目的，可作为滨海盐土粮作区的主要施肥模式加以推广应用。

第二节　稻麦轮作制中均衡施肥策略

由于近年来我国没有重视中微量肥料的施用，土壤中营养元素不均衡，滨海地区盐渍化中低产田土壤肥力也在持续降低。以滩涂稻麦轮作田为供试材料，在常规施肥的基础上，配施中微量元素肥料，研究不同施肥处理对滩涂土壤肥力的影响，旨在为盐渍化中低产田均衡施肥培育土壤提供数据支撑和理论依据。

土壤类型为滨海盐土，采用小麦-水稻轮作，土壤盐分 3.09 g·kg^{-1}，pH 7.95，有机质含量 5.85 g·kg^{-1}，全氮含量 0.45 g·kg^{-1}，碱解氮含量 46.08 mg·kg^{-1}，全钾含量 14.39 g·kg^{-1}，速效钾含量 266.67 mg·kg^{-1}，全磷含量 0.45 g·kg^{-1}，有效磷含量 32.48 mg·kg^{-1}，全硫含量 2.23 g·kg^{-1}，有效硫含量 286.53 mg·kg^{-1}，全镁含量 7.44 g·kg^{-1}，有效镁含量 391.54 mg·kg^{-1}，全硅含量 0.06 g·kg^{-1}，有效硅含量 7.76 mg·kg^{-1}，全钙含量 33.26 g·kg^{-1}，有效钙含量 1 669.92 mg·kg^{-1}，全铁含量 18.59 g·kg^{-1}，有效铁含量 2.04 mg·kg^{-1}，全锰含量 0.42 g·kg^{-1}，有效锰含量 0.57 mg·kg^{-1}，全锌含量 0.05 g·kg^{-1}，有效锌含量 3.07 mg·kg^{-1}。

试验设 5 个不同施肥处理：不施肥（CK）、常规施肥（TF）、常规施肥＋中量元素肥（TS）、常规施肥＋微量元素肥（TM）、常规施肥＋中量元素肥＋微量元素肥（TSM）。具体如下：

小麦处理，CK 即不施肥；TF 即常规施肥，基肥 225 kg·hm^{-2}磷酸一铵和 225 kg·hm^{-2}尿素，返青肥 150 kg·hm^{-2}尿素，拔节孕穗肥 150 kg·hm^{-2}尿素和 225 kg·hm^{-2}硫酸钾复合肥；TS 即基肥 225 kg·hm^{-2}磷酸一铵、225 kg·hm^{-2}尿素和 750 kg·hm^{-2}硫镁肥，返青肥 150 kg·hm^{-2}尿素，拔节孕穗肥 150 kg·hm^{-2}尿素和 225 kg·hm^{-2}硫酸钾复合肥；TM 即基肥 225 kg·hm^{-2}磷酸一铵、225 kg·hm^{-2}尿素和 15 kg·hm^{-2}螯合态微量元素肥，返青肥 150 kg·hm^{-2}尿素，拔节孕穗肥 150 kg·hm^{-2}尿素和 225 kg·hm^{-2}硫酸钾复合肥；TSM 即基肥 225 kg·hm^{-2}磷酸一铵、225 kg·hm^{-2}尿素、750 kg·hm^{-2}硫镁肥和 15 kg·hm^{-2}螯合态微量元素肥，返青肥 150 kg·hm^{-2}尿素，拔节孕穗肥 150 kg·hm^{-2}尿素和 225 kg·hm^{-2}硫酸钾复合肥。

水稻处理，CK 即不施肥；TF 即常规施肥，基肥 600 kg·hm^{-2}尊龙缓控释氮肥，返青肥 150 kg·hm^{-2}尿素，拔节孕穗肥 75 kg·hm^{-2}尿素和 225 kg·hm^{-2}硫酸钾复合肥；TS 即基肥 600 kg·hm^{-2}尊龙缓控释氮肥和 300 kg·hm^{-2}硅钙镁肥，返青肥 150 kg·hm^{-2}尿素，拔节孕穗肥 75 kg·hm^{-2}尿素和 225 kg·hm^{-2}硫酸钾复合肥；TM 即基肥 600 kg·hm^{-2}尊龙缓控释氮肥和 15 kg·hm^{-2}螯合态微量元素肥，返青肥 150 kg·hm^{-2}尿素，拔节孕穗肥 75 kg·hm^{-2}尿素和 225 kg·hm^{-2}硫酸钾复合肥；TSM 即基肥 600 kg·hm^{-2}尊龙缓控释氮肥、225 kg·hm^{-2}硫酸钾复合肥和 15 kg·hm^{-2}螯合态微量元素肥，返青肥 150 kg·hm^{-2}尿素，拔节孕穗肥 75 kg·hm^{-2}尿素和 225 kg·hm^{-2}硫酸钾复合肥。

一、稻麦轮作体系耕层土壤性状

小麦收获后（表 15-3），0～20 cm 土层土壤盐分、有机质、pH、有效磷以及全钙、全镁、全锌含量处理之间无显著差异（$P>0.05$）。与不施肥处理（CK）相比，常规施肥（TF）、常规施肥配施中量元素肥（TS）、常规施肥配施微量施肥（TM）和均衡施肥处理（TSM）土壤碱解氮含量均有所提高，其中 TSM 处理含量最高，比 TM 处理高 57.60%（$P<0.05$），较 TF 处理增长了 23.22%。TSM 处理土壤速效钾含量最高，比 TS、TM 处理显著提高了 23.63%、13.19%（$P<0.05$），较 TF 处理增长了 7.10%。土壤硫、铁元素含量均以 TSM 处理最高，均显著高于 TF 处理。除了 TS 处理外，施肥明显提高了土壤锰含量（$P<0.05$），但施肥处理之间无显著差异（$P>0.05$）。

表 15-3　均衡施肥对稻麦轮作土壤化学性质的影响

作物	处理	pH	盐分 (g·kg⁻¹)	有机质 (g·kg⁻¹)	全硫 (g·kg⁻¹)	全硅 (g·kg⁻¹)	全钙 (g·kg⁻¹)	全镁 (g·kg⁻¹)	全铁 (g·kg⁻¹)	全锰 (g·kg⁻¹)	全锌 (g·kg⁻¹)	碱解氮 (mg·kg⁻¹)	有效磷 (mg·kg⁻¹)	速效钾 (mg·kg⁻¹)
小麦	CK	7.60a	2.62a	6.26a	0.33ab	—	28.86a	6.45a	19.75a	0.40b	0.07a	39.39b	30.82a	197.33b
	TF	7.67a	2.31a	5.89a	0.27b	—	26.96a	7.02a	18.38b	0.43a	0.07a	51.47ab	33.20a	204.33b
	TS	7.55a	2.71a	6.81a	0.30ab	—	29.41a	8.14a	18.35b	0.41ab	0.07a	53.15ab	36.14a	177.00c
	TM	7.61a	2.72a	5.92a	0.73ab	—	28.70a	7.50a	19.06ab	0.43a	0.09a	40.24b	28.44a	193.33bc
	TSM	7.64a	2.50a	6.31a	0.80a	—	28.03a	7.43a	20.22a	0.43a	0.08a	63.42a	29.39a	218.83a
水稻	CK	7.86b	2.44a	10.10a	—	0.06b	32.90c	9.51b	19.69b	0.42b	0.05c	60.67a	51.57ab	203.00b
	TF	7.89b	2.15ab	10.21a	—	0.06b	34.82bc	10.85a	20.50b	0.41b	0.07b	56.00a	54.34ab	219.50ab
	TS	7.88b	1.95b	9.61a	—	0.08a	38.31a	11.48a	22.14a	0.45a	0.09a	58.92a	57.15ab	229.67a
	TM	8.04a	1.84b	8.79b	—	0.06b	36.93ab	11.23a	21.92a	0.45a	0.07b	53.67a	42.94b	235.67a
	TSM	7.81b	1.88b	10.09a	—	0.08a	38.86a	11.15a	22.97a	0.48a	0.07b	61.25a	65.09a	235.83a

水稻收获后（表 15-3），与 CK 和 TF 相比，TS、TM 和 TSM 处理土壤盐分显著降低（$P<0.05$），但 TS、TM 和 TSM 处理之间无显著差异（$P>0.05$）。TSM 处理土壤有机质和 pH 与 TM 处理均差异显著（$P<0.05$），但与 TF、TS 处理之间差异不明显（$P>0.05$）。不同处理之间碱解氮含量没有显著差异（$P>0.05$）。TSM 处理土壤有效磷含量最高，比 TM 处理提高了 51.58%（$P<0.05$），较 TF 处理增长了 19.78%。除 TF 处理外，其他施肥处理较 CK 明显提高了土壤速效钾含量（$P<0.05$），其中 TSM 处理土壤速效钾含量最高。TSM 处理土壤全硅含量虽然与 TS 处理无明显差异（$P>0.05$），但与 TF、TM 处理差异显著（$P<0.05$），分别提高了 27.42% 和 36.21%。TS、TM 和 TSM 处理明显提高了土壤全钙含量（$P<0.05$），尤其以 TSM 处理最高，显著高于 TF 处理（$P<0.05$）。TF、TS、TM 和 TSM 处理土壤镁、锌含量较 CK 明显提高（$P<0.05$），但 TF 处理与 TSM 处理无显著差异（$P>0.05$）。TSM 处理土壤铁、锰含量均最高，与 TF 处理差异显著（$P<0.05$），分别增长了 12.05% 和 16.20%。

综合上所述，TSM 处理明显提高了小麦土壤碱解氮、速效钾、全硫、全铁和锰含量，TSM 处理明显提高了水稻土壤有效磷、速效钾、全硅、全钙、全铁、全锰等含量，并降低了土壤盐分。因此，均衡施肥有利于提高滩涂盐土的 0~20 cm 土层土壤肥力。

二、稻麦轮作体系作物产量

与 CK 相比（表 15-4），TF、TS、TM 和 TSM 处理小麦穗长、穗粒数无明显差异（$P>0.05$）。与 CK 相比，TSM 处理明显提高了小麦的千粒重（$P<0.05$），TSM 处理小麦实际产量较 CK 和 TF 处理分别提高了 14.37%、7.55%，但是各处理之间小麦产量无差异。

不同处理间水稻的穗长无显著差异（$P>0.05$），但 TSM 处理下水稻的穗粒数、千粒重和实际产量均显著高于 CK（$P<0.05$），分别增长 29.80%、15.62%、46.46%；TSM 处理下水稻穗长、穗粒数和千粒重值均最大，与 TF 处理相比，TSM 处理下的水稻穗粒数和千粒重均有显著增加（$P<0.05$）。

表 15-4　均衡施肥对稻麦产量的影响

处理	小麦				水稻			
	穗长（cm）	穗粒数	千粒重（g）	产量（kg·hm^{-2}）	穗长（cm）	穗粒数	千粒重（g）	产量（kg·hm^{-2}）
CK	5.91a	34.28ab	28.53b	4 100a	13.14a	73.49c	23.24c	4 137b
TF	6.27a	35.63a	29.18ab	4 360a	12.92a	81.25bc	24.93b	6 457a
TS	6.56a	35.85a	29.35ab	2 936a	13.14a	85.72ab	25.58ab	6 089a
TM	6.58a	30.70ab	31.58ab	3 760a	13.65a	86.19ab	25.34b	5 780a
TSM	6.17a	24.38b	33.47a	4 689a	13.64a	95.39a	26.87a	6 059a

综上所述，滨海盐渍化中低产田均衡施肥可提高稻麦产量，推荐常规施肥＋硫镁肥（小麦）/硅钙镁肥（水稻）＋氨基酸螯合态微量元素肥。

第三节　大麦—玉米轮作下盐分障碍消减与磷肥运筹

研究不同改良调控措施对滨海盐土盐分障碍的消减以及作物磷素吸收利用的促进作用（高珊等，2020b），为提高滨海盐土磷素利用率、加速盐分障碍消减及地力提升提供依据。试验设 2 个土壤：轻度盐渍土（D）的土壤 pH 8.94，含盐量 1.57 g·kg^{-1}、有机质 16.3 g·kg^{-1}、全磷 0.72 g·kg^{-1}、有效磷 25.43 mg·kg^{-1}、碱解氮 33.12 mg·kg^{-1}、速效钾 139.2 mg·kg^{-1}，盐分离子 CO_3^{2-} 0.04 cmol·kg^{-1}、HCO_3^- 0.66 cmol·kg^{-1}、Cl^- 2.36 cmol·kg^{-1}、SO_4^{2-} 2.23 cmol·kg^{-1}、Ca^{2+} 0.54 cmol·kg^{-1}、Mg^{2+} 0.42 cmol·kg^{-1}、K^+ 0.58 cmol·kg^{-1} 和 Na^+ 3.84 cmol·kg^{-1}；中度盐渍土（Z）的土壤 pH 9.17，含盐量 2.63 g·kg^{-1}、有机质 8.8 g·kg^{-1}、全磷 0.64 g·kg^{-1}、有效磷 15.63 mg·kg^{-1}、碱解氮 21.55 mg·kg^{-1}、速效钾 112.5 mg·kg^{-1}、盐分离子 CO_3^{2-} 0.09 cmol·kg^{-1}、HCO_3^- 0.45 cmol·kg^{-1}、Cl^- 3.73 cmol·kg^{-1}、SO_4^{2-} 2.42 cmol·kg^{-1}、Ca^{2+} 0.39 cmol·kg^{-1}、Mg^{2+} 0.41 cmol·kg^{-1}、K^+ 0.63 cmol·kg^{-1} 和 Na^+ 5.99 cmol·kg^{-1}。5 个施肥处理：施氮肥对照处理（CK）、施氮肥＋磷肥的常规施肥（P）、常规施肥＋生物质炭（PC）、常规施

肥＋腐殖酸（PH）和常规施肥＋石膏（PG）。每个处理重复 3 次。大麦—玉米轮作两季试验。氮肥为尿素（N46.4%），施用量为 485 kg·hm⁻²，每季均施。其中大麦季的基追比为 6：2：2，玉米季的基追比为 4：3：3，分别在大麦的返青期和抽穗期、玉米的拔节期和抽雄期追施尿素。磷肥为过磷酸钙（P₂O₅ 14%），施用量为 1 071 kg·hm⁻²，在大麦季作基肥一次性施入，玉米季不再施用。生物质炭（原材料为秸秆稻壳，炭化温度600 ℃，炭化时间 20 s）的施用量为 27 t·hm⁻²，腐殖酸的施用量为 600 kg·hm⁻²，石膏的施用量为 3 t·hm⁻²，在播种前将各改良剂施入 0～20 cm 土壤并混匀。

一、土壤盐分与 pH

由图 15-5 可知，作物生长期内表现为春季（3—5 月）土壤盐分强烈表聚，夏季（6—8 月）土壤快速淋洗脱盐，秋季（9—11 月）土壤缓慢积盐，冬季（12 月至翌年 2 月）土壤盐分稳定，呈春积盐-夏淋盐-秋返盐-冬稳盐的季节性变化模式，其中 0～20 cm 土壤

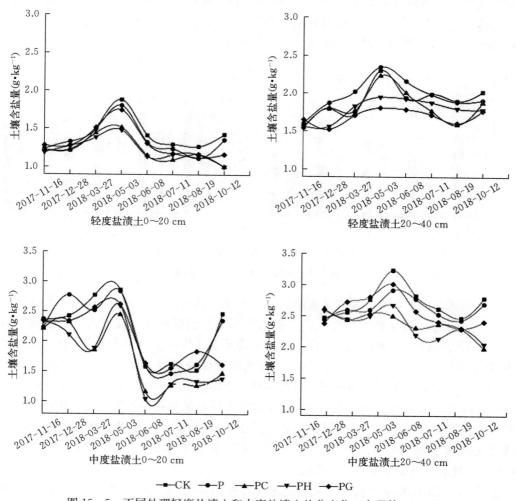

图 15-5　不同处理轻度盐渍土和中度盐渍土盐分变化（高珊等，2020b）

含盐量的变化较 20～40 cm 剧烈。这种土壤盐分季节性变化由土壤水盐关系决定。在轻度盐渍土的作物收获后，对照处理（CK）和常规施肥（P）处理 0～20 cm 土壤均呈积盐状态，积盐率分别为 16.26%、9.85%；而施用生物质炭（PC）、腐殖酸（PH）和石膏（PG）处理下 0～20 cm 土壤呈脱盐状态，脱盐率分别为 17.93%、15.30%、31.06%，20～40 cm 土壤呈积盐状态。在中度盐渍土的作物收获后，对照处理（CK）和常规施肥（P）处理 0～20 cm、20～40 cm 土壤均呈积盐状态，PC 和 PH 处理 0～20 cm、20～40 cm 土壤均呈脱盐状态，与对照相比，PC 处理的脱盐率分别为 33.33%、24.33%，PH 处理的脱盐率分别为 40.60%、20.77%；PG 处理下 0～20 cm 土壤呈脱盐状态，20～40 cm 土壤呈弱积盐状态。由此可知，不同改良措施能有效降低土壤盐分，且在中度盐渍土上的效果优于轻度盐渍土。

轻度、中度盐渍土不同改良措施下播种前和收获后 0～20 cm 土壤 pH 的变化情况如图 15-6 所示。轻度盐渍土上，不同改良措施能显著降低 0～20 cm 土壤 pH，其中，PG 处理降低最多，较播种前降低了 0.67 个单位，PC 和 PH 处理较播种前分别降低 0.22、0.31 个单位。中度盐渍土上，除腐殖酸处理外，其余各处理均能不同程度降低 0～20 cm 土壤 pH，其中 PG 处理较播种前降低 0.51 个单位。

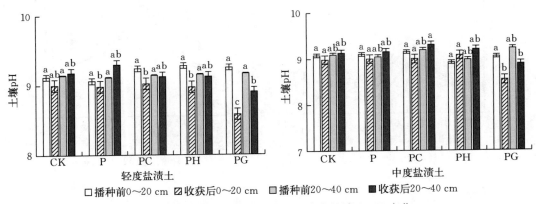

图 15-6　不同处理轻度盐渍土和中度盐渍土 pH 变化

综上所述，添加石膏处理能显著降低表层土壤含盐量、土壤 pH。这是由于石膏中大量 Ca^{2+} 代换土壤胶体上的交换性 Na^+，提高土壤颗粒的凝聚性，促进表层土壤盐分的淋洗；添加石膏能改善土壤孔隙度，提高土壤平均导水系数，促进土壤快速脱盐。在田间自然淋洗条件下，石膏处理对于 0～20 cm 土壤的降盐效果更好。但是，石膏本身含有大量盐分离子，在改良土壤理化性状的同时也增加了土壤盐分压力，在缺乏土壤淋洗的情况下对 20～40 cm 土壤的脱盐和抑盐效果有限。盐渍土脱盐的过程易发生土壤碱化现象，因此盐渍土改良调控过程中对土壤 pH 的调控尤为重要。添加石膏处理能显著降低土壤 pH，这主要是因为土壤胶体上的交换性 Na^+ 被 Ca^{2+} 置换下来后，与土壤中的 SO_4^{2-} 形成 Na_2SO_4 中性盐，使土壤 pH 大大降低。

滨海盐土添加生物质炭对土壤盐分和 pH 亦有良好的调控效果。一方面，生物质炭自身的结构能增加土壤孔隙度，降低土壤容重，改善土壤物理性状，促进盐分淋洗。添加生物质炭处理能显著降低 0～20 cm 土层电导率，缩短盐分淋洗时间，提高洗盐效率。另一方面，生物质炭中大量的 Ca^{2+} 和 Mg^{2+} 置换土壤胶体上的 Na^+，促进土壤团粒结构的形成。在滨海盐土中适量添加生物质炭能显著降低土壤 SAR，并且生物质炭对中度盐渍土 0～20 cm 土壤 pH 的调控效果弱于轻度盐渍土，这可能由于在中度盐分障碍条件下，生物质炭材料本身较高的 pH 带来的影响超过了对土壤 pH 的降低作用。

腐殖酸具有较强的离子交换、吸附能力，在改善土壤结构、加快表层土壤盐分的淋溶方面有良好的效果。随着腐殖酸添加量的增加，盐碱土的电导率整体呈降低趋势，能促进土壤脱盐。腐殖酸呈有机弱酸性，能有效调节土壤 pH。腐殖酸在轻度盐渍土上的降碱效果优于中度盐渍土，可能是由于土壤 pH 过高，腐殖酸对中度盐渍土的降碱效果有限。

二、土壤钠吸附比

由于改良剂主要施入土壤表层，因此主要研究改良措施对 0～20 cm 土壤盐分离子含量的影响。土壤钠吸附比（SAR）是盐渍土改良与利用过程中反映土壤盐碱程度的重要指标。土壤的 SAR 越大，表明土壤盐分阳离子组成中 Na^+ 所占的比例越大，Ca^{2+} 和 Mg^{2+} 所占比例越小，对作物的危害也越大。由图 15 - 7 可知，在轻度盐渍土的作物收获后，不同改良措施下土壤 SAR 较改良前均降低，降幅为 2.17％～67.65％，其中 CK 土壤 SAR 基本不变，PG 处理能显著降低土壤

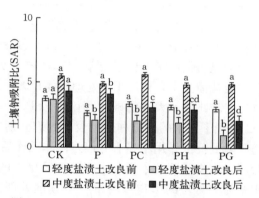

图 15 - 7 不同改良措施下土壤钠吸附比变化

SAR，降幅为 67.65％，PH 处理和 PC 处理次之。在中度盐渍土的作物收获后，CK 土壤 SAR 较改良前有所降低但差异不显著，常规施肥处理能有效降低土壤 SAR，降幅为 15.81％，3 种改良措施均能显著降低 0～20 cm 土壤 SAR 值，依次为 PC＞PH、PG。

三、作物产量及磷素吸收

在轻度盐渍土上，生物质炭、腐殖酸、石膏等改良措施均能显著提高大麦季和玉米季作物产量（表 15 - 5）。在轻度盐渍土的大麦季，生物质炭（PC）、腐殖酸（PH）和石膏（PG）处理下大麦的产量较常规施肥（P）分别提高 13.14％、20.26％、12.56％；在轻度盐渍土的玉米季，各处理下玉米的产量较常规施肥分别提高 23.43％、21.11％、21.19％。在中度盐渍土的大麦季，生物质炭、石膏处理均能提高作物产量，其中，PC 处理下大麦季产量显著提高，较常规施肥提高了 24.16％；PC 和 PG 处理均显著提高了玉米产量，较常规施肥分别提高了 44.37％、31.57％。中度盐渍土的腐殖酸处理下作物产量略低于对照，说明添加腐殖酸对作物的增产效果在轻度盐渍土上更好。

表 15 - 5　不同改良措施作物产量及磷吸收利用（改编自高珊等，2020b）

土壤	处理	大麦		玉米		累积磷肥利用率（%）
		产量 (kg·hm⁻²)	磷肥利用率 (%)	产量 (kg·hm⁻²)	磷肥利用率 (%)	
轻度盐渍土	CK	12 989b	—	18 181b	—	—
	P	13 611b	0.90c	18 534b	5.93 d	6.83c
	PC	15 310a	8.35a	22 877a	25.43a	33.77a
	PH	16 369a	8.10a	22 447a	15.68b	23.78b
	PG	15 321a	2.31b	22 461a	9.86c	12.17c
中度盐渍土	CK	9 899b	—	12 081 d	—	—
	P	11 044b	1.03c	14 446cd	5.22b	6.26c
	PC	13 713a	5.12a	20 855a	22.14a	27.27a
	PH	10 723b	2.10c	16 320bc	2.53b	4.63 d
	PG	11 094b	3.21b	19 006ab	14.52a	17.74b

　　由表 15 - 5 可知，在轻度盐渍土上，大麦季 PC、PH 和 PG 处理能显著提高大麦的磷肥利用率，较 P 处理分别提高 827.78%、800.0%、156.67%；玉米季 PC、PH 和 PG 处理均能显著提高玉米的磷肥利用率，较 P 处理分别提高 328.84%、164.42%、66.27%。在中度盐渍土上，PC、PG 处理均能显著提高大麦季和玉米季作物的磷肥利用率，其中在 PC、PG 处理下大麦的磷肥利用率较 P 处理分别提高了 397.09% 和 211.65%，在 PC 和 PG 处理下玉米的磷肥利用率较 P 处理分别提高了 324.14% 和 178.16%，而 PH 处理对作物吸磷的促进作用不显著。经过两季轮作后，生物质炭处理能显著提高轻度盐渍土和中度盐渍土作物磷肥的累积利用率，为 P 处理的 4.4～4.9 倍。石膏处理次之，其累积磷肥利用率为 P 处理的 1.8～2.8 倍。腐殖酸处理在轻度盐渍土上的累积磷肥利用率为 P 处理的 3.5 倍，对磷素吸收利用的提升作用优于中度盐渍土。

　　综上所述，滨海盐土农田地力水平较低，在轻度和中度盐渍条件下生物质炭对作物均有显著的增产效果。生物质炭的这种增产作用：一方面由于生物质炭本身良好的结构和性质，不仅能明显改善盐渍土性质，为作物生长提供良好的土壤环境，还能直接为作物提供有效磷等矿质养分，提高土壤磷素有效性，促进作物的生长。另一方面生物质炭与磷肥配施显著提高了土壤有效磷含量，促进作物对磷的吸收利用。此外，生物质炭处理下作物良好增产效果可能是通过影响土壤酶活性，提升土壤磷库对作物磷的供给能力，促进作物地上部吸磷。腐植酸处理能显著促进轻度盐渍土上作物对磷素的吸收，而在中度盐渍土上的效果有限。腐殖酸处理下作物增产和磷利用率增加可能有两方面的原因，一方面是腐植酸对土壤磷素的活化作用，提高了盐渍土中磷素的有效性；另一方面腐殖酸作为一种营养激发性物质，施入土壤中可提升土壤磷酸酶、过氧化氢酶等酶活性，刺激作物根系的生长及对磷素的吸收，促进作物增产。此外，轻度、中度盐渍土上腐殖酸采用了相同的施用量，腐殖酸施用量不足也可能是限制其在中度盐渍土上促磷和增产效果的一方面因素。综合两季产量数据可以看出，玉米季各改良措施对作物的增产效果较大麦季明显，说明随着轮作时间的延长，各改良剂对盐渍土的调控效果逐渐显现。

参考文献
REFERENCES

丁能飞，厉仁安，董炳荣，等，2001. 新围砂涂土壤盐分和养分的定位观测及研究 [J]. 土壤通报，32 (2)：57-60.

丁能飞，郭彬，林义成，等，2018. 施用菇渣对盐胁迫下大麦苗期抗氧化酶活性及离子吸收的影响 [J]. 浙江农业科学，59 (10)：1801-1804，1812.

丁能飞，傅庆林，刘琛，等，2008. 盐胁迫对两个大白菜品种抗氧化酶活性及离子吸收的影响 [J]. 浙江农业学报，20 (5)：322-327.

于丹丹，史海滨，李祯，等，2020. 暗管排水与节水灌溉条件下盐渍化农田水盐分布特征 [J]. 水资源与水工程学报，31 (4)：252-260.

马宁，徐君言，刘琛，等，2022. 灌溉与有机氮替代对滨海盐土莴笋产量和土壤性状的影响 [J]. 浙江农业科学，63 (6)：1150-1153.

王伟，李佳，刘金淑，等，2009. 硅酸盐细菌菌株的分离及其解钾解硅活性初探 [J]. 安徽农业科学，37 (17)：7889-7891.

王启龙，2018. 施用聚丙烯酰胺（PAM）对盐碱土改良效果研究 [J]. 农业科技与信息 (12)：48-51.

王佳丽，黄贤金，钟太洋，等，2011. 盐碱地可持续利用研究综述 [J]. 地理学报，66 (5)：673-684.

王建红，丁能飞，傅庆林，2002. 液体地膜使用效果简报 [J]. 浙江农业科学，1：18-19.

王建红，丁能飞，傅庆林，等，2001. 浙北砂性海涂土壤盐分运动定位观测研究 [J]. 浙江农业学报，13 (5)：298-301.

王建红，傅庆林，吴玉卫，1998. 土壤空间变异性理论在海涂土壤研究中的初步应用 [J]. 浙江农业学报，10 (5)：230-234.

王振华，杨培岭，郑旭荣，等，2014. 膜下滴灌系统不同应用年限棉田根区盐分变化及适耕性 [J]. 农业工程学报，30 (4)：90-99.

王婧，逄焕成，任天志，等，2012. 地膜覆盖与秸秆深埋对河套灌区盐渍土水盐运动的影响 [J]. 农业工程学报，28 (15)：52-59.

王遵亲，祝寿泉，俞仁培，等，1993. 中国盐渍土 [M]. 北京：科学出版社.

王巍琦，杨磊，程志博，等，2019. 干旱区不同类型盐碱地土壤微生物碳源代谢活性研究 [J]. 干旱区资源与环境，33 (6)：158-166.

云雪雪，陈雨生，2020. 国际盐碱地开发动态及其对我国的启示 [J]. 国土与自然资源研究 (1)：84-87.

艾雪，王艺霖，张威，等，2015. 柴达木沙漠结皮中耐盐碱细菌的分离及其固沙作用研究 [J]. 干旱区资源与环境，29 (10)：145-151.

代金霞，田平雅，张莹，等，2019. 银北盐渍化土壤中6种耐盐植物根际细菌群落结构及其多样性 [J]. 生态学报，39 (8)：2705-2714.

吕添贵，李洪义，吴次芳，等，2016. 耕地占补平衡政策下沿海地区海涂围垦效应、风险与出路 [J]. 广东土地科学，4：24-31.

朱成立，吕雯，黄明逸，等，2019. 生物炭对咸淡轮灌下盐渍土盐分分布和玉米生长的影响 [J]. 农业机械学报，50（1）：226-234.

朱芸，郭彬，林义成，等，2021. 新型矿基土壤调理剂对滨海盐土理化性状和水稻产量的影响 [J]. 浙江农业学报，33（5）：885-892.

朱芸，傅庆林，郭彬，等，2022. 腐殖酸和脱硫石膏对滨海盐土及水稻产量的影响 [J]. 浙江农业科学，63（6）：1139-1143.

刘文政，王遵亲，熊毅，1978. 我国盐渍土改良利用分区 [J]. 土壤学报，15（2）：101-112.

刘晓龙，徐晨，徐克章，等，2014. 盐胁迫对水稻叶片光合作用和叶绿素荧光特性的影响 [J]. 作物杂志（2）：88-92.

刘海曼，郭凯，李晓光，等，2017. 地膜覆盖对春季咸水灌溉条件下滨海盐渍土水盐动态的影响 [J]. 中国生态农业学报，25（12）：1761-1769.

刘琛，丁能飞，郭彬，等，2012. 不同土地利用方式下围垦海涂微生物群落和土壤酶特征 [J]. 土壤通报，43（6）：1415-1421.

刘琛，赵宇华，傅庆林，等，2008. ACC 脱氨酶活性菌株的筛选、鉴定及其对茄子耐盐性的影响 [J]. 浙江大学学报（农业与生命科学版），34（2）：143-148.

孙建平，刘雅辉，左永梅，等，2020. 盐地碱蓬根际土壤细菌群落结构及其功能 [J]. 中国生态农业学报，28（10）：1618-1629.

孙艳，张士荣，丁效东，等，2020. 肥料添加剂 NAM 对盐渍土壤理化性质及水稻氮肥农学利用效率的影响 [J]. 山东农业科学，52（4）：86-91.

李红强，姚荣江，杨劲松，等，2020. 盐渍化对农田氮素转化过程的影响机制和增效调控途径 [J]. 应用生态学报，31（11）：3915-3924.

李鹏，濮励杰，朱明，等，2013. 江苏沿海不同时期滩涂围垦区土壤剖面盐分特征分析：以江苏省如东县为例 [J]. 资源科学，35（4）：764-772.

杨劲松，姚荣江，2015. 我国盐碱地的治理与农业高效利用 [J]. 中国科学院院刊，30（Z1）：162-170.

杨劲松，姚荣江，王相平，等，2022. 中国盐渍土研究：历程、现状与展望 [J]. 土壤学报，59（1）：10-27.

杨莉琳，李金海，2001. 我国盐渍化土壤的营养与施肥效应研究进展 [J]. 中国生态农业学报，9（2）：79-81.

杨真，王宝山，2015. 中国盐渍土资源现状及改良利用对策 [J]. 山东农业科学，47（4）：125-130.

杨博，屈忠义，孙慧慧，等，2020. 粉垄耕作对河套灌区盐碱地土壤性质的影响 [J]. 灌溉排水学报，39（8）：52-59.

吴明，邵学新，胡锋，等，2008. 围垦对杭州湾南岸滨海湿地土壤养分分布的影响 [J]. 土壤，40（5）：760-764.

何守成，董炳荣，1986. 杭州湾南岸新围海涂区地下水控制措施的探讨 [J]. 土壤（4）：181-185.

何守成，董炳荣，1988. 暗管排水改良新围粘质海涂的研究 [J]. 土壤通报（1）：20-24.

应永庆，林义成，傅庆林，2018. 滨海盐土水稻高产栽培技术规程 [J]. 浙江农业科学，59（11）：1973-1975.

应永庆，傅庆林，郭彬，等，2021. 腐殖酸对滨海盐土土壤性质及水稻产量的影响 [J]. 安徽农学通报，27（22）：121-123，131.

汪顺义，冯浩杰，王克英，等，2019. 盐碱地土壤微生物生态特性研究进展 [J]. 土壤通报，50（1）：233-239.

沙月霞，李明洋，伍顺华，等，2021. 微生物菌剂拌土对盐碱地玉米茎基腐病的预防及促生效果 [J]. 中国农学通报，37（5）：75-82.

沈仁芳，王超，孙波，2018. "藏粮于地、藏粮于技"战略实施中的土壤科学与技术问题 [J]. 中国科学院院刊，33（2）：135-144.

宋纪雷，李跃进，王鼎，等，2018. 高分子吸附树脂与酸性材料配施对盐碱离子钝化效果研究 [J]. 北方农业学报，46 (2)：31-36.

张乃丹，宋付朋，张喜琦，等，2020. 速缓效氮肥配施有机肥对滨海盐渍土供氮能力及小麦产量的影响 [J]. 水土保持学报，34 (6)：337-344.

张金龙，刘明，钱红，等，2018. 漫灌淋洗暗管排水协同改良滨海盐土水盐时空变化特征 [J]. 农业工程学报，34 (6)：98-103.

张金林，李惠茹，郭姝媛，等，2015. 高等植物适应盐逆境研究进展. 草业学报，24 (12)：220-236.

张清明，冯瑞芝，张保华，等，2014. 盐胁迫下吡虫啉对棉田土壤微生物数量及酶活性的影响 [J]. 水土保持研究，21 (3)：25-30.

张密密，陈诚，刘广明，等，2014. 适宜肥料与改良剂改善盐碱土壤理化特性并提高作物产量 [J]. 农业工程学报，30 (10)：91-98.

张越，杨劲松，姚荣江，2016. 咸水冻融灌溉对重度盐渍土壤水盐分布的影响 [J]. 土壤学报，53 (2)：388-400.

陈丽娜，谢修鸿，魏毅，2020. 应用原位扫描电镜技术检测"土壤-真菌"改良盐碱地的效果 [J]. 东北师大学报（自然科学版），52 (1)：122-126.

林义成，丁能飞，傅庆林，等，2004. 工程措施对新围砂涂快速脱盐的效果 [J]. 浙江农业科学，6：336-337.

林海，董炳荣，1985. 海涂土壤磷肥肥效与磷素形态组成的关系 [J]. 土壤肥料 (2)：9-12.

林海，董炳荣，冯志高，1982. 不同轮种方式对新围砂涂土壤脱盐培肥的影响 [J]. 土壤肥料 (2)：21-24.

金雯晖，杨劲松，侯晓静，等，2016. 轮作模式对滩涂土壤有机碳及团聚体的影响 [J]. 土壤，48 (6)：1195-1201.

金雯晖，杨劲松，王相平，2013. 滩涂土壤有机碳空间分布与围垦年限相关性分析 [J]. 农业工程学报，29 (5)：89-94.

周学峰，赵睿，李媛媛，等，2009. 围垦后不同土地利用方式对长江口滩地土壤粒径分布的影响 [J]. 生态学报，29 (10)：5544-5551.

赵秀芳，杨劲松，姚荣江，2010. 基于典范对应分析的苏北滩涂土壤春季盐渍化特征研究 [J]. 土壤学报，47 (3)：422-428.

赵振勇，张科，王雷，等，2013. 盐生植物对重盐渍土脱盐效果 [J]. 中国沙漠，33 (5)：1420-1425.

咸敬甜，陈小兵，王上，等，2023. 盐渍土磷有效性研究进展与展望 [J]. 土壤，55 (3)：474-486.

侯景清，王旭，陈玉海，等，2019. 乳酸菌复合制剂对盐碱地改良及土壤微生物群落的影响 [J]. 南方农业学报，50 (4)：710-718.

俞海平，郭彬，傅庆林，等，2016. 滨海盐土肥盐耦合对水稻产量及肥料利用率的影响 [J]. 浙江农业学报，28 (7)：1193-1199.

俞海平，傅庆林，刘俊丽，等，2022. 解钾细菌的分离筛选及其对水稻的促生效果 [J]. 浙江农业科学，63 (6)：1161-1164.

俞震豫，严学芝，魏孝孚，1994. 浙江土壤 [M]. 杭州：浙江科学技术出版社.

姚全胜，雷新涛，苏俊波，等，2009. 喷施蒸腾抑制剂对毛叶枣叶片光合参数的影响 [J]. 热带作物学报，30 (2)：131-134.

徐君言，马宁，裘高扬，等，2022. 沸石与腐殖酸对滨海盐土水稻产量及土壤性质的影响 [J]. 浙江农业科学，63 (6)：1165-1168，1173.

高珊，杨劲松，姚荣江，等，2020a. 调控措施对滨海盐渍土磷素形态及作物磷素吸收的影响 [J]. 土壤，52 (4)：691-698.

高珊，杨劲松，姚荣江，等，2020b. 改良措施对苏北盐渍土盐碱障碍和作物磷素吸收的调控 [J]. 土壤学报，57（5）：1219-1229.

高婧，杨劲松，姚荣江，等，2019. 不同改良剂对滨海重度盐渍土质量和肥料利用效率的影响 [J]. 土壤，51（3）：524-529.

郭彬，傅庆林，林义成，等，2012. 滨海涂区水稻黄熟期不同排水时间对土壤盐分及水稻产量的影响 [J]. 浙江农业学报，24（4）：658-662.

唐淑英，祝寿泉，单光宗，等，1978. 苏北滨海盐渍土的形成和演化 [J]. 土壤学报（2）：151-164.

黄晶，孔亚丽，徐青山，等，2022. 盐渍土壤特征及改良措施研究进展 [J]. 土壤，54（1）：18-23.

彭新华，王云强，贾小旭，等，2020. 新时代中国土壤物理学主要领域进展与展望 [J]. 土壤学报，57（5）：1071-1087.

董炳荣，朱华潭，李英法，1996. 浙江省新围海涂的综合开发与利用 [J]. 农业技术经济（1）：59-61.

傅庆林，王建红，董炳荣，1999. GIS 在浙江省海涂农业资源管理中的应用 [J]. 浙江农业科学，1：33-35.

傅庆林，厉仁安，葛正豹，2001. 浙江省海涂农业科技示范园区建设与实践 [M]. 杭州：浙江大学出版社.

傅庆林，朱芸，郭彬，等，2022. 稻麦轮作对滨海盐土土壤肥力的影响 [J]. 浙江农业科学，63（6）：1135-1138.

傅庆林，郭彬，刘琛，等，2023. 农田地力提升理论技术实践 [M]. 北京：团结出版社.

傅庆林，董炳荣，王建红，等，2001. 浙江省海涂农业综合开发现代科技示范园区建设研究 [J]. 土壤通报，32（s0）：156-161.

鲁凯珩，金杰人，肖明，2019. 微生物肥料在盐碱土壤中的应用展望 [J]. 微生物学通报，46（7）：1695-1705.

裘高扬，徐君言，马宁，等，2022. 滨海盐土地力提升与土著微生物协同促生应用技术研究 [J]. 浙江农业科学，63（6）：1169-1173.

褚琳琳，康跃虎，陈秀龙，等，2013. 喷灌强度对滨海盐碱地土壤水盐运移特征的影响 [J]. 农业工程学报，29（7）：76-82.

蔡清泉，1990. 我国海涂资源开发利用的现状与展望 [J]. 国土与自然资源研究，2：15-20.

衡通，王振华，李文昊，等，2018. 滴灌条件下排水暗管埋深及管径对土壤盐分的影响 [J]. 土壤学报，55（1）：111-121.

Ashraf M，Harris PJC，2004. Potential biochemical indicators of salinity tolerance in plants [J]. Plant Sci，166：3-16.

Ayers RS，Westcot DW，1985. Water quality for agriculture [J]. FAO Irrigation and Drainage Paper，29（1）：174.

Barrett-Lennard EG，2002. Restoration of saline land through revegetation [J]. Agric Water Manag，53：213-226.

Bauder JW，Brock TA，1992. Crops species，amendment，and water quality effects on selected soil physical properties [J]. Soil Sci Soc Am J，56：1292-1298.

Benlloch M，Ojeda MA，Ramos J，et al.，1994. Salt sensitivity and low discrimination between potassium and sodium in bean plants [J]. Plant Soil，166：117-123.

Bui EN，Krogh L，Lavado RS，et al.，1998. Distribution of sodic soils：the world scene [M]. New York：Oxford University Press：19-33.

Chu LL，Kang YH，Wan SQ，2020. Effects of water application intensity of micro-sprinkler irrigation and soil salinity on environment of coastal saline soils [J]. Water Science and Engineering，13（2）：116-123.

Corwin DL，Lesch SM，2013. Protocols and guidelines for field-scale measurement of soil salinity distribution with EC_a - directed soil sampling [J]. JEEG, 18 (1): 1 - 25.

Cui S, Zhang J, Sun M, et al., 2018. Leaching effectiveness of desalinization by rainfall combined with wheat straw mulching on heavy saline soil [J]. Archives of Agronomy and Soil Science, 64 (7): 891 - 902.

Ding ZL, Kheir AMS, Ali MGM, et al., 2020. The integrated effect of salinity, organic amendments, phosphorus fertilizers, and deficit irrigation on soil properties, phosphorus fractionation and wheat productivity [J]. Scientific Reports, 10 (1): 1 - 13.

Fernández S, Santín C, Marquínez J, et al., 2010. Salt marsh soil evolution after land reclamation in Atlantic estuaries (Bay of Biscay, North coast of Spain) [J]. Geomorphology, 114 (4): 497 - 507.

Fu Q, Ding N, Liu C, et al., 2014. Soil development under different cropping systems in a reclaimed coastal soil chronosequence [J]. Geoderma, 230 - 231: 50 - 57.

Fu Q, Liu C, Ding N, et al., 2010. Ameliorative effects of inoculation with the plant growth - promoting rhizobacterium *Pseudomonas* sp. DW1 on growth of eggplant (*Solanum melongena* L.) seedlings under salt stress [J]. Agricultural Water Management, 97: 1994 - 2000.

Fu QL, Liu C, Ding NF, et al., 2012. Soil microbial communities and enzyme activities in a reclaimed coastal soil chronosequence under rice - barley cropping [J]. J Soils Sediments, 12: 1134 - 1144.

Greenway H, Munns R, 1980. Mechanism of salt tolerance in nonhalophytes [J]. Annu Rev Plant Physiol, 31: 149 - 190.

Hardie M, Doyle R, 2012. Measuring soil salinity [J]. Methods Mol Biol, 913: 415 - 425.

Ilyas M, Miller RW, Qureshi RH, 1993. Hydraulic conductivity of saline - sodic soil after gypsum application and cropping [J]. Soil Sci Soc Am J, 57: 1580 - 1585.

Jacobsen T, Adams RM, 1958. Salt and silt in ancient Mesopotamian agriculture [J]. Science, 128: 1252.

Kafi M, Hajar Asadi H, Ganjeali A, 2010. Possible utilization of high - salinity waters and application of low amounts of water for production of the halophyte *Kochia scoparia* as alternative fodder in saline agroecosystems [J]. Agricultural Water Management, 97 (1): 139 - 147.

Kumari A, Jha B, 2019. Engineering of a novel gene from a halophyte: Potential for agriculture in degraded coastal saline soil [J]. Land Degradation & Development, 30 (6): 595 - 607.

Li J, Pu L, Zhu M, Zhang J, et al., 2014. Evolution of soil properties following reclamation in coastal areas: a review [J]. Geoderma, 226: 130 - 139.

Li XZ, Sun YG, Mander, et al., 2013. Effects of land use intensity on soil nutrient distribution after reclamation in an estuary landscape [J]. Landscape Ecology, 28 (4): 699 - 707.

Lin X, Wang Z, Li J, 2021. Identifying the factors dominating the spatial distribution of water and salt in soil and cotton yield under arid environments of drip irrigation with different lateral lengths [J]. Agricultural Water Management, 250 (6): 106834.

Long RC, Sun H, Cao CY, et al., 2019. Identification of alkali - responsive proteins from early seedling stage of two contrasting Medicago species by iTRAQ - based quantitative proteomic analysis [J]. Environmental and Experimental Botany, 157: 26 - 34.

Luo SS, Tian L, Chang CL, et al., 2018. Grass and maize vegetation systems restore saline - sodic soils in the Songnen Plain of northeast China [J]. Land Degradation & Development, 29 (4): 1107 - 1119.

Maas EV, Hoffmann GJ, 1977. Crop salt tolerance - current assessment [J]. ASCE J Irr Drain Div, 103 (IR2): 115 - 134.

Nan J, Chen X, Wang X, et al., 2016. Effects of applying flue gas desulfurization gypsum and humic acid on soil physicochemical properties and rapeseed yield of a saline‐sodic cropland in the eastern coastal area of china [J]. Journal of Soils and Sediments, 16 (1): 38‐50.

Onkware AO, 2000. Effect of soil salinity on plant distribution and production at Loburu delta, Lake Bogoria National Reserve, Kenya [J]. Austral Ecol, 25: 140‐149.

Piernik A, 2003. Inland halophilous vegetation as indicator of soil salinity [J]. Basic Appl Ecol, 4: 525‐536.

Qadir M, Oster JD, Schubert S, et al., 2007. Phytoremediation of sodic and saline‐sodic soils [J]. Adv Agron, 96: 197‐247.

Ravindran K C, Venkatesan K, Balakrishnan V, et al., 2007. Restoration of saline land by halophytes for Indian soils [J]. Soil Biology and Biochemistry, 39 (10): 2661‐2664.

Rengasamy P, 2002. Transient salinity and subsoil constraints to dryland farming in Australian sodic soils: an overview [J]. Australian Journal of Experimental Agriculture, 42: 351‐361.

Rogers ME, Grieve CM, Shannon MC, 2003. Plant growth and ion relations in lucerne (*Medicago sativa* L.) in response to the combined effects of NaCl and P [J]. Plant and Soil, 253 (1): 187‐194.

Shahid SA, Dakheel AH, Mufti KA, et al., 2008. Automated in‐situ salinity logging in irrigated agriculture [J]. Eur J Sci Res, 26 (2): 288‐297.

Su R, Zhang ZK, Chang C, et al., 2022. Interactive effects of phosphorus fertilization and salinity on plant growth, phosphorus and sodium status, and tartrate exudation by roots of two alfalfa cultivars [J]. Annals of Botany, 129 (1): 53‐64.

Sun JX, Kang YH, Wan SQ, et al., 2012. Soil salinity management with drip irrigation and its effects on soil hydraulic properties in north China coastal saline soils [J]. Agricultural Water Management, 115. DOI: 10.1016/j.agwat.2012.08.006.

Szabolcs I, 1989. Salt‐affected soils [M]. Boca Raton: CRC Press.

Tan JL, Kang YH, 2009. Changes in soil properties under the influences of cropping and drip irrigation during the reclamation of severe salt‐affected soils [J]. Agricultural Sciences in China, 8 (10): 1288‐1237.

Tejera NA, Soussi M, Lluch C, 2006. Physiological and nutritional indicators of tolerance to salinity in chickpea plants growing under symbiotic conditions [J]. Environ Exp Bot, 58: 17‐24.

USSL Staff, 1954. Diagnosis and improvement of saline and alkali soils [M]. Washington: US Government Printer.

Wang XP, Liu GM, Yang JS, et al., 2017. Evaluating the effects of irrigation water salinity on water movement, crop yield and water use efficiency by means of a coupled hydrologic/crop growth model [J]. Agricultural Water Management, 185: 13‐26.

Wicke B, Smeets E, Dornburg V, et al., 2011. The global technical and economic potential of bioenergy from salt‐affected soils [J]. Energy and Environmental Science, 4: 2669‐2681.

Xiao R, Bai J, Zhang H, et al., 2011. Changes of P, Ca, Al and Fe contents in fringe marshes along a pedogenic chronosequence in the Pearl River estuary, South China [J]. Continental Shelf Research, 31 (6): 739‐747.

Yang F, Sui L, Tang C, et al., 2021. Sustainable advances on phosphorus utilization in soil via addition of biochar and humic substances [J]. Science of the Total Environment, 768: 145106.

Yang G, Li FD, Tian LJ, et al., 2020. Soil physicochemical properties and cotton (*Gossypium hirsutum* L.) yield under brackish water mulched drip irrigation [J]. Soil & Tillage Research, 199: 104592.

Yao RJ, Yang JS, Wu DH, et al., 2017. Scenario simulation of field soil water and salt balances using sahysmod for salinity management in a coastal rainfed farmland [J]. Irrigation and Drainage, 66 (5): 872 - 883.

Yue Y, Guo WN, Lin QM, et al. , 2016. Improving salt leaching in a simulated saline soil column by three biochars derived from rice straw (*Oryza sativa* L.), sunfower straw (*Helianthus annuus*), and cow manure [J]. Journal of Soil & Water Conservation, 71 (6): 467 - 475.

Zahedi SM, Hosseini MS, Abadía J, et al. , 2020. Melatonin foliar sprays elicit salinity stress tolerance and enhance fruit yield and quality in strawberry (Fragaria×Ananassa Duch.) [J]. Plant Physiology and Biochemistry, 149: 313 - 323.

Zaman M, Shahid SA, Heng L, 2018. Guideline for salinity assessment, mitigation and adaptation using nuclear and related techniques [M]. Heidelberg: Springer Group: 1 - 42.

Zhang Y, Yang JS, Huang YH, et al. , 2019. Use of freeze - thaw purified saline water to leach and reclaim gypsum amended saline - alkali soils [J]. Soil Science Society of American Journal, 83: 1333 - 1342.

Zhao YG, Wang SJ, Li Y, et al. , 2018. Long - term performance of flue gas desulfurization gypsum in a large - scale application in a saline - alkali wasteland in northwest China [J]. Agriculture, Ecosystems & Environment, 261: 115 - 124.

Zheng H, Wang X, Chen L, et al. , 2018. Enhanced growth of halophyte plants in biochar - amended coastal soil: roles of nutrient availability and rhizosphere microbial modulation [J]. Plant Cell and Environment, 41 (3): 517 - 532.

Zhu Y, Guo B, Liu C, et al. , 2021. Soil fertility, enzyme activity, and microbial community structure diversity among different soil textures under different land use types in coastal saline soil [J]. Journal of Soils and Sediments, 21: 2240 - 2252.

Zhu Y, Sun L, Fu Q, et al. , 2023. Long - term rice cultivation improved coastal saline soil properties and multifunctionality of subsoil layers [J]. Soil Use Manage, 40 (1): 1 - 13.

图书在版编目（CIP）数据

盐渍土改良利用理论与实践／傅庆林等编著．—北京：中国农业出版社，2024.3
ISBN 978 - 7 - 109 - 31860 - 1

Ⅰ.①盐⋯　Ⅱ.①傅⋯　Ⅲ.①盐碱土改良－研究
Ⅳ.①S156.4

中国国家版本馆 CIP 数据核字（2024）第 066422 号

盐渍土改良利用理论与实践
YANZITU GAILIANG LIYONG LILUN YU SHIJIAN

中国农业出版社出版
地址：北京市朝阳区麦子店街 18 号楼
邮编：100125
责任编辑：史佳丽
版式设计：王　晨　　责任校对：吴丽婷
印刷：中农印务有限公司
版次：2024 年 3 月第 1 版
印次：2024 年 3 月北京第 1 次印刷
发行：新华书店北京发行所
开本：787mm×1092mm　1/16
印张：16.75　　插页：2
字数：403 千字
定价：120.00 元

彩图 1　排泄区土壤盐度发展

彩图 2　盐渗的形成
a. 多年生深根植被　b. 一年生浅根作物　c. 盐渗区　d. 盐壳

彩图 3　碱土（碱化层柱状结构）

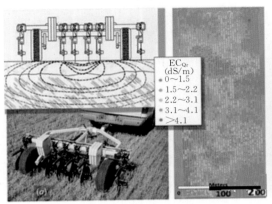 

彩图 4　土壤电导率调查（红色高盐区）　　　　彩图 5　便携式电磁电导率传感器

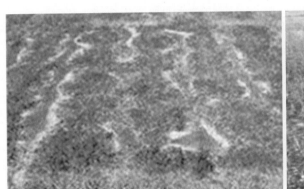 

彩图 6　盐渍化农田

彩图 7　草地滴灌系统中最大土壤盐度区（Zaman et al.，2018）

彩图 8　实时盐度记录系统（Shahid et al.，2008）

a. 根区传感器　b. 嵌入式传感器　c. 连接到数据总线的智能接口　d. 数据采集器上读取盐度

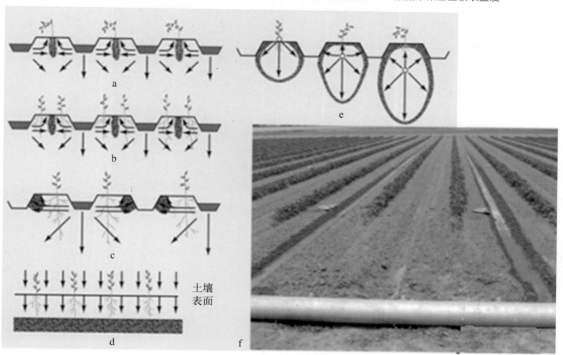

彩图 9　灌溉时盐分运移

a. 沟灌垄中央区高盐分危害植物　b. 沟灌垄边缘种植物规避高盐分　c. 隔行灌水侧垄种植物规避高盐分

d. 喷灌或均匀灌溉土壤变干返盐　e. 连续低速滴灌盐分聚积在湿润锋　f. 交替沟灌垄中种植物

彩图 10　开沟机挖沟